羊提质增效营养调控技术研究与应用

张爱忠　姜　宁　李凌岩　著

U0333861

科学出版社

北京

内 容 简 介

羊产业是草食畜牧业的重要组成部分。加快发展羊产业，对于满足肉、皮、绒、毛的消费需求，优化畜牧业结构，增加农牧民收入，推进产业扶贫和乡村振兴计划等都具有重要作用；而通过饲料营养调控手段降低饲养成本、提高生产效率是促进羊产业可持续发展的关键环节。本书内容分为5章，介绍了国内外养羊业的发展现状，重点阐述了羊常用粗饲料的种类、加工方法、营养价值的评定、科学搭配的理论基础及饲喂模式的建立，介绍了精料种类及不同类型淀粉对羔羊生产性能的影响和作用机制，阐述了新型饲料添加剂的特性及其在生产中的应用效果。本书的内容紧紧围绕着通过营养调控手段对羊生产的提质增效展开，具有系统性、科学性、先进性和实用性等特色。

本书可供高等院校动物科学专业的教师和学生使用，同时也可以作为畜牧兽医科技人员、羊场技术人员和相关企业经营管理人员的参考书。

图书在版编目 (CIP) 数据

羊提质增效营养调控技术研究与应用/张爱忠，姜宁，李凌岩著. —北京：科学出版社，2020.3
ISBN 978-7-03-063553-2

Ⅰ. ①羊… Ⅱ.①张… ②姜… ③李… Ⅲ. ①羊–饲养管理–研究
Ⅳ.①S826.8

中国版本图书馆 CIP 数据核字(2019)第 273396 号

责任编辑：李 迪 赵小林 / 责任校对：张小霞
责任印制：吴兆东 / 封面设计：刘新新

科 学 出 版 社 出版
北京东黄城根北街 16 号
邮政编码：100717
http://www.sciencep.com

北京虎彩文化传播有限公司 印刷
科学出版社发行 各地新华书店经销
*
2020 年 3 月第 一 版 开本：720×1000 1/16
2020 年 3 月第一次印刷 印张：17 1/4
字数：347 000
定价：138.00 元
(如有印装质量问题，我社负责调换)

资 助 课 题

1. 不同淀粉源对肥羔胃肠道功能的影响及作用机理研究,国家自然科学基金项目（31372338），2014～2017 年

2. 反刍动物饲料有效能值评定与预测模型研究,动物营养学国家重点实验室开放课题（2007KLAN004），2007～2009 年

3. 反刍动物饲料动态降解指标测定及预测模型研究,动物营养学国家重点实验室开放课题（2004DA125184F1003），2012～2014 年

4. 功能性饲料及粗饲料高效利用关键技术研究,黑龙江省科技厅重大科技攻关项目（GA07B201），2007～2010 年

5. 饲用抗菌肽 Cec Md-Che Rc 的高效表达及生物提取关键技术的研究,黑龙江省科技攻关项目（GC10B302），2010～2013 年

6. 松嫩平原不同类型乡村农业产业化关键技术集成与示范,黑龙江省科技攻关项目（GA11B501），2011～2013 年

7. 建立黑龙江垦区绒山羊饲养综合技术体系的研究,黑龙江省农垦总局科技攻关项目（HNKXV-08-04A），2007～2010 年

8. 生物活性饲料添加剂的研制、开发和利用,黑龙江省农垦总局科技攻关课题（HNKXIV-08-02-05），2006～2008 年

9. 绵羊高效安全养殖技术应用与示范,国家重点研发计划项目（2018YFD0502100），2018～2021 年

前　　言

改革开放以来，随着党和政府在农村各项方针、政策的不断完善和落实，我国农业和农村经济得到了全面的发展，人们的生活水平得到了较大的提高，养羊业也得到了快速的发展。由于羊在养殖过程中以草为主食，较少地使用精料和饲料添加剂，加上羊肉鲜嫩味美，营养丰富，肥瘦适宜，香而不腻，蛋白质、矿物质含量高，脂肪含量低，肌肉纤维细，胆固醇含量低，易消化，羊肉及其产品对改善人们以猪、鸡肉为主的膳食结构具有重要作用，受到人们的普遍欢迎。近年来，国内外羊肉市场供求关系的变化，以及国内居民对羊肉吃法的不断创新，烹调的大众化，彻底改变了以前羊肉消费以部分少数民族为主体的特点，使国内羊肉供需发生变化，羊肉价格不断攀升，从而为我国肉羊产业提供了良好的发展机遇，并逐步形成畜牧业生产的新型产业。

中国绒山羊约占山羊总数的 46%，产绒量居世界首位，贸易量占世界羊绒贸易量的 70%。特别是 20 世纪 80 年代以来，中国毛纺工业兴起，羊绒生产与加工有机结合，形成了产业链，并推动了绒山羊养殖业的发展。中国羊绒纤维细、柔软、质轻、手感好、保暖性强，是珍贵的毛纺原料，具有较高的经济价值。在中国，绒山羊养殖业的发展对振兴地区经济、出口创汇和提高农牧民生活水平曾有过巨大贡献。

近年来，我国养羊业取得了较快的发展，养羊方式也发生了明显变化，逐渐由放牧转变为半舍饲和舍饲，由农户分散养殖向相对集中和集约化饲养转变。随着科技进步和饲养条件的变化，原始落后的养羊方式已经不能适应现代化的发展需要，必须向科学、专业和现代化方向发展。

目前，我国的农作物秸秆可食部分被家畜的利用率不足 20%，若将可食部分的利用率提高到 50%，将有 1.8 亿 t 的作物秸秆被利用，同时还有大量饼粕类及其他农副产品被广泛利用；随着饲料工业的发展，饲料添加剂也进入了一个新的发展阶段，化学合成饲料添加剂的使用逐渐减少，天然物饲料添加剂将逐步代替化学合成饲料添加剂。这些丰富的饲草、饲料资源为养羊业生产提供了充分的物质保证。因此，在养羊业中有效地利用丰富的粗饲料、农作物副产品和饲料添加剂，达到提质增效和健康养殖的目的，是我们始终追求的目标。因此，本书作者将黑龙江八一农垦大学动物科技学院羊营养调控及粗饲料高效利用团队成员近年来的研究成果收集、汇总、凝练，完成此书。在编写过程中坚持内容的科学性、先进性、针对性,力争反映促进羊生产的饲料营养调控技术方面的最新科研成果和生产实践技术。

本书得到了黑龙江八一农垦大学"学术专著出版资助计划"的资助。第一章、第三章和第四章内容由张爱忠编写,共计 12 万字,第五章内容由姜宁编写,共计 12 万字,第二章内容由李凌岩编写,共计 10.7 万字。此外,特别感谢参与并完成研究工作的研究生们,他们是贾志远、李美鑫、李婉、刘丽丽、刘文、任文、宋金峰、宋增廷、陶春卫、王法明、吴端钦、吴琼、杨坤、于洋洋、于忠升、张震和赵芳芳。他们现场辛勤的试验工作和严谨的求实精神为本书的出版打下了坚实的基础。

由于涉及内容较广,书中难免有一些不妥之处,恳请广大读者批评指正。

张爱忠　姜　宁　李凌岩

黑龙江八一农垦大学

2019 年 11 月

目　　录

第一章　绪　　论

第一节　国外养羊业的发展概况

20 世纪 80 年代中期以来，世界养羊业开始向多极化方向发展。在国际市场上羊肉价格为每吨 4500 美元左右，1 t 羊肉价格相当于 2 t 羊毛价格。这种羊肉、羊毛价格之差，促使了世界养羊业重点的转移和羊生产结构的调整，从市场需求趋势来看，羊肉的需求量呈日益增长趋势，世界羊肉市场近 20 年来一直是供求两旺态势。目前，欧洲大部分国家的羊肉生产产值占养羊收入的 90%左右，澳大利亚和新西兰也都作出了相应的调整。羊产业已成为世界养羊业发展的重点，一些国家相继培育出专门的肉用品种，如英国的无角陶赛特、法国的夏洛来、澳大利亚的德克赛尔，以及德国的肉用美利奴、南非的波尔山羊等，这些优秀的肉用品种在世界羊产业的发展中正发挥着重要的作用。

羊肉生产的增加不仅表现在产量上，同时也反映在羊肉生产的结构上，就是肥羔生产迅速增加。世界上主要羊生产国都在大力发展肥羔生产，美国羔羊肉占羊肉产量的 94%以上，英国占 94%，法国占 75%，新西兰占 90%以上，澳大利亚占 70%。在养羊业发达国家，肥羔生产已经良种化、规模化、专业化、集约化。新西兰饲养的绵羊品种 29 个，一般均属于生长发育快、早熟、肉毛性能好、繁殖率高的肉用或肉毛兼用专门品种，其中罗姆尼（Romney）种羊 2770 万只，占全国绵羊总数的 55.74%，柯泊华斯（Coopwarth）和派伦代（Perendale）种羊占 24.9%，生产羊肉达 $52.7×10^4$ t，95%的羔羊肉、55%的成羊用于出口，占世界羊肉出口的 44%。澳大利亚根据市场发展需求，利用美利奴×边区来斯特×肉用短毛羊（如无角陶赛特）三元杂交方式生产肥羔。美国以"肉主毛从"为主要特点。绵羊 3～4 月龄断奶，育肥至 6 月龄，屠宰活重为 40～45 kg。生产方式为山区草原繁殖、平原集约化育肥，以发挥地区优势。美国绵羊数占澳大利亚的 6.44%，而羊肉产量占其 17.57%。育肥羔羊分为肥羔（fat lamb）和料羔（feeder lamb）两种。前者是正常断奶日龄前育肥出售的奶羔；后者是断奶后育肥或放牧育肥的羔羊，是生产羔羊肉的主要方式，育肥后达到优等羔羊肉标准：胴体重 20～25 kg，眼肌面积不小于 16.2 cm，脂肪层厚 0.5～0.76 cm。选择体大、早熟、多胎和肉用性能好的亲本广泛开展经济杂交。美国、英国、新西兰、澳大利亚和阿根廷等国家，以经济杂交作为生产羔羊肉的主要手段。例如，美国用萨福克、汉普夏、南丘羊作为父本，以兰布列、芬兰羊等作为母本，新西兰以无角陶赛特和萨福克作终端父本，以纯种罗姆尼和考力代等为母本进行经济杂交。

第二节 国内养羊业的发展概况

养羊业是一项投资小、周转快、经济效益高的产业。20 世纪 90 年代以来，养羊业已成为国内外畜牧业发展的重要组成部分。由于羊肉蛋白质含量高于猪肉，脂肪含量低，钙、磷、铁等矿物质含量明显高于猪肉、鸡肉，特别是羊以吃草和其他天然植物为主，因而羊肉受污染少，是理想的绿色动物蛋白来源。

我国养羊业历史悠久，改革开放以来，随着农业生产结构的战略调整和农村经济的全面发展，养羊业已成为发展农村经济的一个重要支柱产业。随着社会经济的发展，城乡人民生活水平的提高和对羊肉营养价值认识的深化，羊肉越来越受到广大消费者的喜爱，全国的羊肉市场供求两旺的形势将在相当长时间内保持不变。

我国绵羊、山羊品种遗传资源丰富，2011 年出版的《中国畜禽遗传资源志——羊志》中列入了绵羊、山羊品种共 140 个。绵羊品种 71 个，其中地方品种 42 个，包括蒙古羊、西藏羊、哈萨克羊等；选育品种 21 个，包括新疆细毛羊、甘肃高山细毛羊等；引入品种 8 个，包括萨福克羊、杜泊羊等。山羊品种 69 个，其中地方品种 58 个，包括内蒙古绒山羊、辽宁绒山羊等；选育品种 8 个，包括关中奶山羊、南江黄羊等；引入品种 3 个，包括萨能奶山羊、安哥拉山羊、波尔山羊。目前，全国各地已根据本地实际情况和气候特点来制定杂交方案，开展羊培育工作。我国相继从国外引进多个专门化羊品种以满足我国养羊业发展的需求。这些专门化的肉用品种具有体型大、生长发育快、产肉性能高、肉质细嫩和繁殖力高等特点。

据 2015 年中国畜牧业协会养羊业分会统计，我国绵羊、山羊存栏 30 314.9 万只。羊肉的产量 441 万 t，绵羊毛产量 41.95 万 t，羊绒产量达 1.93 万 t。羊的养殖区域主要分布在北方和中西部地区。羊肉产量位列前 10 名的省区是内蒙古、新疆、山东、河北、河南、四川、甘肃、安徽、云南和黑龙江。绵羊毛和山羊绒产量位列前 10 名的省区是内蒙古、新疆、河北、甘肃、黑龙江、青海、辽宁、吉林、宁夏和山东。

一、现阶段我国养羊业存在的主要问题

（一）羊品种良种化程度低

国内羊肉市场供应有相当一部分出自于老、弱、残和淘汰羊，优质高档的羔羊肉很少，出现这种状况的原因之一就是缺乏专门的肉用品种。我国的绵羊品种

多为毛用或毛肉兼用型，基本没有专门的肉用品种，山羊品种除南江黄羊外，大部分为普通山羊，而且普遍存在生长速度慢、产肉性能差和饲料转化率低等缺陷。

（二）饲养方式相对传统

当前我国很多养羊户仍然采用传统的粗放放牧方式，而且以户均几只到几十只不等的散养为主，未形成规模化养殖。农户的这种散养方式可以充分利用家庭的闲置劳动力、农作物秸秆等多种资源，在有效降低了饲养成本的同时，也增加了家庭的经济收益。但散养一方面导致羊只育肥周期长，影响羊肉品质；另一方面导致其难以分群饲养，品种比较混杂，疾病预防工作难以开展。在羊产业向规模化和集约化方向发展的今天，散养成为制约我国养羊业发展的主要因素，在很大程度上阻碍了有关繁殖技术和防疫技术的推进。

（三）生产一线的专业技术人员严重缺乏

在生产中，从科学育种、繁殖、饲养、生产管理到安全生产各个阶段的专业技术人员都严重缺乏，已有的许多技术人员缺乏现代化、标准化养羊模式下的先进技术。相当一部分规模较小的羊场几乎都是靠有多年积累经验的农民在运作，严重缺乏高等学历的专业技术人才，导致一些常用的繁殖技术无法开展，疫病防控措施基本没有。例如，人工授精和疾病预防、诊断等方面的技术很少有人掌握，造成疫病难以防控、生产效益低下。

（四）屠宰加工环节薄弱

我国羊生产体系尚处于初级阶段，羊的饲养、屠宰、加工、运输、销售等过程严重脱节，肉的品质及卫生条件无法追溯根源，致使产生了许多难以满足消费者需求的不放心肉，给羊产业造成了很大的经济损失，同时还威胁着人类的健康。另外，由于政府监管不严，私屠滥宰现象时有发生，羊肉产品优质优价机制未能形成，降低了产品的潜在增值效益。因此，为了建立有序规范的市场体系，政府必须加强肉质安全监管，制定和完善各项检疫检验制度。例如，危害分析和关键控制点（hazard analysis and critical control point，HACCP）体系的建立和实施，被普遍认为是确保食品安全的有效措施。

（五）生产成本高，比较效益差

随着我国养羊业由传统的散养向规模化、集约化养殖的转型，养殖方式势必会由放牧转为舍饲，使得原先可以免费利用的饲料资源不能利用，额外增加了饲料成本。同时，需要投入更多的劳动力从事饲养、管理等工作，一定程度上增加了劳动力成本。另外，在近些年饲料价格和人工费用大幅增长的同时，受到国外羊肉市场的冲击，国内羊肉价格比较低迷，导致收益较小。

二、发展对策

（一）建立健全良种繁育体系

我国地方品种本身也具有独特的优良特性，对这些地方品种，我们要保种和有计划地进行改良，提高地方品种的经济性状，科学地、有计划地利用杂交进行选育，生产优质羔羊。

（二）改进饲养管理

农区要充分利用当地农副产品，尽量降低养殖成本，同时种植优良牧草及开展林草间作等，大力开发饲料资源，做到饲料全价，营养合理；牧区应进行有计划的适度放牧，依草定羊，划区轮牧，尽量减少饲养成本和人力物力的浪费。

（三）大力发展适度规模化、集约化和标准化养羊

我国养羊业当前的饲养管理和经营方式与现阶段我国市场经济的发展不相适应。要改变落后的生产方式，积极发展专业化、适度规模化、集约化和标准化养羊，突出重点，发挥优势，增强产品在国内外市场上的竞争能力，确保我国养羊业的持续发展。

（四）羊肉安全生产

在羊肉生产上必须把好畜产品质量安全关，确保上市羊肉安全可靠，万无一失。研究羊产业安全生产的各项配套技术，建立羊生产和肉产品的相关标准，确保生产符合国际标准的优质高档羊肉产品。同时，抓好羊肉及其制品的技术安全，严禁有害添加剂的使用。

第二章　北方寒区羊用粗饲料的营养特性与应用

第一节　粗饲料对羊生产的作用

粗饲料是羊等反刍动物重要的营养源，占羊日粮的 40%～80%，其作用主要有以下几个方面。第一，给羊提供能量。粗饲料中的纤维素有 55%～95%要经过瘤胃微生物发酵，最终产生挥发性脂肪酸（volatile fatty acid，VFA），而挥发性脂肪酸是羊等反刍动物的主要能源物质之一，而且还参与各种代谢。已有研究报道，挥发性脂肪酸能提供给反刍动物 70%～80%的能量，所以说粗饲料是反刍动物重要的能量载体物质。第二，提高羊的产奶性能。大量研究表明，在日粮中粗饲料的添加比例合适，能提高羊的产奶量和乳脂率。粗饲料在瘤胃内发酵可产生乙酸，乙酸的含量升高，伴随着乳脂率也会提高，进而改善羊奶的营养品质。如果粗饲料含量过低，还会伴随产生一些代谢性疾病，如酸中毒、蹄叶炎、真胃变位、肝脓肿等。第三，可以调控羊的采食量。粗饲料体积大、蓬松，吸水性强，以及填充作用强，容易使羊产生饱感。第四，维持瘤胃的功能正常，对胃肠道的消化吸收能力有促进作用，对瘤胃发育和健康意义重大。粗饲料中的纤维素对胃肠道的消化和蠕动有促进作用，利于粪便的排泄，还能促进胃肠道微生态系统的平衡。第五，对羊瘤胃正常值有维持作用。粗饲料会对瘤胃进行机械刺激，既可诱使反刍和咀嚼，又能有效刺激唾液分泌，保持瘤胃内 pH 的稳定。如果瘤胃内 pH 长期或高或低，不稳定，会严重影响瘤胃不同微生物群体的稳定，破坏原有比例和数量，从而进一步影响瘤胃正常的发酵功能，降低饲料的消化率。用于羊饲养的粗饲料主要分为以下几类。

一、饲草类

饲草类分为栽培牧草和野干草。主要栽培牧草有近 50 个种或品种。三北地区（西北、华北和东北）主要是苜蓿、草木犀、沙打旺、红豆草、羊草、老芒麦、披碱草等，用这些栽培牧草所调制的干草质量好、产量高、适口性强，是羊等草食动物常年必需的主要饲料成分。然而，野干草是在天然草地或荒地采集的干草，质量比栽培牧草要差很多。苜蓿有"牧草之王"的称号，是优质的高蛋白饲草，添加新鲜苜蓿不仅能够提高羊的屠宰性能，还能明显降低羊肉的膻味，提高其风味及抗氧化性能，最适宜的添加比例为 30%。胡雅洁等（2007）研究表明，苜蓿干草加工成干粉或颗粒后，干物质（dry matter，DM）、粗蛋白（crude protein，

CP）和中性洗涤纤维（neutral detergent fiber，NDF）在瘤胃内降解率较整株有显著提高。刘洪亮和娄玉杰（2006）对羊草和苜蓿进行了评定，苜蓿草粉的粗蛋白和中性洗涤纤维瘤胃降解率均高于羊草。娄玉杰等（2006）测得的吉生羊草在羊体内消化能为 9.90 MJ/kg，干物质消化率为 50.10%，粗蛋白消化率为 63.40%，吉生羊草的饲用价值优于野生羊草。王旭等（2005）测得的沙打旺、羊草、玉米秸秆、谷草在羊体内代谢能分别为 7.98 MJ/kg、7.39 MJ/kg、7.73 MJ/kg、7.93 MJ/kg，4 种粗饲料分级指数（grading index，GI）分别为：沙打旺 36.99 MJ，羊草 15.90 MJ，玉米秸秆 7.22 MJ，谷草 3.98 MJ。

二、秸秆类

据农业农村部等有关部门不完全统计，我国每年秸秆产量有 6 亿 t，相当于北方草原每年收贮干草量的 50 倍。稻草、麦秸、玉米秸秆是我国主要的三大秸秆饲料。秸秆利用的途径主要有氨化、青贮及微贮，其不仅会使饲料的营养价值提高，还会提高饲料的适口性，提高动物的生产性能。王敏玲等（2011）在对玉米秸秆和干羊草进行营养价值比较中发现，玉米秸秆的消化率和代谢能均高于干羊草。周封文（2013）探讨了粉碎或制成颗粒的玉米秸秆日粮对小尾寒羊瘤胃和整体消化代谢的影响，结果显示，秸秆颗粒日粮可增大绵羊的采食量，显著增加了绵羊营养物质消化、供应量和氮保留。许腾（2006）研究了氨化小麦秸秆、微贮小麦秸秆、小麦秸秆（对照组）、氨化玉米秸秆、微贮玉米秸秆、玉米秸秆（对照组）对生长期小尾寒羊日增重的影响，结果表明，微贮处理秸秆组效益最好，其次是氨化处理组，在微贮处理小麦秸秆与玉米秸秆两组效益对比中，又以微贮玉米秸秆饲喂小尾寒羊效益最好。刘海燕等（2006）探讨了苜蓿、秸秆及两种粗饲料混合饲喂小尾寒羊羔羊的效果，结果显示，与秸秆组相比，苜蓿秸秆组羊体增重比对照组高 22.78 g/d，屠宰率、净肉率分别提高了 6.27%、4.62%。孙亚波等（2013）探讨了以玉米秸秆、大豆秸秆、花生秸秆为主的日粮饲喂辽宁绒山羊，结果显示，以花生秸秆为主导的日粮瘤胃液浓度、合成量较高，秸秆粗饲料转化利用率较高。江喜春等（2012）用青贮玉米秸秆、青贮苹果渣和两者组合饲喂羔羊，结果显示，混合饲喂对羔羊育肥效果最好，经济效益最高。大豆秸秆和花生秸秆也是羊等反刍动物良好的粗饲料来源，青刈的大豆秸秆叶营养价值接近紫花苜蓿，即使作物成熟后再刈割，粗蛋白含量和消化率都较高。刘杰（2009）研究表明，大豆秸秆和野干草混合饲喂绵羊的平均日增重显著高于单一饲喂野干草或是单一饲喂大豆秸秆。

三、秕壳、藤蔓类

与秸秆类相比，秕壳的蛋白质和矿物质含量较高，但是质地坚硬、粗糙，还含有芒刺和泥沙，适口性很差，大量饲喂很容易引起动物消化道功能障碍，应该严格限制饲喂量。藤蔓类营养价值相对较高，适口性也好。刘婷等（2012）测得的绵羊对茴香秸秆和茴香秕壳的消化率高于羊草和柠条，说明茴香秸秆和茴香秕壳木质化程度低，属于消化率较高的粗饲料。陈海燕和钟仙龙（2006）用稻谷秕壳颗粒化全混合日粮饲喂育肥羔羊，生长效果和经济效益优于放牧山羊。

四、糟渣类

糟渣类包括白酒糟、啤酒糟、酱醋糟、木薯渣、淀粉渣、豆渣、味精渣、糖渣及果渣等，是食品工业和发酵工业的主要副产物之一。糟渣类饲料水分含量比较大，含丰富的蛋白质和矿物质，非常适合饲喂家畜。陈家振等（2008）用酒糟和果渣替代饲草饲喂育肥羔羊，增重和经济效益均高于对照组。王耀富和王保民（1992）把玉米秸秆粉碎后与酒糟混匀，再进行尿素氨化处理，不仅能显著提高绵羊日增重，还可以加速酒糟的自然干燥，减少发霉、生蛆。但是，酒糟的添加量一定要严格控制，如果添加过量反而会降低生产性能，严重时会导致动物死亡。王典等（2012）研究发现，用马铃薯淀粉渣-玉米秸秆混合青贮饲料代替部分全株玉米青贮有提高肉羊日增重的趋势，可以提高血清尿素氮含量并显著降低瘤胃液氨态氮浓度。结果表明，马铃薯淀粉渣-玉米秸秆混合青贮饲料可以替代肉羊饲粮中 75%的全株玉米青贮饲料。

第二节　羊粗饲料种类及营养特性

美国牧草牧场专门委员会于 1991 年定义的粗饲料为：植物（不包括谷物）中可供放牧采食，收获后可供饲喂的可食部分，包括牧草、干草、青贮、嫩枝叶类、秸秆等。但在我国常规分类法中规定，粗饲料为自然含水量低于 45%，干物质中粗纤维含量大于或等于 18%，以风干物为饲喂形式的饲料，包括牧草、青干草、青贮饲料和农作物秸秆及籽实类皮壳等。粗饲料的粗纤维含量较多，一般为 35%～45%，特别是木质素含量较高。粗饲料包括牧草、青干草、青贮饲料和农作物秸秆等。它们的营养特点是含粗纤维较多，营养价值较低，比较难消化，但粗饲料体积大，价格便宜，来源丰富，对羊来说有饱腹感和促进胃肠蠕动的作用。粗饲料中以牧草、青干草、青贮饲料的营养价值较高，是羊良好的基础饲料。粗饲料可以代替一些籽实饲料，从而节约饲养成本。

北方寒区地理位置和气候条件适宜绵羊生产，以黑龙江省为例，黑龙江省地处北纬 43°～53°，处于世界养羊优势区域。冷凉的气候有利于绵羊提高增重速度和脂肪沉积，并且大气、水质、土壤等生态环境优良，饲草饲料资源丰富，低成本优势明显。黑龙江省养殖用地充足，发展空间广阔，未利用土地 629.2 万 hm^2，占全省土地总面积的 13.30%。黑龙江省绵羊存栏量近十年间呈下降的趋势，从 2004 年的 1153 万只下降到 2014 年的 856 万只，累计下降 25.8%。同期，出栏量稳步增加，从 2004 年 582 万只增加至 2014 年的 800 万只左右，并且保持稳定，出栏量增长约 37.5%。羊肉产量 11.8 万 t，与 2004 年相比，羊肉产量增长 31.1%。从生产区域的分布来看，黑龙江省绵羊生产主要集中在松嫩平原；从发展趋势来看，生产区域进一步向三江平原和北部山区半山区拓展。绵羊规模化饲养程度逐步提高，黑龙江省年出栏 100 只以上的绵羊养殖户比例为 8.53%，高于全国平均水平 6.93%，规模化饲养程度在不断提高。特别是在山区或半山区，一些工商资本进入绵羊养殖业，大型的规模化养殖场大批出现。例如，勃利县大兴牧业有限责任公司、肇州中升牧业有限公司，都是工商资本投入建设的大规模绵羊养殖场。2004 年，每只绵羊的平均出栏体重和日增重为 34.77 kg 和 0.103 kg，到 2014 年为 39.80 kg 和 0.190 kg，分别提高了 14.47% 和 84.47%。与南方发达地区相比，黑龙江省养殖用地相对充足，土地养殖量承载能力与粪便消纳能力其他地区无法比拟，粪污堆积发酵后直接还田即可。黑龙江省气候冷凉，动物疫病防控具有先天优势，疫病少发。与生猪、家禽等相比，羊的养殖属于节粮型畜牧业，能够充分利用农作物秸秆等农副产品。黑龙江省是粮食生产大省，也是秸秆生产大省，全省年产玉米秸秆 3450 万 t 左右，以玉米秸秆、水稻秸秆、小麦秸秆为主的秸秆资源量占到秸秆总量的 75% 以上，丰富的饲草饲料资源形成了养殖成本竞争优势。

一、牧草的营养特性

牧草包括豆科牧草和禾本科牧草。不同的牧草由于受植物的生长阶段、草地的植物组成、土壤的营养状况、气候因素及草地的经营管理等因素的影响，其干物质的组成通常变化很大。粗蛋白含量占干物质的比例为 3%~30%，粗纤维则为 20%~40%，含水量为 65%~85%，碳水化合物总量则为 4%~30%，纤维素含量为 20%~30%，半纤维素则为 10%~30%。近年来，一些专家已对最重要的禾本科牧草和豆科牧草的化学成分进行了总结。绿色牧草富含胡萝卜素和维生素 D；豆科植物往往含有较多的钙、铜、钴；禾本科牧草则富含二氧化硅。禾本科牧草所含营养物质一般低于豆科牧草，但部分优良的禾本科牧草富含精氨酸、谷氨酸、赖氨酸、聚果糖、果糖、蔗糖等，胡萝卜素含量也高。豆科牧草蛋白质含量高，苜蓿的粗蛋白含量是羊草的 2.3 倍，可消化粗蛋白是羊草的 3.2 倍，含有全部的必需氨基酸，限制性氨基酸特别是赖氨酸含量丰富。优良的牧草是羊的首选粗饲料。

牧草由碳水化合物、蛋白质、脂肪、矿物质、维生素和一些独特的复合物构成，其中最重要的是木质纤维素。碳水化合物的独特构造，以及它与蛋白质、木质素之间的复杂关系决定着牧草的营养价值。而其中的脂肪、维生素和矿物质对动物利用牧草的能力影响很小，除非其中一个或几个在日粮中处于缺乏或过量状态，这将会对其他营养成分及所有来源的饲料的消化吸收造成影响。豆科牧草的纤维素、半纤维素和水溶性碳水化合物含量与禾本科牧草相比较低，可溶性和可降解氮含量高，同时又缺乏与之同步发酵的可溶性碳水化合物，因此单独饲喂易引起瘤胃臌气，造成氮的浪费，其中较典型的是苜蓿。禾本科牧草相对豆科牧草来说，粗蛋白含量较豆科牧草低，但纤维素、半纤维素和可溶性碳水化合物含量高，限制了动物对其消化和利用，降低了羊对禾本科牧草的采食量。

牧草对于反刍家畜的营养价值除依赖于它们的成分以外，也与畜体的生理状态和生产水平有关。动物对某一成分的需要量无论多么少，只要供应不当就会使该成分成为限制因子，并因此显得重要起来。动物可利用的量不一定等于牧草中存在的量，因为吃下去的牧草并非全部被消化或吸收。对牧草营养价值最重要的是测定家畜对牧草的消化率。牧草的消化率因不同种、不同变种及同一植株的不同部位而异，它随生长季节的提前而略有降低，同时因生长阶段的不同而大幅度变化。

二、牧草

（一）紫花苜蓿

紫花苜蓿俗称"苜蓿"，系世界上栽培最早的牧草，有"牧草之王"的美称。其适口性好，营养丰富，为各类家畜所喜食，属优等牧草。由苜蓿制作的青草、青贮、干草、草粉是许多家畜必不可少的饲料。苜蓿鲜草的粗蛋白消化率：孕蕾期为71%，分枝期为76%，干草（第一茬）为80.6%。初花期（水分7.64%）含粗蛋白21.01%、粗脂肪（ether extract，EE）2.47%。1 kg优质苜蓿草粉相当于0.5 kg精料的营养价值。其中必需氨基酸含量比玉米高，特别是赖氨酸含量比玉米高5.7倍。每公顷苜蓿可产粗蛋白1500～3000 kg，相当于18.75～37.5 t玉米所含的蛋白质。同时，苜蓿含有8种牲畜需要的维生素，如青干草中含胡萝卜素50～160 mg/kg、核黄素8～15 mg/kg、维生素E 150 mg/kg、维生素B5 50～60 mg/kg、维生素K 150～200 mg/kg；苜蓿还含有15种对家畜生长有益的微量元素，是家畜必不可少的优质饲料。苜蓿的主要利用方式有以下3种。

1. 青饲

将苜蓿青草切成10～15 cm长的草段与青贮玉米、精料混合饲喂，可节约精料。

2. 青贮

青贮是保存苜蓿营养的最好方法，但因苜蓿蛋白质含量高，糖分含量低，青贮不易成功。因此，在进行窖贮时，一般多与禾本科牧草或玉米混合青贮，效果较好。目前，多采用半干青贮的方法，即当苜蓿鲜草的水分降到 45%~50% 时，用塑料袋抽气到真空，压紧贮存或用机械包裹，包紧成真空状贮存，可取得满意效果。也可以在青贮时加入 0.5% 的乙酸，使 pH 很快达到 4 上下，可以明显减少干物质及蛋白质的损失，保证青贮质量。目前国内外仍在探索新的苜蓿青贮途径，但总的方向应该是降低成本、简便实用、饲喂安全。

3. 放牧

苜蓿放牧利用时应注意防止家畜臌胀病的发生。引起臌胀病的原因有很多，其中普遍认为，苜蓿青草中含有皂素和大量可溶性蛋白，反刍动物如牛、羊采食后，在瘤胃中形成大量泡沫不能排除，造成臌胀而死亡。因此，放牧时最好避免利用单一苜蓿草地。研究表明，用苜蓿与鸭茅、无芒雀麦、猫尾草、羊茅建立混播人工草地，可以防止臌胀病的发生。美国、加拿大已培育出低皂素的苜蓿品种，使臌胀病发病率大大降低。此外，采用放牧时间逐渐增加的方法，使牲畜逐步适应，减少单次采食量，也可降低其发病率。

（二）红豆草

与苜蓿一样，红豆草属豆科多年生牧草，是干旱半干旱地区很有前途的牧草，凡能栽种苜蓿的地方均可种植，故有"牧草皇后"之称。红豆草无论是青草还是干草，都是优质饲草，各种家畜均喜食。红豆草含有丰富的营养物质，除蛋白质外，还含有丰富的维生素和矿物质。据报道，红豆草开花期干物质中含粗蛋白 15.1%、粗脂肪 2.0%、粗纤维 31.5%、无氮浸出物（nitrogen free extract，NFE）43.0%、粗灰分（Ash）8.4%，钙 2.09%、磷 0.24%；红豆草在各个生育期均含有很高的浓缩单宁，家畜食后不得臌胀病。

（三）三叶草

三叶草常见的有白三叶和红三叶两种。它是豆科牧草中分布最广的一类，几乎遍及全世界，尤以温带、亚热带分布为多。红三叶是短期多年生牧草，一般利用年限为 3~4 年，属上繁草。红三叶营养丰富，蛋白质含量高。据测定，在开花时干物质中含粗蛋白 17.1%、粗脂肪 3.6%、粗纤维 21.5%、无氮浸出物 47.6%、粗灰分 10.2%，还有丰富的各种氨基酸及多种维生素，草质柔软，适口性好，各种牲畜都喜食。红三叶的草地可供放牧，也可以制成干草，青贮利用。牛、羊在红三叶草地放牧，若单一大量饲用时，会发生臌胀病，影响泌乳与增重，但当三叶草与黑麦草、羊尾草等建立混播草地时，可以避免此病的发生。

白三叶是优良的下繁草，耐践踏，放牧利用好，一般可利用 7~8 年。白三叶营养丰富，饲养价值高，粗纤维含量低，干物质消化率为 75%～80%。在干物质中粗蛋白 24.7%、粗脂肪 2.7%、粗纤维 12.5%、粗灰分 13%、无氮浸出物 47.1%。草质柔软，适口性好，羊喜食，是优质高产羊的放牧地。由于草丛低矮，最适宜放牧利用。

（四）沙打旺

沙打旺是一种优良的豆科牧草和治沙改土作物，喜温暖、抗旱耐碱、再生能力强。沙打旺茎叶鲜嫩，营养丰富。据研究，沙打旺含水量 66.71%、粗蛋白 4.85%、粗脂肪 1.89%、粗纤维 9.00%、无氮浸出物 15.20%、粗灰分 2.35%。干物质中粗蛋白含量占 14.60%。沙打旺适口性稍差，尤其是老化后茎秆粗硬，品质低劣，不宜青饲，可与其他多汁饲料混合饲喂或青贮，幼嫩时羊也喜食。沙打旺含有硝基化合物，单一大量饲喂时会造成单胃动物中毒，但在反刍动物中尚未发现中毒现象，在饲喂时，应注意混合禾草，更为安全。

（五）羊草

羊草也称碱草，是广泛分布的禾草。在我国东北平原，内蒙古高原的东部，华北、西北省区均有大面积的分布。羊草适应性强，耐旱、耐寒、耐盐碱、耐风沙，对土壤有广泛的适应能力。

羊草茎叶繁茂、草质优良、适口性好，在营养期时，含水量 10.70%、粗蛋白 11.49%、粗脂肪 3.47%、粗纤维 26.53%、无氮浸出物 41.05%、粗灰分 6.76%，为各类家畜所喜食。羊草营养生长期长，有较高的营养价值，种子成熟后茎叶仍保持绿色，可放牧、割草。羊草干草产量高，营养丰富，但割草时间要适当，过早过迟都会影响其质量，抽穗期刈割调制干草，颜色浓绿，气味芳香，是各种牲畜的上等青干草，也是我国出口的主要牧草产品之一。

羊草全年都可供各种牲畜采食，对于幼畜的发育，成畜的育肥、繁殖效果均比较好；羊草作为头等饲草，春季可使牲畜恢复体力，夏、秋季可抓膘催肥，冬季青干草有补料作用。

（六）无芒雀麦

无芒雀麦是禾本科多年生牧草，适应性广，生活力强，是一种适口性好、饲用价值高的优良牧草。其抗逆性强，可与苜蓿相当，为禾本科牧草中抗旱性最强的一种，具有茎少叶多、营养丰富等特点。幼嫩期无芒雀麦干物质中所含蛋白质不亚于豆科牧草中蛋白质的含量；在抽穗期时，含水量 6.92%、粗蛋白 19.87%、粗脂肪 2.88%、粗纤维 16.47%、无氮浸出物 45.81%、粗灰分 8.05%，还有丰富的钙、磷成分。

无芒雀麦具地下茎，易结成草皮，耐践踏，再生能力强，收刈青饲或放牧利用均宜，是建立打草场和放牧场的优良牧草。用其晒制的干草营养价值较高。人工栽培的草地，可亩产[①]干草 300～400 kg 甚至以上，一般可连续利用 6～7 年。

（七）黑麦草

黑麦草属禾本科牧草，常见的最有经济价值的为多年生黑麦草和多花黑麦草，这两种黑麦草是具有世界栽培意义的禾本科牧草，广泛用作羊的干草和放牧牧草。黑麦草生长快、分蘖多、繁殖力强、茎叶柔嫩光滑、品质较好，各种家畜均喜食。

黑麦草可在年降雨量为 500～1500 mm 的地方良好生长，较能耐湿却不耐旱，产草量较高。在几种最重要的禾本科牧草中可消化物质产量最高。多年生黑麦草营养生长期长，草丛茂盛，富含蛋白质，在茎叶干物质中含粗蛋白 17%、粗脂肪 3.2%、粗纤维 24.8%，含钙、磷丰富，适于青饲、晒制干草、青贮及放牧利用。青饲在抽穗前或抽穗期刈割，每年可刈割 3 次，留茬为 5～10 cm，草场保持鲜绿，放牧利用可在草层高 25～30 cm 时进行。多花黑麦草（一年生黑麦草）的茎叶干物质含粗蛋白 13.7%、粗脂肪 3.8%、粗纤维 21.3%，草质好，同样适宜青饲、调制干草、青贮和放牧利用。

（八）披碱草

披碱草是适应性极强的一种多年生禾本科牧草，它的突出优点是产量高、易栽培，其营养成分较为丰富。在抽穗期茎叶干物质中含粗蛋白 14.94%、粗脂肪 2.67%、粗纤维 29.61%、无氮浸出物 41.36%、粗灰分 11.42%。鲜草干物质中含蛋白质 8.3%，较羊草略低。幼嫩期青绿多汁，质地细嫩，可用于放牧。稍老的披碱草，除直接饲喂牛、羊外，还可调制干草或青贮饲料，作为羊优质贮备饲料。

（九）鸡脚草

鸡脚草是禾本科多年生牧草，叶多茎少，产量高，耐阴，适应性广，放牧、青饲、调制干草或青贮均可。产草量较高，品质较高，再生性良好。据研究，处于营养生长时期的鸡脚草的饲用价值接近苜蓿，盛花以后的饲用价值只有苜蓿的一半。鸡脚草再生草基本处于营养生长状态，因此它的饲用价值仍很高。

三、干草

（一）干草的营养价值

干草是指牧草或青草在未结籽实以前刈割下来晒干或烘干所得物。它是养羊

① 1 亩≈666.7 m²

业中不可缺少的主要粗饲料。优良的干草质地柔软、气味芳香、适口性好，不仅各种养分含量多，而且消化率高。其营养价值可接近于精料，但劣等青干草却与农作物秸秆差不多。

（二）影响干草品质的因素

干草的营养价值取决于制作它们的原料植物的种类、生长阶段及调制技术。就原料而言，豆科植物调制的干草含有较多的粗蛋白或可消化蛋白。而在能量方面，豆科和禾本科牧草，以及谷类作物调制的干草之间没有显著差别。淀粉价为31.1%~42.6%，消化能在 9600 kJ/kg 左右，但是优质干草的干物质中可消化粗蛋白的含量应在 12%以上，而淀粉价应为 50%，消化能应为 12 000~13 000 kJ/kg。矿物质营养方面与其原料植物的价值相似。一般豆科干草中含钙多于禾本科植物，如苜蓿含钙 1.42%，红三叶含钙 1.35%，而一般禾本科干草不超过 0.72%。这些对羊都有特殊的价值。

抽穗期的禾本科牧草、孕蕾期的豆科牧草或始花期的豆科和禾本科混播牧草都可以晒制成富有营养价值的优质干草。也就是说，这些牧草在上述生长阶段收刈作青干草最为适宜。过早不利于干物质形成，过迟则影响营养价值，尤其是粗纤维增加，造成消化率下降。美国威斯康星州在为期 3 年的饲养实践中，对每年第一次生长的苜蓿-雀麦混合牧草于 4 个不同的成熟期进行收获干制，分析干草的干物质消化率（dry matter digestibility，DMD）、消化能（digestible energy，DE），发现上述指标随着植物趋向成熟而急剧降低，另外，包括粗蛋白、胡萝卜素、维生素 B 的含量也随着植物成熟而降低，但维生素 D 例外，它在太阳晒制过程中含量增加。据研究，在牧草成熟晚期之后每延迟收获 1 d，可使干草的营养价值损失 1%。

调制技术对干草品质也有较大影响。地面晒干法调制干草，由于干燥过程缓慢，植物分解与破坏过程持续过久，因而营养损失过多。采用草架或棚内干燥的方法，虽比地面干燥法制得的干草质量高，但保存青草原料的营养仍不多。因此，国外普遍利用各种能源来进行青绿饲料的人工脱水干制，这种方法中有的几乎可以完全保存青饲料的营养价值。人工干制的干草俗称人工干草，人工干制法有低温法与高温法。低温法是在 45~50℃的小室内停留数小时使青料干燥；高温法则是采用 500~1000℃的热空气脱水 6~10 s，即可干燥完毕。这两种方法的最后产品中含水量为 5%~10%。高温可以破坏青草中的维生素 C，但羊自身可以合成这种维生素，故无关紧要。至于胡萝卜素，在良好的人工干草中破坏程度常不超过10%。人工干草的唯一缺点是缺乏维生素 D。

四、青贮饲料

青贮饲料是一种能够在能量、蛋白质、维生素和矿物质等方面保持平衡的饲料。青贮饲料气味酸香、柔软多汁、颜色黄绿、适口性好，为羊冬、春季的优良青绿多汁饲料。采用青草、青向日葵、青玉米、豆科和禾本科牧草，以及其他原料调制而成的青贮饲料，含有各种有机酸，每千克青贮饲料中含 15～25 mg 胡萝卜素、维生素 K、维生素 D、维生素 C 和各种 B 族维生素。此外，还含有钙、磷等矿物质。在玉米青贮饲料中，含有 70% 的水分、2.5% 的粗蛋白和 1.1% 的粗脂肪、12.4% 的无氮浸出物、7.8% 的粗纤维和 2.7% 的粗灰分等。一般养分损失不超过10%。青贮饲料对提高羊日粮内其他饲料的消化性也有良好的作用，用同类青草制成的青贮饲料和干草，前者的消化率较后者有明显提高。

通常青贮饲料是指把青绿作物或牧草保存在适于各种酸发酵条件下的最终产品。这就意味着青贮饲料必然要满足如下条件：①在厌氧条件下贮存；②含有相当数量的碳水化合物，包括淀粉和糖；③保持最适宜的青贮温度（26.7～37.8℃）。它比制作干草能保存更多的植物养分。制作牧草青贮可保存 85% 的饲料价值，而制作干草在最有利的条件下可保存 80%，在不良条件下仅保存 50%～60%。另外，饲料青贮可能在单位土地面积上生产出最多的饲料，从而提高农场或牧场的羊载畜量，饲喂玉米青贮饲料比饲喂谷粒和秸秆的饲养价值高 30%～50%。

五、 秸秆饲料

秸秆是指农作物收获脱粒后所剩成熟植物的残余物。秸秆饲料是一类有巨大潜力的饲料资源。我国每年约产农作物秸秆 7 亿 t，占世界秸秆总产量的 20%～30%。黑龙江省每年农作物秸秆产量高达 5000 万 t。理论上作物副产品可提供反刍动物能量需要量的 84%，粗蛋白需要量的 74%，但实际利用量却远远低于此值，主要由于收获损失，或加工贮藏、用作燃料及直接饲喂所造成的损失，或由于低质而还田。近年来，在秸秆资源研究和利用上已取得了重大进展，通过推广秸秆氨化、微贮等技术，改善了秸秆饲料的营养价值、适口性和消化率，因而产生了良好的饲喂效果。小反刍动物（尤其是山羊）在发展中国家农业中的重要性已被广泛认可，但不加选择的放牧严重破坏了农作物-家畜的平衡，这就迫切需要研究和发展利用农副产品舍饲小反刍动物的体系。

秸秆饲料只含少量的易消化的碳水化合物、粗蛋白、粗脂肪等，而较多的是细胞壁物质。不同种类的秸秆其营养成分含量和消化率有所差异，禾本科秸秆粗纤维的消化率比豆科秸秆高，但豆科秸秆的粗蛋白比禾本科的高。由于秸秆的营养价值主要取决于粗纤维的消化率，一般而言，禾本科秸秆的营养价值较高。秸秆物质的有机物消化率都较低，一般牛、羊很少超过 50%，饲料消化能为 7.78～10.45 MJ/kg。蛋白质含量很低，粗灰分含量高，对动物有营养意义的矿物质很少。我国北方寒区主要的三类秸秆饲料如下。

稻草的营养价值很低但数量非常大。稻草的粗蛋白含量为 3%～5%，粗脂肪为 1%左右，粗纤维为 35%左右，粗灰分含量较高，但钙、磷含量低。稻草中硅酸盐含量较高，导致其消化率较低。

玉米秸秆质地坚硬，粗纤维含量较高、维生素缺乏、营养价值较低，粗蛋白的含量为 2.0%～6.3%，粗纤维的含量为 34%左右。但由于羊对饲料中粗纤维的消化能力较强，消化率在 65%左右，对无氮浸出物的消化率为 60%左右，因此玉米秸秆仍为羊冬、春季的重要饲料之一。

豆秸有大豆秸秆、豌豆秸秆和蚕豆秸秆等。由于豆科植物成熟后叶子大部分凋落，因此豆秸主要以茎秆为主，茎已木质化，质地坚硬，维生素与蛋白质也减少，豆秸的总营养价值一般不比禾本科秸秆高，但豆秸中蛋白质、钙和磷的含量高于禾本科秸秆。大豆秸秆适于饲喂反刍家畜，尤其适于喂羊。风干大豆茎含有的消化能：山羊为 6.82 MJ/kg、绵羊为 6.99 MJ/kg。在利用豆秸类饲料时，要很好地加工调制，搭配其他粗饲料混合饲喂。

（一）秸秆饲料的营养特点

1. 粗纤维含量高

秸秆用作饲料有一定的营养作用，但又有它的限制因素。秸秆饲料中的粗纤维可为反刍家畜提供最经济的能量来源和碳源供体。但是，秸秆饲料粗纤维含量较多，尤其是含有相当数量的木质素和硅酸盐，这些物质不仅不能被家畜利用，由于它们的存在反而影响其他营养物质的消化利用，从而降低了整个饲料的饲用价值。因此，秸秆的营养价值主要取决于这些复杂碳水化合物的消化程度。秸秆中大量的半纤维素和纤维素吸水量大，进入家畜胃肠之后体积膨胀，使家畜具有饱感，起到填充作用。此外，半纤维素、纤维素对家畜肠黏膜有一种刺激作用，可促进肠胃的蠕动和粪便的排泄。但绝大多数秸秆的粗蛋白含量都低于8%，不能为瘤胃微生物的迅速生长繁殖提供充足的氮源，结果导致瘤胃微生物的活力降低，对秸秆的消化能较低。羊对秸秆的消化能力一般远远低于羊饲料中所需要的消化能值。秸秆的有机物瘤胃消化率只有 35%～45%。秸秆单独饲喂时，随意采食量很低，动物采食的养分往往满足不了维持需要。因此要将秸秆转化为可利用的营养物质，必须提高采食量和消化率。

2. 蛋白质含量很少

各种秸秆饲料的粗蛋白含量均较低，豆科秸秆的粗蛋白含量为 5%～9%，禾本科秸秆为3%～5%。一般要求反刍家畜饲料蛋白质含量不应低于8%，而绝大多数秸秆的粗蛋白含量都低于8%，不能为瘤胃微生物的迅速生长繁殖提供充足的氮源，光喂秸秆饲料满足不了机体对蛋白质的需求。

3. 粗灰分含量较高

秸秆中粗灰分含量一般均较高，如玉米秸秆的粗灰分含量为9.8%左右，稻草的粗灰分含量可高达17%以上，这些粗灰分中硅酸盐占的比例很大，对家畜不但没有营养价值，而且影响钙和其他营养成分的消化利用。秸秆中对动物有营养价值的钙、磷元素含量较低，并且比例不适宜，不能满足家畜的需要。

4. 缺乏维生素

秸秆中缺乏许多家畜生长所必需的维生素，秸秆中的胡萝卜素含量仅为2～5 mg/kg，这就成为秸秆用作饲料的一个限制因素。因此，应将秸秆与青贮饲料等维生素含量较高的饲料搭配以补添所缺乏的维生素。硅酸盐的存在不利于其他营养成分的消化利用，钙、磷含量低，且钙、磷比例不适宜，不能满足家畜的需要。因此，在饲喂秸秆时应注意调整钙、磷的含量及比例。

（二）秸秆饲料的种类

1. 禾本科作物秸秆饲料

（1）麦秸

麦秸是一类难消化、质量较差的粗饲料，麦类作物很多，主要有小麦、大麦、黑麦、燕麦和莜麦等。小麦秸秆的数量在麦秸中最多，粗纤维含量最高。从营养价值和粗蛋白含量看，大麦秸秆比小麦秸秆好，春播小麦秸秆比秋播小麦秸秆好，荞麦秸秆的适口性比其他麦秸好。在麦秸中，以燕麦秸秆的饲用价值最高，羊对其的消化能为11.38 MJ/kg。黑麦秸秆最差。麦秸用来养羊，应以氨化或微贮处理为好。

（2）稻草

稻草是我国农区主要粗饲料来源。稻草的营养价值优于麦秸，但低于谷草，是我国稻区养羊的主要粗饲料。据测定，稻草含粗蛋白3%～5%，粗脂肪1%左右，用其饲喂羊所产生的消化能为7.61 MJ/kg，羊对稻草的消化率在50%左右。稻草灰分含量较高，但钙、磷所占比例较小，磷含量为0.02%～0.18%，低于反刍家畜生长和繁殖的需要。因此，在以稻草为主的羊日粮中应补充钙和磷。

（3）玉米秸秆

玉米秸秆是饲养草食家畜常用的秸秆饲料。据测定，玉米秸秆平均含粗蛋白5.7%、粗脂肪1.6%左右，用其饲喂羊所产生的消化能为9.70 MJ/kg。羊对玉米秸秆粗纤维的消化率在65%左右，对无氮浸出物的消化率在60%左右。生长期短的春播玉米秸秆比生长期长的秋播玉米秸秆粗纤维少。叶片较茎秆营养价值高，且易消化，牛、羊较喜食。玉米梢的营养价值又稍优于玉米芯，与玉米苞叶营养价值相仿。玉米秸秆青绿时，胡萝卜素含量较多。刚收获的玉米秸秆饲用价值较高，由于干燥与贮藏过程中，经风吹、日晒、雨淋，干物质损失严重，达20%甚至更高，特别是可溶性碳水化合物、粗蛋白和维生素的损失更多。青贮是保存玉米秸秆养分的有效办法。

（4）谷草

粟又称为谷子，脱粒后的秸秆通称为谷草。谷草的营养价值在禾本科秸秆类饲料中居首位，相当于品质中下等的干草。其质地柔软厚实，营养丰富，可消化粗蛋白和可消化总养分均较麦秸、稻草高，是我国北方农区养羊的主要粗饲料。谷草中粗蛋白含量4.5%~5.2%，粗脂肪1.7%~1.9%。在谷类秸秆中，谷草的品质最好，与野干草混合饲喂效果更好。

2. 豆科作物秸秆饲料

豆科秸秆的种类较多，主要有黄豆秸秆、蚕豆秧秆、豌豆秧、花生秧等。豆科作物成熟收获后的秸秆，由于叶子大部分已凋落，维生素已分解，蛋白质减少，茎多木质化，质地坚硬，营养价值较低。但与禾本科秸秆相比，豆科秸秆营养特点是粗蛋白和粗脂肪含量高，粗纤维含量少，钙、磷等矿物质含量较高。

在应用蚕豆秧和花生秧饲喂家畜时，应注意将秸秆上带有的地膜和泥沙清除干净，否则被家畜食入后，易引起消化道疾病。黄豆秸秆由于质地粗硬，适口性差，在饲喂之前应进行适当加工处理，如铡短、压碎等，否则利用率很低。

3. 藤蔓类秸秆饲料

藤蔓类秸秆主要包括甘薯（地瓜）秧、马铃薯秧、南瓜秧、丝瓜秧等。其营养特点是：质地较柔软，水分含量高，一般为80%以上，干物质含量较少，干物质中蛋白质含量在20%左右，其中大部分为非蛋白氮化合物。

羊的粗饲料除干草和秸秆以外，还有其他如青菜叶、嫩树枝叶等，有些优质鲜绿树叶还是良好的蛋白质和维生素饲料来源，来源非常广泛，价格低廉。在生产实践中，应根据具体条件，因地制宜，最大限度地利用一些容易获得的质优价廉的粗饲料，以降低成本，提高生产效益。

（三）秸秆饲料的特性

1. 秸秆饲料的形态

（1）禾本科作物秸秆

禾本科作物的茎呈圆筒状，茎中有髓（如玉米秸秆）或有空腹（小麦秸秆或稻草）；茎上有节，节的数目因品种而不同。稻麦秸秆比较细软，地上部分有 5～6 节，节间中空，曲折力大，有弹性。玉米、高粱等的茎是实心的，茎高大，地上部分有 17～18 节，节间粗、坚硬，不易折断，折断后不能恢复。玉米株顶端有雄穗，植株中间有雌穗（棒子），穗外有包叶，待雌穗成熟收获后，剩余的秸秆有的有包叶，有的包叶同雌穗一块带走。禾本科作物秸秆的叶分叶鞘和叶片两部分，叶鞘包在茎秆的四周，有支持茎秆和保护幼茎的作用。叶鞘基部膨大的部分称为叶节，植株倒伏时，叶节下侧细胞迅速分裂生长，使植株茎秆再次直立起来。

（2）豆科作物秸秆

豆科作物成熟收获后的茎秆，叶子大部分已凋落，茎秆比较坚韧，有的木质化，质地粗硬。茎上有节，如黄豆主茎一般由 12～20 节组成，花生主茎有 15～20 个节间，节间中空或全茎中空，植株分为蔓生型、半直立茎型和直立型。分枝生长，黄豆一般只有基部几个节上长出 3～5 个分枝，花生则属多分枝作物，可分枝 5 次以上。青割时茎叶柔嫩，品质好，是家畜的好饲料。在雨水缺乏的年份或干旱的环境，呈典型的旱生状态，叶量较少；在雨水充裕的年份，植株生长旺盛，叶量较多。幼嫩时，含水较高，羊喜食；籽实成熟后，茎秆粗老、硬化，适口性降低，但与禾本科秸秆相比，蛋白质含量较高。

2. 秸秆饲料的结构

作物秸秆由茎和叶组成。茎和叶均由 3 种组织组成：表皮组织、基本组织和维管组织。茎的表皮只有初生结构，一般为一层细胞，常常角质化或硅质化，以防止水分的过度蒸发和病菌侵入，并对内部其他组织起着保护作用。各种器官中数量最多的组织是薄壁组织，也称基本组织，是光合作用和呼吸作用、贮藏、分化等主要生命活动的场所，是作物组成的基础。维管组织（也称维管束）都埋藏在薄壁组织内，在韧皮部、木质部等复合组织中，薄壁组织起着联系的作用。

在维管组织中，主要有木质部和韧皮部，二者是相互结合的。在整个维管束中也是彼此结合的。禾本科作物维管束中木质部、韧皮部的排列多属于外韧维管束。在小麦、大麦、水稻、黑麦、燕麦茎中维管束排列成两圈。较小的一圈靠近外围，较大的一圈插入茎中，玉米、高粱茎中的维管束则分散于整个茎中。木质部的功能是把根部吸收的水和无机盐，经茎输送到叶和植株的其他部分，韧皮部则把叶中合成的有机物质，如碳水化合物和氮化物等输送到植株的其他部分。

在玉米茎表皮下有机械组织，由厚壁组织与厚角组织组成，主要起着支撑植株本身的质量并防止风雨袭击的作用。叶是进行光合作用的主要器官，叶的组织与茎的组织相同，分 3 个系统，表皮在叶的最外层，叶肉由表皮下团块状薄壁组织细胞组成，叶脉就是维管束，禾本科作物的叶脉有维管束鞘。维管束鞘有两种：一种为薄壁型，含有叶绿体；另一种为厚壁型，无叶绿体。小麦有内外两层维管束鞘，玉米、高粱维管束鞘中的叶绿体特别大，在光合作用时，叶内可形成较多的淀粉。

3. 秸秆饲料的化学成分

秸秆饲料同其他植物性饲料一样，由无机物和有机物组成。①秸秆的无机成分：禾本科秸秆的矿物质成分在不同种类间差异较大，常用的秸秆中灰分（矿物质）含量为其他秸秆含量的 3 倍，主要是由于二氧化硅的含量高，植物根系以硅酸形式吸收，以二氧化硅的形式贮存于细胞壁中，有时也积累在细胞腔中。②秸秆的有机成分：作物秸秆饲料的有机成分主要是由碳、氢、氧和硫等构成的多种有机化合物。在碳水化合物中有纤维素、半纤维素和木质素；无氮浸出物有淀粉、低分子碳水化合物、粗蛋白、粗脂肪等。在饲料分析中又有酸性洗涤纤维（acid detergent fiber，ADF）和中性洗涤纤维之分。中性洗涤纤维包括脂类、糖、有机酸和水溶性物质、果胶、淀粉、非蛋白氮、可溶性蛋白；酸性洗涤纤维包括纤维素、半纤维素、木质素、结合纤维蛋白、二氧化硅等。纤维素是一种葡萄糖聚合物，在作物秸秆中含量丰富，它构成秸秆细胞壁的基本结构；半纤维素是一种高分子聚合物，其结构成分比较复杂，在植物体中一方面起到支架和骨干的作用，另一方面与淀粉一样起着贮存碳水化合物的作用；木质素是苯丙烷的 3 种衍生物组成的一类化合物，与碳水化合物紧密地缔合在一起，给予细胞壁化学的和生物学的抵抗力，并使植物体具有机械力，起着保护和支架作用。

粗蛋白在禾本科秸秆中的含量很低，且变异较大。一般玉米秸秆中粗蛋白含量为 1.9%～8.8%，燕麦秸秆为 4.0%，大麦秸秆为 5.0%，小麦秸秆为 2.6%～5.9%，稻草为 1.8%～5.1%。粗蛋白主要分布在秸秆组织细胞的细胞壁中，由于存在于不易消化的细胞壁，消化率比较低。

秸秆中的无氮浸出物主要包括淀粉、可溶性单糖、双糖及少量果胶、有机酸、木质素和不含氮的苷类等。其中淀粉和糖含量也很少，其总量为无氮浸出物的 30%～50%。

（四）影响秸秆饲料化学成分的因素

秸秆的化学组成受多种因素影响。例如，作物的品种、秸秆形态和部位、环境因素及管理因素等都影响秸秆饲料的化学成分。

1. 作物品种对秸秆饲料化学成分的影响

不同品种的作物秸秆其化学成分不同，如不同品种的玉米秸秆及不同类型水稻秸秆的化学成分含量互有差异。例如，粗蛋白、中性洗涤纤维、木质素含量差异不大，而纤维素、半纤维素含量品种间差异显著。

2. 秸秆形态部位对秸秆饲料化学成分的影响

作物秸秆全植株不同形态部分，其化学成分不同，如茎秆部分含有较多的干物质和纤维素，粗蛋白较少，而叶片则相反。叶鞘除含半纤维素较多以外，其他各化学成分均处于叶片和茎秆之间。从化学成分看，一般秸秆的营养价值是叶片高于鞘和茎秆，但是，小麦秸秆却不同，由于小麦秸秆的茎秆占全植株的50%以上，而叶片和叶鞘仅各占25%左右，因此，小麦秸秆的营养取决于茎秆。而稻草其叶片和叶鞘占全植株的75%左右，故叶片和叶鞘的营养价值大小基本上决定着稻草营养价值的高低。

作物秸秆不同节段各部分的化学成分也不同，小麦秸秆从上到下，茎秆、叶片、叶鞘的粗蛋白和可溶性物质（100%中性洗涤纤维）含量逐渐减少，酸性洗涤纤维和木质素却逐渐增加，而高纤维含量和高木质化程度正是秸秆饲料的营养限制性因素。因此，从上到下小麦秸秆的营养价值逐渐降低，稻草也基本相同。但不同的是，由于稻草不同节段木质素的含量从上而下逐渐增加，且茎秆木质化的程度低于叶片和叶鞘，故收获期稻草秸秆从上到下其营养逐渐降低，但各节段茎秆的营养价值明显高于相应的叶片和叶鞘。

3. 环境因素对秸秆化学成分的影响

环境因素，如土壤营养状况、水分、周围环境温度变化范围、光照的长短与强弱，以及病虫害的发生率和危害程度等，都能影响作物秸秆饲料的营养质量和产量。

土壤营养状况：土壤营养状况（土壤肥力）影响植株营养物质的积累和运输，从而影响秸秆化学成分和消化率。土壤肥力越高，植物生长越茂盛。土壤肥力不足，首先影响植株的主要形态部分（叶片、叶鞘和茎秆等）各自所占比例的多少，其次影响各自化学成分的含量。

水分：缺水能加速作物叶片的衰老，导致植株早熟，从而促进植株细胞壁含量增加，而可溶性物质减少。

温度：高温能加快作物生长速度，可溶性碳水化合物降低，细胞壁含水量相应降低，导致消化率降低。高温还能加速作物开花，缩短成熟期，致使籽实质量减轻，植株积累的营养物质加速从茎秆等部位输送到籽实中，从而降低了秸秆的营养质量。

光照：光照的充足与否，直接影响到植株的光合强度和光合产物的积累。通常在光照强度低的条件下生长的植物，植株可溶性碳水化合物含量较低，细胞壁含量增加和叶肉上皮组织的比例减少，致使其消化率降低。长日照则可提高牧草的可消化率。

病虫害：病虫害直接影响作物的生长，特别是侵害作物叶片的病虫害，能降低植株的光合作用，减少淀粉物质合成，破坏整个植株营养器官，导致产量下降和植株可溶性物质含量减少，消化率降低。

4. 管理因素对秸秆化学成分的影响

管理因素是一种人为控制的另一类环境因素，是与作物籽实收获、脱粒方法和秸秆贮存等有关的管理措施，它们对秸秆的营养成分也有很大的影响。因此，在利用各种作物秸秆饲料饲喂家畜时，要制定合理的饲养方案；配制饲料时，要考虑、分析所用饲料的各种营养成分的含量，以达到科学饲养的目的。

收割时间与留茬高度：由于植株细胞壁成分随时间的不同而有差异，因此不同收获期收获的秸秆营养质量不同。及时收获的秸秆，茎叶青绿、秸秆柔软；收获太晚，茎叶变黄、脱落，秸秆粗老、硬化。人工收割与机械收割方法不同，留茬高低也不同。对于玉米秸秆、麦秸，因植株的下部化学成分中可溶性化合物比上部低，留茬可相对高些。稻草则相反，成熟期基部茎秆的消化率为49%，而上部茎秆为42%。

脱粒方法：不同的脱粒方法也影响秸秆的营养质量。用碾压的脱粒方法，秸秆被压扁软化，可溶性物质较多，便于家畜采食，易于消化。用联合收割机与普通机械收割，由于前者收割、脱粒一次完成，秸秆带有秕壳，化学成分比后者单纯有秸秆的可溶性物质多，营养成分高。

贮藏方法：籽实收获后，秸秆不同的贮藏方法，其化学成分不同。在良好的贮藏条件下，秸秆的营养成分损失少。堆垛较散贮损失少，垛上加覆盖物较不加者损失少，玉米秸秆收获后立即青贮较干晒者损失少。

（五）提高秸秆饲料产量及营养价值的基本途径

秸秆是广泛用以饲喂草食家畜的主要粗饲料。秸秆不经任何处理，只是铡短饲喂家畜，虽然采食量有所提高，但消化率并不能提高，秸秆潜在的营养物质得不到充分利用，而且适口性较差，采食量也不是很高，家畜的维持需要也难以满足。如何提高秸秆饲料产量及营养价值，归纳起来有以下几点。

1. 选育籽实和秸秆双优的作物品种

各类作物籽实的产量和品质与秸秆的饲喂价值之间并无相关性，这样，就有可能选育出籽实产量高、质量好而秸秆饲喂价值也高的粮草兼用新品种。这种作物秸秆无须处理便是优质饲草，可以直接用来饲喂家畜。要实现这一点，关键是把秸秆的饲喂价值和产量列为作物育种的重要指标，从作物育种入手，培育粮草兼用新品种，从而提高秸秆的饲用价值和产量。

2. 及时收割，赶早处理

由于秸秆植株细胞壁成分（影响消化利用的主要因素）随时间的不同而有差异，因此不同的收获期收获的秸秆营养质量不同。例如，玉米籽实成熟阶段，当含水量下降到 30% 时，籽实的干物质即不再增加，此时秸秆的含水量在 60% 左右，最适于收割青贮。而籽实含水量下降到 5% 时，叶中养分即相对丢失 50%。因此，如能掌握适宜的收获期，可最大限度地保存秸秆的养分。

3. 合理的加工处理方法

任何能提高纤维素、半纤维素的利用价值及破坏木质结构的方法，均能提高秸秆饲料的利用率。目前，常用的秸秆饲料加工处理的方法可分为三大类：物理法、化学法和生物法。每类方法中又分为若干种加工方法。

4. 补充营养物质

作物秸秆饲料营养成分不完善，既缺能量，又缺乏蛋白质。其中粗纤维含量高达 30%～45%，粗蛋白仅 2%～8%，综合净能 2.29～3.61 MJ/kg，各种矿物质的含量也不平衡，因此，单独用秸秆饲料饲喂家畜，不能满足其生长发育和生产的需要。综上，在用秸秆饲料饲喂家畜时，必须合理进行营养的补充，可在秸秆饲料中适量添加一些营养物质，这样能起到更好的饲喂效果。

补充能量：补充能量时通常通过添加精料（如谷物、饼粕类）、糖蜜和优质干草、农副产品等进行。

补充氮素：由于羊的瘤胃内存在大量的微生物，能利用饲料中的非蛋白氮合成机体蛋白质，因此，在饲喂秸秆饲料时可适当添加尿素等非蛋白氮物质。蛋白质则最好以经过热处理或甲醛处理的瘤胃蛋白质的形式来补充。

补充维生素和矿物质：在以秸秆为主的饲料饲喂家畜时，应注意补充维生素、磷、钙，以及其他矿物质等。例如，可添加维生素 A、石粉、磷酸氢钙及微量元素添加剂等，其他物质应根据秸秆的具体含量而适量补充，以满足家畜生长发育的需要。

第三节 粗饲料营养价值

在畜牧业生产中，制定饲料配方和配制畜禽日粮时，必须要有两个参数：一是不同种类饲料能为动物提供的有效营养物质的量，即饲料的营养价值；二是动物对营养物质的需要量，即饲养标准，而营养评定体系就是表征动物营养需要量和评定饲料营养价值的指标体系。营养评定指标直接决定着饲料营养价值测定的准确度,以及动物对营养物质的需要量,影响着饲料配方制定及日粮配制的合理性与准确度。因此,关于动物营养评定体系的研究一直是动物营养与饲料科学研究的核心内容。另外,由于反刍动物生理的复杂性,其营养评定体系比单胃家畜复杂得多。

一、粗饲料营养价值评定

粗饲料的营养价值评定指标包括常规营养成分、采食量、消化率和利用率等。常规营养成分在家畜体内或是提供能量或是参与代谢调控,甚至作为动物机体的组织成分直接参与肉、乳、皮、毛、骨和组织器官的构成,作用极为重要。因此,各种营养素含量的多少便成为评定粗饲料品质最基本的指标。常规营养成分分析能说明粗饲料自身的质量,即其营养素含量的高低。无论对于精料还是粗饲料,常规营养成分都是体现饲料营养价值的重要指标,但是对于反刍动物来说,只用常规营养成分来评价饲料的饲用价值是远远不够的。英国农业和食品研究委员会(Agriculture and Food Research Council,AFRC)认为低质粗饲料中所含的蛋白质有一部分属于酸性洗涤不溶氮,而酸性洗涤不溶氮不能被小肠消化,畜体难以利用。因此,仅从概略营养成分含量的角度来考虑并不能最终判断粗饲料饲用价值的优劣。在粗饲料营养价值评定中,最为关键的是动物对粗饲料的采食和利用状况的评定,饲料的消化率是饲料营养价值评定的关键指标。因为即使一种饲料的蛋白质含量很高,但在家畜体内的干物质降解率太低,家畜的利用率不高,也不能视其为一种好饲料。饲料所含的营养物质能被家畜消化、吸收的程度不同,可消化程度越高、吸收越多,对家畜的营养价值就越大。因此,不仅要进行营养成分的化学分析,还要结合家畜的实际消化情况来测定各营养成分的消化率。对于反刍动物来说,纤维物质的消化情况尤为重要。对于不同品种及种类的粗饲料来说,中性洗涤纤维及木质素的消化程度不同。分析中性洗涤纤维的成分可知,其包含全部的纤维素、不可溶的半纤维素和全部的木质素,因此,中性洗涤纤维的组成会影响其消化率。从理论上说,纤维素和半纤维素是可以完全被反刍动物消化的。但是由于木质素和半纤维素形成的酯键将纤维素包裹在其中,影响反刍动物瘤胃微生物对纤维素和半纤维素的消化利用,而木质素又几乎完全不能被微生物利用,故日粮纤维中的纤维素和半纤维素并不能全部被微生物发酵利用,其消化率取决于木质素的含量,尤其是中性洗涤纤维中木质素所占比例的多少,从而揭示出日粮纤维的品质。因此,在饲养实践中,可以通过测得粗饲料的木质素的含量或测定 NDF 的消化率等方法对粗饲料营养价值进行更科学的评定。表 2-1 显示的是 6 种不同种类粗饲料的常规营养成分。

表 2-1　6 种粗饲料常规营养成分

指标	苜蓿	无芒雀麦	小叶樟	玉米秸秆	稻草	豆秸
DM（%）	93.15	91.3	92.88	95.18	91.19	91.66
CP/DM（%）	15.41	7.21	7.19	6.10	4.72	6.10
EE/DM（%）	2.02	0.99	1.37	0.89	0.71	0.29
NDF/DM（%）	56.32	74.22	71.83	67.86	64.31	76.56
ADF/DM（%）	36.31	43.37	42.67	43.44	42.68	58.78
Ash/DM（%）	6.77	7.32	6.46	9.18	13.27	4.36
GE（MJ/kg）	17.73	17.15	17.29	16.55	15.31	17.16

注：DM，干物质；CP，粗蛋白；EE，粗脂肪；NDF，中性洗涤纤维；ADF，酸性洗涤纤维；Ash，粗灰分；GE，总能

　　豆科牧草苜蓿与 3 种秸秆和两种禾本科牧草的主要区别在于其高的 CP 及较低的纤维含量，而禾本科牧草（无芒雀麦与小叶樟）的蛋白质含量介于苜蓿与秸秆之间。若以 CP/DM 进行粗饲料的品质比较，其顺序为苜蓿＞无芒雀麦＞小叶樟＞玉米秸秆=豆秸＞稻草；而以 NDF/DM 含量来看，由高到低，顺序为豆秸＞无芒雀麦＞小叶樟＞玉米秸秆＞稻草＞苜蓿。以 ADF/DM 含量来看，由高到低，顺序为豆秸＞玉米秸秆＞无芒雀麦＞稻草＞小叶樟＞苜蓿。

二、粗饲料营养价值评定的意义

　　1）通过对饲料营养价值的评定来了解各种饲料的营养价值与营养特性，以指导人们在动物生产中尽可能利用各种饲料资源和开发新的饲料资源。

　　2）通过评定可以了解影响饲料营养价值的因素。这对选择合理的加工措施、合理利用饲料、提高饲料的利用率具有指导意义。

　　3）通过评定，可以了解和掌握各种动物对饲料养分的利用情况、需要量及其变化规律，为科学饲养奠定理论基础。

三、粗饲料营养价值评定指标

　　营养价值是多种因素的综合反映，因此评定粗饲料（或牧草）品质不能单靠某个指标，而应使用多项综合指标，为此，各国学者纷纷提出了评定粗饲料品质的综合指数。

　　评定粗饲料品质有多种指数，如营养值指数（nutritive value index，NVT）、可消化能进食量（digestible energy intake，DET）、饲料相对值（relative feed value，RFV）、质量指数（quality index，QI）、粗饲料相对质量（relative forage quality，RFQ）、粗饲料分级指数（grading index，GI）和碳水化合物平衡指数（carbohydrate balance index，CBI），每种指数都是由当粗饲料作为唯一能量和蛋白质来源时的

粗饲料随意采食量，以及任意一种形式的粗饲料可利用能构成。

（一）饲料相对值（RFV）

　　RFV 在 1978 年被提出，其值由美国国家牧草检测协会（National Forage Test Association，NFTA）发布，在美国被广泛应用于粗饲料的生产、管理、流通及交易等领域，且被很多国家所采用。RFV 用 ADF 和 NDF 体系制定干草等级的划分标准，其定义为：相对于特定标准的粗饲料（假定盛花期苜蓿 RFV 值为 100），某种粗饲料的可消化干物质采食量。RFV 计算公式为：

　　RFV = DMI（%BW）×DDM（%DM）/1.29

式中，DMI 为粗饲料干物质随意采食量，单位为%BW，BW 是体重（body weight）；DDM 为可消化干物质，单位为%DM，DM 为干物质（dry matter）；1.29 是基于大量动物试验数据所预测的盛花期苜蓿 DDM 的采食量，单位为%BW；除以 1.29，目的是使盛花期的苜蓿 RFV 值为 100。DMI 和 DDM 的预测模型为：

　　DMI（%BW）=120/NDF（%DM）

　　DDM（%DM）=88.9 − 0.779ADF（%DM）

　　RFV 的应用特点如下。

　　1）RFV 的参数预测模型是一种比较简单实用的经济模型，只需在实验室测定饲料的 NDF、ADF 和 DM，即可计算出某粗饲料的 RFV 值，这使 RFV 便于标准化。

　　2）RFV 未考虑粗饲料的粗蛋白含量，且在功能上是以苜蓿盛花期为 100 作为参照值而计算得到的相对值，反映的是饲料能量的相对值，这决定了 RFV 仅能用于不同粗饲料之间品质优劣的比较，而无法用于粗饲料的科学搭配。

　　3）RFV 预测的准确性依赖于 NDF 对 DMI，ADF 对 DDM 的预测的准确性，而研究表明，NDF、ADF 仅分别各占 DMI、DDM 变异度的 58%、56%。在预测粗饲料消化率的误差中，有一半以上是由于使用了不正确的由 ADF 判定的预测方程。

　　实际上，同样 ADF 含量的牧草消化率有很大差别，ADF 不能说明同样纤维含量的牧草哪个消化率较高。分别单喂禾本科牧草和豆科牧草，其 NDF 采食量不相同。因此，RFV 中用 NDF 预测 DMI 的模型尚需完善。

　　4）对很多禾本科牧草评定结果不准确。往往许多禾本科牧草 ADF 和 NDF 含量较高，导致计算出的 DMI 较低，RFV 就是低估了 DMI 从而造成对禾本科牧草的评定较低。

（二）质量指数（QI）

　　Moore 等（1984）提出了 QI 和总可消化养分（total digestible nutrient，TDN），并将 QI 定义为：TDN 随意采食量是 TDN 维持需要的倍数。由于大多数粗饲料中可消化的 EE 可忽略不计，因此可以假定粗饲料中的 TDN 等同于其可消化有机物质（digestible organic matter，DOM）。绵羊的 QI 计算模型如下：

QI=TDN 采食量（g/MW）/29

TDN 采食量（g/MW）=DMI（g/MW）×TDN（%DM）/100

TDN（%DM）=OM（%DM）×OMD（%）/100

式中，MW 为 1 kg 代谢体重；除数 29 是绵羊的 TDN 维持需要量（29 g/MW）；OM 为粗饲料有机物质；OMD 为粗饲料有机物质消化率。

QI 以动物对能量的需求为 TDN 的维持需要作为参照点，其基数设为 1.0。当 QI<1.0 时，粗饲料属于低质量，单独饲喂该粗饲料，动物就会掉膘。当 QI=1.0 时，动物既不增重，也不失重。当 QI=1.8 时，粗饲料属于中等质量。假设泌乳母羊体重不变时，可望产奶量为 10 kg/d；生长羊的可望增重为 0.6 kg/d。由于 QI 用 TDN 描述可利用能，其不仅可以对粗饲料的品质进行评定，还可在电脑模型中预测动物生产性能。

（三）粗饲料相对质量（RFQ）

Moore 和 Undersander（2002）提出了 RFQ，并建议用 RFQ 来取代 RFV 和 QI 作为粗饲料营养价值评定的总指数。同 RFV 和 QI 一样，RFQ 也是当粗饲料作为反刍动物唯一能量和蛋白质来源时，对可利用能随意采食量的估测。RFQ 与 RFV 的概念和表达式的相同点是都采用 DMI，用占体重的百分数表示，不同点是 RFQ 的可利用能用的是 TDN，而 RFV 用的是 DDM。

RFQ 的预测模型如下：

RFQ=DMI（%BW）×TDN（%DM）/1.23

DMI（%BW）=120/NDF（%DM）

TDN（%DM）=OM（%DM）×OMD（%）/100

式中，除数 1.23 是为了将各种粗饲料 RFQ 的平均值及其范围调整到与 RFV 的相似。

1. RFQ 的优点

由于 RFQ 中可利用能及 DMI 的预测模型分别使用可消化营养素与中性洗涤纤维消化率（neutral detergent fiber digestibility，NDFD）作为预测因子，因此 RFQ 能更准确地对禾本科牧草进行分级。这是 RFQ 比 RFV 完善的地方，因为 RFV 在评定高质量的禾本科牧草时，往往会低估 DMI 而将其评为低质。禾本科牧草的 ADF 和 NDF 都较高，所以会导致 RFV 偏低，但这并不代表这种牧草的营养价值低，因为它没有考虑到粗蛋白和 NDF 消化率这两个重要指标。导致 NDFD 变化的因素包括植物的种类、收获的成熟阶段、气候条件等。NDFD 不同的主要根源是木质素，特别是对于成熟植物来说，纤维中含有更多的难于消化的木质素。另外，潮湿、热损害和其他因素同样影响木质素含量。木质素的含量和它与 NDF 的比例决定了 NDF 的消化率，以前人们通过计算其中的木质素与 NDF 的比例来估测 NDF 消化率。但此法与体内实际的 NDFD 相关性较差，目前还可以直接测定 NDF 48 h 体外降解率。美国的威斯康星大学已开始应用湿化学法直接测定 NDFD，英国及希腊的有关分析也应用了此法。另外，近红外光谱法用于干草和青贮的 NDFD 批量测定也是简单易行的，只是对于某些样品，如青贮样品的测定结果不是很准确，还有待进一步改善。虽然 NDFD 的测定刚处于早期发展阶段，但可以肯定 RFQ 将纤维消化率这个重要指标引入到对粗饲料的评定中是更科学、更精确的。

此外，RFV 只有一个方程去预测 DMI，而 RFQ 针对不同类型的牧草有各自的预测方程，一个是对豆科牧草或豆科-禾本科混合牧草的，另一个是对禾本科牧草的。这较之 RFV 更准确。

2. RFQ 的不足

RFQ 中的 TDN 预测模型涉及多项营养指标的测定，一方面耗时耗力，另一方面难以保证其准确度。牧草中叶的纤维含量低且消化率高，收获损失对 RFQ 的影响较 RFV 要大。热损害会降低 RFQ，而 RFV 则不受影响。此外，RFV 已经在生产中运用多年。以上这些就是 RFQ 至今还未能取代 RFV 在生产中推广的原因。

（四）粗饲料分级指数

由于粗饲料品质受品种、种类、生长阶段、季节、收获期及其他多种因素的影响，粗饲料营养素浓度变化很大，尤其是牧草。每种粗饲料营养价值、品质各不相同。从营养价值可以大略区分粗饲料的品质，但同等营养价值的粗饲料消化率也不尽相同。科学有效地评定各种粗饲料的品质是粗饲料科学利用的基础。粗饲料能满足动物理想水平生产性能的综合能力是由粗饲料的营养价值和随意采食量大小决定的，仅从营养价值判断一种粗饲料的优劣是不科学的。因此，需要一个全面评价粗饲料品质的综合指数。

1. GI 的定义及表达式

GI 的表达式为

GI（MJ）=ME（MJ/kg）×DMI（kg/d）×CP（%DM）/NDF（或 ADL）（%DM）

豆科牧草 DMI=51.26/NDF　　　标准差 $S_豆$=2.03

禾本科牧草 DMI=45.00/NDF　　标准差 $S_禾$=1.47

秸秆类 DMI=29.75/NDF　　　　标准差 $S_秸$=1.02

式中，GI 为粗饲料分级指数，单位为 MJ；ME 为粗饲料代谢能，单位为 MJ/kg，在奶牛上使用产奶净能（net energy lactation，NEL）较多；DMI 为粗饲料干物质随意采食量，单位为 kg/d；CP 为粗蛋白（%DM）；NDF 为中性洗涤纤维（%DM）；

ADL 为酸性洗涤木质素（%DM）。

卢德勋在继承饲料相对值（RFV）合理内涵的基础上，提出了适合我国国情的全新的粗饲料评定指数——粗饲料分级指数（GI）。GI 除引入能量参数外，还引入了粗蛋白（CP）与粗饲料干物质随意采食量（DMI）等参数，首次将它们统一起来考虑，使其更具科学的生物学意义。GI 理论自提出至今，有了很大的发展。

2. GI 的应用特点

1）GI 不仅将粗饲料中的可利用能和蛋白质指标联系起来，而且将粗饲料中难消化的反映粗饲料物理性质的成分 ADL 包括在内，对粗饲料品质进行综合评定，较为客观地反映了反刍家畜营养利用的规律与粗饲料的营养价值，具有更加科学的生物学意义。

2）GI 使用的是 NEL 或 ME，因而 GI 反映了饲料中可为反刍动物采食和利用的有效能，从而使 GI 充分利用粗饲料间的组合效应，来实现粗饲料搭配的最优化。

3）GI 不仅反映的是粗饲料中可为家畜采食的有效能值，而且它是一个绝对值，因而可用于指导牧草的种植，确定牧草的最佳刈割期。

4）应用粗饲料分级指数的目的是有效地指导一个国家或地区各种粗饲料的评定工作，因此要力求简明、易懂，既要合理、有效、可行，又要方便实用，容易推广。GI 使用了现在通用的净能或代谢能用于描述粗饲料能值，通俗易懂，便于推广。GI 不预先设置诸如 NDF 采食量为体重的 1.2%之类的条件，而是使用粗饲料干物质随意采食量（DMI），计算单位为 kg/d，其较通俗，在生产实践中，易被接受。

5）GI 采用干物质体外消化率（*in vitro* dry matter digestibility，IVDMD）来预测粗饲料能值，而 IVDMD 的测定需要试验动物，这使得粗饲料 GI 的测定需要一定的实验室条件才能完成。

（五）碳水化合物平衡指数

反刍动物日粮中物理有效中性洗涤纤维（physically effective neutral detergent fiber，peNDF）与瘤胃降解淀粉（rumen degradation starch，RDS）的比值为反刍动物瘤胃健康指数（碳水化合物平衡指数，carbohydrate balance index，CBI），CBI=peNDF / RDS。CBI 的理论依据是反刍动物日粮中的 peNDF 和 RDS 与瘤胃 pH 的影响有关联，且二者之间的关联并非是固定不变的，需根据对方的含量来调节。而 peNDF 和 RDS 对瘤胃 pH 有相反的影响效果，由此可见，二者的关联关系为相除或相减的形式。

当前的反刍动物能量体系主要基于饲料的全消化道消化率，而不包含淀粉降解部位对能量利用效率的影响，以及未考虑瘤胃内环境对饲料养分瘤胃降解率的影响，特别是纤维的瘤胃降解率对瘤胃内环境的变化尤其敏感。而 CBI 则综合了纤维性碳水化合物（fibre carbohydrate，FC）和非纤维性碳水化合物（non-fibre carbohydrate，NFC）在影响瘤胃内环境方面的信息，可同时定量衡量 FC 和 NFC 对瘤胃 pH 的影响，比饲粮精粗比、粗饲料来源 NDF（forage neutral detergent fiber，FNDF）和 NFC 含量能更加准确地反映瘤胃 pH 的变化。饲粮 CBI 的调节可通过调节饲粮 peNDF 和 RDS 来完成。

第四节　粗饲料营养价值评定体系与评定方法

一、营养价值评定体系

（一）Weende 系统分析法

Weende 系统分析法是德国人 Hennebery 和 Stohmann 于 1862 年提出的概略养分分析方法。Weende 体系将饲料分为水分、粗蛋白（CP）、粗脂肪（EE）、粗纤维（CF）、粗灰分（Ash）和无氮浸出物（NFE）六大营养成分。由于除水分外的其他五大营养成分组成结构较复杂，为笼统的各类物质而非化学上某种确定的化合物，且它们并非动物完全可以利用的物质，因此被称为"粗养分"。

Weende 系统分析法建立以来，在饲料营养价值评定中起着非常重要的作用，一度成为饲料营养价值评定的基础方法。然而，该方法在无氮浸出物和粗纤维的测定中有一定程度的弊端，测出的粗纤维在化学成分上并非同一种物质，而是多种物质的混合物。测定的粗纤维中的纤维素具有营养价值，而半纤维素和木质素并不能被动物利用。部分半纤维素和木质素还会在测定过程中因为溶解被划归为无氮浸出物一类，造成无氮浸出物含量估测值偏高。

（二）van Soest 分析法

van Soest 分析法即范氏洗涤纤维分析法（van Soest，1964）。它是 van Soest 于 1964 年，以 Weende 系统分析法为基础建立的饲料营养价值分析方法。此法修正并重新划分了粗纤维和无氮浸出物这两个指标。该方法在营养成分分析中，将粗饲料中可以被动物利用的与不可利用的区分开，使得营养成分划分更合理、更科学。van Soest 对饲料营养价值评价和含纤维性营养成分研究的发展与进步作出了巨大贡献。

虽然 van Soest 分析法在 Weende 系统分析法的基础上进行了改进，但是动物消化是一个复杂的生理过程，仅根据化学分析方法并不能完全反映饲料的消化和利用情况，不能理想地反映出饲料的营养价值，使用中具有一定的局限性。康奈尔净碳水化合物-蛋白质体系（Cornell net carbohydrate and protein system，CNCPS）的建立，在一定程度上弥补了 van Soest 分析法的不足。

（三）CNCPS

CNCPS 是美国康奈尔大学的科学家在 Weende 体系和 van Soest 体系的基础上，考虑了反刍动物瘤胃微生物的特殊消化过程，更细致地划分了粗蛋白和碳水化合物，能够更好更客观地反映出饲料中碳水化合物和蛋白质这两大重要营养成分在瘤胃中的消化率、降解率、外流速率及能量、蛋白质的吸收率等情况。CNCPS 体现的是以动态的观点来评定饲料营养物质，而且将营养物质评定与计算机技术很好地结合在一起，是饲料评定体系中一次质的飞跃。

在 CNCPS 之前，以往的评定体系都是静止地分析饲料成分或动物对营养物质的利用，而 CNCPS 首先打破这一局面，把饲料的化学营养组成成分指标与植物的细胞组成成分再结合反刍动物消化利用率一起分析。这种动态的分析结果更加科学。CNCPS 应用计算机为分析工具，体现了动物营养与饲料科学发展的趋势，既具有理论价值，又具有实际的生产价值。

根据反刍动物瘤胃微生物对氮和能量的消化利用情况，可将瘤胃内微生物划分为两类：一类是发酵非结构性碳水化合物（non-structural carbohydrate，NSC）；一类是发酵结构性碳水化合物（structural carbohydrate，SC）。这种划分，反映了瘤胃微生物对饲料中营养物质的利用，将瘤胃微生物的划分简单化、明了化。

CNCPS 将饲料中的粗蛋白分为 5 种：PA 为非蛋白氮、PB_1 为可溶解的真蛋白、PB_2 为中速降解的真蛋白、PB_3 为慢速降解真蛋白、PC 为与木质素结合的蛋白质。其中，PA 和 PB_1 可以在缓冲液中溶解；PC 在酸性洗涤剂中不能溶解，瘤胃微生物也不能将其降解，在消化道后端也不能消化，最终随粪便排出体外；PB_3 与细胞壁紧密结合，在瘤胃中只能被缓慢降解，大部分进入肠道后段，除去缓冲液中溶解的蛋白质剩余部分为 PB_2，PB_2 一部分被瘤胃微生物发酵，剩余部分进入消化道后段。CNCPS 将饲料中的碳水化合物分为 4 个组分：快速降解部分（CA），中速降解部分（CB_1），慢速降解部分（CB_2），不可利用的细胞壁（CC）。

CNCPS 首次根据瘤胃对饲料的降解率及小肠的消化吸收率，将饲料中的粗蛋白进行了细划分，使得分类更加具体、科学。CNCPS 建立了饲料可供小肠利用氨基酸的数量及动物从中吸收的动态模型。CNCPS 对饲料中的碳水化合物进行了细致的划分，使得可通过有效碳水化合物来估算瘤胃中微生物的产量。CNCPS 更加科学、准确地估计瘤胃微生物蛋白，将瘤胃微生物划分为发酵结构性碳水化合物和发酵非结构性碳水化合物两个类别。

二、粗饲料营养价值评定方法

常用的粗饲料营养价值评定方法主要有 18 世纪中后期发展起来的概略养分分析法、范氏洗涤纤维分析和现代仪器分析、活体内法（*in vivo*）；20 世纪 30 年代提出的半体内法,主要指尼龙袋法;20 世纪 50 年代以来建立的体外法(*in vitro*);Raab 等（1983）和德国霍恩海姆大学动物营养研究所（1979 年）建立发展的产气法（the gas production method）；20 世纪 70 年代以来发展起来的人工瘤胃持续发酵（Rustitec）系统；80 年代末趋于应用的近红外反射光谱（near infrared reflectance spectroscopy，NIRS）技术；还有酶解法、溶解度法（用于评定蛋白质降解率）等。与体内法和尼龙袋法相比较，体外法具有操作简便、容易标准化、重复性好等优点，逐渐成为普遍采用的方法。

（一）体内法

体内法主要测定饲料养分经过动物消化道后的消化率，包括全收粪法和指示剂法两种。全收粪法根据其收粪部位可分为肛门收粪法和回肠末端收粪法。指示剂法根据指示剂的来源分为外源指示剂法和内源指示剂法。体内法的优点是测定结果较准确，接近真实值，缺点是依赖试验动物，试验成本较高。

（二）半体内法（尼龙袋法）

尼龙袋法在 20 世纪 30 年代被提出，主要用于反刍动物瘤胃养分降解率的试验。此法是将饲料样品放入特制的尼龙袋中，经瘤胃瘘管投入瘤胃内，在一定时间内取出，经冲洗、烘干等处理，测定瘤胃残渣各养分含量，与投袋前的饲料样品中养分含量比较，计算养分降解率。尼龙袋法的优点是操作简单、试验周期短、重现性好、便于大批样品的研究，缺点是由于影响瘤胃发酵的因素复杂烦琐，此法的测定结果与实际值相比有一定的误差。

（三）体外法

体外法是当前国内外应用最广泛的反刍动物日粮营养价值评定方法之一。体外产气法的原理是消化率不同的饲料在相同时间内产气量与产气率不同。体外产气法应用广泛，该方法可以比较准确地估测饲料在瘤胃中有机物消化率和干物质采食量；可估计单一饲料或混合料的代谢能值；可测定添加剂对瘤胃调控作用效果；可以评定瘤胃中各种微生物区系对饲料发酵降解的相对作用；可预测出动物代谢过程中产生的有害气体数量等。与体内法相比，该方法的优点是不需要饲养大量的试验动物，其测定结果与尼龙袋法高度正相关。因此，体外产气法的优点是简单、便捷、重复性好、成本低。

体外酶解法是利用体外连续培养系统，模拟动物消化道酶和水解条件，在体外测定饲料消化率的方法。早期提出的两步法是将饲料和瘤胃液在试管中培养 48 h，之后再用胃蛋白酶在强酸性环境下（pH 约为 2）培养 48 h。使用此法模拟瘤胃和一部分小肠的消化过程，收集和分离培养结束后的残渣，并测定其化学成分。两步法的缺点是由于不能测定饲料动态消化率和不符合反刍动物瘤胃食糜外排的生理特性，结果稳定性和准确性受到影响。后来在两步法基础上创新提出了三步法，用以测定饲料非降解部分在动物小肠中的消化率。过程是先将待测定饲料经过瘤胃滞留 16 h，再用盐酸-胃蛋白酶消化，最后再通过缓冲液磷酸盐-胰酶消化 24 h。为避免试验中应用的三氯乙酸的腐蚀性和毒性对试验者及环境的损害，可采用体外模仿培养箱放置尼龙袋来测定蛋白质在小肠中的消化率。该方法在克服了三氯乙酸的限制性的同时，减少了劳动量也降低了试验成本。应用酶解法测定饲料消化率时，不同来源的瘤胃液是测定值发生变化的重要原因。

体外连续培养系统的产生，弥补了产气法和酶解法分批次不能够持续较长时间的缺点，与批次培养相比，连续培养系统能比较真实地反映饲料在反刍动物体内瘤胃发酵的情况。体外连续培养系统包括单外流和双外流培养系统。单外流系统简单、方便、能收集发酵产生的气体，缺点是不能区分发酵流出液的液相和固相组分。双外流系统模拟活体瘤胃发酵情况，对瘤胃液和消化糜固相外流速度分别加以控制，更接近反刍动物瘤胃内发酵的实际情况。

1. 两步法

Tilley 和 Terry（1963）在"一级离体消化法"的基础上提出了"两级离体消化法"，即两步法。"一级离体消化法"是将瘤胃液和饲料样品放入试管中进行培养，以模拟饲料在瘤胃中的消化过程，测定饲料瘤胃降解率的方法。两步法的第一步是微生物消化阶段，将饲料放在瘤胃液中消化培养 48 h，此阶段模拟的是饲料在瘤胃中的消化过程；第二步是胃蛋白酶消化阶段，将第一步培养的底物用酸性胃蛋白酶溶液培养 48 h。培养结束后，将残渣分离出并进行化学分析，此阶段模拟的是饲料在皱胃和部分小肠中的消化过程。Iowerth 等（1975）用纤维素酶替代微生物消化阶段的瘤胃液对两步法进行了改进。而 Alderman（1985）将其发展用在混合饲料的测定上。两步法的优点是便于大批样品的研究，缺点是操作步骤较多，需要时间长。

2. 体外产气法

体外产气法是评价反刍动物饲料营养价值最常用的方法。体外产气法是根据饲料样品在体外用瘤胃液消化培养所产生的 CO_2 和 CH_4 的比率来估测饲料中有机成分消化率。体外产气法可以用来评定饲料的营养价值、DM 降解率、代谢能、饲料动态降解率和饲料间组合效应。体外产气法须与其他指标（如 VFA 产量及比例、微生物蛋白产量及营养物质降解率）相结合，才能提供较全面的信息。

体外产气法可以通过描述产气动力学来研究饲料中不同成分的降解特性。不同化学成分发酵产气的速率能够反映出瘤胃微生物的生长情况和对饲料的利用程度。研究者记录不同时间的产气量，形成动态变化曲线，通过分析动态数据来评价不同饲料组成的发酵程度并预测饲料的消化率。体外累计产气量的测定给瘤胃液中的饲料动态消化提供了有效信息。随着体外产气法不断完善和发展，许多应用体外产气法的数学模型被相继提出。体外产气法指数模型：

$$Y=b（1-e^{-ct}）$$

式中，t 为时间点，Y 为 t 时间点的产气量，b 表示潜在产气量，c 表示产气的速率。

在原指数模型的基础上又提出与尼龙袋法估测降解率相近的指数模型：

$$P=a+b（1-e^{-ct}）$$

式中，P 表示在培养时间点 t 的产气量，a 为速溶物质，b 为不溶可发酵物质，c 为 b 的产气常数。

（四）人工瘤胃持续发酵法

人工瘤胃持续发酵法起始于 20 世纪 70 年代，与体外产气法相比，其能更准确地模拟瘤胃环境和瘤胃发酵过程。此法的核心是人工瘤胃持续发酵系统装置。比较成功的人工瘤胃持续发酵系统装置有明尼苏达大学与西弗吉尼亚大学联合设计的体外连续培养系统。在国内，王加启和冯仰廉（1995）在国际瘤胃模拟系统技术的基础上，研制出瘤胃模拟持续装置，使瘤胃模拟技术达到了新的水平。人工瘤胃持续发酵法的优点是较接近真实的瘤胃发酵过程，缺点是操作较复杂，工作量比较大。

（五）酶解法

20 世纪 80 年代以来，国内外越来越重视利用酶解法评定蛋白质降解率的研究。酶解法是一种用酶溶液来代替瘤胃液对饲料营养价值进行评定的方法。通常用商业生物酶制剂（胃蛋白酶、纤维素酶等）与饲料样品一起培养来评定饲料有机物或蛋白质降解率。酶解法包括单-胃蛋白酶酶解法、单-纤维素酶酶解法，以及蛋白酶-纤维素酶复合酶解法。

酶解法的优点是易标准化、稳定性高、效率高、成本低、结果较接近实际值。缺点是只测定了某一时间点的降解率，而不能测定动态降解率，而且由于酶自身的特异性，单一酶或复合酶难以模拟出瘤胃中微生物对有机物复杂的发酵过程，且其测定的重复性较差。

（六）粪液法

粪液法是一种用人工唾液稀释的反刍动物粪液来代替瘤胃液对饲料营养价值进行评定的方法。其理论依据是瘤胃微生物和粪便微生物在一定程度上具有同源性。粪液法不使用瘘管动物即可快速测定饲料养分消化率，目前该方法已经被用来评定反刍动物饲料的营养价值。粪液法的优点是操作简单、准确、重复性好、可批量样品测量等，缺点是不适合测定低质粗饲料，如作物秸秆的营养价值。

（七）近红外反射光谱技术

NIRS 在 20 世纪 70 年代后期，开始被应用于对饲料成分与营养价值的测定。NIRS 的理论依据是在 0.7～2.5 μm 波长的近红外光谱区内，饲料各有机成分对近红外光均有吸收，且有各自的特征频率和特征吸收谱带；而同一成分其特征吸收谱带的强度与有机成分含量成正比，因此可根据饲料各有机成分对近红外光的特征吸收，利用回归分析的原理建立光谱值与各有机成分含量之间的相关关系。近年来，NIRS 不仅用于饲料中常规营养成分（CP、EE、NDF、ADF 等）和微量成分（氨基酸和维生素）的分析，也被用于预测动物的采食量、营养消化代谢、十二指肠微生物蛋白含量和日粮营养水平评价等领域。

NIRS 方法的优点是速度快、操作简单、污染小。其缺点是近红外反射光谱分析估计饲料营养物质消化率必须建立在大量准确的原始数据之上。要不然，估测值将与实测值差距很大。通过常规法分析得到的参考值的准确性对 NIRS 的预测结果起决定性作用。

总之，粗饲料营养价值的评价方法较多，各有优缺点，可根据需要有选择地使用。今后反刍动物饲料的评价除了考虑消化后的终产物的评定与动物生产成绩之间的相互关系，注意新的研究进展，同时还要考虑微生物、饲料成分和影响饲料利用的各种因素来选择适宜的体外操作法。另外，饲料营养价值评定应主要针对反刍动物来研究，具体可采取实验室方法和动物试验相结合的方法，在实验室方法上主要采用我国使用较多的湿法化学分析，兼顾 NIRS 的应用；在饲养试验上，要结合我国的饲料资源状况和国外反刍动物营养新技术，研究我国以粗饲料为基础的日粮饲养效果，以便准确地评定粗饲料的营养价值。

第五节　粗饲料有效能值的预测

在羊的饲料的营养成分中，能量占有举足轻重的地位，同时也是最难直接测定的养分之一。对饲料能值传统的测定方法是对动物进行消化或代谢试验，这种方法虽然能较为准确地测定饲料的有效能值，但却需要饲养大批试验动物，工作量大，而且所需时间也较长。另外，羊能够利用的粗饲料的种类繁多，即使是同种饲草，不同的成熟阶段，不同的土壤类型和农艺措施，不同加工和存储条件等因素，同样会使饲草的营养价值发生较大的变化。全部应用消化和代谢试验测定一些重要的营养指标既不经济，也不可行。因此，建立快速、准确、简便的评定羊的饲料有效能值的方法，对于提高饲料能量及养分的利用率，充分利用各种饲料资源具有重要意义。

一、用化学成分预测饲料有效能值

用饲料化学成分预测饲料有效能值（bioavailable energy，BE）始于 20 世纪 30 年代。van Soest（1967）提出了 ADF、NDF 的纤维分析方案后，不少学者在用粗纤维（CF）结合其他化学成分预测饲料有效能值基础上，引入 ADF 和 NDF，至今已有了大量研究。然而，这些方程只适用于配合型饲料，不适宜单个饲料能值的预测。按饲料分类建立预测模型有利于提高预测准确性。

二、预测有效能值的途径

预测饲料的有效能值，一种途径是有效成分相加，另一种途径是能量总贡献扣除无效成分。

1. 有效成分相加

可消化养分所建的预测模型准确性较高，但仍需要进行动物消化试验。20 世纪 50~80 年代，科学家对有效成分相加建立预测模型进行了大量的研究，但是模型中一般需要引入多个变量，实验室分析较为烦琐。

2. 能量总贡献扣除无效成分

大量研究表明，用能量总贡献扣除灰分和纤维建立回归模型，不但提高了预测效果，而且简化了方程。如果在扣除无效成分的基础上，再用粗脂肪（EE）、粗蛋白（CP）等进行校正，可进一步提高模型的准确性。一般扣除的纤维成分是 CF 或 ADF 和 NDF，对于不同的饲料，选择的纤维因子也有所不同，并且相应的校正因子也不尽相同。

三、有效能值预测因子的选择

用纤维素评定饲料的有效能始于 20 世纪 40 年代。早期的研究主要在 CF 对猪饲料能量消化率的影响上，科学家发现饲料的粗纤维与其代谢能值呈高度的负相关，且单独用纤维指标可较准确地估测其 BE。但是大量研究表明，由于 Weende 粗纤维测定方法中，粗纤维不能包含全部的半纤维素、纤维素和木质素，以粗纤维作为预测因子仍有不足之处。因此，预测模型中不断引入 NDF、ADF。

目前认为，除纤维以外的最佳预测因子是饲料粗灰分（Ash）或总能（GE）。Ash 和 GE 常作为第二预测因子引入方程。大量试验结果证明，饲料有效能与日粮矿物质有显著的负效应。当日粮中矿物质含量高时，降低了一些营养素的消化率（如脂肪），可能会增加内源性能量的损失。此外，Ash 还作为能量的"稀释剂"，降低了饲料能值。饲料或日粮中的粗蛋白也是较好的预测因子之一，是仅次于纤维、Ash 和 GE 后的第四预测因子。此外，CP 含量不同的饲料应该有其单独的预测方程，即按饲料 CP 水平分类评定其有效能效果会更好。

四、有效能值预测因子的最优组合和预测因子个数的确定

大量研究表明，把粗纤维、NDF 和 ADF 与其他因子相结合所建立预测模型比单独建立的预测模型效果好。全面考虑简便、快速、经济、准确等因素，回归变量的引入不宜太多，而且引入的因子与所建模型的相关性要高。纤维指标引入后，再引入的指标取决于饲料的种类。原因是不同种类饲料的营养素含量不一。在预测消化能模型中引入粗纤维、粗蛋白、粗脂肪、无氮浸出物，不同类型的饲料选用不同的因子，可提高模型的准确性。由于粗脂肪、粗蛋白、无氮浸出物、可溶性碳水化合物都是能量的贡献者，因此，GE 常常作为第二预测因子引入预测方程。研究发现，把 GE 引入到以 NDF 建立的一元方程后，明显改善了预测方程的准确性。Batterham 等（1980）将 CF 或 ADF 与 GE 结合后，预测小麦、高粱、大麦的 DE 时，其预测模型的准确性优于以 CF 或 ADF 单独建立的预测模型。Morgan 等（1987）在 NDF 的基础上将 EE、CP、Ash 作为第二预测因子引入方程，发现 GE 与 NDF 结合可明显提高预测方程的准确性，而 NDF 与 EE 和 CP 结合效果相似。Noblet 和 Perez（1993）报道，NDF 与 Ash 和 GE 结合建立的预测 DE 方程相对标准偏差（relative standard deviation，RSD）和决定系数（R^2）只略低于NDF 与 CP、EE、Ash 结合的方程。Ewan 等（1989）认为 DE 与 Ash 明显负相关，作用机制与纤维有些类似，主要是影响脂肪的消化，从而降低饲料的有效能，因此，在模型中引入纤维的基础上，再引入 Ash 能够提高预测的准确性。许多学者在 DE 的预测模型中，也引入了 Ash。

大量研究结果表明，预测因子的最优组合及预测因子个数的确定，以粗纤维、NDF 和 ADF 为主要因子再结合其他因子建立的预测方程效果更好。综合考虑简便、快速、经济、准确等因素，引入何种因子、因子个数、实验室条件及分析程序的难易程度都要考虑。此外，纤维指标与哪些指标结合更合适取决于饲料种类。已建立的大量预测方程均表明，三元方程优于二元方程，二元方程优于一元方程，但三元方程与四元方程则差异不大。

五、饲料分类对建立饲料预测模型的影响

在评定饲料能值时，饲料类型对预测准确度的影响也非常重要。不同种类的饲料，其 CP、EE、NFE 等营养成分的含量各不相同，其纤维组成和含量存在差

异，畜禽对各种饲料化学成分的利用也不同，这会直接影响用纤维指标预测能值
的准确性。从理论上讲，饲料分类后建立的模型因饲料化学成分的一致性提高，
模型的选用指标也提高，最终使预测模型的准确性提高。大量的试验结果证明，
将饲料分类后建立预测模型能够提高预测模型的准确性：Just 等（1984）得出，
动物、植物饲料分开建立预测模型可提高预测的准确性。Morgan（1975）研究表
明，把蛋白质类与能量类饲料分开建立预测模型可改进预测的效果。

饲料分类时，分类条件要严格合理，各种饲料营养成分的相关性要强、同质
性要高。这样预测值易于接近该类饲料的群体特征，预测结果的可靠性也会更好。

六、饲料代谢能的预测

代谢能（ME）的预测可通过 ME/DE 的值来获得，或通过饲料化学成分预测
模型来获得。研究结果表明，用饲料化学成分预测 ME，其模型与用相同饲料化
学成分预测 DE 的模型相似（除 CP 外）。在 DE 预测模型的基础上，用 CP 来校正
得出的 ME 预测模型的预测效果比用饲料化学成分建立的最佳模型好，结构更简单。

七、饲料净能的预测

消化能和代谢能是广泛使用的能量体系。它们只考虑了体内消化过程和代谢
过程中的能量损失，却没有考虑体内完成这些过程而消耗的能量。一般来说，消
化能和代谢得到的高纤维素与高蛋白质饲料的能量值都偏高，而高淀粉和高脂
肪饲料的能量值则偏低。结构性碳水化合物如纤维素，其消化和代谢所需要的能
量最多。蛋白质需要的能量虽然比纤维素少，但却比淀粉和糖需要的能量多，油
脂在消化代谢过程中产生的热增耗最少。高淀粉或高脂肪饲料以热的形式丧失的
代谢能比纤维素含量高或蛋白质含量高的饲料丧失的少。因此，与代谢能比较，
净能可以更准确地估计饲料中的可利用能量，考虑饲料养分在利用过程中的热增
耗，从而体现饲料的真实值。

从理论上说，净能体系是目前最理想的能量体系。净能考虑了代谢能同代谢
率之间的差异，是反映饲料真实能值的最佳表示方式。然而，净能体系也有其自
身不足，在不同生产目的、不同生产条件下，代谢能转化为净能的效率不同，同
时它是由生产净能和维持净能两部分组成的，用于维持的部分也会受到各种因素
的影响。

第六节　粗饲料的加工利用

我国农区的粗饲料资源以秸秆类农副产品为主，农作物秸秆由于其高纤维、

低蛋白含量的特性，作为反刍动物粗饲料时受细胞壁木质化程度的影响，其消化率很低。能够提高秸秆的营养价值和利用率的加工调制方法主要有物理处理、化学处理和生物处理。通过秸秆的加工调制能提高反刍动物对其的采食量，增加营养成分，降低秸秆内的结晶程度，从而使其在瘤胃中的降解率提高。

切短或粉碎等物理方法早已被人们所广泛采用，粉碎也可作为颗粒化的前处理，但粉碎后直接饲喂动物效果不佳；射线照射、膨化和热喷等处理方法是比较有前途的物理处理法，但在实际生产中，成本和处理效果问题还没能得到很好的解决。化学处理方法主要有酸化、碱化、氧化剂处理等。很多化学处理方法具有腐蚀性，且容易对环境造成污染。化学处理方法中以氨化处理使用较多，且效果较好，虽然氨化处理对木质素的降解效果比不上氢氧化钠，但对土壤和水质无污染。

目前，生物学处理主要指微生物的处理，向饲料中添加纤维素酶等复合酶制剂或用细菌、真菌对秸秆进行处理，希望部分纤维素可以在体外被分解，提高反刍动物的采食量和瘤胃微生物对粗饲料的降解度。应用微生物对秸秆进行处理，一般是将微生物制剂接种到秸秆上，并且加入一定量的水及其他营养成分，然后进行无氧发酵，以分解粗饲料中的纤维素。这种加工方法主要是酶的加工，即微生物生长繁殖，同时产生分解纤维素或木质素的酶类，酶类再发挥作用。其实质是利用微生物或酶类对秸秆进行处理。目前在生产中主要是采取青贮、酶解、微贮三种方式。

青贮主要是利用厌氧环境使乳酸菌大量繁殖，从而将青秸秆中的淀粉和可溶性糖发酵成乳酸，乳酸积累到一定浓度会抑制腐败菌的生长。秸秆青贮后，能保持秸秆多汁的特性，营养成分损失较少，同时适口性大大提高。但青贮一般要求原料含8%~10%的可溶性糖，因此对于秸秆来讲，只有玉米秸秆才适合青贮，而且最好是青玉米秸秆。

酶解是将纤维素酶溶于水后喷洒在秸秆上，使纤维素酶在体外分解部分纤维素，以提高其消化率。

微贮是我国提出的专有名词，是针对我国粗饲料资源，利用微生物发酵贮存饲草和秸秆的方法。目前的秸秆微贮就是在适宜的温度和厌氧条件下利用高效复合发酵活干菌，通过物理、化学、生化、微生物等手段的协同作用，将秸秆发酵，使其变得酸香、松软可口，可高效分解秸秆中的木质素和纤维素，提高秸秆饲料中的B族维生素的含量，并抑制有害微生物的繁殖，从而使秸秆的消化率提高，粗纤维含量降低，适口性增强。不宜青贮的干玉米秸秆、麦秸秆、稻秸秆等均可作微贮原料，既充分利用了低质的秸秆饲料资源又通过秸秆的过腹还田减少了环境污染；同时也提高了秸秆的干物质、中性洗涤纤维的瘤胃降解率。

国内外研究较多并表现出有效降解能力的是白腐真菌，主要有香菇菌和黄孢原毛平革菌。用白腐真菌处理秸秆时，秸秆不需要进行物理或化学预处理，即对底物没有选择性。Zadrazil 等（1996）用白腐真菌处理秸秆，试验结果表明，秸秆中木质素降解 40%～60%，纤维素和半纤维素降解 29%～40%，干物质损失 10%～40%，粗蛋白从 3.7%左右上升到 4.0%～5.0%，体外干物质的消化率从处理前的 40%左右上升到 50%～60%。尽管白腐真菌对降解秸秆中的木质素有很大作用，但由于不同菌株发酵贮存秸秆时受温度、水分含量、通风状况、酸碱度、秸秆的碳氮比及发酵时间的影响，实际操作很难把握。同时，白腐真菌处理秸秆时对干物质的消耗比较大。这些因素很大程度上限制了其在实际生产中的应用。因此，目前绝大多数利用白腐真菌处理秸秆的研究还仅限于实验室。

一、物理调制法

用物理方法处理粗饲料，是利用人工、机械、热、水、压力等，通过改变秸秆的物理性状，使秸秆破碎、软化、降解，以改善粗饲料品质，提高羊对其的采食量，增加其消化率。目前常用的物理加工方法主要有以下几种。

（一）秸秆切短和粉碎

切短和粉碎是处理秸秆饲料最简便而又重要的方法之一。秸秆经切短和粉碎后，体积变小，便于羊采食和咀嚼，减少了能耗，减少饲料的浪费，也便于与其他饲料进行合理搭配，提高其适口性，增加采食量和利用率，同时，又是其他处理方法不可缺少的首道工序。近年来，随着饲料工业的发展，世界上许多国家将切碎的粗饲料与其他饲料混合压制成颗粒状，这种饲料利于贮存、运输，适口性好，营养全面。

秸秆经切短和粉碎，体积变小，可提高过瘤胃速度，使羊采食量增加。秸秆切短和粉碎增加了饲料与瘤胃微生物的接触面积，便于降解发酵。经切短和粉碎的秸秆由于在瘤胃中停留时间缩短，养分来不及充分降解发酵，便进入皱胃和小肠，使消化率有所下降。但是秸秆经切短和粉碎后，采食量增加 20%～30%，吃净率提高，大大弥补了消化率略有下降的不足，消化吸收的总养分增加，日增重可提高 20%左右，秸秆的浪费大大减少，尤其在低精料饲养条件下，秸秆切短和粉碎对饲喂效果有明显改进。

在粗饲料进行切碎处理中，切碎的长度一般以 0.8～1.2 cm 为宜。添加在精料中的粗饲料的长度宜短不宜长，以免羊只吃精料而剩下粗饲料，降低粗饲料利用率。

（二）秸秆揉搓

秸秆的揉搓处理，是利用一种能将秸秆揉搓成短丝条状的秸秆揉搓机，把作物秸秆切断，揉搓成丝状的一种方法。秸秆揉搓机的工作原理是将物料送进喂入槽，在锤片及空气流的作用下，进入揉搓室，受到锤片、定刀、斜齿板及抛送叶片的综合作用，把物料切断、揉搓成丝状，经出料口送出机外。被揉搓处理后的秸秆呈丝状，变得柔软，适口性好，吃净率高。揉搓处理秸秆的应用，不仅可以大大改进秸秆适口性，增加羊的采食量，而且可以作为秸秆青贮或氨化的预处理，替代切（铡）短和粉碎工序，从而增强青贮和氨化的效果，为农区秸秆饲料化提供有利的条件。

（三）秸秆软化

浸湿软化，是用清水或食盐水浸泡切碎的秸秆，使其软化，以提高适口性的一种方法。实践证明，浸湿处理后的秸秆饲料，加入少量精料进行拌和调味饲喂羊，可使羊对秸秆饲料的采食量提高 1～2 kg。软化秸秆不但能增加羊的采食量，而且采食速度明显加快。

蒸煮软化，是将切碎的秸秆通过蒸煮处理，使其软化的一种方法。秸秆经过蒸煮变得软化，其适口性得到改善，但不能提高其营养价值。处理的效果也根据处理的条件不同而异。据报道，在 212 kPa/cm^2 压力下处理稻草 15 min，可获得最佳的体外消化率，而更大的强度处理将引起饲料干物质损失过大和消化率下降。

由于秸秆体积大，蒸煮软化需要大量燃料和一定的容器等，加大了成本，因此，在农村使用不多。

（四）秸秆热喷

热喷处理是将秸秆、秕谷等粗饲料装入热喷机中，通入热饱和蒸汽，使植物细胞壁的木质素溶化，纤维素的结晶度降低，同时发生若干高分子物质的分解反应，随着高温高压状态突然释放降至常温常压状态，使饲料颗粒骤然变小，密度变大，总表面积增加，形成爆米花状，其色香味发生变化。这样处理粗饲料其利用率可提高 2～3 倍，又便于贮存与运输，从而为提高采食量、消化率、利用率创造了条件。

添加尿素的秸秆热喷处理后，可使麦秸的消化率达到 75.12%，玉米秸秆的消化率达到 88.02%，稻草达 64.42%。

热喷处理的主要设备是压力罐，需要一定的成本。

（五）秸秆膨化处理

秸秆膨化处理，是将含有一定水分的秸秆原料放在密闭的膨化设备中，经过高温、高压处理一定时间后，迅速降压，使饲料膨胀的一种处理方法。秸秆膨化处理后可明显增加可溶性成分和可消化吸收的成分，提高饲用价值。

秸秆膨化要有专门的膨化设备，在目前条件下，由于设备投资较高，尚难在生产实践中大范围应用。

（六）秸秆饲料颗粒化

秸秆饲料颗粒化，是将秸秆粉碎后制成颗粒饲喂家畜的处理方法。秸秆制成颗粒，由于粉尘减少、体积压缩、质地硬脆、颗粒大小适中、利于咀嚼，改善了适口性，从而诱使羊提高采食量和生产性能。

秸秆压粒或压块后其密度增加 10 倍以上，使贮存和运输很方便，也使贮存和运输过程中养分的损失减少 20%～30%，使采食量增加 30%～50%。

秸秆饲料颗粒化，需要成套的设备和一定的能源。近年来，随着饲料加工业和秸秆畜牧业的发展，我国在秸秆饲料颗粒化方面有很大的进展，秸秆饲料颗粒化成套设备也相继问世。颗粒饲料喂肉羊已开始用于生产。

（七）秸秆碾青处理

碾青处理，是将秸秆如麦秸铺在打谷场上，厚度约 30 cm，然后再铺上 30 cm 左右的青苜蓿，苜蓿上再铺上一层同样厚度的麦秸，然后用石磙碾压，苜蓿压扁流出汁液被麦秸吸收，如此压扁的苜蓿在晴天中需半天到一天的曝晒就可干透。这种方法的好处有：可较快制成干草，茎叶干燥速度均匀，叶片脱离损失少，而麦秸的适口性与营养价值也大大提高，不失为一种多、快、好、省的秸秆饲料调制办法。

二、化学调制法

秸秆物理处理，一般只能改变其物理性质，对秸秆饲料营养价值的提高作用不大。化学处理则有较大的作用，它不仅可以提高秸秆的消化率，而且能够改进饲料的适口性，增加采食量。粗饲料化学方法处理在国内外已积累很多经验，如碱化处理中苛性钠处理法、氨处理法；酸处理中甲酸和甲醛处理法，以及酸碱混合处理法等。

（一）秸秆的碱化处理

1. 碱化处理的原理

秸秆中的木质素不仅单独存在，也被吸附在纤维素纤维上，形成一种牢固的综合化合物。这样对羊来说，木质化的程度就基本上决定了秸秆的营养价值和饲用效果。木质化程度愈高，其消化率就愈低。随着植物发育而发展的木质化，主要是由于植物的潜在碱度和氮碱含量的减少，以及木质素与纤维素结合的加固及发展。因此，用生物学上允许的碱、氮碱及其混合物处理秸秆，就可促使木质素分解，破坏其与纤维素之间的联系，破坏细胞壁，将木质素转化成易于消化的羟基木质素，提高秸秆中的含氮物质和潜在碱度，从而提高秸秆饲料的营养价值及饲用效果。碱（氢氧化钠等）化处理，是碱类物质能使秸秆饲料纤维内部的氢键结合变弱，使纤维素膨胀，溶解半纤维素和一部分木质素，从而提高秸秆的消化率，改善其适口性的一种化学处理方法。

化学处理秸秆的方法开始于20世纪初。1900年，Kellner等用2%～4%的NaOH溶液在高压锅内煮黑麦秸秆，使粗纤维的消化率提高1倍。碱性物质能打断植物细胞壁中纤维素、半纤维素与木质素之间的酯链，溶解与细胞壁多聚糖结合的酚醛酸、糖醛酸、乙酰基，增加纤维素之间的空隙度，使细胞壁膨胀疏松，增大瘤胃微生物附着的数量，提高纤维素的降解率。

在实际应用中，常用的碱化剂主要有熟石灰、氢氧化钾、氢氧化钠、过氧化氢和碳酸氢钠等碱性物质。碱化秸秆饲料成品的形态可以是散秆、碎段、碎粉或秸秆颗粒，也可以同其他饲料混合一起处理使用。NaOH碱化法是最早应用的化学处理法，NaOH碱化法较氨化法更有效地提高秸秆的利用率，但处理成本高，且家畜采食后，粪尿中排出的大量钠离子污染环境，使NaOH的应用受到很大的限制。

碱化处理能改善秸秆消化率，促进消化道内容物排空，因此，也能提高秸秆采食量。

2. 氢氧化钠处理法

（1）湿式碱化法

将秸秆在15%的NaOH溶液中浸泡一昼夜，然后取出，用大量的清水漂洗，去除余碱，沥干，用来饲喂羊。这种方法可使秸秆饲料的消化率由40%提高到70%，并使其净能浓度达到优质干草水平，可以提高每千克代谢体重的采食量。缺点是，漂洗时干物质营养损失大，而且大量含碱的洗涤水容易造成环境污染。

（2）干式碱化法

应用NaOH溶液喷洒秸秆，每100 kg秸秆用1.5%的NaOH溶液30 L，随喷随拌，喷后再放置几天，不用水洗而直接饲喂家畜。此种方法处理的秸秆，家畜采食量可提高48%，干物质消化率可提高12%～16%，应用较广。另外，还可使用干式碱化法生产颗粒饲料，即在切碎的秸秆中加入1.5%的NaOH溶液和尿素溶液，制成颗粒。压粒时由于压力大，温度高（90～100℃），加快了破坏木质素细胞和组织的过程，秸秆的消化率可提高1倍。

氢氧化钠处理的优点是化学反应迅速、反应时间短；对秸秆表皮组织和细胞木质素消化障碍消除较大；羊对秸秆的消化率和采食量提高明显，易于实现机械化商品生产。缺点是食入碱化秸秆饲料后随尿排出的大量钠污染土壤，易使局部土壤发生碱化；秸秆饲料碱化处理后，粗蛋白含量没有改变；处理方法较繁杂，费工费时，而且氢氧化钠腐蚀性强。

3. 石灰处理法

（1）石灰水浸泡法

将秸秆切（铡）成2～3 cm，置于3%～11%的石灰水中，浸泡2～3 d后取出放在栅板或倾斜面上，滤去残液，不需用清水冲洗即可饲喂家畜。用此种方法处理秸秆，消化率可由 40%提高到 70%。

制作石灰水时，应先用少量的清水将石灰溶解，然后再加大量的水进行制作，秸秆与石灰水的比例一般为 1∶2～1∶2.5，搅拌均匀后，滤去杂质即可使用。为提高处理效果，应在石灰水中加入占秸秆质量 1%～15%的食盐。石灰水可以继续使用 1～2 次。石灰水处理法是比较经济的方法。

（2）生石灰喷粉法

将切碎秸秆的含水量调至 30%～40%，然后把生石灰粉均匀地撒在湿秸秆上，使其在潮湿的状态下密封 6～8 周后，取出即可饲喂家畜。石灰的用量为干秸秆质量的 6%。也可按 100 kg 秸秆加 3～6 kg 生石灰拌匀，放适量水以使秸秆浸透，然后在潮湿的状态下保持 3～4 昼夜，即可取出饲喂。用此种方法处理的秸秆饲喂家畜，可使秸秆的消化率达到中等干草的水平。

石灰处理秸秆的效果，虽然不如 NaOH，但其具有原料来源广、成本低，又不需清水冲洗等优点，还可补充秸秆中的钙质。经石灰处理后的秸秆消化率可提高 15%～20%，采食量可增加 20%～30%。由于经石灰处理后，秸秆中钙的含量增高，而磷的含量却很低，钙磷比达 4∶1～9∶1，极不平衡，因此饲喂此种秸秆饲料时应注意补充磷。

（3）混合液浸润法

将（铡）碎的秸秆分层装入，每层厚 2～3 cm，然后用浓度为 2%～5%的 NaOH 和 2%～5%的石灰混合液分层均匀喷洒，并层层压实。混合液的喷洒量为每 100 kg 秸秆喷洒 50～250 kg，处理时间为 1 周。

单用 NaOH 处理秸秆效果虽然好，但成本较高。石灰处理秸秆的效果尽管不如 NaOH，但其原料来源广，价格低廉。为克服各自存在的弊病，将两者按一定比例混合起来处理秸秆，可使秸秆粗纤维的消化率提高 40%以上。并且用该法处理后的秸秆，含 NaOH 的浓度也较低，喂前不需再用清水冲洗，也不需要再给家畜补饲食盐，省力、省工、节约实用。但是，由于秸秆饲料矿物质含量不平衡，饲喂时应注意补充磷，并保证供给家畜充足的饮水。

（二）秸秆的氨化处理

1. 秸秆氨化处理的意义

秸秆氨化处理，是在秸秆中加入一定比例的氨水、液氨（无水氨）、尿素等，破坏木质素与纤维素之间的联系，使纤维素部分分解，细胞膨胀，结构疏松，从而提高秸秆的消化率、营养价值和适口性的一种化学处理方法。

从 20 世纪 30 年代开始，氨化法在欧洲流行起来。氨可分解秸秆中连接在木质素上的部分酯键,使秸秆软化,可以改善羊对其蛋白质和粗纤维等有机物的消化率及能量利用率。经过氨处理的秸秆等粗饲料,增加了非蛋白氮源,羊瘤胃中微生物可利用非蛋白氮作为合成细菌蛋白的氮源,在能量作用下,合成大量细菌蛋白,进而合成菌体蛋白,这样就可大大地提高羊对秸秆等粗饲料的利用率。

氨化通常使用的是液氨、氨水、尿素及碳酸氢铵、硫酸铵等。氨源一般具有弱碱性,可起到碱化的作用,但更重要的是氨化能明显提高秸秆的粗蛋白含量和营养价值,为低蛋白质水平下的瘤胃微生物提供更多的氮源,维持其数量稳定。在欧洲及北美多用氨水或液氨处理,在我国尿素来源比较方便,也无须用水冲洗,因此,多采用尿素氨化秸秆。用尿素氨化秸秆饲喂羊,当尿素含量占到 DM 的 4%～6%时对消化率有显著效果。氨化能有效提高秸秆的 CP 含量,改善适口性,但对秸秆 NDF 含量及瘤胃降解率的促进效果没有碱化明显。同时,氨化也存在氮严重损失的问题。

与秸秆碱化处理相比,秸秆的氨化处理对提高秸秆消化率的效果虽然略低于碱化处理,但氨化处理能增加秸秆的非蛋白氮含量。同时氨还是一种抗霉菌的保存剂,可有效地防止秸秆在氨化期内发霉变质。过量的氨可以散发掉,不会对土壤造成污染,反而是土壤的有效成分。因此,目前氨化处理作物秸秆和低质饲料应用范围很广泛。它是迄今最经济简便,而又实用的处理方法。氨化秸秆具有以下优点。

1)提高秸秆的营养价值。氨化处理可将秸秆有机物消化率提高 10%～20%,粗蛋白的含量提高 4%～6%,使秸秆的粗蛋白超过了反刍家畜饲料中蛋白质含量不得低于 8%的限定值,总营养价值可提高 1 倍。

2)提高秸秆的消化利用率。秸秆氨化处理后变得软化,具有糊香味,家畜爱吃,一般采食量可提高 20%～40%,氨化秸秆比未氨化秸秆的消化率高 10%～20%,从而使得秸秆中潜在的部分营养物质能够被家畜利用。

3)不污染环境。氨化秸秆饲喂家畜,过量的氨很快可以挥发掉,家畜尿液中含氮量也不同程度地提高,不会对土壤造成污染,反而使土壤的营养成分增加。

4)杀虫抗菌。氨还是一种抗霉菌的保存剂,氨化处理可杀死秸秆中一些虫卵和病菌,减少家畜疾病,并能使含水量为 30%左右的秸秆得以很好地保存而不发霉变质。另外,氨化处理还能杀死秸秆中夹杂的杂草,使其丧失发芽力,从而起到控制农田杂草的作用。

5)氨化秸秆成本低。制作简便氨化秸秆投资少,设备比较简单,操作方法容易掌握,适宜广大农村使用。

2. 秸秆氨化处理的原理

秸秆氨化的效果,主要是氨化中三种作用的结果,即碱化作用、氨化作用和中和作用。

（1）碱化作用

氢氧化钠是碱性物质，氢氧根能使秸秆的木质素与纤维素之间的酯键断裂，破坏其镶嵌结构，促使木质素与纤维素、半纤维素分离，被分离出的纤维素及半纤维素部分分解，呈现细胞膨胀，结构疏松，然后在瘤胃中的微生物直接与其接触，纤维素酶将其分解成为畜体可消化利用的营养物质，同时少部分木质素被溶解，形成羟基木质素，从而提高了消化率。

（2）氨化作用

当氨遇到秸秆时，就与秸秆中的有机物质发生化学反应，铵离子吸附在秸秆上形成铵盐（乙酸铵）。铵盐是一种非蛋白氮化合物，是羊瘤胃微生物的氮素营养源。在瘤胃中，铵盐被分解成氨，同瘤胃中的有机酸作为营养物，被瘤胃微生物利用，并同碳、氧、硫等元素合成氨基酸，进一步合成菌体蛋白（BCP），被消化利用。

尽管瘤胃微生物能利用氨合成蛋白质，但非蛋白氮在瘤胃中分解速度过快，特别是在饲料可发酵能量不足的情况下，不能被微生物利用，多余的氨则被瘤胃壁吸收，有中毒危险。通过氨化处理秸秆，可延缓氨的释放速度，促进瘤胃内微生物的活动，进一步提高秸秆的营养价值和消化率。

（3）中和作用

氨化时氨与秸秆中的有机酸结合，消除了乙酸根，中和了秸秆中的潜在酸度，形成适宜瘤胃微生物的碱性环境，同时，铵盐又可改善秸秆的适口性，从而提高了家畜对秸秆的采食量和利用率。

3. 影响氨化效果的因素

影响秸秆氨化效果的因素较多，归纳起来主要有以下几种。

1）温度。氨化处理秸秆要求有较高的温度，一般温度越高，氨化作用越快。据报道，液氨注入秸秆垛中后，温度的上升决定于开始的温度、氨的剂量、水分含量和其他因素，但一般在40～60℃变动。最高温度在草垛顶部，1～2周后下降并接近周围温度。周围的温度对氨化起重要作用。因此，氨化应在秸秆收割后不久，气温相对高的时候进行最为适宜。

2）时间。氨化处理的时间长短取决于温度。使用尿素处理的秸秆，因其有一个分解的过程，一般比用氨水要延长5～7 d。

3）秸秆水分。秸秆含有一定的水分，有利于增加其有机物消化率，但水分过大容易霉坏，因此，在不引起霉变的条件下，应尽量提高含水量。据试验，秸秆氨化以含水量15%～20%较为合适；尿素与碳酸氢铵处理秸秆的含水量，以45%左右较为合适。

4）秸秆的类型。由于各类秸秆的营养价值（主要是消化率）不同，其氨化效果也不同。在谷类秸秆中燕麦秸秆较大麦秸秆易于消化,大麦秸秆又较小麦秸秆易于消化,黑麦秸秆的有机物消化率平均为42%,与小麦秸秆接近。粗蛋白含量也以燕麦秸秆和大麦秸秆为高。稻草与其他谷类秸秆相反,其茎秆的消化率比叶子高,硅含量高,而木质素含量则较少。谷草和荞麦秸秆的消化率及营养价值较高,都在小麦秸秆之上。玉米秸秆的营养含量与消化率均优于其他秸秆,因其含有较多的脲酶,适于用尿素处理。除禾谷类秸秆外,向日葵秸秆、蚕豆秧(带叶)的营养价值都不错,均可氨化处理作为饲料。

4. 氨化秸秆饲料的品质鉴定

氨化秸秆饲料在饲喂之前应进行品质检验,评定其好坏,以确定能否用于饲喂家畜。鉴定方法主要有感官鉴定法、化学分析鉴定法和生物技术鉴定法三种。

(1)感官鉴定法

感官鉴定法主要是根据氨化秸秆饲料的颜色、软硬度、气味等来鉴定秸秆的好坏。氨化好的秸秆,质地变软,颜色呈现棕黄色或浅褐色,释放余氨后气味糊香。如果秸秆变为白色、灰色,甚至发黑、发黏、结块,并有腐烂味,说明秸秆已经霉变,不能再喂家畜。如果秸秆的颜色跟氨化前一样,说明没有氨化好。

(2)化学分析鉴定法

通过分析秸秆氨化前后各项主要指标,如干物质消化率、粗蛋白等,鉴定秸秆质量的改进幅度。利用青贮窖氨化秸秆,液氨剂量为秸秆质量的3%,氨化后的麦秸、稻草和玉米秸秆的粗蛋白含量分别提高44%、39.8%和50.2%,消化率分别提高10.28%、24%和18%。化学分析鉴定法虽能准确测出秸秆的有关成分,如粗纤维、粗蛋白等的准确含量,但不能全面地评价秸秆的营养价值,也不能反映家畜采食量的大小。

(3)生物技术鉴定法

生物技术鉴定法是采用反刍动物瘤胃瘘管尼龙袋测定秸秆消化率的方法。据报道,用绵羊瘤胃瘘管尼龙袋消化试验的方法测定秸秆干物质瘤胃降解率,结果表明,氨化麦秸最大降解率为77.06%,未氨化麦秸为52.08%,氨化后降解率提高47.96%。生物技术鉴定法在反刍动物瘤胃中进行消化试验,既可反映秸秆的消化率,又可反映秸秆的消化速度。

三、微生物调制法

微生物调制法是利用某些细菌、真菌的某种特性,在一定温度、湿度、酸碱度、营养物质条件下,分解粗饲料中纤维素、木质素等成分来合成菌体蛋白、维生素和多种转化酶等,将饲料中难以消化吸收的物质转化为易消化吸收的营养物质的过程。

（一）秸秆的青贮处理

秸秆青贮就是将新鲜的作物秸秆切（铡）碎，装入密闭的容器内，形成厌氧条件，通过乳酸菌的发酵，产生酸性环境，抑制和杀死其他有害微生物，提高饲料的适口性、消化率和营养价值，并且达到长期贮存的一种简单、可靠、经济的方法。用青贮的方法保存秸秆饲料，比制干草的方法效果好。一般农作物秸秆都可青贮。比较常用的有专门种植的青贮玉米（带穗），收获后的玉米秸秆、高粱秸秆、甘薯秧等，其中以玉米秸秆青贮为最多。

为了提高青贮玉米秸秆的质量，在青贮过程中要加入其他一些物质。添加物主要有以下几类。①微生物制剂：主要是乳酸菌；②抑制不良发酵的添加剂：主要有酸类添加剂，如硫酸、盐酸等无机酸，甲酸、乙酸等有机酸和防腐剂，如亚硝酸钠、硝酸钠、甲酸钠、甲醛等以利于青贮饲料的保存和防止变质；③营养型添加剂：主要有尿素、碳水化合物等改善发酵过程的物质和碳酸钙、硫酸铜、硫酸锌、硫酸锰、氯化钴等补充青贮饲料矿物质不足的无机盐类；④纤维素酶类添加剂：这类酶主要有半纤维素酶、纤维素酶、果胶酶等。

1. 秸秆青贮的优点

1）有效保存青绿植物的营养成分。一般青绿植物，在成熟和晒干之后，营养价值降低 30%～50%。但青贮后，只降低 3%～5%。青贮尤其能有效地保存青绿植物的蛋白质和维生素。

2）保持植物原来青绿时的鲜嫩汁液。晒干的秸秆含水量只有 14%～17%，而青贮饲料在 70%左右，适口性好，消化率高。

3）扩大饲料来源。无毒青绿植物的秸秆或树叶等，如向日葵秆、玉米秸秆等，在新鲜时有臭味，有的质地较粗硬，一般家畜不喜采食或利用率很低。如果把它们调制成青贮饲料，不但可以改变口味，而且可以将其软化，增加可食部分的数量。

4）保存饲料经济而安全的方法。青贮饲料比贮藏干草需用的空间小，一般每立方米的干草垛只能垛 70 kg 左右的干草，而 1 m^3 的青贮窖就能贮藏含水青贮饲料 450～700 kg，折成干草为 100～150 kg。只要青贮得法，青贮饲料可长期保存，长者可达数年。同时，青贮还能消灭作物秸秆上的许多害虫，使杂草种子失去发芽能力，从而减少病虫害和杂草的滋生。

2. 青贮的发酵过程

青贮是一个复杂的微生物活动和生物化学变化过程。青贮过程中，参与活动和作用的微生物种类很多，以乳酸菌为主。饲料中存在的乳酸菌，在厌氧条件下大量繁殖，对饲料进行发酵，使饲料中的 pH 下降到 4.2 及以下，从而抑制其他腐败细菌和霉菌的生长繁殖，使其慢慢死亡，最后乳酸菌本身的生长也被产生的乳酸所抑制，从而达到对秸秆饲料长期保存的目的。

整个青贮过程可持续 2~3 周，大体可分为 5 个阶段。

1）第一阶段：青贮原料刈割后，植物细胞并没有死亡，仍继续呼吸作用，使有机物质氧化分解。同时，附着在原料上的好氧性微生物利用植物细胞排出的可溶性碳水化合物等养分进行生长繁殖，从而使青贮窖内遗留的少量氧气很快被耗尽（1~3 d），形成微氧甚至无氧环境，产生 CO_2、H_2O 和热量。此阶段形成的厌氧、微酸性和较温暖的环境为乳酸菌的活动繁殖创造了条件。若镇压得好，青贮饲料之间温度可在 20~30℃；若青贮饲料镇压得不好，原料含水量少，温度可达 50℃甚至以上，青贮品质变劣。

2）第二阶段：青贮最初几天主要是好氧菌发酵，如腐败菌、霉菌等繁殖强烈，破坏原料中的蛋白质产生吲哚和气体及少量的乙酸，但是这一阶段时间很短。

3）第三阶段：随着植物细胞呼吸作用，好氧菌繁殖，青贮饲料中的氧气逐渐减少，好氧菌活动变弱或停止，乳酸菌开始活跃。

4）第四阶段：在厌氧条件下，乳酸菌大量繁殖，利用青贮饲料的糖类（主要是淀粉和葡萄糖）产生大量乳酸，使 pH 逐渐下降，pH 低于 4.2 时，不但腐败菌、酪酸菌等活动受到抑制，乳酸菌本身也开始被抑制。青贮整个发酵过程需要 17~21 d 完成。

5）第五阶段：厌氧阶段结束后，pH 逐渐下降，当 pH 低于 4.2 时，乳酸菌活动减弱，甚至完全停止，并开始死亡。青贮饲料中的所有生物与化学过程都完全停止，青贮基本制成。只要厌氧和酸性环境不变，青贮饲料可以长期保存。

3. 常用的几种秸秆青贮原料

（1）玉米秸秆青贮

收获玉米穗后的玉米秸秆是常用的青贮原料。及时收获玉米穗，同时收获玉米秸秆（此时玉米秸秆上能保留有 1/2 的绿色叶片），运到青贮地点切（铡）碎后入窖进行青贮。一般切（铡）成 2 cm 长短，每层以 20~25 cm 厚为宜。装窖时要层层压实，排出空气，最后封窖。一般封窖贮存 50~60 d 即可开窖作为饲料饲喂家畜。

青贮时，若玉米秸秆已有 3/4 的叶片干枯，则每 100 kg 的原料需要加水 5~15 kg。为了满足反刍动物对粗蛋白及能量的要求，还可在玉米秸秆青贮时，层层添加尿素 0.5%、玉米粉 1.5%和食盐 0.5%等添加物。

（2）鲜稻草青贮

将脱粒后含水量 70%~75%的新鲜稻草切（铡）碎进行青贮。鲜稻草多用塑料袋青贮。青贮时先用稻草压捆机把切（铡）碎的鲜稻草压成直径 12 cm、长 50 cm、密度为 500～800 kg/m 的草捆，然后将其装入塑料袋密封进行青贮。由于稻草的二氧化硅含量高达 12%～16%，木质素含量达 6%～7%，难以被家畜消化吸收，需补充钙与糖，故应考虑采用添加剂的特殊青贮法。

（3）甘薯秧、萝卜叶、甘蓝叶青贮

这些原料青贮是草食家畜及猪的好饲料，但因其含水量较高，一般不宜单独青贮，常将原料切（铡）短后与草粉或麦麸等混合后进行青贮，或将其水分调节到 85% 及以下后再进行青贮。

（二）青贮制作条件、方法和步骤

为获得优质青贮，必须为青贮过程中乳酸菌创造一个正常活动和抑制有害微生物繁殖生存的环境条件，使青贮原料从收割到青贮过程中自身的细胞呼吸作用所消耗的营养物质降低到最低限度，最终抑制乳酸菌发酵。

1. 条件

1）含糖量要充足。含糖量至少是鲜物的 1.0%～1.5%。如果含糖量过低，乳酸菌繁殖受影响。根据原料含糖量差异，青贮原料可分为三类：易作青贮原料，如玉米、高粱、禾本科牧草等；不易作青贮原料，如苜蓿、三叶草、草木犀、大豆、豌豆等；不能单独青贮的原料，如南瓜蔓、西瓜蔓等，因含糖量低，不能单独作青贮，须与富含糖原料混合或加酸青贮。

2）青贮原料含水量适中。青贮原料中含有适量的水分是保证乳酸菌正常活动的重要条件。水分含量过高或过低，都会影响青贮的品质。如果水分过低，青贮时难以踩实压紧，窖内尚有较多空气，造成好氧菌大量繁殖，使饲料发霉腐烂。水分过多时，容易压实结块，有利于酪酸梭菌活动。同时，植物细胞液被挤压流失，营养损失较大。乳酸菌繁殖活动最适宜的含水量为 65%～75%。

判断青贮原料水分含量的简易方法为，取一把铡短的原料，在手中稍轻揉搓，然后用力握在手中，若手指缝中有水珠出现，但不是成串滴出，则该原料中含水量适宜；若握不出水珠，说明水分不足；若水珠成串滴，则水分过多。含水过高或过低的青贮原料，青贮时均应进行处理或调节。原料中含水量小于 65% 时，应适量均匀地加入清水或一定数量的多水饲料。若原料水分过多时，青贮前应稍晾干，待其凋萎，使其水分含量达到要求后再行青贮。如凋萎后，还不能达到适宜含水量，应添加干饲料混合青贮。

3）切短。切短的目的是便于装填、压实和排除空气。应尽可能在短期内切短、装窖、压紧，排出窖内空气，封严。这是保持低温和创造厌氧的先决条件。一般质地粗硬的原料应切（铡）成 2～3 cm，柔软的原料应切（铡）成 4～5 cm。

4）要有适宜的装填设备。种类有青贮窖、青贮塔和塑料薄膜袋等。多用窖贮，要根据饲养规模确定窖的容量。窖一般为长方形，建在地势高易排水的地方，远离水粪坑。窖壁不透气、不漏水，窖的墙壁要坚实光滑。

2. 方法与步骤

1）适时收割：适时收割可以获得最佳营养物质含量的青贮，其含水量和含糖量有利于乳酸菌发酵，容易制作优质青贮。全株玉米青贮适宜收获期为乳熟后期和蜡熟期，最好在蜡熟期，因为此时营养含量最高。去穗玉米青贮，应在收穗后马上制作青贮，在上霜前完成；其他禾本科牧草，应在孕穗至抽穗期进行。

2）切短：最好用联合收割机收获。

3）装填：逐层装填，逐层压实，高出青贮窖 30～40 cm。

4）密封：用塑料薄膜封窖，周围用土压实。

（三）青贮的方式

常用的青贮设备主要有青贮窖、青贮壕、青贮塔及塑料袋等几种。青贮设备要不透气、不透水，墙壁平直，便于下沉压实，排空气体，而且还要有一定的深度。深度应大于宽度，宽度与深度之比一般以 1∶1.5 或 1∶1.2 为佳，以利于借助青贮饲料本身的重力来压实、排气。

1. 青贮窖青贮

青贮窖青贮分地下式、半地下式和地上式三种，地下式适于地下水位较低、土质较好的地区，半地下式和地上式适于地下水位较高、土质较差的地区。青贮窖一般应建在地势较高、向阳干燥、土质坚实、距离畜舍较近的地方，有圆形或长方形，以长方形为多，一般宽 1.5～2.0 m（上口宽 2.0 m，下底宽 1.5～1.6 m），深 2.5～3.0 m，长度根据原料的数量而定。永久性青贮窖多用混凝土建成，半永久性青贮窖只是一个土坑而已。

青贮窖青贮的优点是造价较低，操作也比较方便，既可人工作业，也可机械作业；青贮窖可大可小，能适应不同生产规模，比较适合我国农村现有的生产水平。缺点是原料青贮损失较大，尤以土窖为甚。

2. 青贮塔青贮

用钢筋、水泥、砖等材料建造的永久性建筑物，一般适于在地势低洼、地下水位较高的地区采用。塔的高度应根据设施的条件而定，在有自动装料设备的条件下，可以建造高 7.0～10 m，甚至更高的青贮塔。为了便于装填原料和取用青贮饲料，青贮塔应建在距离畜舍较近之处，朝着畜舍的方向，从塔壁由下到上每隔

1.0～1.5 m 留一窗口。

青贮塔青贮的优点是青贮塔经久耐用，占地少，机械化程度高，而且青贮过程中养分损失少。缺点是一次性投资较高，设施比较复杂，以我国目前生产水平，除大型农牧场外，似乎难以推广。

3. 青贮壕青贮

青贮壕是一个长条形的壕沟，沟的两端呈斜坡（从沟底逐渐升高至地面），沟底及两侧墙用混凝土砌抹。通常拖拉机牵引着拖车从壕的一端驶入，边前进，边卸料，再从另一端驶出。

青贮壕青贮的优点与青贮窖青贮略同，只是青贮壕更便于大规模机械化作业。拖车驶过青贮壕，既卸了原料又将先前的原料压实。此外，青贮壕的结构也便于推土机挖掘，从而使挖壕的效率大为提高。缺点是青贮壕只适用于大规模青贮，对土地要求较高。

4. 塑料袋青贮

一般每袋可青贮秸秆 50～200 kg，适于原料不太集中，但能陆续供应的情况下使用。

塑料袋青贮的优点是方法简单，贮存地点灵活，以及喂饲方便（喂饲一袋不影响其他袋）。缺点是人工装袋、压紧，效率较低，而且塑料袋容易破漏，影响青贮效果，只适于小规模、家庭式的饲养。

5. 草捆青贮

将新鲜秸秆或牧草收割后，压制成圆草捆，装入塑料袋并系好袋口进行青贮的一种方法。其原理、技术要点与一般青贮基本相同，该方法主要适用于牧草青贮。

草捆青贮的主要优点是可以利用现有的牧草青贮机械，不需另购青贮机械。其他与塑料袋青贮基本相同。

（四）青贮饲料发酵的评定

对青贮饲料发酵品质的评定主要分为现场的感官评定和实验室评定。各种评定方法从不同的角度对青贮的品质进行了评定。

1. 现场感官评定

现场感官评定主要是应用德国农业协会评分法，该法是通过嗅觉、结构、色泽三项指标对青贮进行评定，然后再按得分分为优、可、中和下 4 个等级。我国农业部（现为农业农村部）在 1996 年制定了感官评定法，对青贮饲料的水分、气味、色泽和质地进行分类评分，然后再综合评分。中国农业科学院北京畜牧兽医研究所也制定了青贮饲料感官评分标准。感官评定法受主观因素的影响较大，但不失为一种快速而有实用意义的方法。

2. 实验室评定

实验室评定是根据青贮饲料的不同测定指标对青贮饲料进行评定。青贮饲料的测定指标主要有 pH、氨态氮浓度和有机酸含量等。

（1）pH 指标评定

青贮是通过在较低的 pH 条件下抑制腐败菌而保存饲料的方法，因此 pH 越低，青贮的品质越高。pH 在 4.0 以下为优等；pH 在 4.1～4.3 为良好；pH 在 4.4～5.0 为一般；pH 在 5.0 以上为劣等。青贮的 pH 受原料的特性影响较大，特别是乳酸菌发酵底物水溶性糖（water soluble carbohydrate，WSC）含量，因此用 pH 对青贮的品质进行评定对不同的原料很难统一，但可作为参考。

（2）氨态氮浓度指标评定

青贮中氨态氮占总氮的比例越大，说明蛋白质分解越多，也就是说青贮的质量越差。1996 年农业部制定的青贮饲料评定标准中，采用氨态氮占总氮的比例对青贮饲料品质进行了评定，见表 2-2。与 pH 相同的是，氨态氮浓度同样受青贮原料的影响很大，原料的种类、蛋白质含量和植物蛋白酶等能够影响青贮的品质。因此，氨态氮浓度也不能作为唯一的指标来评定青贮品质。

表 2-2　氨态氮含量的评分标准

NH₃-N/TN（%）	得点	NH₃-N/TN（%）	得点	NH₃-N/TN（%）	得点
<5.0	50	12.1～13	31	20.1～22	8
5.1～6.0	48	13.1～14	28	22.1～26	5
6.1～7.0	46	14.1～15	25	26.1～30	2
7.1～8.0	44	15.1～16	22	30.1～35	0
8.1～9.0	42	16.1～17	19	35.1～40	−5
9.1～10.0	40	17.1～18	16	>40.1	−10
10.1～11.0	37	18.1～19	13		
11.1～12.0	34	19.1～20	10		

（3）有机酸指标评定

有机酸总量及其构成可以反映青贮发酵过程的好坏，主要包括乳酸、乙酸和丁酸，因此，可以采用有机酸为指标来评定青贮的品质。德国科学家 Flieg 在1938 年提出了青贮饲料的评分方法，经过后人的修改一直沿用至今。该法就是通过有机酸来评定青贮饲料品质的，它是以乳酸、乙酸和丁酸占总酸的比例评定青贮（表 2-3）。我国农业部在 1996 年也制定了通过有机酸评定青贮的体系

（表 2-4），同时与氨态氮浓度含量（表 2-2）共同综合评定青贮品质。这两种评定体系都是突出了乳酸的重要性，降低了乙酸的贡献。随着研究的深入进行，人们发现乙酸在提高青贮有氧稳定性方面的贡献大于乳酸。因此，这种评价体系有待进一步完善。

表 2-3　Flieg 青贮饲料评定

乳酸/总酸（%）	评分	乙酸/总酸（%）	评分	丁酸/总酸（%）	评分
0.0～25.0	0	0.1～15.0	20	0.0～1.5	50
25.1～27.5	1	15.1～17.5	19	1.6～3.0	30
27.6～30.0	2	17.6～20.0	18	3.1～4.0	20
30.1～32.0	3	20.1～22.0	17	4.1～6.0	15
32.1～34.0	4	22.1～24.0	16	6.1～8.0	10
34.1～36.0	5	24.1～25.4	15	8.1～10.0	9
36.1～38.0	6	25.5～26.7	14	10.1～12.0	8
38.1～40.0	7	26.8～28.0	13	12.1～14.0	7
40.1～42.0	8	28.1～29.4	12	14.1～16.0	6
42.1～44.0	9	29.5～30.7	11	16.1～17.0	5
44.1～46.0	10	30.8～32.0	10	17.1～18.0	4
46.1～48.0	11	32.1～33.4	9	18.1～19.0	3
48.1～50.0	12	33.5～34.7	8	19.1～20.0	2
50.1～52.0	13	34.8～36.0	7	20.1～30.1	0
52.1～54.0	14	36.1～37.4	6	30.1～32.0	1
54.1～56.0	15	37.5～38.7	5	32.1～34.0	2
56.1～58.0	16	38.8～40.0	4	34.1～36.0	3
58.1～60.0	17	40.1～42.5	3	36.1～38.0	4
60.1～62.0	18	42.6～45.0	2	38.1～40.0	5
62.1～64.0	19	45.0<	1	40.0<	10
64.1～66.0	20				
66.1～67.0	21				
67.1～68.0	22				
68.1～69.0	23				
69.1～70.0	24				
70.1～71.2	25				
71.3～72.4	26				
72.5～73.7	27				
73.8～75.0	28				
75.0<	30				

表 2-4　中国农业部青贮评定方法

占总酸比例/%	得点			占总酸比例/%	得点		
	乳酸	乙酸	丁酸		乳酸	乙酸	丁酸
0.0～0.1	0	25	50	28.1～30.0	5	20	10
0.2～0.5	0	25	48	30.1～32.0	6	19	9
0.6～1.0	0	25	45	32.1～34.0	7	18	8
1.1～1.6	0	25	43	34.1～36.0	8	17	7
1.7～2.0	0	25	40	36.1～38.0	9	16	6
2.1～3.0	0	25	38	38.1～40.0	10	15	5
3.1～4.0	0	25	37	40.1～42.0	11	14	4
4.1～5.0	0	25	35	42.1～44.0	12	13	3
5.1～6.0	0	25	34	44.1～46.0	13	12	2
6.1～7.0	0	25	33	46.1～48.0	14	11	1
7.1～8.0	0	25	32	48.1～50.0	15	10	0
8.1～9.0	0	25	31	50.1～52.0	16	9	−1
9.1～10.0	0	25	30	52.1～54.0	17	8	−2
10.1～12.0	0	25	28	54.1～56.0	18	7	−3
12.1～14.0	0	25	26	56.1～58.0	19	6	−4
14.1～16.0	0	25	24	58.1～60.0	20	5	−5
16.1～18.0	0	25	22	60.1～62.0	21	0	−10
18.1～20.0	0	25	20	62.1～64.0	22	0	−10
20.1～22.0	1	24	18	64.1～66.0	23	0	−10
22.1～24.0	2	23	16	66.1～68.0	24	0	−10
24.1～26.0	3	22	14	68.1～70.0	25	0	−10
26.1～28.0	4	21	12	＞70.0	25	0	−10

（五）接种剂和酶制剂在青贮中的应用

　　酶作为生物化学反应的催化剂，本是生物体自身所产生的一种活性物质。由于生物技术迅速发展，近年来世界各国纷纷研制并生产饲用酶制剂。酶制剂无毒、无残留、无副作用，是优质的新型促生长类饲料添加剂。

　　酶通过参与有关的生化反应，降低反应所需活化能，加快其反应速度来促进蛋白质、脂肪、淀粉和纤维素的水解，从而促进饲料营养的消化吸收，最终提高饲料利用率和促进动物生长。用果胶酶和纤维素酶，再加入一定量的能源物质、无机氮和各种无机盐，共同处理秸秆饲料，不仅明显地提高了饲料蛋白质含量（100 g/kg），也增加了还原糖，降低了纤维素含量。纤维素的消化率提高到 79.84%～84.80%，即增加一倍多。因此，提高了秸秆饲料的营养价值和饲用效果。

1. 接种剂与酶制剂对青贮发酵品质的影响

接种剂应用于青贮中，主要是在前期利用糖发酵产生乳酸，使青贮的 pH 快速下降，进而抑制有害菌的生长，同时产生大量的乳酸，减少了养分的损失。pH 是评价青贮质量的重要指标之一。在芦苇青贮中添加乳酸菌后，能够显著降低青贮 pH，但也有研究发现，添加乳酸菌只能降低青贮前期的 pH，而对最终 pH 无影响。青贮原料往往附着一些有害微生物和一些植物蛋白酶，它们能够将青贮原料中的蛋白质降解为氨态氮，造成青贮饲料营养价值的降低，因此青贮中氨态氮的含量是青贮质量好坏的重要指标之一。氨态氮与总氮的质量比（NH_3-N/TN）反映了青贮饲料中蛋白质的分解程度，比值越大说明蛋白质分解得越多，因此在实际测定时，主要是通过氨态氮与总氮的比来评定青贮饲料的质量。

2. 接种剂与酶制剂对青贮有氧稳定性的影响

青贮在取用过程中如未能妥善管理，往往造成青贮饲料的好气性腐败，即二次发酵。特别是当青贮饲料开封接触到空气后，就会促进酵母菌、霉菌及一些好氧细菌的生长繁殖，青贮饲料的温度及 pH 随之升高，青贮饲料开始腐败，造成营养物质的严重损失，降低青贮饲料的品质，进而影响家畜的采食量及生产性能。因此，青贮有氧稳定性对于保证青贮饲料的品质非常重要。

有机酸总量及其构成可以反映青贮发酵的好坏，青贮饲料中有机酸产量越多，pH 越低，青贮饲料就保存得越好。青贮中主要是依靠乳酸菌的发酵生产有机酸的，青贮的乳酸菌分为同型发酵和异型发酵两类菌。同型发酵菌将 1 mol 糖发酵生成 1 mol 的乳酸，而异型发酵菌是将 2 mol 糖发酵生成 1 mol 的乳酸、1 mol 的乙酸和 CO_2。青贮发酵生成乙酸造成了能量的浪费，在过去很长的一段时间里，人们一直认为乙酸对青贮是无益的，因此人们的研究主要集中在乳酸方面。后来发现乙酸抗真菌的能力要高于乳酸，由于添加接种剂能够降低青贮中的 pH，因此能够抑制有害微生物的生长，从而降低了二次发酵的可能性，提高了青贮的有氧稳定性。

3. 影响接种剂作用效果的因素

1）接种剂数量：青贮中的乳酸菌，与青贮接种剂中的乳酸菌产生竞争。当接种剂中的乳酸菌数量是青贮原有耐酸菌数量的 1/10 时，就能克服这种竞争而改善发酵，而在动物生产性能方面想取得相同的结果是比较困难的。

2）糖含量：糖含量是影响接种剂作用效果的因素之一。糖是乳酸菌最主要的发酵底物，如果糖含量低，会影响接种剂在青贮中作用的发挥。研究发现，在苜蓿青贮中当水分为 70%并添加糖时，青贮的质量较好。

3）接种剂的菌种：每个菌种都有区别于其他种的特性。有许多试验的结果显示，不同菌种的作用效果是不同的。试验结果表明，在某种青贮中生长较好的菌种往往能在该植物上发现，这可能是由于该植物汁中的营养组合正适合这种菌种生长。

第七节　北方寒区羊用粗饲料营养价值的评定

一、北方寒区羊用粗饲料 GI 和 RFV 的测定与比较

（一）材料与方法

1. 饲料样品

在黑龙江省 6 个地区采集 4 种 12 个饲料样品，具体信息见表 2-5。青贮先测初水分，后与其他风干样一样粉碎过 1 mm 网筛，备用。

表 2-5　粗饲料特征及采集地点

饲料种类	科属	采样地点	物候期	备注
苜蓿干草	豆科苜蓿属	齐齐哈尔市	盛花期	进口，紫花
	豆科苜蓿属	8511 农场	盛花期	进口，黄花
	豆科苜蓿属	肇东市	盛花期	国产，黄花
玉米青贮	禾本科玉蜀黍属	肇东市	蜡熟期	全株
	禾本科玉蜀黍属	尖山农场	蜡熟期	全株
	禾本科玉蜀黍属	齐齐哈尔市	蜡熟期	全株
羊草	禾本科赖草属	齐齐哈尔市	盛花期	主要是茎、叶
	禾本科赖草属	肇东市	盛花期	主要是茎、叶
	禾本科赖草属	尖山农场	盛花期	主要是茎、叶
玉米秸秆	禾本科玉蜀黍属	8510 农场	枯黄期	主要是茎节
	禾本科玉蜀黍属	8511 农场	枯黄期	主要是苞叶
	禾本科玉蜀黍属	宁安农场	枯黄期	主要是茎节、叶

2. 测定指标与方法

（1）饲料常规营养分析

饲料中干物质（DM）、粗蛋白（CP）、粗脂肪（EE）和粗灰分（Ash）参照《饲料分析及饲料质量检测技术》（杨胜，1993）方法测定。NDF、ADF、ADL、中性洗涤不溶蛋白（neutral detergent insoluble protein，NDIP）和酸性洗涤不溶蛋白（acid detergent insoluble protein，ADIP）的分析按 van Soest（1967）的方法进行，结果见表 2-6 和表 2-7；体外干物质消化率（IVDMD）采用 Tilley 和 Terry（1963）的两级离体消化法测定；DMI、DDM、ME 和 NEL 根据预测模型计算得出。

表 2-6　12 种粗饲料 IVDMD、DMI、ME、NEL 和 DDM 的估测结果

样品名称	IVDMD/%	DMI/（kg/d）	DMI**/%BW	ME/（MJ/kg）	NEL/（MJ/kg）	DDM/%DM
齐齐哈尔苜蓿	55.36	1.63	2.40	7.73	5.69	60.64
8511 苜蓿	56.65	1.51	2.22	8.34	5.89	62.04
肇东苜蓿	52.15	1.50	2.21	7.30	5.74	61.00
肇东青贮	55.94	0.85	2.22	8.07	5.97	63.65
尖山青贮	55.74	0.77	1.99	8.52	5.45	60.18
齐齐哈尔青贮	53.44	0.79	2.06	8.29	5.63	61.38
齐齐哈尔羊草	45.45	0.99	1.65	7.06	5.30	56.58
肇东羊草	48.21	0.99	1.66	7.01	5.57	58.37
尖山羊草	48.40	0.92	1.54	7.29	5.15	55.58
8510 玉米秸秆	45.35	0.68	1.74	6.34	5.52	58.06
8511 玉米秸秆	45.24	0.63	1.60	6.49	5.77	59.77
宁安玉米秸秆	44.30	0.63	1.60	5.98	5.90	60.64

注：DMI 为羊的粗饲料干物质随意采食量，计算 GI_N、GI_A 时用；计算粗饲料 RFV 时用 DMI**

表 2-7　12 种粗饲料 GI、RFV 的比较

样品名称	GI_N/（MJ/d）	GI_A/（MJ/d）	RFV
齐齐哈尔苜蓿	4.00	5.51	112.82
8511 苜蓿	3.39	5.32	106.77
肇东苜蓿	2.66	4.02	104.50
肇东青贮	0.98	1.64	109.54
尖山青贮	0.97	1.59	92.84
齐齐哈尔青贮	0.82	1.34	98.02
齐齐哈尔羊草	0.67	1.17	72.37
肇东羊草	0.62	1.14	75.11
尖山羊草	0.47	0.86	66.35
8510 玉米秸秆	0.31	0.54	78.31
8511 玉米秸秆	0.25	0.50	74.13
宁安玉米秸秆	0.24	0.49	75.21

（2）GI 的计算公式

羊的粗饲料 GI 计算公式：

GI_N（MJ/d）=ME（MJ/kg）×DMI（kg/d）×CP（%DM）/NDF（%DM）

GI_A（MJ/d）=ME（MJ/kg）×DMI（kg/d）×CP（%DM）/ADF（%DM）

ME（MJ/d）=DE（MJ/kg）×0.815（ARC，1965）

DE（MJ/d）=GE（MJ/kg）×IVDMD

式中，N 为 NDF 计算出的 GI 值；A 为 ADF 计算出的 GI 值。

羊粗饲料 DMI 根据张吉鹍建立的预测模型计算，公式如下：

豆科类饲草　　DMI[g/(d·kg W)]=51.26/NDF(%DM)

禾本科饲草　　DMI[g/(d·kg W)]=45.00/NDF(%DM)

秸秆类　　　　DMI[g/(d·kg W)]=29.75/NDF(%DM)

玉米青贮　　　DMI[g/(d·kg W)]=29.00/NDF(%DM)

用于计算 GI 时，将 DMI 校正到 40 kg 标准体重下，即

DMI(kg/d)=DMI[g/(d·kg W)]×40/1000

式中，NDF 可用 ADL 含量代替；40 为羊标准体重，单位为 kg。

（3）RFV 的计算公式

以盛花期苜蓿为例：

RFV=DMI(%BW)×DDM(%DM)/1.29

DMI^{**}(%BW)=120/NDF(%DM)

DDM(%DM)=88.9−0.779×ADF(%DM)

式中，DDM 为可消化的干物质；1.29 是盛花期苜蓿的 DMI×DDM 值。

（二）结果与分析

1. 粗饲料 IVDMD、DMI、ME、NEL 和 DDM 的测定

表 2-6 为粗饲料 IVDMD、DMI、ME、NEL 和 DDM 的估测结果。

2. 粗饲料 GI、RFV 的比较

对羊（标准体重为 40 kg）而言，4 种不同类型粗饲料中苜蓿的 GI_N 和 GI_A 最高，分别为 2.66～4.00 MJ/d 和 4.02～5.51 MJ/d，其次是玉米青贮和羊草，玉米秸秆最低，分别为 0.24～0.31 MJ/d 和 0.49～0.54 MJ/d。4 类粗饲料中，苜蓿 RFV 为 104.50～112.82，玉米青贮为 92.84～109.54，羊草为 66.35～75.11，玉米秸秆为 74.13～78.31。

不同地区同类粗饲料的品质根据 GI 由高到低排序为，苜蓿类，齐齐哈尔苜蓿>8511 苜蓿>肇东苜蓿；玉米青贮类，肇东青贮>尖山青贮>齐齐哈尔青贮；羊草类，齐齐哈尔羊草>肇东羊草>尖山羊草；玉米秸秆类，对羊而言，8510 玉米秸秆>8511 玉米秸秆>宁安玉米秸秆。

3. 两种评定方法的特点

RFV 的特点：①RFV 考虑了反刍动物对粗饲料 DDM 的 DMI 对粗饲料品质的影响，而粗饲料的 DDM 和 DMI 可分别由 NDF 与 ADF 预测得到。RFV 采用了数学回归的方法，通过分析粗饲料的 NDF 和 ADF 含量即可评定其品质，而 NDF 和 ADF 含量的测定一般实验室即可完成，这使 RFV 便于标准化。②RFV 未考虑

粗饲料的粗蛋白含量，且在功能上是以苜蓿盛花期为 100 作为参照值而计算得到的相对值，反映的是饲料能量的相对值，这决定了 RFV 仅能用于不同粗饲料之间品质优劣的比较，而无法用于粗饲料的科学搭配。此外，RFV 预测的准确性依赖于 NDF 对 DMI 和 ADF 对 DDM 预测的准确性，而 van Soest 研究表明，NDF、ADF 分别仅各占 DMI、DDM 变异度的 58%、56%。因此，RFV 对粗饲料营养价值评定的准确性有时不太理想。在本试验中，有的玉米青贮的 RFV 高于一些苜蓿的 RFV，部分玉米秸秆的 RFV 也高于羊草的 RFV，这也证明了这一点。

GI 的特点：①GI 综合考虑了粗饲料的能量和蛋白质指标，GI 还考虑了 DMI，并将粗饲料中难以消化的 ADL 包括在内，客观地反映反刍动物营养利用的规律和粗饲料的营养价值，具有更加科学的生物学意义。由于 GI 使用的是 NEL 或 ME，因此 GI 反映了饲料中可为反刍动物采食和利用的有效能，从而使 GI 可应用于反刍动物日粮优化设计和粗饲料组合效应等方面的研究。②GI 采用 IVDMD 来预测粗饲料能值，而 IVDMD 的测定需要试验动物，这使得粗饲料 GI 的测定需要一定的实验室条件才能完成。

总之，在应用方面 RFV 比 GI 易推广，但在科研方面，从方法上 GI 比 RFV 更能客观反映动物对营养物质利用的规律，且 GI 可应用于反刍动物日粮优化设计和粗饲料组合效应等方面的研究。

二、康奈尔净碳水化合物-蛋白质体系（CNCPS）对北方寒区羊用粗饲料营养价值评定

（一）材料与方法

1. 饲料样品

分别从黑龙江省的哈尔滨市、大庆市、八五三农场、红卫农场和青冈县等地采集羊用粗饲料 5 类 13 种 25 个样品。风干样粉碎过 1 mm 网筛以备分析。粗饲料来源见表 2-8。

表 2-8　粗饲料原料采集地点及特征

中文名	科属	产地	生长年限	物候期
青贮玉米	禾本科玉蜀黍属	大庆市	一年生	蜡熟期
青贮玉米	禾本科玉蜀黍属	哈尔滨市	一年生	蜡熟期
青贮玉米	禾本科玉蜀黍属	八五三农场	一年生	蜡熟期
青贮玉米	禾本科玉蜀黍属	红卫农场	一年生	蜡熟期
玉米秸秆	禾本科玉蜀黍属	大庆市	一年生	枯黄期
玉米秸秆	禾本科玉蜀黍属	哈尔滨市	一年生	枯黄期

中文名	科属	产地	生长年限	物候期
玉米秸秆	禾本科玉蜀黍属	八五三农场	一年生	枯黄期
玉米秸秆	禾本科玉蜀黍属	红卫农场	一年生	枯黄期
高粱秸秆	禾本科高粱属	大庆市	一年生	结实期
豆秸	豆科大豆属	红卫农场	一年生	结实期
苜蓿	豆科苜蓿属	大庆市	多年生	结实期
苜蓿	豆科苜蓿属	青冈县	多年生	初花期
苜蓿	豆科苜蓿属	八五三农场	多年生	初花期
苜蓿	豆科苜蓿属	红卫农场	多年生	盛花期
秣食豆	豆科大豆属	大庆市	一年生	结实期
草木犀	豆科草木犀属	大庆市	一年生	结实期
羊草	禾本科赖草属	大庆市	多年生	盛花期
羊草	禾本科赖草属	哈尔滨市	多年生	盛花期
小叶章	禾本科野青茅属	八五三农场	多年生	盛花期
小叶章	禾本科野青茅属	红卫农场	多年生	结实期
谷稗	禾本科稗属	大庆市	一年生	盛花期
御谷	禾本科狼尾草属	大庆市	一年生	结实期
高丹草	禾本科高粱属	大庆市	一年生	结实期
苦荬菜	菊科苦荬菜属	大庆市	一年生	盛花期
绿穗苋	苋科苋属	大庆市	一年生	盛花期

2. 测定指标和方法

（1）饲料常规营养指标及 CNCPS 指标

测定饲料常规营养成分：干物质（DM）、粗脂肪（EE）、粗蛋白（CP）和粗灰分（Ash）。

CNCPS 指标：中性洗涤纤维（NDF）、酸性洗涤纤维（ADF）、可溶性蛋白（SP）、非蛋白氮（NPN）、淀粉（starch）、中性洗涤不溶蛋白（NDFIP）、酸性洗涤不溶蛋白（ADFIP）、酸性洗涤木质素（ADL）、木质素（lignin）、碳水化合物（CHO）、非结构性碳水化合物（CNSC）、可溶性蛋白（SOLP）。

（2）测定方法

DM、CP、EE、ash、starch、NPN 参照《饲料分析及饲料质量检测技术》（杨胜，1993）中的方法测定。NDF、ADF 和 ADL 按 van Soest 等（1981）的方法测定。SP 采用 Roe 等（1990）的方法测定；NDFIP 和 ADFIP 采用 Licitra 等（1996）的方法测得。利用 CNCPS 中的方法计算饲料碳水化合物中的 CA、CB$_1$、CB$_2$、CC 及饲料蛋白质中的 PA、PB$_1$、PB$_2$、PB$_3$ 和 PC。

碳水化合物组分：

CHO（%DM）=100 – CP（%DM）– fat（%DM）– ash（%DM）

CC（%CHO）=100×［NDF（%DM）×0.01×lignin（%NDF）×2.4］/CHO（%DM）

CB$_2$（%CHO）=100×［NDF（%DM）– NDFIP（%CP）×0.01×CP（%DM）– NDF（%DM）×0.01×lignin（%NDF）×2.4］/CHO（%DM）

CNSC（%CHO）=100 – CB$_2$（%CHO）– CC（%CHO）

CB$_1$（%CHO）=starch（%NSC）×［100 – CB$_2$（%CHO）– CC（%CHO）］/100

CA（%CHO）=［100 – starch（%NSC）］×［100 – CB$_2$（%CHO）– CC（%CHO）］/100

式中，饲料中不可消化纤维的数量为木质素的 2.4 倍。

蛋白质组分：

PA（%CP）=NPN（%SOLP）×0.01×SOLP（%CP）

PB$_1$（%CP）=SOLP（%CP）– PA（%CP）

PB$_2$（%CP）=100 – PA（%CP）– PB$_1$（%CP）– PB$_3$（%CP）– PC（%CP）

PB$_3$（%CP）=NDFIP（%CP）– ADFIP（%CP）

PC（%CP）=ADFIP（%CP）

（二）结果

1. 羊用粗饲料营养指标

表 2-9 和表 2-10 为羊用粗饲料营养成分。由表 2-10 可以看出，豆科类饲草的 CP 最高，达到 17.65%甚至更高，苦荬菜和绿穗苋分别为 11.63%和 13.55%，禾本科饲草为 5.91%～10.09%，青贮类为 6.92%～8.91%，秸秆类饲料最低，为 3.08%～5.95%。秸秆类饲料与禾本科饲草的 NDF 和 ADF 值均较高，秸秆类中玉米秸秆的 NDF 和 ADF 值分别在 65.57%～80.46%和 37.31%～44.77%，豆秸分别为 75.17%和 60.83%，高粱秸秆分别为 69.96%和 44.79%；7 种禾本科饲草的 NDF 和 ADF 值分别在 60.54%～74.02%和 35.71%～48.92%，其中小叶樟的 NDF 和 ADF 均较高；青贮类饲料的 NDF 低于秸秆和除大庆御谷与大庆高丹草外的禾本科饲草，但高于除大庆秣食豆外的豆科类饲草、苦荬菜和绿穗苋。从 ADL 的数据看，除红卫农场大豆秸秆外，豆科类饲草的 ADL 值最高，在 18.05%～21.86%；其他类除红卫农场大豆秸秆外，大庆苦荬菜、大庆高粱秸秆、大庆羊草和红卫农场玉米秸秆的 ADL 分别为 23.16%、16.36%、13.12%、10.09%和 4.95%外，相差不大，在 6.25%～8.94%。

同类同种饲草（表 2-10），青贮类中，八五三农场青贮 CP、NDF、NDFIP 和 NPN 含量均最低，而大庆青贮的 NDF、ADL 含量最高，分别为 63.64%、7.24%；秸秆类中，八五三农场玉米秸秆 CP 最低，而 NDF、NDFIP 最高；豆科类饲草苜蓿中，红卫农场苜蓿的 CP 最低，NDF 最高，分别为 18.06%、47.67%，八五三农场苜蓿 NDF 最低，为 41.01%，CP 含量为 20.56%，仅次于青冈苜蓿

21.68%；禾本科饲草中八五三农场小叶樟的 CP、NDF、ADF、SP 均低于红卫农场小叶樟。

表 2-9　羊用粗饲料营养成分（风干）

饲草类别	饲草名称	DM /%	EE /%	CP /%	CF /%	NDF /%	ADF /%	Ash /%	NDFIP /%	NPN /%	ADFIP /%	SP /%	ADL /%	starch /%
青贮类	大庆青贮	20.27	2.15	6.66	30.38	57.45	37.46	4.95	1.29	3.84	0.59	3.66	4.16	10.06
	哈尔滨青贮	23.26	2.38	6.65	24.51	47.45	30.19	4.37	1.56	2.99	0.73	3.02	3.94	30.56
	八五三农场青贮	23.48	1.90	6.33	22.37	43.98	30.59	12.53	0.94	2.29	0.59	2.78	3.15	22.98
	红卫农场青贮	21.06	2.19	8.11	25.62	50.17	34.56	10.07	1.61	3.44	0.57	3.85	3.14	13.88
秸秆类	大庆玉米秸秆	90.39	0.80	4.83	28.86	59.40	35.47	4.60	1.00	2.01	0.66	2.17	4.60	18.64
	哈尔滨玉米秸秆	90.98	0.94	5.42	26.58	59.66	33.94	6.44	1.54	1.25	0.61	1.62	3.91	18.36
	八五三农场玉米秸秆	91.06	0.81	2.81	35.36	73.26	40.76	5.41	1.07	0.33	0.69	0.28	6.18	13.07
	红卫农场玉米秸秆	90.81	0.73	4.04	29.46	68.68	34.98	5.65	1.47	1.37	0.50	1.55	3.40	16.36
	大庆高粱秸秆	91.72	1.02	4.29	34.71	64.16	41.08	4.59	1.57	1.38	0.56	1.17	8.42	11.88
	红卫农场豆秸	91.29	0.55	2.94	46.06	68.62	55.53	5.37	0.97	0.68	0.62	0.43	15.89	11.13
豆科类	大庆苜蓿	91.39	1.91	18.71	23.53	38.70	27.73	7.60	2.78	4.75	1.21	6.36	7.58	9.74
	青冈苜蓿	94.12	1.47	20.40	24.16	41.40	29.34	11.65	3.90	6.84	1.03	7.43	7.64	7.73
	八五三农场苜蓿	93.43	1.50	19.21	24.40	38.31	26.81	9.54	3.02	4.09	0.83	5.14	6.92	9.97
	红卫农场苜蓿	92.54	1.25	16.71	28.16	44.11	32.08	9.19	4.06	4.36	1.00	4.90	8.24	8.31
	大庆秣食豆	91.30	7.11	20.29	30.96	47.45	35.89	4.24	2.37	5.80	2.05	4.95	10.37	10.04
	大庆草木犀	90.74	1.51	16.02	24.92	35.99	30.51	7.55	1.91	4.64	1.19	5.49	6.57	9.41
禾本科	大庆羊草	91.57	3.27	7.50	30.59	61.04	35.51	4.30	1.63	2.43	0.57	2.65	6.16	17.86
	哈尔滨羊草	91.17	1.82	6.17	29.99	63.06	35.18	9.43	1.67	1.77	0.65	1.98	5.64	15.58
	八五三农场小叶樟	91.81	0.77	5.43	31.20	65.88	40.77	7.65	2.65	0.96	0.80	0.88	5.14	15.06
	红卫农场小叶樟	91.75	0.60	5.59	32.92	67.92	44.89	8.97	1.54	1.28	0.91	1.75	5.49	10.53
	大庆谷稗	91.24	1.07	7.97	26.44	59.75	34.67	6.02	3.23	3.21	0.83	2.90	4.76	12.94
	大庆御谷	91.31	1.64	9.21	25.81	56.76	33.13	5.01	2.94	2.49	1.17	2.99	5.07	17.63
	大庆高丹草	91.06	1.29	6.83	27.79	55.13	32.51	4.96	2.12	2.78	0.48	3.13	4.55	10.58
其他类	大庆苦荬菜	91.06	2.49	10.59	25.36	38.45	29.20	6.50	2.25	4.25	0.60	4.07	6.29	11.21
	大庆绿穗苋	91.21	0.97	12.36	17.83	37.11	22.30	14.88	3.64	4.62	0.93	4.68	3.23	16.59

表 2-10　羊用粗饲料营养成分（绝干）

饲草类别	饲草名称	DM /%	EE /%	CP /%	CF /%	NDF /%	ADF /%	Ash /%	CHO /%DM	NDFIP /%CP	ADFIP /%CP	SP /%CP	NPN /%SCP	ADL /%NDF	starch /%NSC
青贮类	大庆青贮	20.27	2.39	7.37	33.65	63.64	41.50	5.49	84.75	19.43	8.85	55.04	94.00	7.24	37.83
	哈尔滨青贮	23.26	2.61	7.29	26.85	51.99	33.08	4.79	85.32	23.45	11.00	45.38	93.19	8.3	74.43
	八五三农场青贮	23.48	2.07	6.92	24.45	48.08	33.44	13.70	77.31	14.80	9.31	44.00	82.24	7.16	58.73
	红卫农场青贮	21.06	2.41	8.91	28.14	55.10	37.95	11.06	77.62	19.81	7.04	47.48	89.44	6.25	44.34

续表

饲草类别	饲草名称	DM/%	EE/%	CP/%	CF/%	NDF/%	ADF/%	Ash/%	CHO/%DM	NDFIP/%CP	ADFIP/%CP	SP/%CP	NPN/%SCP	ADL/%NDF	starch/%NSC
秸秆类	大庆玉米秸秆	90.39	0.89	5.34	31.93	65.72	39.24	5.09	88.68	20.78	13.67	44.91	92.50	7.74	68.67
	哈尔滨玉米秸秆	90.98	1.03	5.95	29.22	65.57	37.31	7.08	85.94	28.41	11.31	29.89	77.06	6.65	71.54
	八五三农场玉米秸秆	91.06	0.89	3.08	38.84	80.46	44.77	5.94	90.09	38.18	24.67	9.93	81.01	8.43	81.71
	红卫农场玉米秸秆	90.81	0.80	4.45	32.44	75.63	38.52	6.23	88.52	36.44	12.29	38.38	88.33	4.95	94.06
	大庆高粱秸秆	91.72	1.11	4.67	37.84	69.96	44.79	5.00	89.22	36.67	12.95	27.35	83.35	13.12	50.52
	红卫农场大豆秸秆	91.29	0.60	3.22	50.46	75.17	60.83	5.88	90.29	30.18	19.41	14.73	88.55	23.16	62.42
豆科类	大庆苜蓿	91.39	2.09	20.47	25.75	42.35	30.35	8.32	69.12	14.88	6.45	34.02	74.63	19.59	22.58
	青冈苜蓿	94.12	1.56	21.68	25.67	43.98	31.18	12.37	64.39	19.13	5.03	36.42	92.01	18.45	20.27
	八五三农场苜蓿	93.43	1.61	20.56	26.11	41.01	28.69	10.21	67.62	15.72	4.34	26.74	79.57	18.05	22.60
	红卫农场苜蓿	92.54	1.35	18.06	30.42	47.67	34.67	9.93	70.66	24.30	5.97	29.29	89.04	18.68	21.44
	大庆秣食豆	91.30	7.79	22.22	33.91	51.97	39.31	4.65	65.35	10.68	9.22	24.43	90.80	21.86	41.67
	大庆草木犀	90.74	1.66	17.65	27.46	39.66	33.62	8.32	72.37	11.95	7.43	34.31	84.39	18.27	19.57
禾本科	大庆羊草	91.57	3.57	8.19	33.41	66.67	38.78	4.69	83.55	21.68	7.63	35.39	91.75	10.09	79.98
	哈尔滨羊草	91.17	2.00	6.76	32.90	69.16	38.59	10.34	80.89	27.14	10.52	32.03	89.40	8.94	92.89
	八五三农场小叶樟	91.81	0.83	5.91	33.98	71.76	44.41	8.33	84.92	48.86	14.78	16.19	86.23	7.81	79.66
	红卫农场小叶樟	91.75	0.65	6.09	35.88	74.02	48.92	9.78	83.48	27.55	16.20	31.23	73.53	8.08	78.96
	大庆谷稗	91.24	1.17	8.73	28.97	65.48	38.00	6.60	83.50	40.56	10.47	36.40	76.38	7.97	50.11
	大庆御谷	91.31	1.80	10.09	28.27	62.16	36.28	5.49	82.62	31.88	12.69	32.46	83.34	8.92	61.52
	大庆高丹草	91.06	1.41	7.50	30.52	60.54	35.71	5.44	85.64	31.00	7.06	45.85	88.64	8.26	33.03
其他类	大庆苦荬菜	91.06	2.74	11.63	27.85	42.23	32.07	7.14	78.49	21.24	5.66	38.40	94.72	16.36	22.72
	大庆绿穗苋	91.21	1.07	13.55	19.55	40.68	24.44	16.32	69.06	29.44	7.51	37.85	98.75	8.69	35.39

2. 羊用粗饲料蛋白质和碳水化合物的营养成分特点

　　表 2-11 为粗饲料风干样成分按照 CNCPS 分析的结果，表 2-12 为粗饲料绝干样成分按照 CNCPS 分析的结果。由表 2-12 可知，秸秆类饲料的 CHO 值最高，玉米秸秆在 85.94%～90.09%，大豆秸秆和高粱秸秆分别为 90.29% 和 89.22%；其次为禾本科饲草，其 CHO 值在 80.89%～85.64%；中西部地区（哈尔滨、大庆）青贮玉米的 CHO 值为 85.32% 和 84.75%，东部地区（八五三农场、红卫农场）分别为 77.31% 和 77.62%；豆科类饲草较低，在 64.39%～72.37%。碳水化合物中，不可利用纤维 CC 所占比例豆科类饲草较高，达 24.03%～41.73%，其中苜蓿为 26.27%～30.24%；禾本科饲草低于豆科类饲草，为 14.01%～19.33%；玉米青贮低于禾本科

饲草，为 10.65%~13.04%。可利用纤维的比例 CB_2 以青贮玉米、玉米秸秆、禾本科饲草较高，而以豆科类饲草较低。碳水化合物中 CNSC 值以苦荬菜和绿穗苋最高，分别为 49.35% 和 46.87%，其次为豆科类饲草、玉米青贮和玉米秸秆，禾本科饲草则较低。碳水化合物中，果胶和淀粉 CB_1 以哈尔滨和八五三青贮最高，秸秆类和禾本科饲草次之，豆科类饲草（除秣食豆外）最少。糖类 CA 以除秣食豆外的豆科类饲草苦荬菜和绿穗苋最高，玉米秸秆和禾本科饲草（羊草、小叶樟）最低。

在蛋白质方面，非蛋白氮 PA 以玉米青贮最高，其他类饲料相近；快速降解部分 PB_1 各类饲草均相差不大；中速降解部分 PB_2 以豆科类饲草最高；慢速降解部分则以禾本科饲草最高。结合蛋白质 PC 以秸秆类饲料的含量较高，豆科类饲草最低。

表 2-11　粗饲料营养成分按照 CNCPS 分析的结果（风干）

饲草类别	饲草名称	CC/%	CB_2/%	CNSC/%	CB_1/%	CA/%	PA/%	PB_1/%	PB_3/%	PC/%	PB_2/%
青贮类	大庆青贮	9.98	46.18	20.35	7.70	12.65	3.44	0.22	0.70	0.59	1.70
	哈尔滨青贮	9.45	36.44	31.97	23.80	8.18	2.81	0.21	0.83	0.73	2.07
	八五三农场青贮	7.55	35.49	27.67	16.25	11.42	2.29	0.49	0.35	0.59	2.61
	红卫农场青贮	7.53	41.04	22.12	9.81	12.31	3.44	0.41	1.04	0.57	2.65
秸秆类	大庆玉米秸秆	11.04	47.36	21.76	14.94	6.82	2.01	0.16	0.34	0.66	1.66
	哈尔滨玉米秸秆	9.52	48.60	20.07	14.36	5.71	1.25	0.37	0.93	0.61	2.26
	八五三农场玉米秸秆	14.83	57.36	13.12	8.04	1.80	0.23	0.05	0.38	0.69	1.46
	红卫农场玉米秸秆	8.16	59.05	13.98	12.39	0.78	1.37	0.18	0.98	0.50	1.02
	大庆高粱秸秆	20.20	42.39	19.24	9.72	9.52	0.98	0.20	1.02	0.56	1.54
	红卫农场大豆秸秆	38.15	29.59	14.69	9.17	5.52	0.38	0.75	0.32	0.57	1.62
豆科类	大庆苜蓿	18.19	17.72	27.25	6.15	21.10	4.75	1.61	1.58	1.21	9.56
	青冈苜蓿	18.33	19.17	23.11	4.69	18.43	6.84	0.59	2.88	1.03	9.07
	八五三农场苜蓿	16.60	18.69	27.89	6.30	21.59	4.09	1.05	2.19	0.83	11.05
	红卫农场苜蓿	19.77	20.28	25.34	5.43	19.91	4.36	0.54	3.06	1.00	7.76
	大庆秣食豆	24.90	20.38	14.38	5.99	8.39	4.50	0.46	0.30	1.87	13.16
	大庆草木犀	15.78	18.30	31.59	6.18	25.41	4.64	0.86	0.72	1.19	8.61
禾本科	大庆羊草	14.79	44.63	17.08	13.66	3.42	2.43	0.22	1.05	0.57	3.22
	哈尔滨羊草	13.53	47.85	12.37	11.49	0.88	1.77	0.21	1.03	0.65	2.52
	八五三农场小叶樟	12.34	50.89	14.74	11.74	3.00	0.76	0.12	1.85	0.80	1.90
	红卫农场小叶樟	13.17	53.20	10.21	8.06	2.15	1.28	0.46	0.63	0.91	2.30
	大庆谷稗	11.43	45.09	19.67	9.86	9.81	2.21	0.69	2.40	0.83	1.84
	大庆御谷	12.16	41.67	21.62	13.30	8.32	2.49	0.45	1.77	1.17	3.28
	大庆高丹草	10.93	42.09	24.97	8.25	16.72	2.78	0.36	1.64	0.48	1.58
其他类	大庆苦荬菜	15.10	21.10	35.27	8.01	27.25	3.85	0.21	1.65	0.60	4.27
	大庆绿穗苋	7.74	25.73	29.52	10.45	19.08	4.62	0.06	2.71	0.93	4.04

注：PA、PB_1、PC、PB_3 和 PB_2 为粗蛋白中的百分比；CC、CB_2、CNSC、CB_1 和 CA 为碳水化合物中的百分比；CNSC 为非结构性碳水化合物

表 2-12 黑龙江羊用粗饲料营养成分 CNCPS 分析结果（绝干）

饲草类别	饲草名称	CHO /%DM	CC /%CHO	CB₂ /%CHO	CNSC /%CHO	CB₁ /%CHO	CA /%CHO	PA /%CP	PB₁ /%CP	PB₃ /%CP	PC /%CP	PB₂ /%CP
青贮类	大庆青贮	84.75	13.04	60.36	26.60	10.06	16.53	51.74	3.30	10.58	8.85	25.53
	哈尔滨青贮	85.32	12.13	46.80	41.06	30.56	10.50	42.29	3.09	12.45	11.00	31.17
	八五三农场青贮	77.31	10.68	50.19	39.13	22.98	16.15	36.18	7.82	5.49	9.31	41.20
	红卫农场青贮	77.62	10.65	58.06	31.30	13.88	17.42	42.47	5.01	12.76	7.04	32.71
秸秆类	大庆玉米秸秆	88.68	13.77	59.09	27.14	18.64	8.50	41.54	3.37	7.11	13.67	34.31
	哈尔滨玉米秸秆	85.94	12.17	62.16	25.67	18.36	7.31	23.03	6.86	17.09	11.31	41.71
	八五三农场玉米秸秆	90.09	18.08	69.92	16.00	9.80	2.19	8.04	1.89	13.51	24.67	51.90
	红卫农场玉米秸秆	88.52	10.16	73.45	17.39	15.42	0.97	33.9	4.48	24.15	12.29	25.18
	大庆高粱秸秆	89.22	24.69	51.80	23.51	11.88	11.63	22.80	4.56	23.72	12.95	35.98
	红卫农场大豆秸秆	90.29	46.28	35.90	17.82	11.13	6.70	13.05	1.69	10.77	19.41	55.08
豆科类	大庆苜蓿	69.12	28.80	28.06	43.14	9.74	33.40	25.38	8.63	8.43	6.45	51.10
	青冈苜蓿	64.39	30.24	31.63	38.14	7.73	30.41	33.51	2.91	14.10	5.03	44.45
	八五三农场苜蓿	67.62	26.27	29.59	44.14	9.97	34.16	21.28	5.46	11.38	4.34	57.54
	红卫农场苜蓿	70.66	30.23	31.01	38.75	8.31	30.44	26.08	3.21	18.32	5.97	46.41
	大庆秣食豆	65.35	41.73	34.17	24.11	10.04	14.06	22.18	2.25	1.46	9.22	64.89
	大庆草木犀	72.37	24.03	27.86	48.11	9.41	38.70	28.95	5.35	4.52	7.43	53.74
禾本科	大庆羊草	83.55	19.33	58.34	22.33	17.86	4.47	32.47	2.92	14.05	7.63	42.93
	哈尔滨羊草	80.89	18.35	64.88	16.77	15.58	1.19	28.64	3.40	16.62	10.52	40.82
	八五三农场小叶樟	84.92	15.83	65.27	18.90	15.06	3.84	13.96	2.23	34.09	14.78	34.95
	红卫农场小叶樟	83.48	17.20	69.47	13.34	10.53	2.81	22.97	8.27	11.35	16.20	41.21
	大庆谷稗	83.50	15.00	59.19	25.82	12.94	12.88	27.80	8.60	30.09	10.47	23.04
	大庆御谷	82.62	16.11	55.23	28.65	17.63	11.02	27.06	5.41	19.19	12.69	35.66
	大庆高丹草	85.64	14.01	53.97	32.02	10.58	21.44	40.64	5.21	23.95	7.06	23.15
其他类	大庆苦荬菜	78.49	21.13	29.52	49.35	11.21	38.13	36.37	2.03	15.58	5.66	40.35
	大庆绿穗苋	69.06	12.29	40.84	46.87	16.59	30.28	37.37	0.47	21.93	7.51	32.71

注：PA、PB₁、PB₃ 和 PB₂ 为粗蛋白中的百分比；CC、CB₂、CNSC、CB₁ 和 CA 为碳水化合物中的百分比

　　同类、同种、不同地区的饲草 CP 和 NDF 存在差别，可能是由于饲草收获时的成熟阶段不同。饲草的成熟期是影响饲料品质的最主要因素。随着粗饲料的成熟，粗饲料的化学成分会发生很大的变化，最明显的是粗蛋白显著减少，结构性碳水化合物与木质素显著增加。收获时的成熟阶段是决定牧草品质的重要因素，冷季牧草在春天开始生长后 2～3 周，其干物质消化率可达到 80%以上，然后消化率每天以 1/3～1/2 个百分点开始下降，直到降至 50%甚至以下。收割时的成熟阶段同样影响动物对牧草的采食量及其消化率。此外，原料的产地、加工方式，以及原料之间也存在一定的影响。

从 CNCPS 指标来看，青贮类、秸秆类和禾本科是以提供碳水化合物为主的饲草，其 CB_1 和 CB_2 含量均较高，尽管豆科类饲草提供的碳水化合物量较少，但豆科类饲草的 CNSC 和 CA 所占的比例较高，也是优质的碳架供应者。豆科类饲草中不可利用蛋白质含量较少。从真蛋白质的含量和可利用性方面，豆科牧草的质量最高，青贮饲料次之，秸秆类和禾本科牧草相对较差。

通过对各种粗饲料常规营养成分和 CNCPS 指标的对比分析，对各类粗饲料营养价值评定优劣顺序为豆科类＞青贮类＞禾本科＞秸秆类；对各类不同场地饲料的营养价值评定的优劣顺序如下。

豆科类：青冈苜蓿＞八五三农场苜蓿＞红卫农场苜蓿＞大庆苜蓿。

青贮类：红卫农场青贮＞大庆青贮＞哈尔滨青贮＞八五三农场青贮。

禾本科：大庆羊草＞哈尔滨羊草＞八五三农场小叶樟＞红卫农场小叶樟。

秸秆类：哈尔滨玉米秸秆＞大庆玉米秸秆＞红卫农场玉米秸秆＞八五三农场玉米秸秆。

三、北方寒区羊用粗饲料体外发酵指标的研究

（一）材料与方法

1. 瘤胃液供体动物及基础日粮

选取 5 只体况良好，体重（30±2）kg 的绵羊，安装永久性瘤胃瘘管用于瘤胃液的采集。试验羊日粮按精粗比 3∶7 进行配制。试验羊日粮配制参照中国《肉羊饲养标准》（NY/T816—2004），即能量维持需要为 450 kJ/kg W；蛋白质维持需要为 350 mg N/kg W。按 1.2 倍维持需要饲养水平饲喂。基础日粮组成和营养水平见表 2-13。试验羊单笼饲养，每日于 6:00 和 18:00 两次饲喂，自由饮水，常规光照、驱虫与管理。

表 2-13　试验用瘤胃液供体羊基础日粮的组成与营养水平（绝干）

原料	配比/%	营养指标	营养水平
羊草	69.99	ME/MJ/kg	8.92
玉米	12.87	CP/%	10.94
豆粕	6.18	Ca/%	0.47
麸皮	8.23	P/%	0.26
磷酸氢钙	0.13		
石粉	0.93		
食盐	0.31		
预混料*	1.49		

*预混料含 $FeSO_4$ 16 g/kg，$CuSO_4$ 5.2 g/kg，$ZnSO_4$ 12 g/kg，$MnSO_4·5H_2O$ 10 g/kg，Na_2SeO_3 3 g/kg，Co 0.12 g/kg，维生素 A 200 mg/kg，维生素 D_3 100 mg/kg，维生素 E 600 mg/kg，KI 6 g/kg，Mg 74 g/kg，小苏打 50 g/kg

2. 设计与处理

采用单因素 16 处理重复设计，16 种粗饲料（哈尔滨市、红卫农场、八五三农场、大庆市 4 个地区，每个地区采集苜蓿、羊草、玉米秸秆、玉米青贮各 1 种）分别取样 1 g 进行 3 h、6 h、9 h、12 h、24 h 培养，以确定单种粗饲料各项体外指标。

3. 体外培养试验操作

（1）体外批次培养装置的设计

体外批次培养装置主体为恒温水浴摇床，水浴温度和振荡频率可调；用容积为 150 mL 的培养瓶，瓶口安装带塑料管的橡皮塞；同时，塑料管带有可打开和关闭的塑料三通阀以保证厌氧环境；塑料三通与医用玻璃注射器（可计量容积为 30 mL）相连。注射器每次使用之前洗净晾干，然后用少量液体石蜡涂在活塞筒的四周，以防漏气，而且可尽量减少气体产生过程中活塞向上移动的阻力。

（2）缓冲液的配置

缓冲试剂和常量元素溶液 A 液：称取 K_2HPO_4 382.51 mg，KH_2PO_4 292 mg，$(NH_4)_2SO_4$ 480 mg，NaCl 200 mg，$MgSO_4 \cdot 7H_2O$ 100 mg 和 Na_2CO_3 4000 mg。将上述试剂混合后加入蒸馏水定容至 1000 mL。该溶液在使用前一天配制待用。

PFNNINGS 微量元素溶液 B 液：准确称取乙二胺四乙酸（EDTA）500 mg，$FeSO_4 \cdot 7H_2O$ 200 mg，$MnCl_2 \cdot 4H_2O$ 200 mg，$ZnSO_4 \cdot 7H_2O$ 10 mg，H_3BO_3 30 mg，$CoCl_2 \cdot 6H_2O$ 20 mg，$CuCl_2 \cdot 2H_2O$ 1 mg，$NiCl_2 \cdot 6H_2O$ 2 mg 和 $NaMoO_4$ 3 mg。将上述试剂混合后加蒸馏水定容至 1000 mL。持续通入 CO_2 18 h 后，盖严瓶口，置于冰箱备用。

还原剂溶液 C 液：称取 25 g $Na_2S \cdot 9H_2O$ 置于 100 mL 容量瓶中，加 80 mL 蒸馏水溶解后定容至 100 mL，持续充入 CO_2 20 min 后，盖严瓶口，置于冰箱备用。

缓冲液制备：准确量取 790.4 mL A 液，8 mL B 液，经充分混合后持续通入 CO_2 18 h，并于培养前 1 h 加入 1.6 mL C 液，充分混合，然后将其分装于培养瓶内（每个培养瓶加 40 mL），持续通入 CO_2 气体 10 min，盖上安装有塑料三通的橡皮塞，置于恒温水浴中预热至 39℃待用。

（3）瘤胃液的采集和培养液的配制

晨饲前由 5 只绵羊瘤胃内上下左右不同位点采集足量瘤胃液,灌入经预热达 39℃并通有 CO_2 的保温瓶中，灌满后立即盖严瓶口，迅速返回实验室，经 4 层纱布过滤后持续通入 CO_2 气体 5 min，然后迅速分装至上述已预热好并通有 CO_2 的培养瓶内（每个培养瓶加 20 mL 瘤胃液）。接通培养瓶和注射器，打开振荡开关，开始培养。

4. 测定指标和分析方法

培养后在不同时间点测定干物质残留量、产气量、$NH_3\text{-}N$（氨态氮）、pH 和

VFA（挥发性脂肪酸）。各时间点培养结束后，记录总产气量，取出培养瓶立即测定培养液pH，然后无损失地转移至100 mL大离心管中，在4000 r/min离心15 min，去除原虫和饲料大颗粒。上清液制样以备分析NH_3-N、VFA。离心后的沉淀无损失地转入50 mL大坩埚中，在105℃条件下烘干至恒重以测定其干物质（DM）含量。

1）pH的测定：采用METTLER DELTA320高精度酸度计［上海梅特勒-托利多仪器（上海）有限公司］测定。

2）NH_3-N的测定：参照冯宗慈和高民（1993）的方法进行。

3）VFA的测定：用日本岛津GC-7A气相色谱仪依内标法进行测定，内标物为巴豆酸。取瘤胃液10 mL 4000 r/min离心15 min，取上清液，加入25%偏磷酸与甲酸按3∶1（*V/V*）配制的混合液1 mL，静置40 min后，取1 mL混合液加入2 g酸性吸附剂（Na_2SO_4∶50% H_2SO_4∶硅藻土=30∶1∶20）和4 mL巴豆酸溶液（31.25 mmol/L，溶剂为$CHCl_3$），摇匀，澄清后上机测定。色谱条件：色谱柱为内径3 mm，长2 mm不锈钢柱，担体为10%的FFAP（聚乙醇20 mL与2-硝基对苯甲基的反应物）加1% H_3PO_4的Chromosob W（AW）。柱温150℃，汽化室温度为230℃。空气压力为0.35 kg/cm^2，流量为140 mL/min；氢气压力为1.2 kg/cm^2，流量为14 mL/min，N_2（载气）流量为55 mL/min。进样量为1 mL。

（二）结果

1. 不同粗饲料24 h累积产气量

由表2-14可知，豆科类饲草中，各地区苜蓿24 h内产气量变化趋势基本相同，其中大庆苜蓿在整个培养过程中产气量均较高，4～12 h呈显著水平（$P<0.05$）；24 h结束时，各地区苜蓿产气量相差不大，其高低顺序为：八五三农场苜蓿＞青冈苜蓿＞大庆苜蓿＞红卫农场苜蓿。

青贮类饲草中，八五三农场青贮、哈尔滨青贮在2～16 h产气量最高，显著高于大庆青贮、红卫农场青贮（$P<0.05$）；24 h结束时，各地区青贮产气量相差不大，其高低顺序为：哈尔滨青贮＞八五三农场青贮＞大庆青贮＞红卫农场青贮。

秸秆类饲料中，2～8 h大庆玉米秸秆、红卫农场玉米秸秆、哈尔滨玉米秸秆的产气量显著高于八五三农场玉米秸秆（$P<0.05$）。24 h结束时，各地区秸秆产气量相差不大，其高低顺序为：红卫农场玉米秸秆＞八五三农场玉米秸秆＞哈尔滨玉米秸秆＞大庆玉米秸秆。

禾本科饲料中，4 h起羊草的产气量高于小叶樟，8 h时开始均达到显著水平（$P<0.05$），在整个培养过程中，八五三农场小叶樟的产气量均高于红卫农场小叶樟，且达到显著水平（$P<0.05$）。24 h结束时，各地区羊草及小叶樟产气量高低顺序为：哈尔滨羊草＞大庆羊草＞八五三农场小叶樟＞红卫农场小叶樟。

表 2-14 不同粗饲料 24 h 累积产气量（单位：mL）

种类	名称	2 h	4 h	6 h	8 h	12 h	16 h	24 h
豆科类	大庆苜蓿	30.10±2.95^A	51.51±4.25^A	78.02±6.97^A	91.85±7.34^A	115.43±7.82^A	125.43±7.88	137.76±7.93
	红卫农场苜蓿	23.70±0.95^C	39.32±0.43^C	61.70±1.36^B	78.87±1.80^B	103.62±2.42^B	117.28±3.31	132.78±6.34
	八五三农场苜蓿	25.73±1.23^{BC}	43.44±1.24^{CB}	66.86±1.64^B	81.30±2.49^B	105.80±6.03^B	120.30±7.06	138.30±9.85
	青冈苜蓿	27.22±0.32^{BA}	45.26±1.20^B	64.11±1.33^B	81.89±1.43^B	106.84±0.96^B	120.51±1.72	138.01±1.23
青贮类	大庆青贮	9.70±1.19^B	23.67±0.84^B	37.61±1.60^C	55.77±4.30^C	84.37±4.50^{BC}	100.20±6.13^B	120.80±8.93
	红卫农场青贮	10.72±3.28^B	25.02±3.14^B	37.42±4.13^C	52.08±2.90^C	78.35±4.96^C	95.68±6.27^B	119.35±6.49
	八五三农场青贮	21.23±4.91^A	44.90±6.84^A	59.88±8.62^B	72.83±8.64^B	95.18±6.73^{BA}	110.01±10.89^{BA}	125.51±12.14
	哈尔滨青贮	18.65±4.93^A	44.50±5.14^A	70.60±4.00^A	89.78±3.04^A	104.14±7.29^A	121.04±4.55^A	130.03±5.84
秸秆类	大庆玉米秸秆	18.37±1.71^A	30.93±2.95^A	45.56±4.42^A	56.40±5.64^A	78.65±8.08	102.32±12.10	125.48±13.08
	红卫农场玉米秸秆	15.90±1.85^A	27.99±2.39^A	44.36±1.70^A	57.42±2.07^A	83.92±3.03	114.59±2.64	137.59±7.00
	八五三农场玉米秸秆	9.37±1.85^B	18.41±0.14^B	32.08±1.73^B	45.69±1.80^B	76.03±2.62	108.69±1.13	134.69±1.96
	哈尔滨玉米秸秆	17.20±1.46^A	29.25±1.77^A	43.57±2.20^A	54.24±1.56^A	78.99±2.15	106.16±2.43	131.82±2.83
禾本科	大庆羊草	23.87±0.64^A	34.54±2.61^A	44.78±3.96^A	54.78±5.64^A	72.95±7.64^A	87.12±8.73^A	107.45±8.85^A
	红卫农场小叶樟	11.83±2.03^C	16.42±2.38^C	20.38±2.38^C	24.10±2.43^D	31.43±1.86^C	38.76±2.17^C	54.60±3.00^C
	八五三农场小叶樟	19.03±0.65^B	26.54±1.19^B	32.58±1.64^B	40.02±2.47^C	49.85±1.71^B	56.85±2.88^B	75.35±3.99^B
	哈尔滨羊草	17.95±0.44^B	27.54±0.19^B	36.90±0.81^B	47.56±1.45^B	67.90±2.97^A	84.40±3.66^A	107.73±3.37^A

注：同类同列上角标不同大写字母表示差异显著（$P<0.05$）

从以上试验结果可知，各类饲草的产气量变化趋势基本相同。豆科类饲草属于高蛋白、低纤维类饲草，所以产气量较高。Nsahlai 等（1995）对豆科田菁属牧草的研究发现，理论最大产气量与 NDF 的含量呈显著负相关，与 CP 含量呈正相关，与本试验结果一致。禾本科饲草 CP 含量虽然比秸秆类饲草高，但是 NDF 含量却最高，为 61.04%～67.92%，因此，产气量最低。

牧草或粗饲料体外发酵特性与采食量、微生物蛋白合成、体内降解速率存在很高的相关性。不同营养成分对体外产气贡献或效应不同，粗蛋白或中性洗涤可溶物含量高可提高产气量；而中性洗涤纤维、酸性洗涤纤维含量与产气量、产气速率呈负相关，抑制产气量。可发酵碳水化合物（淀粉、果胶、糖等）是体外发酵气体主要来源，并为微生物生长提供能源和碳源。矿物质在粗饲料发酵时不产生气体，而粗饲料的粗脂肪因含量少，对产气的贡献也比较小。因此，粗饲料体外发酵时的累积产气量及理论最大产气量主要受可溶性非结构性碳水化合物与粗蛋白比例的影响。可溶性非结构性碳水化合物与粗蛋白之间的比例越大，理论最大产气量越高；比例越小，理论最大产气量越低，即随着粗饲料中非结构性碳水化合物含量的增加，体外发酵增强。

2. 不同粗饲料 24 h pH 的变化

由表 2-15 可知，豆科类饲草，3 h 时间点，红卫农场苜蓿、八五三农场苜蓿 pH 显著高于大庆苜蓿、青冈苜蓿（$P<0.05$）；6 h 时间点，红卫农场苜蓿、八五三农场苜蓿 pH 显著高于大庆苜蓿、青冈苜蓿（$P<0.05$），大庆苜蓿 pH 显著高于青冈苜蓿组（$P<0.05$）。9 h 时间点，大庆苜蓿、红卫农场苜蓿、八五三农场苜蓿 pH 显著高于青冈苜蓿（$P<0.05$）；12 h 时间点，八五三农场苜蓿的 pH 显著高于大庆苜蓿、红卫农场苜蓿、青冈苜蓿组（$P<0.05$）；24 h 时间点，八五三农场苜蓿 pH 显著高于红卫农场苜蓿组（$P<0.05$）。

表 2-15　不同粗饲料 24 h 内 pH 的变化

种类	名称	3 h	6 h	9 h	12 h	24 h
豆科类	大庆苜蓿	6.52 ± 0.02^{B}	6.67 ± 0.02^{B}	6.41 ± 0.01^{A}	6.25 ± 0.03^{B}	5.98 ± 0.02^{BA}
	红卫农场苜蓿	6.62 ± 0.01^{A}	6.74 ± 0.02^{A}	6.41 ± 0.01^{A}	6.27 ± 0.02^{B}	5.95 ± 0.01^{B}
	八五三农场苜蓿	6.60 ± 0.01^{A}	6.75 ± 0.04^{A}	6.42 ± 0.01^{A}	6.35 ± 0.05^{A}	6.00 ± 0.03^{A}
	青冈苜蓿	6.51 ± 0.02^{B}	6.46 ± 0.01^{C}	6.36 ± 0.00^{B}	6.22 ± 0.02^{B}	5.99 ± 0.02^{BA}
青贮类	大庆青贮	6.48 ± 0.01	6.48 ± 0.06^{A}	6.37 ± 0.05^{A}	6.28 ± 0.02^{A}	5.71 ± 0.04^{B}
	红卫农场青贮	6.54 ± 0.07	6.43 ± 0.07^{A}	6.41 ± 0.09^{A}	6.31 ± 0.04^{A}	5.91 ± 0.14^{A}
	八五三农场青贮	6.45 ± 0.06	6.39 ± 0.04^{A}	6.12 ± 0.16^{B}	6.00 ± 0.10^{B}	5.87 ± 0.02^{A}
	哈尔滨青贮	6.47 ± 0.02	6.22 ± 0.06^{B}	6.15 ± 0.06^{B}	5.80 ± 0.06^{C}	5.50 ± 0.06^{C}
秸秆类	大庆玉米秸秆	6.48 ± 0.02^{B}	6.28 ± 0.05^{C}	6.25 ± 0.01^{F}	6.09 ± 0.02^{B}	6.13 ± 0.03^{A}
	红卫农场玉米秸秆	6.50 ± 0.01^{BA}	6.35 ± 0.02^{B}	6.32 ± 0.02^{B}	6.09 ± 0.01^{B}	6.06 ± 0.01^{B}
	八五三农场玉米秸秆	6.64 ± 0.15^{A}	6.45 ± 0.03^{A}	6.31 ± 0.01^{A}	6.16 ± 0.02^{A}	6.07 ± 0.01^{B}
	哈尔滨玉米秸秆	6.49 ± 0.02^{B}	6.36 ± 0.02^{B}	6.31 ± 0.03^{A}	6.13 ± 0.03^{A}	6.15 ± 0.02^{A}
禾本科	大庆羊草	6.40 ± 0.01^{D}	6.38 ± 0.02^{C}	6.42 ± 0.06^{A}	6.47 ± 0.04^{C}	6.17 ± 0.05^{C}
	红卫农场小叶樟	6.54 ± 0.01^{A}	6.57 ± 0.02^{A}	6.66 ± 0.06^{A}	6.79 ± 0.16^{A}	6.51 ± 0.03^{A}
	八五三农场小叶樟	6.47 ± 0.02^{B}	6.49 ± 0.02^{B}	6.59 ± 0.07^{BA}	6.59 ± 0.02^{B}	6.38 ± 0.03^{B}
	哈尔滨羊草	6.44 ± 0.02^{C}	6.46 ± 0.02^{B}	6.51 ± 0.03^{BC}	6.46 ± 0.02^{C}	6.13 ± 0.03^{C}

注：同类同列上角标不同大写字母表示差异显著（$P<0.05$）

青贮类饲料，6 h 时间点，哈尔滨青贮的 pH 显著低于大庆青贮、红卫农场青贮、八五三农场青贮（$P<0.05$）；9 h 时间点，大庆青贮、红卫农场青贮的 pH 显著高于八五三农场青贮、哈尔滨青贮（$P<0.05$）；12 h 时间点，大庆青贮、红卫农场青贮的 pH 显著高于八五三农场青贮、哈尔滨青贮（$P<0.05$），八五三农场青贮

的 pH 显著高于哈尔滨青贮（$P<0.05$）；24 h 时间点，红卫农场青贮、八五三农场青贮的 pH 显著高于大庆青贮、哈尔滨青贮（$P<0.05$），大庆青贮 pH 显著高于哈尔滨青贮（$P<0.05$）。

秸秆类饲料，3 h 时间点，八五三农场玉米秸秆的 pH 显著高于大庆玉米秸秆、哈尔滨玉米秸秆（$P<0.05$）。6 h 时间点，八五三农场玉米秸秆 pH 显著高于大庆玉米秸秆、红卫农场玉米秸秆、哈尔滨玉米秸秆（$P<0.05$），红卫农场玉米秸秆、哈尔滨玉米秸秆 pH 显著高于大庆玉米秸秆（$P<0.05$）；9 h 时间点，八五三农场玉米秸秆、哈尔滨玉米秸秆 pH 显著高于大庆玉米秸秆、红卫农场玉米秸秆（$P<0.05$），红卫农场玉米秸秆 pH 显著高于大庆玉米秸秆（$P<0.05$）；12 h 时间点，八五三农场玉米秸秆、哈尔滨玉米秸秆的 pH 显著高于大庆玉米秸秆、红卫农场玉米秸秆（$P<0.05$）；24 h 时间点，大庆玉米秸秆、哈尔滨玉米秸秆的 pH 显著高于红卫农场玉米秸秆、八五三农场玉米秸秆（$P<0.05$）。

禾本科饲料，3 h 时间点，红卫农场小叶樟 pH 显著高于大庆羊草、八五三农场小叶樟、哈尔滨羊草（$P<0.05$），八五三农场小叶樟 pH 显著高于哈尔滨羊草、大庆羊草（$P<0.05$），哈尔滨羊草 pH 显著高于大庆羊草（$P<0.05$）；6 h 时间点，红卫农场小叶樟 pH 显著高于其他地区（$P<0.05$），八五三农场小叶樟、哈尔滨羊草 pH 显著高于大庆羊草（$P<0.05$）；9 h 时间点，大庆羊草、红卫农场小叶樟 pH 显著高于哈尔滨羊草组（$P<0.05$）；12 h 时间点和 24 h 时间点，红卫农场小叶樟 pH 显著高于其他三组（$P<0.05$），八五三农场小叶樟 pH 显著高于大庆羊草、哈尔滨羊草组（$P<0.05$）。

瘤胃内 pH 是反映瘤胃内部的环境状况及饲料在瘤胃内的发酵程度和模式的主要内环境指标，是瘤胃发酵过程的综合反映，直接受饲粮性质和摄食后时间、唾液分泌、VFA 及其他有机酸生成、吸收和排出等因素影响，其波动的根本原因是日粮结构与营养水平。瘤胃最适 pH 为 6.28～6.82，这个酸度恰好是瘤胃微生物存活的最佳条件，同时对酸性或中性洗涤纤维的消化降解，以及 VFA 的形成有促进作用。纤维分解菌对于 pH 的变化比较敏感，当 pH 较低时，其活性会受到影响，使粗饲料的消化率下降。

本试验中，各类饲料瘤胃 pH 变化趋势基本相同，而不同类别间 pH 变化趋势差异较大。豆科类饲，在培养后 3～6 h，大庆苜蓿、红卫农场苜蓿、八五三农场苜蓿的 pH 有所回升，6 h 时达到最大值，而青冈苜蓿 pH 则保持缓慢下降，9 h 之后，各地区苜蓿 pH 均呈下降趋势，24 h 时达到最低值，最小值为 5.95，苜蓿的 CP 含量较高，这为瘤胃微生物繁殖提供了良好的氮源，而苜蓿作为粗饲料，也含有较高的纤维物质，使得瘤胃微生物发酵较快，产生的 VFA 较多。由于体外培养条件下，微生物发酵产生的 VFA 不能及时被吸收，也不存在唾液的中和作用，以及酸性物质外流的影响，造成 VFA 的累积，这可能是造成苜蓿最终 pH 较低的主要原因。也正是苜蓿的 CP 含量较高，在起初发酵的过程中，产生的 NH_3-N 等碱性物质也较多，造成了 3～6 h 时 pH 的缓慢上升（青冈苜蓿除外）。

青贮类饲草，在培养 3 h 时，各地区 pH 差异不显著（$P>0.05$），随着时间的延长，各地区青贮 pH 均呈缓慢降低的趋势，且到 24 h 培养结束时，pH 均在最适 pH 范围之外，最小值达到 5.50。造成青贮 pH 较低的主要原因可能有两方面，一是 VFA 的累积，另一个则是由于青贮的特性。青贮是通过乳酸发酵快速降低 pH 并维持厌氧的环境，以利于青贮作物长期保存的贮藏方式，一般优质青贮的 pH 在 4.0 以下。因此，青贮饲料本身的低 pH 也是导致 pH 较低的原因之一。

秸秆类和禾本科饲草，在整个培养过程中 pH 维持在较高的水平，有利于瘤胃的发酵。秸秆类中，各地区的玉米秸秆 pH 在 3～9 h 变化不大，9 h 后下降较为明显。禾本科中，12 h 前，各地饲草 pH 均有微微上升的趋势，12 h 后又缓慢降低。瘤胃发酵过程中产生的 VFA 主要由饲料中的非结构性碳水化合物（NSC）产生，禾本科饲草的 NSC 含量很低，CC 含量却较高，尤其是红卫农场、八五三农场小叶樟的 CNSC 分别为 13.34%、18.90%，因此不能很好地发酵，产生的 VFA 也较低，使得 pH 在 12 h 之前有缓慢上升趋势。

3. 不同粗饲料 24 h 内 NH$_3$-N 浓度

由表 2-16 可知，豆科类饲草中，3 h 时大庆苜蓿 NH$_3$-N 浓度显著高于红卫农场苜蓿（$P<0.05$）；6 h 时，大庆苜蓿 NH$_3$-N 浓度显著高于其他各组（$P<0.05$），青冈苜蓿 NH$_3$-N 浓度显著高于红卫农场苜蓿（$P<0.05$）；9 h、12 h 时，大庆苜蓿、青冈苜蓿 NH$_3$-N 浓度显著高于红卫农场苜蓿（$P<0.05$）；24 h 时八五三农场苜蓿 NH$_3$-N 浓度显著高于其他三组（$P<0.05$）。24 h 培养结束时，各地区苜蓿 NH$_3$-N 浓度高低顺序为：八五三农场苜蓿>大庆苜蓿>青冈苜蓿>红卫农场苜蓿。

表 2-16 不同粗饲料 24 h 内 NH$_3$-N 浓度（单位：mg/dL）

种类	名称	3 h	6 h	9 h	12 h	24 h
豆科类	大庆苜蓿	20.03±0.30^A	21.60±0.46^A	22.16±2.59^A	25.83±2.36^A	34.01±3.06^B
	红卫农场苜蓿	13.80±0.24^B	14.47±0.71^C	15.61±0.13^B	18.18±0.75^B	32.71±0.90^B
	八五三农场苜蓿	15.81±1.23^A	18.09±1.59^B	19.40±1.10^{BA}	22.97±1.40^{BA}	41.92±6.73^A
	青冈苜蓿	17.36±4.52^A	17.47±1.91^B	20.63±3.15^A	25.18±0.70^A	33.11±1.45^B
青贮类	大庆青贮	12.96±1.79^B	15.26±2.12^{BA}	13.14±1.26^{BA}	14.61±1.63^B	16.20±2.20^A
	红卫农场青贮	14.02±3.82^A	16.98±0.31^A	13.97±1.98^A	15.84±0.99^A	16.98±2.91^A
	八五三农场青贮	11.15±1.30^C	14.15±2.88^B	12.56±0.03^B	13.57±1.31^C	14.62±0.74^B
	哈尔滨青贮	10.57±0.71^C	13.64±0.07^B	12.00±2.52^B	13.01±0.32^C	13.97±0.89^B
秸秆类	大庆玉米秸秆	5.23±0.66^A	6.79±0.28^{BA}	6.81±0.34^{BA}	5.89±0.45^{BA}	6.09±0.17^{BA}
	红卫农场玉米秸秆	5.09±1.18^{BA}	6.20±0.01^B	6.46±0.08^B	5.56±0.12^{BA}	6.03±0.54^{BA}
	八五三农场玉米秸秆	4.02±0.85^B	5.46±0.05^C	5.64±0.02^C	5.06±0.04^B	5.10±0.03^B
	哈尔滨玉米秸秆	5.69±0.16^A	7.23±0.39^A	7.34±0.04^A	6.23±0.88^A	6.84±0.15^A

种类	名称	3 h	6 h	9 h	12 h	24 h
禾本科	大庆羊草	10.76 ± 0.66^A	15.37 ± 0.84^A	16.15 ± 1.28^A	14.86 ± 0.02^A	16.72 ± 1.02^A
	红卫农场小叶樟	9.26 ± 0.46^B	12.16 ± 0.84^B	13.62 ± 1.34^B	11.71 ± 1.31^B	13.81 ± 0.07^B
	八五三农场小叶樟	9.76 ± 0.13^B	13.05 ± 1.12^B	13.86 ± 1.90^B	12.42 ± 1.02^B	14.08 ± 0.70^B
	哈尔滨羊草	10.26 ± 1.14^A	14.89 ± 1.02^{BA}	15.67 ± 2.15^{BA}	13.49 ± 0.52^{BA}	15.01 ± 0.84^{BA}

注：同类同列上角标不同大写字母表示差异显著（$P<0.05$）

青贮类饲料中，红卫农场青贮各时间点的 $NH_3\text{-}N$ 浓度高于八五三农场青贮、哈尔滨青贮，均差异显著（$P<0.05$），3 h、12 h 显著高于大庆青贮（$P<0.05$）；大庆青贮各时间点的 $NH_3\text{-}N$ 浓度均高于八五三农场青贮、哈尔滨青贮，且除 6 h、9 h 外，其余各时间点均差异显著（$P<0.05$）；24 h 培养结束时，各地区青贮 $NH_3\text{-}N$ 浓度高低顺序为：红卫农场青贮>大庆青贮>八五三农场青贮>哈尔滨青贮。

秸秆类饲草中，哈尔滨玉米秸秆各时间点的 $NH_3\text{-}N$ 浓度均高于其他各组，显著高于八五三农场玉米秸秆（$P<0.05$），6 h、9 h 时间点的 $NH_3\text{-}N$ 浓度显著高于红卫农场玉米秸秆（$P<0.05$）；大庆玉米秸秆各时间点 $NH_3\text{-}N$ 浓度高于八五三农场玉米秸秆（$P<0.05$）；红卫农场玉米秸秆 $NH_3\text{-}N$ 浓度在 6 h、9 h 时显著高于八五三农场玉米秸秆（$P<0.05$）。24 h 培养结束时，各地区玉米秸秆 $NH_3\text{-}N$ 浓度高低顺序为：哈尔滨玉米秸秆>大庆玉米秸秆>红卫农场玉米秸秆>八五三农场玉米秸秆。

禾本科饲草中，大庆羊草在整个培养过程中各时间点的 $NH_3\text{-}N$ 浓度均最高，显著高于红卫农场小叶樟、八五三农场小叶樟（$P<0.05$）；哈尔滨羊草各时间点 $NH_3\text{-}N$ 浓度都高于红卫农场、八五三农场小叶樟，其中 3 h 时差异显著（$P<0.05$）。24 h 培养结束时，各地区饲草 $NH_3\text{-}N$ 浓度高低顺序为：大庆羊草>哈尔滨羊草>八五三农场小叶樟>红卫农场小叶樟。

瘤胃液中的 $NH_3\text{-}N$ 是一个动态平衡过程，反映了特定日粮组成下蛋白质降解与微生物蛋白合成的动态平衡关系，一方面饲料被瘤胃微生物分解产生 $NH_3\text{-}N$，另一方面瘤胃中的微生物利用饲料降解的 $NH_3\text{-}N$ 与酮酸合成微生物蛋白。瘤胃中的 $NH_3\text{-}N$ 浓度因不同的饲料变动较大，总体上反映饲料的含氮量、饲料蛋白的可溶性和降解特性。NH_3 是瘤胃内合成菌体蛋白的主要前体物质，瘤胃中 NH_3 的浓度过高或过低都不利于微生物的生长繁殖，因此保持瘤胃液中的最适 NH_3 浓度是保证微生物蛋白合成的首要条件。Preston 和 Leng（1987）提出的微生物生长对氨浓度耐受的临界值为 6～30 mg/dL，其最适 $NH_3\text{-}N$ 浓度为 6.3～27.5 mg/dL。除秸秆类饲料 $NH_3\text{-}N$ 浓度较低外，其他三类均在最适 $NH_3\text{-}N$ 浓度范围之内（苜蓿类饲草培养 24 h 时除外），但是苜蓿类饲草在培养 24 h 时，$NH_3\text{-}N$ 浓度达到 32.71～

41.92 mg/dL。这可能是因为，豆科类饲草 CP 含量较高，为微生物提供了充足的营养，NH_3-N 浓度不断增加，且超出了微生物的利用范围，使得 NH_3-N 不断积累，最终导致 NH_3-N 浓度过高。

4. 不同粗饲料 24 h VFA

由表 2-17 可知，豆科类饲草中，各地区苜蓿总 VFA、乙酸、丙酸产量的高低顺序为大庆苜蓿>红卫农场苜蓿>青冈苜蓿>八五三农场苜蓿，各地区间乙酸、总 VFA 产量均差异显著（$P<0.05$）；丙酸产量中，大庆苜蓿显著高于红卫农场苜蓿（$P<0.05$），红卫农场苜蓿显著高于八五三农场苜蓿、青冈苜蓿（$P<0.05$）；丁酸产量中，大庆苜蓿、红卫农场苜蓿显著高于八五三农场苜蓿和青冈苜蓿（$P<0.05$）；大庆苜蓿乙酸产量高于红卫农场苜蓿；红卫农场苜蓿的乙酸/丙酸显著高于八五三农场苜蓿、青冈苜蓿（$P<0.05$）。

表 2-17 不同粗饲料 24 h VFA（单位：mmol/L）

种类	名称	乙酸	丙酸	丁酸	乙酸/丙酸	VFA
豆科类	大庆苜蓿	29.74 ± 1.71^A	12.99 ± 1.00^A	0.49 ± 0.08^A	2.29 ± 0.05^{BA}	43.22 ± 2.78^A
	红卫农场苜蓿	25.22 ± 0.16^B	10.18 ± 0.84^B	0.46 ± 0.01^A	2.49 ± 0.19^A	35.86 ± 1.00^B
	八五三农场苜蓿	16.15 ± 0.83^D	7.28 ± 0.63^C	0.19 ± 0.04^B	2.22 ± 0.08^B	23.62 ± 1.49^D
	青冈苜蓿	18.91 ± 1.03^C	8.61 ± 0.67^C	0.15 ± 0.05^B	2.20 ± 0.05^B	27.66 ± 1.76^C
青贮类	大庆青贮	9.04 ± 0.96^B	6.81 ± 0.40^{BA}	0.57 ± 0.46^A	1.33 ± 0.07^B	16.42 ± 0.89^B
	红卫农场青贮	3.29 ± 0.43^C	2.65 ± 0.13^{BC}	0.05 ± 0.01^B	1.24 ± 0.11^B	5.98 ± 0.59^C
	八五三农场青贮	13.77 ± 6.93^A	7.96 ± 0.45^A	0.27 ± 0.03^{BA}	2.97 ± 0.21^{BA}	26.01 ± 0.16^A
	哈尔滨青贮	5.58 ± 2.05^{CB}	1.53 ± 0.44^C	0.05 ± 0.01^B	3.59 ± 0.32^A	7.16 ± 2.52^C
秸秆类	大庆玉米秸秆	30.76 ± 0.15^A	16.95 ± 0.21^A	0.55 ± 0.01^A	1.81 ± 0.02^D	48.26 ± 0.35^A
	红卫农场玉米秸秆	21.24 ± 0.40^B	8.38 ± 0.23^C	0.24 ± 0.02^C	2.53 ± 0.03^B	29.85 ± 0.64^C
	八五三农场玉米秸秆	18.88 ± 0.34^C	6.96 ± 0.20^D	0.18 ± 0.02^D	2.71 ± 0.03^A	26.02 ± 0.57^D
	哈尔滨玉米秸秆	21.44 ± 0.26^B	10.47 ± 0.30^B	0.36 ± 0.03^B	2.05 ± 0.04^C	32.27 ± 0.58^B
禾本科	大庆羊草	20.15 ± 0.22^{BA}	13.94 ± 0.07^A	0.48 ± 0.02^A	1.45 ± 0.01^B	34.57 ± 0.31^A
	红卫农场小叶樟	24.45 ± 1.20^A	5.32 ± 0.29^C	0.22 ± 0.03^C	4.52 ± 0.21^A	29.98 ± 2.79^B
	八五三农场小叶樟	11.21 ± 0.22^B	5.13 ± 0.24^C	0.17 ± 0.02^D	2.19 ± 0.06^B	16.51 ± 0.49^B
	哈尔滨羊草	23.70 ± 0.31^A	9.23 ± 0.08^B	0.34 ± 0.03^B	2.57 ± 0.01^{BA}	33.27 ± 0.41^A

注：同类同列上角标不同大写字母表示差异显著（$P<0.05$）

青贮类中，八五三农场青贮的乙酸产量最高，显著高于其他各组（$P<0.05$），其次为大庆青贮，显著高于红卫农场青贮（$P<0.05$），与哈尔滨青贮差异不显著（$P>0.05$），哈尔滨青贮乙酸产量高于红卫农场青贮（$P>0.05$）；八五三农场青贮的丙酸产量最高，显著高于红卫农场青贮和哈尔滨青贮（$P<0.05$），与大庆青贮差异

不显著（$P>0.05$），大庆青贮丙酸产量仅次于八五三农场青贮，显著高于哈尔滨青贮（$P<0.05$），与红卫农场青贮差异不显著（$P>0.05$），红卫农场青贮高于哈尔滨青贮（$P>0.05$）；大庆青贮丁酸产量最高，显著高于红卫农场青贮、哈尔滨青贮（$P<0.05$），与八五三农场青贮差异不显著（$P>0.05$），八五三农场青贮丁酸产量高于红卫农场青贮，高于哈尔滨青贮，彼此间差异均不显著（$P>0.05$）；八五三青贮总 VFA 最高，显著高于其他各组（$P<0.05$），大庆青贮其次，显著高于红卫农场青贮、哈尔滨青贮（$P<0.05$），哈尔滨青贮总 VFA 高于红卫农场青贮（$P>0.05$）；哈尔滨青贮乙酸/丙酸最大，显著高于大庆青贮、红卫农场青贮（$P<0.05$），与八五三农场青贮差异不显著（$P>0.05$），八五三农场青贮乙酸/丙酸高于大庆青贮，高于红卫农场青贮（$P>0.05$）。

秸秆类中，大庆玉米秸秆的丙酸、丁酸和总 VFA 产量均最高，显著高于其他各组（$P<0.05$），哈尔滨玉米秸秆的丙酸、丁酸和总 VFA 产量其次，显著高于红卫农场、八五三农场玉米秸秆（$P<0.05$），红卫农场玉米秸秆丙酸、丁酸和总 VFA 产量高于八五三农场玉米秸秆（$P<0.05$）；乙酸产量中，大庆玉米秸秆显著高于其他各组（$P<0.05$），八五三农场玉米秸秆乙酸产量最低，显著低于其他各组（$P<0.05$）；八五三农场玉米秸秆的乙酸/丙酸最大，显著高于其他各组（$P<0.05$），红卫农场玉米秸秆其次，显著高于哈尔滨玉米秸秆、大庆玉米秸秆（$P<0.05$），哈尔滨玉米秸秆乙酸/丙酸显著高于大庆玉米秸秆（$P<0.05$）。

禾本科中，大庆羊草的丙酸、丁酸产量最高，显著高于其他各组（$P<0.05$），哈尔滨羊草其次，显著高于红卫农场小叶樟、八五三农场小叶樟（$P<0.05$），红卫农场小叶樟丁酸产量显著高于八五三农场小叶樟（$P<0.05$）；乙酸产量中，红卫农场小叶樟、哈尔滨羊草均显著高于八五三农场小叶樟（$P<0.05$）；总 VFA 产量中，大庆羊草、哈尔滨羊草、红卫农场小叶樟均显著高于八五三农场小叶樟（$P<0.05$）；红卫农场小叶樟乙酸/丙酸最高，显著高于大庆羊草、八五三农场小叶樟（$P<0.05$）。

饲料中的碳水化合物是动物机体能量的主要来源，而在反刍动物瘤胃中，有 55%~95%的碳水化合物经瘤胃微生物的降解，生成葡萄糖、果糖、木糖等己糖和戊糖，经酵解转化成丙酮酸后，进一步分解成 VFA 和 ATP（三磷酸腺苷）。乙酸、丙酸、丁酸等构成的 VFA 是碳水化合物分解的最终产物，主要由瘤胃壁吸收进入血液循环，其中丙酸等再经糖异生作用重新合成葡萄糖和脂肪，为机体利用。瘤胃发酵所产生的 VFA，可提供反刍动物机体所需能量的 70%~80%，因此在采食调控中日益受到重视。瘤胃 VFA 的含量受日粮精粗比、酸碱度等的影响。大量的研究还表明，粗饲料发酵产生的 VFA 中乙酸比例高达 70%，而丙酸仅占 20%。碳水化合物中对乙酸产量影响最大的是纤维素的降解量，而可溶性碳水化合物降解量主要影响丙酸产生量。

在全面考虑粗饲料各瘤胃发酵指标（产气量、pH、NH₃-N 浓度、VFA）的基础上，对各类粗饲料的营养价值进行分析，结果表明：豆科类>青贮类>秸秆类>禾本科。对于同类不同产地的粗饲料的营养价值评定结果如下。

豆科类：大庆苜蓿>八五三农场苜蓿>青冈苜蓿>红卫农场苜蓿。

青贮类：大庆青贮>哈尔滨青贮>八五三农场青贮>红卫农场青贮。

秸秆类：哈尔滨玉米秸秆>大庆玉米秸秆>红卫农场玉米秸秆>八五三农场玉米秸秆。

禾本科：大庆羊草>哈尔滨羊草>八五三农场小叶樟>红卫农场小叶樟。

第八节　北方寒区羊用粗饲料的高效利用

一、不同 CBI 条件下 GI 优化粗饲料与精料混合日粮组合效应的研究

（一）材料与方法

1. 日粮配方组合

粗饲料选择经 GI 优化的组合，即青贮+羊草+苜蓿+玉米秸秆组合（比例为 80：5：10：5），精料配方见表 2-18。将粗饲料混合日粮和精料按精粗比 2：8、3：7 和 4：6 混合得到 3 个不同水平 CBI 的 GI 优化组合与精料配伍的日粮，各配方及营养水平见表 2-19。

表 2-18　精料混合日粮配方

饲料原料	百分比/%	营养水平	数值
玉米	45.5	ME/（MJ/kg）	10.61
豆粕	23	CP/%	19.97
麦麸	19	Ca/%	0.83
菜籽粕	4	P/%	0.60
棉籽粕	4		
石粉	1.2		
磷酸氢钙	1.0		
食盐	0.8		
预混料	1.5		
总计	100		

注：①1 kg 预混料中含有食盐 275 g，石粉 228 g，CaHPO₄ 234.5 g，维生素 A 700 万 IU，维生素 D₃ 140 万 IU，维生素 E 2400 IU，生物素 200 IU，维生素 C 650 μg，维生素 K 650 mg，维生素 B₁ 265 mg，维生素 B₂ 1950 mg，维生素 B₆ 1300 mg，维生素 B₁₂ 4 mg，烟酸 4500 mg，泛酸 3250 mg，叶酸 85 mg，胆碱 620 mg，NaHCO₃ 50g，CuSO₄ 5 g，FeSO₄ 15 g，MnSO₄·5H₂O 9 g，ZnSO₄ 11 g，Na₂SeO₃ 3g，Mg 70g。②营养成分中 ME 是计算值，CP、Ca 和 P 是实测值

表 2-19　精粗料混合日粮配方

配方	饲料原料	风干样百分比/%	营养水平	数值
配方 A	尖山青贮	64	ME/（MJ/kg）	8.79
	肇东羊草	4	CP/%	10.76
	8511 苜蓿	8	Ca/%	0.40
	8511 玉米秸秆	4	P/%	0.26
	精料	20		
配方 B	尖山青贮	56	ME/（MJ/kg）	9.01
	肇东羊草	3.5	CP/%	11.91
	8511 苜蓿	7	Ca/%	0.45
	8511 玉米秸秆	3.5	P/%	0.31
	精料	30		
配方 C	尖山青贮	48	ME/（MJ/kg）	9.24
	肇东羊草	3	CP/%	13.06
	8511 苜蓿	6	Ca/%	0.51
	8511 玉米秸秆	3	P/%	0.35
	精料	40		

2. 测定指标与方法

（1）尼龙袋法测定瘤胃养分动态降解率

1）测定指标。测定原样和不同时间点尼龙袋残渣样中 DM、NDF、ADF 和 CP 的含量，计算各成分动态降解率。选取 0 h、2 h、4 h、6 h、8 h、12 h、24 h、48 h 和 72 h 9 个时间点。

2）操作方法。用粉碎机将样品粉碎，过 2.5 mm 标准筛。称取约 2.5 g 样品，放入尼龙袋。将已装样的两个尼龙袋夹在一个半软塑料管（长约 12 cm）上，并用橡皮筋扎好，作为平行样。于晨饲后 1 h 通过瘤胃瘘管将袋投入腹囊部，塑料管的另一端用尼龙绳系在瘘管塞的铁环上，防止脱落。投袋方式采用逐次投袋一次取出的方式，即在不同的时间点投入，同一时间点取出，并进行相同的处理。取出的尼龙袋连同塑料软管一起用自来水冲洗，冲下附着在软管和袋上的食糜和瘤胃液，然后放入清水中浸泡 55 min，再用中等流速的自来水冲洗 1 min。将洗净的尼龙袋在 65℃烘干至恒重（48 h），称重并记录。设对照袋（0 h），浸泡在水中并冲洗烘干，校正误差。

3）瘤胃动态降解参数如下。

$$P=a+b\left(1-e^{-ct}\right)$$

式中，P 为时间 t 时的消失率；a 为快速降解部分；b 为慢速降解部分；c 为 b 的降解常数；t 为饲料在瘤胃中的停留时间；e 为自然常数。

4）瘤胃有效降解率（RED）计算。

$$RED = a + \frac{b \times c}{c + K}$$

式中，a 为快速降解部分；b 为慢速降解部分；c 为 b 的降解常数；K 为饲料过瘤胃的流通速率，参照张爱忠（2005）实测值，取 0.0690。

5）饲料养分在不同时间点降解率（P）的计算。

$$P = \frac{饲料样品中某养分量 - 某时间点残留物中该物质的量}{饲料样品中该物质的量} \times 100$$

（2）小肠养分消化率的测定

采用体外酶解三步法测定。小肠蛋白消化率（Idg）的计算公式如下：

Idg（%）=酶解试样中粗蛋白/瘤胃未降解残渣中粗蛋白×100

（3）CBI_R 的测定

1）peNDF 的测定。

$$peNDF = NDF \times pef$$
$$pef = pef_L \times pef_F$$
$$pef_L = 1.4a + 1.1b + 0.7c$$
$$pef_F = NDF/50$$

式中，pef 为物理有效因子；pef_L 和 pef_F 分别为长度有效因子和韧度有效因子；a、b 和 c 分别为宾夕法尼亚粗饲料分级筛 19 mm、8 mm 和 1.18 mm 筛上存留物占总样品重的百分比（DM 基础）。

饲料为标准切碎长度的优质粗饲料时，peNDF=FNDF。本试验设定日粮peNDF=FNDF。

2）瘤胃降解淀粉的测定。用尼龙袋法测定饲料中淀粉的瘤胃降解率。

$$RDS = 饲料中淀粉含量 \times 淀粉的瘤胃降解率$$

3）CBI_R 的计算。

$$CBI_R = FNDF/RDS$$

（二）结果

1. 混合日粮常规营养分析及 CBI_R 的计算

3 种混合日粮的 DM、CP、NDF、ADF 和淀粉含量见表 2-20。日粮 CP 和淀粉的含量随日粮精粗比的增加而升高，而日粮 NDF 和 ADF 的含量随日粮精粗比的增加而降低。

3 个日粮配方的常规营养成分见表 2-21。日粮的 CBI_R 随日粮精粗比的升高而降低，其中，配方 A 的 CBI_R 为 2.74，配方 B 的 CBI_R 为 2.04，配方 C 的 CBI_R 为 1.48。

表 2-20　日粮配方常规营养成分

混合日粮	DM/%	CP/%	NDF/%	ADF/%	淀粉/%
配方 A	91.37	10.77	44.55	25.62	24.91
配方 B	90.82	12.26	41.89	24.27	26.70
配方 C	90.74	13.49	37.14	20.98	30.15

表 2-21　各日粮配方的瘤胃降解淀粉含量、粗饲料中性洗涤纤维含量和碳水化合物平衡指数

混合日粮	RDS/%	FNDF/%	CBI_R
配方 A	14.44	39.63	2.74
配方 B	17.02	34.68	2.04
配方 C	20.12	29.72	1.48

2. 不同 CBI_R 水平的 GI 优化粗饲料与精料混合日粮的瘤胃养分降解率

（1）不同配方日粮 DM 降解率

3 个不同 CBI_R 水平的日粮配方瘤胃 DM 降解率见表 2-22。由表 2-22 可知，3 个不同 CBI_R 水平的日粮配方 DM 降解率，在 $\alpha=0.01$ 水平上，在 2～72 h 的 8 个时间点上的 DM 消失率和有效降解率，以及各配方 DM 的快速降解部分（a），均为配方 C>配方 B>配方 A，且三者两两之间差异极显著；配方 B 和配方 C DM 的慢速降解部分（b）和可降解部分（$a+b$）之间在 $\alpha=0.01$ 水平上差异不显著，而均极显著高于配方 A。

表 2-22　不同 CBI_R 水平日粮的瘤胃 DM 降解率（%）

时间点	配方 A	配方 B	配方 C
2 h	12.41 ± 0.22^C	14.25 ± 0.15^B	17.50 ± 0.05^A
4 h	17.20 ± 0.11^C	19.39 ± 0.18^B	23.54 ± 0.16^A
6 h	21.22 ± 0.23^C	24.61 ± 0.31^B	29.25 ± 0.41^A
8 h	25.25 ± 0.30^C	27.66 ± 0.27^B	33.98 ± 0.09^A
12 h	30.26 ± 0.08^C	33.41 ± 0.51^B	41.54 ± 0.08^A
24 h	40.59 ± 0.35^C	42.42 ± 0.37^B	50.70 ± 0.29^A
48 h	51.48 ± 0.32^C	55.75 ± 0.39^B	62.55 ± 0.34^A
72 h	58.14 ± 0.87^C	65.04 ± 0.42^B	70.95 ± 0.37^A
a	9.58 ± 0.26^C	12.83 ± 0.22^B	14.09 ± 0.31^A
b	49.74 ± 0.87^B	55.45 ± 1.05^A	56.17 ± 0.31^A
c	0.043 ± 0.002^B	0.034 ± 0.002^C	0.049 ± 0.001^A
$a+b$	59.32 ± 1.12^B	68.28 ± 1.22^A	70.26 ± 0.24^A
RED	28.57 ± 0.11^C	31.27 ± 0.27^B	37.47 ± 0.05^A

注：同一行上角标大写字母不同的表示差异极显著（$P<0.01$）

（2）不同配方日粮 NDF 和 ADF 降解率

不同 CBI_R 水平的 GI 优化粗饲料与精料混合日粮体外发酵 NDF 降解率见表 2-23。3 个不同日粮配方的 NDF 降解率，在 $\alpha=0.01$ 水平上，在 72 h 的 DM 消失率和有效降解率及各配方 DM 的慢速降解部分（b）、可降解部分（$a+b$），均为配方 C>配方 B>配方 A，且三者两两之间差异极显著；3 个配方的快速降解部分（a）在 $\alpha=0.01$ 水平上差异不显著；各时间点的 NDF 降解率，配方 C 最高。

表 2-23　不同 CBI_R 水平日粮的瘤胃 NDF 降解率（%）

时间点	配方 A	配方 B	配方 C
2 h	12.46 ± 0.22^{C}	14.14 ± 0.05^{B}	14.71 ± 0.15^{A}
4 h	16.58 ± 0.11^{A}	14.86 ± 0.19^{B}	17.05 ± 0.18^{A}
6 h	17.70 ± 0.24^{B}	16.06 ± 0.34^{C}	20.53 ± 0.47^{A}
8 h	20.01 ± 0.33^{B}	17.30 ± 0.30^{C}	24.58 ± 0.09^{A}
12 h	22.22 ± 0.08^{C}	24.82 ± 0.58^{B}	33.84 ± 0.09^{A}
24 h	34.10 ± 0.39^{B}	34.66 ± 0.42^{B}	43.97 ± 0.32^{A}
48 h	41.94 ± 0.38^{C}	47.66 ± 0.46^{B}	55.51 ± 0.40^{A}
72 h	46.91 ± 1.10^{C}	51.67 ± 0.58^{B}	64.32 ± 0.46^{A}
a	10.26 ± 0.24	9.55 ± 0.12	9.62 ± 0.38
b	39.78 ± 1.45^{C}	48.98 ± 1.53^{B}	56.52 ± 0.02^{A}
c	0.035 ± 0.003^{AB}	0.029 ± 0.002^{B}	0.040 ± 0.012^{A}
$a+b$	50.05 ± 1.69^{C}	58.53 ± 1.60^{B}	66.14 ± 0.40^{A}
RED	23.60 ± 0.10^{C}	24.13 ± 0.28^{B}	30.19 ± 0.05^{A}

注：同一行上角标大写字母不同的表示差异极显著（$P<0.01$）

不同 CBI_R 水平的 GI 优化粗饲料与精料混合日粮体外发酵 ADF 降解率见表 2-24。3 个不同 CBI_R 水平的日粮配方 ADF 降解率，在 $\alpha=0.01$ 水平上，72 h 的 DM 消失率三个配方之间均差异极显著，且配方 C>配方 B>配方 A；配方 A 和 B 的快速降解部分（a）所占比例差异不显著，均极显著高于配方 C，3 个配方的慢速降解部分（b）和可降解部分（$a+b$）均差异极显著，且配方 B>配方 C>配方 A；3 个配方的 ADF 有效降解率，配方 C 极显著高于配方 A 和 B，配方 A 和 B 之间差异不显著；各时间点的 ADF 降解率，配方 C 最高。

表 2-24　不同 CBI_R 水平日粮的瘤胃 ADF 降解率（%）

时间点	配方 A	配方 B	配方 C
2 h	13.91 ± 0.22	13.87 ± 0.15	13.53 ± 0.06
4 h	16.13 ± 0.11^{B}	14.81 ± 0.19^{A}	14.43 ± 0.17^{A}
6 h	18.53 ± 0.24^{B}	16.92 ± 0.34^{C}	20.16 ± 0.46^{A}
8 h	21.62 ± 0.32^{B}	19.37 ± 0.30^{C}	24.01 ± 0.11^{A}

续表

时间点	配方 A	配方 B	配方 C
12 h	23.10 ± 0.08^B	24.03 ± 0.58^B	30.92 ± 0.10^A
24 h	33.92 ± 0.39^B	34.02 ± 0.42^B	40.32 ± 0.35^A
48 h	43.31 ± 0.37^C	49.54 ± 0.44^B	53.01 ± 0.42^A
72 h	45.74 ± 1.13^C	56.96 ± 0.52^B	60.97 ± 0.49^A
a	10.88 ± 0.23^A	10.31 ± 0.10^A	9.25 ± 0.33^B
b	37.92 ± 1.27^C	60.19 ± 2.78^A	54.51 ± 0.24^B
c	0.038 ± 0.003^A	0.021 ± 0.002^B	0.037 ± 0.001^A
$a+b$	48.80 ± 1.50^C	70.51 ± 2.83^A	63.77 ± 0.51^B
RED	24.30 ± 0.11^B	24.47 ± 0.27^D	28.22 ± 0.04^A

注：同一行上角标大写字母不同的表示差异极显著（$P<0.01$）

（3）不同配方日粮 CP 降解率

不同 CBI_R 水平的 GI 优化混合日粮体外发酵 CP 降解率见表 2-25。在 $\alpha=0.01$ 水平上，3 个配方 72 h 的 CP 消失率与有效降解率均差异极显著，且配方 C 的高于配方 B 的，配方 A 的最低；快速降解部分（a）和慢速降解部分（b），配方 B 和 C 之间差异不显著，均极显著高于配方 A；配方 C 的可降解部分（$a+b$）最高，极显著高于配方 A，与配方 B 之间差异不显著；各时间点的 CP 降解率，均是配方 C 最高。

表 2-25　不同 CBI_R 水平日粮的瘤胃 CP 降解率（%）

时间点	配方 A	配方 B	配方 C
2 h	14.64 ± 0.21^B	15.83 ± 0.15^A	16.13 ± 0.06^A
4 h	21.23 ± 0.11^B	21.07 ± 0.18^B	22.92 ± 0.16^A
6 h	25.84 ± 0.22^C	27.40 ± 0.30^B	28.77 ± 0.41^A
8 h	30.53 ± 0.28^B	31.02 ± 0.26^B	33.19 ± 0.09^A
12 h	38.38 ± 0.07^B	38.33 ± 0.47^B	40.70 ± 0.09^A
24 h	47.20 ± 0.31^C	48.20 ± 0.34^B	50.81 ± 0.29^A
48 h	56.45 ± 0.29^C	63.13 ± 0.33^B	65.07 ± 0.31^A
72 h	62.93 ± 0.77^C	70.72 ± 0.35^B	73.53 ± 0.33^A
a	11.49 ± 0.24^B	12.83 ± 0.20^A	13.30 ± 0.28^A
b	51.54 ± 0.63^B	59.59 ± 0.58^A	60.81 ± 0.12^A
c	0.048 ± 0.002^A	0.042 ± 0.002^B	0.045 ± 0.001^{AB}
$a+b$	63.04 ± 0.87^B	72.42 ± 0.74^A	74.12 ± 0.22^A
RED	32.68 ± 0.09^C	35.25 ± 0.23^B	37.16 ± 0.04^A

注：同一行上角标大写字母不同的表示差异极显著（$P<0.01$）

3. 不同 CBI_R 水平的 GI 优化粗饲料与精料混合日粮的小肠蛋白消化率

体外三步法测得不同 CBI_R 水平的 GI 优化粗饲料与精料混合日粮小肠蛋白消化率结果见表 2-26。3 种配方的小肠蛋白消化率，配方 C 的最高，配方 A 的最低；在 $\alpha=0.01$ 水平上，配方 B 和配方 C 的小肠蛋白消化率之间差异不显著，均显著高于配方 A。

表 2-26　不同 CBI_R 水平日粮小肠蛋白消化率（%）

混合日粮	Idg
配方 A	33.51 ± 0.99^b
配方 B	38.93 ± 2.65^a
配方 C	42.24 ± 1.51^a

注：同一列上角标小写字母不同的表示差异显著（$P<0.05$）

（三）讨论

日粮的 CBI_R 水平可通过调节其 peNDF 和 RDS 来完成。粗饲料含有较高的 NDF，而精料中 NDF 含量较低，表明日粮的 peNDF 由日粮中的粗饲料决定，日粮中粗饲料的种类和占日粮比例的变化均可影响日粮的 peNDF 含量。日粮中的能量饲料可提供丰富的淀粉，而蛋白质饲料与粗饲料淀粉含量较少。大麦、麸皮、豆粕等精料中淀粉瘤胃降解率高于苜蓿、青贮和羊草等粗饲料（玉米的瘤胃淀粉降解率与粗饲料的较接近）。结合淀粉含量与瘤胃降解率，可知日粮中精料的比例与种类决定日粮 RDS 的大小。因此，可通过调节日粮配方的精粗比和精料与粗饲料的种类来调节日粮的 CBI_R 水平。

粗饲料混合日粮的 GI 综合考虑了粗饲料的 NDF、CP、ME（或 NEL）和反刍动物对粗饲料的 DMI，不仅反映了粗饲料混合日粮的品质高低，也直接反映了粗饲料混合日粮所具有的营养价值的多少。

对比 3 个 CBI_R 水平日粮的精粗比，可以看出，对于用相同的精料与粗饲料混合的日粮，日粮 CBI_R 水平与其精料含量负相关，而与粗饲料含量正相关；对比 3 个 CBI_R 水平的 GI 优化粗饲料与精料混合日粮的体外瘤胃养分降解率和小肠蛋白消化率，可以看出，日粮 CBI_R 在 1.48～2.74 时，日粮瘤胃养分降解率和小肠蛋白消化率与其 CBI_R 值负相关。

（四）小结

1）相同的精料与粗饲料，日粮 CBI_R 水平与其精料含量负相关，而与粗饲料含量正相关。

2）比较三个不同 CBI_R 水平的 GI 优化粗饲料与精料混合日粮的体外发酵瘤胃养分（DM、NDF、ADF 和 CP）降解率和有效降解率与小肠消化率，配方 C（$CBI_R=1.48$）最高，其次是配方 B（$CBI_R=2.04$），配方 A（$CBI_R=2.74$）最低。

3）日粮 CBI_R 在 1.48～2.74 时，日粮瘤胃养分降解率和小肠消化率与其 CBI_R 值负相关。

二、接种剂与酶制剂对玉米秸秆-酒糟青贮发酵品质的影响

（一）材料与方法

1. 接种剂和酶制剂

用聚乙烯塑料袋制作的乳熟期玉米秸秆青贮中分离菌种作为青贮接种剂，酶制剂为纤维素酶、木聚糖酶、果胶酶，由黑龙江省肇东日成酶制剂有限公司提供。

2. 试验设计

采用 3×2 二因子试验设计，设 6 个处理组，每个处理 3 个重复，接种剂和酶制剂添加情况见表 2-27。

表 2-27　接种剂和酶制剂添加情况

接种剂（I）/（CFU/kg）	复合酶制剂（E）	
	0	100
0	Ⅰ（I1E1）	Ⅱ（I1E2）
1×10^5	Ⅲ（I2E1）	Ⅳ（I2E2）
1×10^6	Ⅴ（I3E1）	Ⅵ（I3E2）

3. 玉米秸秆-酒糟青贮饲料的调制

将玉米秸秆用铡草机切短至 1～2 cm，按 DM 为 4∶1 的比例与酒糟混贮，水分调制到 67% 左右，接种剂与酶制剂按试验设计的添加剂量溶于水，然后用喷壶喷洒均匀，再搅拌数次。经接种剂及酶制剂处理后，压实填装于密封的聚乙烯塑料袋中，并将口密封。青贮袋在室温 20～30℃ 中避光保存。分别在填装后第 2、4、8、16、32、64 天取样进行测定，每个处理在各个时间点 3 个重复。测定青贮饲料中乳酸、乙酸、丁酸的变化，以及氨态氮占总氮的比例，并对青贮的质量进行评定。

（二）结果

1. 接种剂与酶制剂对玉米秸秆-酒糟青贮 pH 的影响

从表 2-28 可以看出，接种剂与酶制剂对玉米秸秆-酒糟青贮不同时间点 pH 和

整个青贮过程 pH 变化的影响。第 2 天IV组、V组和VI组 pH 显著低于 I 组、II 组和III组（$P<0.05$）；而III组又显著低于 I 组和 II 组（$P<0.05$）。第 4 天IV组和VI组显著低于其他试验组；III组和 V组显著低于 I 组和 II 组（$P<0.05$）。青贮发酵到第 8 天时II组 pH 有了快速的下降，和其他组都显著低于 I 组，同时又显著高于IV组和VI组（$P<0.05$）；IV组和VI组 pH 最低，与其他组相比差异显著（$P<0.05$）。青贮发酵到第 16 天时，各组 pH 由低到高为IV组<VI组<V组<III组<II组< I 组，除 II 组与III组之间差异不显著外，其他各组之间差异均显著（$P<0.05$）。第 32 天IV组和VI组 pH 最低，与其他组相比差异显著（$P<0.05$）；I 组显著高于其他各组（$P<0.05$）；V组显著低于III组（$P<0.05$）。青贮发酵到第 64 天时，IV组和VI组 pH 降到了 4.0 以下，并显著低于其他各组（$P<0.05$）；II组、III组和 V组之间差异不显著，但显著低于 I 组（$P<0.05$）。

表 2-28 接种剂与酶制剂对玉米秸秆-酒糟青贮 pH 的影响

时间点	I	II	III	IV	V	VI
2 d	6.17 ± 0.13^a	6.01 ± 0.09^a	5.45 ± 0.18^b	4.95 ± 0.04^c	4.97 ± 0.02^c	5.02 ± 0.04^c
4 d	5.35 ± 0.05^a	5.31 ± 0.02^a	4.74 ± 0.02^b	4.49 ± 0.11^c	4.77 ± 0.25^b	4.52 ± 0.04^c
8 d	5.05 ± 0.01^a	4.78 ± 0.02^c	4.72 ± 0.08^c	4.34 ± 0.07^d	4.90 ± 0.10^b	4.40 ± 0.07^d
16 d	4.79 ± 0.01^a	4.58 ± 0.02^b	4.57 ± 0.03^b	$4.20\pm0.04e$	4.44 ± 0.05^c	4.36 ± 0.04^d
32 d	4.64 ± 0.06^a	4.44 ± 0.02^{bc}	4.50 ± 0.11^b	4.17 ± 0.07^d	4.41 ± 0.06^c	4.26 ± 0.05^d
64 d	4.50 ± 0.09^a	4.18 ± 0.11^b	4.20 ± 0.75^b	3.95 ± 0.05^c	4.29 ± 0.18^b	3.96 ± 0.07^c

注：处理间比较，上角标字母不同表示差异显著（$P<0.05$）

从整个青贮发酵过程来看，除 V组外，试验各组的 pH 的变化趋势是一致的，青贮前期（第 2~8 天）pH 下降迅速，后期 pH 继续降低，但下降的速度变慢。不同的是，单独添加接种剂，特别是高剂量的接种剂和接种剂与酶制剂的混合添加能够在青贮前期迅速降低 pH，从而起到很好的保存作用。

2. 接种剂与酶制剂对玉米秸秆-酒糟青贮 NH₃-N/TN 的影响

接种剂与酶制剂对玉米秸秆-酒糟青贮不同时间点 NH_3-N/TN 和整个青贮过程 NH_3-N/TN 变化的影响见表 2-29。青贮发酵的第 2 天，I 组、II 组和 V组之显著高于III组和IV组（$P<0.05$）。第 4 和 8 天时，I 组和 II 组 NH_3-N/TN 的比例升高较快，显著高于试验的其他各组（$P<0.05$）。青贮发酵到第 16 天，I 组和 II 组仍然显著高于其他试验组（$P<0.05$），但II组升高的速度减慢，并显著低于 I 组。第 32 天IV组和 V组的 NH_3-N/TN 较低，且显著低于其他各试验组（$P<0.05$）；I 组和 II 组仍然显著高于其他试验组（$P<0.05$），同样 I 组显著高于 II 组（$P<0.05$）。青贮发酵第 64 天，IV组显著低于 I 组、II 组和 V组（$P<0.05$），I 组最高，显著高于其他各试验组（$P<0.05$）；V组有较快的升高，显著高于III组、IV组和VI组（$P<0.05$）。

在整个青贮进程中，各个试验组的 NH_3-N/TN 值呈现的变化趋势是一致的，即随着青贮时间的延长，NH_3-N/TN 值逐渐升高，但各组升高的情况又有所不同。酶制剂添加组在青贮前期 NH_3-N/TN 值升高的速度较快，几乎和 I 组相同，但后期升高速度减慢，最终接近于接种剂与酶制剂混合添加组。接种剂添加组和接种剂与酶制剂混合添加组则一直保持着较低的升高速度。前期 I 组和 II 组升高的速度远远大于 III 组与 V 组及 IV 组与 VI 组的速度，后期 I 组仍然以较高的速度升高，而酶制剂添加组速度减慢，青贮到 64 d 时应用添加剂的各组 NH_3-N/TN 值都远远低于 I 组。

表 2-29　接种剂与酶制剂对玉米秸秆-酒糟青贮 NH_3-N/TN 的影响

时间点	I	II	III	IV	V	VI
2 d	1.90 ± 0.09^a	1.99 ± 0.29^a	1.39 ± 0.03^b	1.36 ± 0.22^b	1.83 ± 0.08^a	1.66 ± 0.29^{ab}
4 d	2.57 ± 0.12^a	2.40 ± 0.14^a	1.95 ± 0.09^b	1.76 ± 0.09^b	1.93 ± 0.12^b	1.90 ± 0.12^b
8 d	2.93 ± 0.17^a	2.79 ± 0.19^a	2.26 ± 0.07^b	2.19 ± 0.11^b	2.17 ± 0.16^b	2.21 ± 0.09^b
16 d	3.20 ± 0.12^a	2.97 ± 0.10^b	2.36 ± 0.10^c	2.31 ± 0.08^c	2.37 ± 0.05^c	2.50 ± 0.17^c
32 d	3.64 ± 0.09^a	3.01 ± 0.07^b	2.75 ± 0.06^c	2.42 ± 0.10^d	2.52 ± 0.11^d	2.76 ± 0.12^c
64 d	4.00 ± 0.10^a	3.27 ± 0.10^{bc}	3.03 ± 0.08^{cd}	2.97 ± 0.08^d	3.45 ± 0.28^b	3.02 ± 0.16^{cd}

注：处理间比较，上角标字母不同表示差异显著（$P<0.05$）

3. 接种剂与酶制剂对玉米秸秆-酒糟青贮有机酸含量的影响

（1）乳酸

青贮中的有机酸主要是指乳酸、乙酸和丁酸。接种剂与酶制剂对玉米秸秆-酒糟青贮不同时间点乳酸含量和整个青贮过程乳酸含量变化的影响见表 2-30。在第 2 天时间点上，III 组、IV 组、V 组和 VI 组显著高于 I 组和 II 组（$P<0.05$）。第 4 天，IV 组、V 组和 VI 组的乳酸含量显著高于 I 组、II 组和 III 组（$P<0.05$）。第 16 天时，IV 组的乳酸含量最高，显著高于 I 组、II 组、III 组和 V 组（$P<0.05$）。第 32 天，IV 组和 VI 组显著高于 I 组和 III 组（$P<0.05$）。第 64 天时，IV 组和 VI 组显著高于其他试验组（$P<0.05$）；II 组又高于 III 组和 V 组，其中与 III 组差异显著（$P<0.05$）；I 组最低，与其他各组相比，差异显著（$P<0.05$）。

表 2-30　接种剂与酶制剂对玉米秸秆-酒糟青贮乳酸含量的影响（%）

时间点	I	II	III	IV	V	VI
2 d	0.260 ± 0.001^b	0.238 ± 0.016^b	0.341 ± 0.004^a	0.342 ± 0.014^a	0.330 ± 0.027^a	0.337 ± 0.007^a
4 d	0.706 ± 0.023^b	0.676 ± 0.001^b	0.703 ± 0.003^b	0.795 ± 0.013^a	0.774 ± 0.003^a	0.779 ± 0.019^a
8 d	1.146 ± 0.094	1.151 ± 0.050	1.208 ± 0.015	1.315 ± 0.023	1.248 ± 0.054	1.265 ± 0.034
16 d	1.404 ± 0.014^d	1.492 ± 0.033^c	1.605 ± 0.006^b	1.700 ± 0.032^a	1.593 ± 0.043^b	1.638 ± 0.041^{ab}
32 d	1.630 ± 0.025^c	1.801 ± 0.027^{ab}	1.751 ± 0.050^{bc}	1.896 ± 0.057^a	1.771 ± 0.021^{ab}	1.894 ± 0.096^a
64 d	1.947 ± 0.023^d	2.163 ± 0.003^b	2.028 ± 0.042^c	2.290 ± 0.018^a	2.123 ± 0.036^b	2.310 ± 0.012^a

注：处理间比较，上角标字母不同表示差异显著（$P<0.05$）

从青贮进程中各时间点乳酸含量的变化来看，各组乳酸含量的变化规律是一致的，即随着青贮时间的增长，乳酸含量逐渐升高。同时，前期增长速度快，后期增长速度慢。

（2）乙酸

从表2-31可以看出接种剂与酶制剂对玉米秸秆-酒糟青贮不同时间点乙酸含量和整个青贮过程乙酸含量变化的影响。第 2 天Ⅳ组和Ⅵ组乙酸含量显著高于Ⅰ组、Ⅱ组和Ⅴ组（$P<0.05$）；而Ⅰ组和Ⅱ组的乙酸含量较低，除Ⅴ组外，显著低于其他各组（$P<0.05$）。第 4 天Ⅰ组乙酸含量升高，显著高于其他各试验组（$P<0.05$）；Ⅳ组乙酸含量次之，但只显著高于Ⅱ组（$P<0.05$）；而Ⅱ组为最低，显著低于Ⅰ组和Ⅳ组（$P<0.05$）。第 8 天Ⅰ组、Ⅳ组、Ⅴ组和Ⅵ组显著高于Ⅱ组和Ⅲ组（$P<0.05$）；而Ⅲ组又显著高于Ⅱ组（$P<0.05$）。第 16 天Ⅳ组和Ⅵ组乙酸含量较高，与其他各组差异显著（$P<0.05$）。第 32 天Ⅳ组和Ⅵ组乙酸含量较高，显著高于其他各试验组（$P<0.05$）；Ⅱ组乙酸含量最低，与Ⅲ组、Ⅳ组和Ⅵ组相比差异显著（$P<0.05$）。第 64 天Ⅳ组和Ⅵ组乙酸含量显著高于其他各试验组（$P<0.05$）；Ⅴ组乙酸含量次之，显著高于Ⅰ组、Ⅱ组和Ⅲ组（$P<0.05$）；Ⅱ组最低，除Ⅰ组外显著低于其他各组（$P<0.05$）。

表 2-31　接种剂与酶制剂对玉米秸秆-酒糟青贮乙酸含量的影响（%）

时间点	Ⅰ	Ⅱ	Ⅲ	Ⅳ	Ⅴ	Ⅵ
2 d	0.152 ± 0.011^{c}	0.151 ± 0.001^{c}	0.175 ± 0.007^{ab}	0.178 ± 0.009^{a}	0.157 ± 0.006^{bc}	0.180 ± 0.001^{a}
4 d	0.540 ± 0.017^{a}	0.425 ± 0.006^{c}	0.434 ± 0.019^{bc}	0.475 ± 0.024^{b}	0.466 ± 0.014^{bc}	0.450 ± 0.018^{bc}
8 d	0.694 ± 0.005^{a}	0.534 ± 0.015^{c}	0.579 ± 0.001^{b}	0.699 ± 0.001^{a}	0.710 ± 0.017^{a}	0.679 ± 0.028^{a}
16 d	0.755 ± 0.002^{b}	0.937 ± 0.020^{b}	0.962 ± 0.004^{b}	1.039 ± 0.032^{a}	0.941 ± 0.001^{b}	1.072 ± 0.015^{a}
32 d	1.288 ± 0.020^{bc}	1.174 ± 0.010^{c}	1.380 ± 0.059^{b}	1.644 ± 0.025^{a}	1.283 ± 0.027^{bc}	1.555 ± 0.051^{a}
64 d	1.395 ± 0.031^{cd}	1.327 ± 0.037^{d}	1.443 ± 0.020^{c}	1.900 ± 0.040^{a}	1.552 ± 0.016^{b}	1.862 ± 0.003^{a}

注：处理间比较，上角标字母不同表示差异显著（$P<0.05$）

整个青贮过程，各组中乙酸的含量随着青贮时间的增加而升高，规律性较强。但是各组之内乙酸含量的变化速度有所不同：Ⅰ组乙酸含量在第 4 和第 8 天有一个快速的增长，随后增长速度减慢；Ⅳ组和Ⅵ组在前期增长速度较慢，但后期增长较快。

（3）丁酸

接种剂与酶制剂对玉米秸秆-酒糟青贮不同青贮时间点丁酸含量和整个青贮过程丁酸含量变化的影响见表 2-32。青贮第 2 天，Ⅲ组丁酸含量最高，显著高于Ⅰ组、Ⅳ组、Ⅴ组和Ⅵ组（$P<0.05$）。第 4 天时，Ⅳ组丁酸含量最低，与Ⅰ组、Ⅱ组和Ⅲ组相比差异显著（$P<0.05$）。第 8 天Ⅱ组、Ⅳ组和Ⅵ组显著低于Ⅲ组和Ⅴ组（$P<0.05$），而Ⅲ组和Ⅴ组又显著低于Ⅰ组（$P<0.05$）。第 16 天时，Ⅰ组丁酸含量显著高于其他各组（$P<0.05$）。青贮发酵到第 32 天时，Ⅰ组仍显著高于其

他各组（$P<0.05$），Ⅳ组和Ⅵ组丁酸含量最低，与其他各组之间差异显著（$P<0.05$）。青贮末期时，Ⅰ组显著高于Ⅲ组、Ⅳ组、Ⅴ组和Ⅵ组（$P<0.05$），Ⅵ组最低。

从青贮全期发酵来看，除Ⅴ组外各组的变化趋势是一致的，在青贮前期丁酸含量增长速度较快，到后期速度减慢。其中Ⅰ组的丁酸含量在第 8 天后一直高于其他各组。

表 2-32　接种剂与酶制剂对玉米秸秆-酒糟青贮丁酸含量的影响

时间点	Ⅰ	Ⅱ	Ⅲ	Ⅳ	Ⅴ	Ⅵ
2 d	0.021 ± 0.001^{bc}	0.023 ± 0.001^{ab}	0.027 ± 0.001^{a}	0.020 ± 0.001^{bc}	0.022 ± 0.001^{b}	0.017 ± 0.002^{c}
4 d	0.030 ± 0.002^{a}	0.029 ± 0.001^{ab}	0.029 ± 0.001^{ab}	0.025 ± 0.001^{c}	0.027 ± 0.001^{bc}	0.027 ± 0.001^{bc}
8 d	0.055 ± 0.001^{a}	0.036 ± 0.002^{c}	0.043 ± 0.001^{b}	0.035 ± 0.001^{c}	0.042 ± 0.001^{b}	0.034 ± 0.002^{c}
16 d	0.074 ± 0.001^{a}	0.049 ± 0.003^{d}	0.055 ± 0.002^{c}	0.051 ± 0.001^{cd}	0.061 ± 0.002^{b}	0.050 ± 0.001^{cd}
32 d	0.080 ± 0.001^{a}	0.073 ± 0.001^{b}	0.063 ± 0.003^{c}	0.053 ± 0.002^{d}	0.063 ± 0.002^{c}	0.052 ± 0.002^{d}
64 d	0.084 ± 0.002^{a}	0.075 ± 0.006^{ab}	0.070 ± 0.001^{b}	0.061 ± 0.001^{c}	0.067 ± 0.004^{bc}	0.050 ± 0.002^{d}

注：处理间比较，上角标字母不同表示差异显著（$P<0.05$）

4. 不同接种剂与酶制剂处理玉米秸秆-酒糟青贮的质量评定

农业部于 1996 年的青贮评定是通过 NH_3-N/TN 和有机酸的构成来评定青贮的质量。表 2-33 为评分结果。各试验组 NH_3-N/TN 虽然不同，但其得点均为 50 分的满分，因此，通过 NH_3-N/TN 评定青贮质量，试验各组均达到优等水平。综合评分结果显示，得点由高到低依次为Ⅱ组、Ⅲ组/Ⅴ组/Ⅵ组、Ⅳ组和Ⅰ组，且均达到优等水平。

表 2-33　青贮评定结果

	Ⅰ	Ⅱ	Ⅲ	Ⅳ	Ⅴ	Ⅵ
NH_3-N/TN	4.00	3.27	3.03	2.97	3.45	3.02
得点	50	50	50	50	50	50
乳酸/总酸（%）	56.90	60.67	57.27	53.92	51.73	54.72
得点	19	21	19	17	16	18
乙酸/总酸（%）	40.76	37.23	40.75	44.65	41.48	44.10
得点	14	16	14	12	14	12
丁酸/总酸（%）	2.34	2.10	1.98	1.43	1.28	1.18
得点	38	38	40	43	43	43
总分	85.5	87.5	86.5	86	86.5	86.5

注：青贮总分=NH_3-N/TN 的得点+（乳酸得点+乙酸得点+丁酸得点）/2

（三）　讨论

1. 接种剂与酶制剂对玉米秸秆-酒糟青贮 pH 的影响

pH 是评价青贮饲料发酵好坏的重要指标之一。青贮饲料的 pH 主要随着乳酸的发酵而降低，乳酸菌活动越剧烈，pH 越低。低的 pH 能够抑制腐败菌的生长和植物蛋白酶的活性，从而延长青贮的保存时间和保存质量。本试验接种剂和酶制剂混合添加的青贮的 pH 在 4.0 以下，达到了较高水平，单独添加接种剂或酶制剂的青贮也达到了良好水平，而对照组则只是质量一般的青贮。可见接种剂和酶制剂能够降低玉米秸秆–酒糟青贮的 pH，相对单独添加接种剂和酶制剂，混合添加剂有降低青贮 pH 的趋势。

王建兵等（2001）及 Kung 和 Ranjit （2001）试验研究也证实了添加接种剂和酶制剂能够降低青贮的 pH，但是 Ranjit 和 Kung（2000）在玉米青贮的试验中发现接种剂和酶制剂对青贮 pH 无任何影响，这可能是玉米青贮原料中乳酸菌数量和 WSC 的含量使青贮产生了足够的乳酸，因此使用添加剂对青贮 pH 无影响。

就发酵的进程来看，添加接种剂和酶制剂能够使青贮的 pH 在较短的时间内迅速下降到较低的水平，这样可以较快地抑制有害微生物的生长和蛋白质的降解。熊井清雄等（1995）报道应用乳酸菌能够加快青贮 pH 的下降速度。从本试验的结果也很清楚地看到，在有接种剂添加的试验组中 pH 下降的速度较快。

2. 接种剂与酶制剂对玉米秸秆-酒糟青贮氨态氮的影响

青贮原料往往附着一些有害微生物和一些植物蛋白酶，它们能够将青贮原料中的蛋白质降解为氨态氮，造成青贮饲料营养价值的降低，因此青贮中氨态氮的含量是青贮质量好坏的重要指标之一。氨态氮与总氮的质量比反映了青贮饲料中蛋白质的分解程度，比值越大说明蛋白质分解得越多，因此在实际测定时，主要是通过氨态氮与总氮的比来评定青贮饲料的质量。本试验各组的 NH_3-N/TN 的值都小于 5%，达到满分水平。相对而言，添加接种剂和酶制剂均能显著降低青贮 60 d 内 NH_3-N/TN 的值，就效果而言混合添加优于单独添加。

添加酶制剂对青贮前期 NH_3-N/TN 的值无显著影响，而到后期则显著低于对照组，这可能是由于前期青贮的 pH 未达到酶制剂发挥作用的范围，到后期随着 pH 的降低，酶制剂的活性逐渐增强，微生物发酵活跃，青贮 pH 下降抑制了蛋白质的降解。丁健等（2002）的研究表明，纤维素酶能够降低蜡熟期玉米青贮的 NH_3-N/TN 的值，郑晓灵等（2007）在甘蔗青贮的试验中也得到了同样的结果。添加接种剂能够增加乳酸菌的数量，促进发酵，降低 pH，抑制蛋白质的降解，也就降低了 NH_3-N/TN 的值，提高了青贮的质量。张丽（2008）用水葫芦制作青贮，添加发酵液的试验组的 NH_3-N/TN 的值得到了显著降低。但本试验接种剂的应用并没有像一些报道（华金玲，2006；门宇新，2007）中的结论，$NH3$-N/TN 的值随接种剂添加剂量的增大而降低。混合添加的效果好于单独添加，原因主要是添加接种剂在增加乳酸菌数量的同时，也添加了酶制剂降解纤维，为乳酸菌发酵提供充足的底物。

3. 接种剂与酶制剂对玉米秸秆-酒糟青贮有机酸含量的影响

有机酸总量及其构成可以反映青贮发酵的好坏，青贮饲料中有机酸产量越多，pH 越低，青贮饲料就保存得越好。青贮中主要是依靠乳酸菌的发酵生产有机酸，青贮的乳酸菌分为同型发酵和异型发酵两类菌。同型发酵菌将 1 mol 糖发酵生成 1 mol 的乳酸，而异型发酵菌是将 2 mol 糖发酵生成 1 mol 的乳酸、1 mol 的乙酸和 CO_2。青贮发酵生成乙酸造成了能量的浪费，在过去很长的一段时间里，研究者一直认为乙酸对青贮是无益的，因此研究主要集中在乳酸方面。后来发现，乙酸抗真菌的能力要高于乳酸。现在比较普遍的观点是乳酸和乙酸都能够尽最大可能保存青贮的营养成分，但两者之间的数量关系还需进一步研究。

添加接种剂和酶制剂能够提高青贮乳酸的含量，且混合添加的效果好于单独添加。李静（2007）在不同品种的稻草中添加接种剂和酶制剂也得到了同样的结果。添加接种剂的试验组乙酸含量得到了较大的提高，乙酸在总酸中的比例达到了 40%，而添加酶制剂组的乙酸含量未受影响。这主要是由青贮中乳酸菌发酵类型决定的，不同的发酵类型发酵产物的含量和构成是不同的。添加接种剂和酶制剂能够抑制丁酸的发酵。

（四）结论

添加接种剂和酶制剂，以及混合添加能够降低青贮后期 NH_3-N/TN 和丁酸含量；混合添加能够提高青贮后期乙酸和乳酸的含量。青贮评分结果显示，各组的青贮得分均达到了优等。

参 考 文 献

陈海燕, 钟仙龙. 2006. 稻谷秕壳颗粒化全混合日粮肥育生长绵羊的效果. 丽水学院学报, 28(2): 32-34.

陈家振, 容新兰, 张振军, 等. 2008. 糟渣代替饲草育肥羔羊效果. 当代畜牧, (10): 25-26.

丁健, 贾亚红, 陈晓莲, 等. 2002. 纤维素酶对玉米青贮饲料糖和有机酸生成量的影响. 饲料工业, 23(9): 10-11.

冯宗慈, 高民. 1993. 通过比色测定瘤胃液氨氮含量方法的改进. 内蒙古畜牧科学, (4): 40-41.

胡雅洁, 贾志海, 王润莲, 等. 2007. 不同加工方式苜蓿干草在绵羊瘤胃内的降解及对消化代谢的影响. 中国畜牧杂志, 43(17): 36-38.

华金玲. 2006. 添加乳酸菌对整株水稻秸秆青贮发酵品质的影响. 东北农业大学硕士学位论文.

江喜春, 朱德建, 苏世广, 等. 2012. 不同粗料全混合日粮短期育肥湖羊羔羊的效果. 中国草食动物科学, 32(s1): 47-49.

李静. 2007. 添加剂处理对稻草青贮品质的影响. 南京农业大学硕士学位论文.

刘海燕, 苏秀侠, 于维, 等. 2006. 不同粗料类型日粮对育肥羊生长性能及屠宰性能的影响. 饲料博览, (9): 27-28.

刘洪亮, 娄玉杰. 2006. 羊草和苜蓿草产品营养物质瘤胃降解特性的研究. 中国草地学报, 28(6):
    47-51.

刘杰. 2009. 豆秸、饲用甜高粱饲喂绵羊效果研究. 河北农业大学硕士学位论文.

刘婷, 郑琛, 李发弟, 等. 2012. 茴香秸秆和茴香秕壳对绵羊营养价值的评定. 草业学报, 21(5): 55-62.

娄玉杰, 王克平, 成文革, 等. 2006. 吉生羊草饲喂绵羊营养价值的评定. 中国畜牧杂志, 42(1):
    48-49.

门宇新. 2007. 添加乳酸菌制剂和酶制剂对水稻秸青贮发酵品质的影响. 东北农业大学硕士学
    位论文.

孙娟娟, 玉柱, 薛艳林, 等. 2007. 添加剂对羊草青贮发酵品质和体外消化率的影响. 草地学报,
    5: 238-242.

孙亚波, 边革, 刘玉英, 等. 2013. 饲喂不同种类粗饲料的辽宁绒山羊瘤胃酶活性及气体组成的
    研究. 现代畜牧兽医, (5): 30-33.

王典, 李发弟, 张养东, 等. 2012. 马铃薯淀粉渣-玉米秸秆混合青贮料对绵羊生产性能、瘤胃内
    环境和血液生化指标的影响. 草业学报, 21(5): 47-54.

王加启, 冯仰廉. 1995. 瘤胃持续模拟技术的研究. 动物营养学报, 7(1): 29-35.

王建兵, 韩继福, 高宏伟, 等. 2001. 微生物接种剂和酶制剂对玉米秸秆发酵品质的影响. 内蒙
    古畜牧科学, 22(2): 4-7.

王敏玲, 孙海霞, 周道玮. 2011. 干玉米秸秆与干羊草营养价值的比较研究. 饲料工业, 32(3):
    19-21.

王旭, 卢德勋, 胡明, 等. 2005. 沙打旺、羊草、玉米秸和谷草 GI 指数的测定. 动物营养学报,
    17(4): 26-30.

王耀富, 王保民. 1992. 酒糟颗粒饲料育肥绵羊试验. 中国畜牧杂志, (2): 30-31.

熊井清雄, 廖芷, 福见良平, 等. 1995. 乳酸菌制剂对青贮饲料饲料发酵品质的改善效果. 中国
    农业科学, 28(2): 73-82.

许腾. 2006. 不同氨化、微贮处理秸秆对生长期小尾寒羊日增重的影响. 山西农业: 致富科技, (6): 5-6.

杨胜. 1993. 饲料分析及饲料质量检测技术. 北京: 北京农业大学出版社.

张爱忠. 2005. 酵母培养物对内蒙古白绒山羊瘤胃发酵及其它生理功能调控作用的研究. 内蒙
    古农业大学博士学位论文.

张丽. 2008. 不同添加剂对象草和水葫芦青贮品质的影响. 福建农林大学硕士学位论文.

郑晓灵, 刘艳芬, 刘铀, 等. 2007. 纤维素酶对甘蔗梢青贮品质的影响. 饲料工业, 28(12): 39-41.

周封文. 2013. 饲喂秸秆颗粒日粮对小尾寒羊瘤胃和整体消化代谢的影响. 新疆农业大学硕士
    学位论文.

Alderman G. 1985. Prediction of the energy value of compound feeds//Haresign W, Cole D
    A. Recent Advances in Animal Nutrition. Oxford: Butterworth Heinemann: 3-52.

Batterham E, Lewis C, Lowe R, et al. 1980. Digestible energy content of cereals and wheat by-
    products for growing pigs. Anim. Sci., 31(3): 259-271.

Ewan R C. 1989. Predicting the energy utilization of diets and feed ingredients by pigs. Lunteren,
    Netherlands: Symposium on Energy Metabolism of Farm Animals.

Iowerth D, Jones H, Hayward M V. 1975. The effect of pepsin pretreatment of herbage on the
    prediction of dry matter digestibility from solubility in fungal cellulase solutions. J. Sci. Food

Agric., 26(5): 711-718.

Just A, Jørgensen H, Fernández J A. 1984. Prediction of metabolizable energy for pigs on the basis of crude nutrients in the feeds. Livest. Prod. Sci., 11(1): 105-128.

Kung L, Ranjit N K. 2001. The effect of *Lactobacillus buchneri* and other additives on the fermentation and aerobic stability of barley silage. J. Dairy Sci., 84(5): 1149-1155.

Licitra G, Hernandez T M, Soest P J V. 1996. Standardization of procedures for nitrogen fraction on ruminant feeds. Anim. Feed Sci. Technol., 57(4): 347-358.

Moore J E, Kunkle W E, Bjorndal K A, et al. 1984. Extension forage testing program utilizing near infrared reflectance spectroscopy. Houston: American Forage and Grassland Council, 41-52.

Moore J E, Undersander D J. 2002. Relative Forage Quality: An Alternative to Relative Feed Value and Quality Index. Proceedings 13th Florida Ruminant Nutrition Symposium, (32): 16-29.

Morgan C, Whittemore C, Phillips P, et al. 1987. The prediction of the energy value of compounded pig foods from chemical analysis. Anim. Feed Sci. Technol., 17(2): 81-107.

Morgan D, Cole D, Lewis D. 1975. Energy values in pig nutrition: II. The prediction of energy values from dietary chemical analysis. The Journal of Agricultural Science, 84(1): 19-27.

Noblet J, Perez J. 1993. Prediction of digestibility of nutrients and energy values of pig diets from chemical analysis. J. Anim. Sci., 71(12): 3389-3398.

NRC. 2001. Nutrient Requirements of Dairy Cattle. National Research Council, Washington DC.

Nsahlai I V, Umunna N N, Negassa D. 1995. The effect of multi-purpose tree digesta on *in vitro* gas production from napier grass or neutral-detergent fibre. J. Sci. Food Agric., 69(4): 519-528.

Preston T R, Leng R A. 1987. Matching Ruminant Production Systems with Available Resources in the Tropics and Subtropics. Armidale, Australia: Penambul Book.

Raab L, Cafantaris B, Jilg T, et al. 1983. Rumen protein degradation and biosynthesis. I. A new method for determination of protein degradation in rumen fluid *in vitro*. Br. J. Nutr., 50(3): 569.

Ranjit N K, Kung L. 2000. The effect of *Lactobacillus buchneri*, *Lactobacillus plantarum*, or a chemical preservative on the fermentation and aerobic stability of corn silage. J. Dairy Sci., 83(3): 526-535.

Roe M B, Snifen C J, Chase L E. 1990. Techniques for measuring protein fractions in feedstuffs//Proceeding-Cornell Nutrition Conference for Feed Manufacturers. Department of Animal and poultry and aviam sciences, Corned University: 81-88.

Tilley J M A, Terry R A. 1963. A two-stage technique for the *in vitro* digestion of forage crops. Grass Forage Sci., 18(2): 104-111.

Van Soest P J. 1964. symposium on nutrition and forage and pasture S: new chemical procedures for evaluating forages. Journal of Animal Science, 23(3): 838-845.

Van Soest P J. 1967. Use of detergents in the analysis of fibrous feeds. IV. Determination of plant cell-wall constituents. J. Associ. Official Anal. Chem., 50: 50-55.

Zadrazil F, Kamra D N, Isikhuemhen O S, et al. 1996. Bioconversion of lignocellulose into ruminant feed with white rot fungi-review of work done at the FAL, Braunschweig. J. Appl. Anim. Res., 10(2): 105-124.

第三章 饲料组合方式与饲喂模式对羊营养代谢调控作用

第一节 纤维性和非纤维性碳水化合物组合对羊营养代谢调控作用

一、日粮非纤维性碳水化合物与中性洗涤纤维

羊每日都要从日粮中摄取重要的营养成分，碳水化合物就是羊需要摄取的日粮中重要的组成部分，碳水化合物被瘤胃微生物降解成乙酸、丙酸等挥发性脂肪酸，为瘤胃微生物和羊本身提供能量来源。碳水化合物分为纤维性碳水化合物（FC）和非纤维性碳水化合物（NFC），根据碳水化合物的组成成分，非纤维性碳水化合物就是除中性洗涤纤维（NDF）以外的碳水化合物成分，可用公式求出：NFC=100 –（NDF + CP + EE + Ash）。羊因具有多室胃决定了其独特的消化特性，特别是通过反刍活动和瘤胃内的微生物发酵作用降解与消化日粮中难以被单胃动物及禽类消化利用的纤维物质。日粮中的纤维，即那些饲料中的动物可缓慢消化或不消化的饲料碳水化合物成分，在维持瘤胃正常功能，提供能量和营养成分方面有重要作用，也在刺激羊的咀嚼和胃肠蠕动、丰富胃肠道微生物区系等方面发挥重要作用。羊对日粮中的纤维进行消化主要是依靠瘤胃中的瘤胃微生物分泌的酶。日粮中纤维是指饲料中不易被动物消化的细胞壁成分，中性洗涤纤维是测量植物细胞壁或纤维成分的一种指标，NDF 包括纤维素、半纤维素和木质素等成分。在大麦、玉米和大多数谷物中，NFC 主要指的是淀粉，在青贮类饲料中，NFC 还包括一定比例的有机酸。日粮中非纤维性碳水化合物是为动物机体提供能量的主要来源，它可以通过瘤胃、小肠和大肠来给机体提供能量。有研究证明，提高 NFC 水平，可通过增加挥发性脂肪酸（VFA）中丙酸的比例和增加过瘤胃淀粉量两方面来增加葡萄糖供应量，提高 NDF 水平，特别是随着粗饲料来源的 NDF 含量的增加，瘤胃壁的厚度、瘤胃的收缩力和运动能力及瘤胃乳头的活力都增强。

二、NFC/NDF 含义

营养的摄入和消化是养殖过程中的关键问题，然而消化代谢病，如瘤胃酸中

毒已经成为常见的问题，因为随着生产性能要求的提高，为了实现生产效率最大化，在实际生产中使用高谷物、低纤维日粮来追求其采食量最大化，从而使羊的养殖遭受很大的经济损失。因此针对羊不同生长时期，制定不同的饲喂日粮配方显得更加重要。调控动物日粮需要调节日粮的结构和营养水平。改变日粮粗饲料或精料含量是改变日粮的结构和营养水平常用的手段，但是其含量的比值不能准确体现出日粮中不同类型碳水化合物的含量，而 NFC/NDF 可以准确体现出日粮中不同类型碳水化合物的水平。因此不同 NFC/NDF 对羊的营养调控已经成为研究讨论的热点。日粮应制定不同且适宜的 NFC/NDF，如果 NFC/NDF 过低，即NDF 含量过高，从而增加瘤胃充满度，会起到采食抑制作用，使羊的干物质采食量降低。如果 NFC/NDF 过高，容易导致亚急性瘤胃酸中毒（SARA）。胡红莲等（2009）研究证明，NFC/NDF 上升到 2.58 时，会导致瘤胃处于酸性内环境，影响到瘤胃的正常发酵，甚至威胁到机体的健康。韩昊奇等（2011）也得出 NFC/NDF上升到 2.58 时，可以显著增加埃氏巨型球菌和反刍兽新月形单胞菌的数量，而原虫的数量在 SARA 状态达到最低值，同时明显增加了瘤胃内组胺和内毒素的浓度，也显著升高了坏死梭形杆菌和淀粉分解菌的数量。魏德泳等（2012）研究 NFC/NDF为 2.73 时，山羊已经处于 SARA 状态，这与胡红莲（2009）报道基本一致。因此，在实际养殖生产中，制定出适宜的 NFC/NDF 是非常重要的。

三、不同 NFC/NDF 对羊的营养调控作用

（一）不同 NFC/NDF 对羊的瘤胃发酵内环境的影响

营养物质在瘤胃中被消化和吸收。在瘤胃中，羊对营养物质消化吸收的好坏在于瘤胃中形成的动态稳定平衡系统的内环境，瘤胃发酵参数能直观反映其健康情况，瘤胃能分别将饲料中的碳水化合物、脂肪和蛋白质降解成挥发性脂肪酸、甲烷、小肽和氨基酸等，供机体能量吸收。

适当提高 NFC/NDF，有利于瘤胃丙酸型发酵，提高能量效率。张芳平等（2014）研究结果表明，随着 NFC/NDF 的升高，pH 降低，丙酸浓度升高，乙酸/丙酸降低。胡红莲等（2010）得出，随着日粮 NFC/NDF 的提高，瘤胃 pH 降低，瘤胃 pH 下降速率和下降幅度加快，瘤胃丙酸、丁酸及总挥发性脂肪酸（TVFA）含量呈增加趋势，而乙酸含量及乙酸/丙酸则呈降低趋势。同时随着日粮谷物含量的增加，瘤胃 pH 下降速率、幅度，以及最低值所持续的时间均增加。也有研究证明，随着日粮 NFC/NDF 的增加，乳酸杆菌数量增加，总细菌数量显著下降，瘤胃细菌与产乳酸菌菌群结构发生改变，但是大肠杆菌和羊链球菌数量没有明显变化。然而随着 NFC/NDF 的降低，总挥发性脂肪酸、丙酸、丁酸含量显著降低；而 pH、乙酸含量，以及乙酸/丙酸显著升高（$P<0.01$）。韩昊奇等（2011）通过配制不同

NFC/NDF 日粮诱发奶山羊亚急性瘤胃酸中毒，发现随着饲粮 NFC/NDF 增加，瘤胃 pH 下降速率和下降幅度增加，特别是在 SARA 发生后。研究证明，NFC/NDF 为 0.82 时，微生物蛋白的产量显著高于其他组。也有研究表明，NFC/NDF 为 0.59 时，瘤胃发酵功能、菌体蛋白（BCP）合成和 TVFA 的产生、瘤胃丙酸型发酵呈现最佳状态。

随着 NFC/NDF 的升高，pH 降低，瘤胃丙酸、丁酸及总挥发性脂肪酸含量增加，而乙酸含量及乙酸/丙酸则降低；随着 NFC/NDF 的降低，总挥发性脂肪酸、丙酸、丁酸含量降低，pH、乙酸含量，以及乙酸/丙酸升高。

（二）不同 NFC/NDF 对羊饲料中营养成分表观消化率的影响

当日粮中 NFC/NDF 过大时，大量的 NFC 发酵，就会使瘤胃 pH 降低，影响微生物的生长，导致微生物对日粮的分解能力降低。当日粮中 NFC/NDF 逐渐降低，DM、OM 表观消化率会随着其降低呈现升高的趋势，此外，随着饲粮 NDF 提高，缩短了饲料在瘤胃中的降解时间，加快了在胃肠道的流通速度，影响了 DM、OM、CP 在瘤胃中的降解率，导致 DM、OM、CP 表观消化率的降低。日粮中 NDF 含量大于 25% 时，干物质采食量会随着 NDF 水平的提高而降低，采食量受到抑制。NDF 和 ADF 的表观消化率随着饲粮 NDF 水平的提高而呈线性增加，可能的原因是咀嚼和反刍时间会随着饲粮 NDF 水平的提高而延长，瘤胃 pH 升高，纤维分解菌的大量繁殖，使得 NDF 和 ADF 表观消化率提高。

张立涛等（2013）在探讨肉用绵羊饲粮中 NFC/NDF 的最佳值时，发现羊的干物质采食量与饲粮 NFC/NDF 值呈现正相关关系，不同 NFC/NDF 极显著影响了干物质、有机物、粗蛋白、中性洗涤纤维和酸性洗涤纤维的表观消化率。当 NFC/NDF=0.82 时各营养成分表观消化率均呈现为最佳状态。禹爱兵等（2012）试验结果表明，日粮中粗饲料为羊草和苜蓿的日粮组 CP、EE、NFC、NDF 和 ADF 的表观消化率高于青贮玉米日粮组，因为后者的 NDF 和 ADF 的消化率较低，影响到 CP 和 NFC 的消化率。

四、物理有效纤维的含义

实际生产中，为了达到动物高产的要求，日粮往往需要高比例的精料和高质量的粗饲料。动物日粮中需要有足够的干物质含量、能量和合适的纤维水平。淀粉与中性洗涤纤维相比，淀粉在瘤胃中会迅速发酵，大量产生酸，瘤胃 pH 会降低，严重时会发生瘤胃酸中毒。

纤维表示的最佳指标一直被认为是中性洗涤纤维，但日粮设计用 NDF 含量作为指标时，理论上虽然满足了反刍动物的营养需要，但实际上动物消化代谢病等病症仍然可能会出现，说明日粮中 NDF 含量只代表了理想中反刍动物需要的纤维量,而没有涉及纤维本身的物理性状或物理有效性。为此,物理有效中性洗涤纤维(peNDF)的概念被 Mertens(1997)提出,它是指纤维的物理性质(主要是片段大小)、刺激动物咀嚼和建立瘤胃内容物两相分层的能力。物理有效纤维可以影响动物健康的生理状态和稳定的生产性能。特别是在全混合日粮中,提供合适的纤维水平和相关的物理特性一直是非常重要的。适当地调整粗饲料物理性质(长度)可以达到优化动物的采食行为、瘤胃发酵功能及生产性能的作用。

peNDF 的测定有很多方法,包括回归分析法、宾州筛(PSPS)法和咀嚼指数(CI)体系等,即日粮纤维的物理有效性评价的方法有很多种。其中以宾州筛为工具,通过测定物理有效因子(pef 确定 peNDF 含量),即测定宾州筛的 4.0 mm 筛以上的饲料颗粒占整个日粮干物质的比例,该比例乘以其 NDF 浓度即为 peNDF含量,与用纤维的含量、其长度,以及其韧性来确定的咀嚼指数体系(或 Danish体系)应用最为广泛。

五、物理有效纤维对反刍动物的营养调控作用

反刍动物进行咀嚼活动时会使日粮的颗粒减小或者破碎,使其与微生物接触的表面积得到增加;咀嚼的同时会产生许多唾液,而唾液具有润滑作用,有利于咀嚼和吞咽,也为瘤胃发酵提供液体环境和营养物质,起到缓冲作用,并创造出适合纤维降解的环境。影响反刍动物咀嚼行为及采食量的重要因素包括日粮中的粗饲料颗粒长度,随着长度变化,反刍动物的采食行为、反刍行为,以及分泌唾液的程度也不同。当反刍动物采食较长的干草等粗饲料时,需要的咀嚼时间较长,而进食细粉碎的粗饲料时,需要的咀嚼时间相对缩短。随着日粮粗饲料长度的增加,改变了全混合日粮(total mixed ration,TMR)和剩料中粗饲料长度分布,提高了 TMR 中 peNDF 的含量。

(一)物理有效纤维对反刍动物采食行为的影响

日粮物理有效纤维水平影响羊的采食行为,主要是通过刺激采食、咀嚼和反刍活动。咀嚼活动,主要是采食时间、反刍时间和咀嚼时间。采食时间、反刍时间和咀嚼时间随着日粮粗饲料长度的增加而呈增加趋势。饲喂高 peNDF 水平日粮时,绵羊的采食、反刍及咀嚼时间高于饲喂低 peNDF 水平日粮。由于饲料中 peNDF升高可以起到刺激采食、反刍和总咀嚼活动的作用,当进食较长的干草和青贮饲料时,反刍动物采食和反刍时间较长,而当进食细粉碎的粗饲料时,反刍动物采食、反刍时间相对较短。

孔庆斌(2006)用 2 cm、4 cm 和全长 3 种长度的苜蓿干草饲喂小母牛,发现小母牛喜欢采食 2 cm 短草,短草进食的数量多于较长的干草,采食次数少于较长的干草,采食速度高于较长的干草;贺鸣(2005)也发现,2 cm 苜蓿干草组奶牛

的采食时间显著低于 4 cm 组和 8 cm 组。聂普（2014）研究发现，随着羊草颗粒长度的改变，奶牛的反刍时间和总咀嚼时间都没有受到显著的影响，但奶牛的采食时间受到显著的影响，同时奶牛进食 1 kg NDF 的时间受到极显著的影响。总体来说，反刍动物采食时间、咀嚼时间及反刍时间会随着 peNDF 的增加而增加。

（二）物理有效纤维对反刍动物采食量的影响

日粮中粗饲料的长度可影响其在瘤胃中消化的速度，较长的粗饲料会减缓其消化速度，反刍动物干物质的采食量也受到限制。Einarson 等（2004）指出，减少日粮中的粗饲料长度能够增加干物质和有机物的采食量。Kmicikewycz 和 Heinrichs（2015）研究得出，降低玉米青贮的长度显著增加了奶牛整个试验时期 TMR 和总的干物质采食量。奶牛干物质的采食量和中性洗涤纤维的采食量会随着苜蓿干草长度的变短呈线性增加。同时，山羊的干物质采食量随着苜蓿干草粒度的增加而降低。随着稻草复合颗粒饲料长度的增加，湖羊采食量明显增加，说明长度为 2.5 cm 的颗粒料适口性优于长度为 8 mm 的颗粒料，也说明影响秸秆颗粒饲料适口性的重要因素之一是不同的饲料复合的处理技术。栗文钰等（2009）则得出不同结论，干物质采食量、中性洗涤纤维采食量随着奶牛日粮粗饲料长度的增加没有受到显著的影响。马冬梅等（2009）发现，随着羊草长度的减小，奶牛干物质采食量略有提高，但粗饲料处理组间都没有达到显著水平。由此看出，不同的反刍动物要求的粗饲料长度不同，如一般要求奶牛 4～5 cm，羊 2～3 cm，粗饲料在这个长度范围会使动物采食量呈增加趋势，也可能是因为在不同试验中使用的粗饲料不同，如饲草种类不同或同种饲草的品质和来源不同，包括改变苜蓿干草、羊草或苜蓿青贮、玉米青贮颗粒大小，对反刍动物的干物质采食量产生不同的影响。

（三）物理有效纤维对反刍动物瘤胃消化代谢的影响

在维持瘤胃的正常功能时，peNDF 起到重要作用。唾液的分泌与摄食、咀嚼等活动有关，日粮中物理有效纤维含量与这些活动有关。一般情况下，动物摄入较长或较粗糙的粗饲料时，可以使采食、咀嚼和反刍的时间加长。分泌的唾液增加，可增强瘤胃液的缓冲能力。采食的纤维含量多少已成为判断是否可以有效预防亚急性瘤胃酸中毒的指标。日粮中纤维的含量能使瘤胃发酵类型得到改变。绵羊日粮中 peNDF 含量的增加可以使瘤胃的 pH 降低，有利于保证瘤胃的正常发酵功能。

纤维在瘤胃中降解随着日粮粗饲料长度增加而降低，并不会对瘤胃发酵产生负面影响，日粮中较长的粗饲料用于保持适当的瘤胃功能是必要的。日粮中纤维最适宜消化的瘤胃环境的 pH 为 6.5 左右，当其低于 6.0 时，会明显抑制纤维的消化。增加苜蓿干草粒度，缩短了瘤胃 pH 小于 6.0 和 5.6 的持续时间，降低了发生亚急性瘤胃酸中毒的可能性，提升了纤维的有效降解率，降低了干物质采食量。当日粮中

peNDF 增加时，瘤胃 pH 升高，乙酸/丙酸上升，总 VFA 含量下降。反之，随着粗饲料长度减小，即日粮 peNDF 含量减少，瘤胃微生物对其表面的接触面积增加，瘤胃消化功能增强，挥发性脂肪酸产量提高，pH 降低，乙酸/丙酸显著降低。而有些研究也发现瘤胃 pH、氨态氮、VFA 总量、VFA 的组成，以及乙酸/丙酸等瘤胃发酵指标随着全混合日粮中粗饲料长度的变化，在统计学上没有显著性差异（王亮亮，2006）。Alamouti 等（2009）也发现，日粮处理组没有影响到瘤胃 pH、挥发性脂肪酸的浓度，但在牛饲喂高水平中性洗涤可溶性纤维时瘤胃液中的丁酸比例升高。由此得出，适当地增加粗饲料颗粒长度，反刍动物亚急性瘤胃酸中毒现象可以得到缓解；同时粗饲料颗粒长度轻微地发生变化不会对反刍动物瘤胃发酵产生负面影响。因此，适当地增加饲料中 peNDF 的含量，对避免饲喂过程中产生亚急性瘤胃酸中毒起到积极作用，同时在 peNDF 的含量改变不明显的情况下不会对瘤胃发酵产生负面影响。

第二节　不同 peNDF 与 NFC/NDF 组合日粮对羊营养代谢的调控作用研究

一、不同 peNDF 与 NFC/NDF 组合日粮对绵羊采食行为的影响

（一）材料与方法

1. 试验设计

试验设计为二因子试验设计，将绵羊日粮的 NFC/NDF 设置成两个水平，同时把粗饲料羊草的 peNDF 设置成两个水平，按照 2×2 设计，共形成 4 个试验处理组（表 3-1）。

表 3-1　试验设计

试验因子	组别			
	1	2	3	4
peNDF/%	49.85	53.64	49.85	53.64
NFC/NDF	0.63	0.63	0.80	0.80

2. 日粮及营养水平

日粮由羊草和混合精料组成，两种 NFC/NDF（值为 0.63、0.80）和羊草的两种切割长度（2 cm、5 cm）以全混合日粮形式饲喂。切割羊草 2 种理论长度分别是 2 cm 和 5 cm。试验日粮的配制参照中国《肉羊饲养标准》（NY/T 816—2004）。粗饲料羊草长度的不同切割程度的宾州粗饲料颗粒分级筛的颗粒分布情况见表 3-2，试验日粮组成、营养水平情况见表 3-3。

表 3-2　不同切割长度的羊草颗粒分布情况（%DM）

项目	羊草切割长度	
	2 cm	5 cm
筛上物百分比		
>19.00 mm	14.70	36.27
8.00～19.00 mm	44.62	35.20
1.18～8.00 mm	21.35	15.33
<1.18 mm	19.33	13.20
$pef^*_{8.00}$	0.59	0.71
$pef_{1.18}$	0.81	0.87
$peNDF^{**}_{8.00}$	36.66	44.17
$peNDF_{1.18}$	49.85	53.64

*$pef_{8.00}$ 和 $pef_{1.18}$ 分别为 2 层筛上物［>19.00 mm 和 8.00～19.00 mm］和 3 层筛上物［>19.00 mm 和 8.00～19.00 mm 和 1.18～8.00 mm］的干物质占总干物质的百分比
**物理有效中性洗涤纤维（peNDF）含量=中性洗涤纤维（NDF）×物理有效因子（pef）

表 3-3　试验日粮组成、营养水平情况（%DM）

日粮组成	NFC/NDF=0.63		NFC/NDF=0.8	
	peNDF=49.85%	peNDF=53.64%	peNDF=49.85%	peNDF=53.64%
羊草	73.35	73.35	60.22	60.22
玉米	10.08	10.08	10.42	10.42
麦麸	1.47	1.47	23.15	23.15
豆粕	0.15	0.15	3.27	3.27
棉粕	0.22	0.22	0.67	0.67
玉米蛋白粉	3.32	3.32	0.23	0.23
DDGS	9.77	9.77	0.38	0.38
石粉	0.24	0.24	0.26	0.26
食盐	0.40	0.40	0.40	0.40
1%预混料	1.00	1.00	1.00	1.00
合计	100.00	100.00	100.00	100.00
营养水平				
DE/（MJ/kg）	11.13	11.13	11.45	11.45
CP/%	11.70	11.70	11.73	11.73
Ca/%	0.39	0.39	0.37	0.37
P/%	0.19	0.19	0.19	0.19
NDF 比例/%	55.25	55.25	50.82	50.82
NFC 比例/%	31.77	31.77	36.36	36.36

注：①每千克预混料含 Fe 10 g, Mn 10 g, Zn 15 g, I 50～100 g, Se 5～50 g, Co 10～130 g。维生素 A 100 000～900 000 IU，维生素 D_3 10 000～120 000 IU，维生素 E 1000～8000 IU。②日粮营养水平除消化能 DE 为计算值外，其他均为实测值。③NFC=100 –（NDF + CP + EE + Ash）

3. 动物及饲养管理

选取 20 只体重相近 [(35±1.3) kg]、安装永久性瘤胃瘘管的绵羊，每只羊进行单笼饲养。将 20 只绵羊随机分为 4 个处理组，每个处理 5 个重复，每个重复 1 只，4 个处理组分别饲喂上述 4 种日粮。试验日粮为 4 组不同 peNDF 和 NFC/NDF 水平组合的全混合日粮。每日饲喂 2 次（07:00 和 18:00），自由采食，自由饮水。试验共 21 d，包括预试期 14 d，正试期 7 d。

4. 测定指标及方法

在正式试验期的第 3、第 4 天，采用摄像头监控和人工观察相结合的方法。摄像头监控是在舍内不同方位安装监控摄像头录像器，利用云视通网络监控系统 APP 与无线路由器连接的局域网来控制调节摄像头，存储相应视频。主要测定在连续的 24 h 内，以每 5 min 为间隔单位记录其采食时间和反刍时间。动物停止采食后 20 min 内不再继续采食，则认定其为一次采食活动停止；一次反刍结束后 5 min 内不开始下一次反刍，则认定其为一次反刍活动结束。总咀嚼活动时间=采食时间+反刍时间。

（二）结果

由表 3-4 可以表明，不同 peNDF 水平对绵羊采食时间有影响，在 NFC/NDF 为 0.63 时，peNDF 由 49.85%提高到 53.64%。但是，随 NFC/NDF 升高，绵羊采食、反刍、总咀嚼时间变化不明显。peNDF 与 NFC/NDF 的交互作用对绵羊采食、反刍、总咀嚼时间没有显著影响。在采食时间、反刍时间、总咀嚼时间方面，高 peNDF 水平日粮组显著大于低 peNDF 水平日粮组（$P<0.05$）；高 NFC/NDF 水平日粮组小于低 NFC/NDF 水平日粮组，但差异不显著。

表 3-4 peNDF 与 NFC/NDF 对绵羊采食时间、反刍时间、总咀嚼时间的影响（单位：min/d）

时间点	NFC/NDF=0.63		NFC/NDF=0.80		P		
	peNDF=49.85%	peNDF=53.64%	peNDF=49.85%	peNDF=53.64%	peNDF	NFC/NDF	peNDF×(NFC/NDF)
采食时间	254.2±10.99[ab]	272.0±14.24[a]	248.3±16.54[b]	261.2±7.86[ab]	0.017	0.165	0.675
反刍时间	393.9±23.43[ab]	414.8±13.98[a]	381.1±22.72[b]	405.3±24.70[ab]	0.033	0.266	0.867
总咀嚼时间	648.1±34.24[ab]	686.8±5.89[a]	629.4±36.78[b]	666.5±32.21[ab]	0.012	0.165	0.953

注：同行数据上角标小写字母不同表示差异显著（$P<0.05$），无标注或标注字母有相同者表示差异不显著（$P>0.05$），表 3-5～表 3-13，表注同表 3-4

（三）讨论

peNDF 对绵羊的采食时间、反刍时间及咀嚼时间有显著性的影响（$P<0.05$），但日粮 NFC/NDF 水平对绵羊的采食时间、反刍时间及咀嚼时间无显著影响。采食、

反刍及咀嚼时间，高 peNDF 日粮组>低 peNDF 日粮组；综合来看，第 2 组采食时间、反刍时间、咀嚼时间最长，显著提高了绵羊唾液的分泌量。因此，绵羊在高 peNDF、低 NFC/NDF 水平时，可以增强绵羊瘤胃的缓冲作用，维持绵羊的瘤胃功能，保证绵羊的健康。第 3 组在饲喂低 peNDF、高 NFC/NDF 水平日粮的情况下，采食、反刍及咀嚼时间最少，表明高 NFC/NDF 水平可能会降低绵羊的咀嚼活动。这是因为纤维含量降低导致其咀嚼时间变短；也可以说明低 peNDF 水平会降低其采食、反刍及咀嚼时间。由于 peNDF 水平可以起到刺激采食、反刍和总咀嚼活动的作用，当进食较长的干草和青贮饲料时，反刍动物采食和反刍时间较长，而当进食细粉碎的粗饲料时，反刍动物采食、反刍时间相对较短，本试验与上述一致，试验中绵羊采食时间，随着 peNDF 水平升高而升高，长度长的粗饲料也就是 peNDF 水平相对高的日粮，对绵羊的咀嚼起到刺激作用，即绵羊采食 5 cm 羊草的采食和反刍时间都比采食 2 cm 羊草的时间较长。就绵羊的采食时间来看，相同 NFC/NDF 下，采食 2 cm 的羊草显著低于采食 5 cm 的羊草，这与贺鸣（2005）研究的结果一致。本试验中随着 NFC/NDF 升高，采食同种长度的羊草的时间降低，这是因为 NDF 含量减少，但是不同 NFC/NDF 对绵羊咀嚼活动没有起到显著的作用，可能是因为试验日粮中的 NDF 水平大于 25%时，瘤胃充盈度已满，起到了抑制作用，发挥作用不显著。

（四）结论

1）在同一 NFC/NDF 水平时，饲喂高 peNDF 水平日粮时，绵羊的采食、反刍及咀嚼时间高于饲喂低 peNDF 水平日粮。

2）在同一 peNDF 水平时，饲喂低 NFC/NDF 水平日粮时，绵羊采食、反刍及咀嚼时间高于饲喂高 NFC/NDF 水平日粮。

3）饲喂第 2 组日粮即高 peNDF 水平（53.64%）、低 NFC/NDF 水平（0.63）组合日粮时，绵羊的采食时间、反刍时间、总咀嚼时间都高于其他组，总咀嚼时间最长。

二、不同 peNDF 与 NFC/NDF 组合日粮对绵羊瘤胃发酵指标的影响

（一）材料与方法

1. 日粮及营养水平、试验动物及饲养管理

与第三章第二节内容相同。

2. 测定的指标

试验期第 5 天清晨于饲喂（前）后的 0 h、3 h、6 h、9 h、12 h，即每隔 3 h（具体采样时间为 07:00、10:00、13:00、16:00、19:00）采集 50 mL 瘤胃液，采完

立即测定 pH，用四层纱布过滤，再以 3500 r/min 离心 15 min，取 0.5 mL 上清液用来测定 NH_3-N，另取 4 mL 上清液加 25%的偏磷酸 1 mL 混合后用于测定 VFA，其余上清液留样用来测瘤胃菌体蛋白。

（二）结果

1. peNDF、NFC/NDF 水平对绵羊瘤胃 pH 的影响

不同 peNDF 与 NFC/NDF 组合日粮对绵羊 pH 起到调控作用，采食后各日粮处理组绵羊瘤胃 pH 的动态变化及测定值分别见表 3-5。在各组内，瘤胃 pH 变化规律相似，在 3 h 为最低随后升高。peNDF、NFC/NDF 水平对绵羊瘤胃 pH 平均值均有显著影响（$P<0.05$）。不同 peNDF、NFC/NDF 水平间没有显著的交互作用。高 peNDF 水平日粮组瘤胃 pH 显著大于低 peNDF 水平日粮组（$P<0.05$）。高 NFC/NDF 水平日粮组瘤胃 pH 显著小于低 NFC/NDF 水平日粮组（$P<0.05$）。

表 3-5　peNDF 与 NFC/NDF 组合日粮对绵羊 pH 的影响

| 时间点 | NFC/NDF=0.63 | | NFC/NDF=0.80 | | P | | |
	peNDF=49.85%	peNDF=53.64%	peNDF=49.85%	peNDF=53.64%	peNDF	NFC/NDF	p×N
0 h	6.71±0.09	6.80±0.15	6.64±0.12	6.74±0.09	0.083	0.224	0.924
3 h	6.46±0.11	6.53±0.15	6.37±0.09	6.44±0.13	0.212	0.115	0.971
6 h	6.54±0.07	6.62±0.08	6.47±0.12	6.57±0.13	0.072	0.230	0.819
9 h	6.55±0.09^{ab}	6.66±0.13^a	6.45±0.15^b	6.50±0.13^{ab}	0.180	0.037	0.606
12 h	6.69±0.15	6.81±0.12	6.65±0.08	6.73±0.13	0.088	0.292	0.721
平均值	6.59±0.05^b	6.68±0.06^a	6.52±0.06^b	6.60±0.09^b	0.009	0.014	0.787

2. peNDF、NFC/NDF 水平对绵羊瘤胃 NH_3-N 的影响

采食后各日粮处理组绵羊瘤胃 NH_3-N 值见表 3-6。由表 3-6 可见，peNDF 对绵羊瘤胃 NH_3-N 平均值有显著影响（$P<0.05$），NFC/NDF 水平对绵羊瘤胃 NH_3-N 平均值没有显著影响。高 peNDF 水平日粮组瘤胃 NH_3-N 值显著大于低 peNDF 水平日粮组（$P<0.05$），高 NFC/NDF 水平日粮组瘤胃 NH_3-N 值大于低 NFC/NDF 水平日粮组。

表 3-6　不同 peNDF 与 NFC/NDF 组合日粮对绵羊 NH_3-N 的影响（单位：mg/100 mL）

| 时间点 | NFC/NDF=0.63 | | NFC/NDF=0.80 | | P | | |
	peNDF=49.85%	peNDF=53.64%	peNDF=49.85%	peNDF=53.64%	peNDF	NFC/NDF	p×N
0 h	15.88±0.59	17.76±2.41	17.52±0.95	18.04±0.68	0.068	0.138	0.285
3 h	20.78±0.90^{ab}	20.01±0.63^b	20.48±1.36^{ab}	21.64±0.88^a	0.663	0.150	0.043
6 h	10.58±1.84	12.03±3.38	11.87±2.26	13.09±1.89	0.236	0.294	0.917
9 h	13.22±1.24	12.29±1.34	12.90±0.14	13.14±0.91	0.462	0.571	0.219
12 h	13.50±1.24^b	15.83±0.31^a	14.39±1.87^{ab}	15.61±2.02^{ab}	0.019	0.628	0.426
平均值	14.79±0.69^b	15.58±1.22^{ab}	15.43±0.66^{ab}	16.30±0.39^a	0.032	0.074	0.912

3. peNDF、NFC/NDF 水平对绵羊瘤胃挥发性脂肪酸浓度的影响

由表 3-7 可见，peNDF、NFC/NDF 水平对绵羊瘤胃乙酸浓度均有显著影响（$P<0.05$）。高 peNDF 水平日粮组瘤胃中乙酸浓度平均值显著大于低 peNDF 水平日粮组（$P<0.05$），高 NFC/NDF 水平日粮组瘤胃中乙酸浓度平均值显著小于低 NFC/NDF 水平日粮组。

表 3-7　不同 peNDF 与 NFC/NDF 组合日粮对绵羊乙酸的影响（单位：mmol/L）

| 时间点 | NFC/NDF=0.63 | | NFC/NDF=0.80 | | P | | |
	peNDF=49.85%	peNDF=53.64%	peNDF=49.85%	peNDF=53.64%	peNDF	NFC/NDF	p×N
0 h	50.46±0.80	50.77±1.33	50.53±0.93	50.57±0.96	0.708	0.889	0.773
3 h	57.42±0.89[ab]	58.39±0.84[a]	55.50±0.77[c]	56.29±1.13[bc]	0.048	0.001	0.829
6 h	55.72±0.47[ab]	56.37±0.99[a]	54.95±0.83[b]	55.21±1.01[ab]	0.250	0.022	0.616
9 h	55.13±0.85[b]	56.63±0.90[a]	55.48±0.92[ab]	56.00±1.14[ab]	0.032	0.749	0.272
12 h	51.35±1.24[b]	53.06±0.8[a]	52.40±0.86[ab]	53.28±0.91[a]	0.009	0.164	0.354
平均值	54.01±0.37[b]	55.04±0.64[a]	53.77±0.45[b]	54.27±0.52[b]	0.004	0.039	0.259

绵羊瘤胃中的丙酸受到不同 peNDF 与 NFC/NDF 组合日粮的影响，采食后各日粮处理组绵羊瘤胃丙酸值见表 3-8。在采食后 3 h、6 h 和 9 h 时，peNDF、NFC/NDF 水平对绵羊瘤胃丙酸浓度均有显著影响（$P<0.05$）。高 peNDF 水平日粮组瘤胃中丙酸浓度平均值显著小于低 peNDF 水平日粮组（$P<0.05$），高 NFC/NDF 水平日粮组瘤胃中丙酸浓度平均值显著高于低 NFC/NDF 水平日粮组（$P>0.05$）。

表 3-8　不同 peNDF 与 NFC/NDF 组合日粮对绵羊丙酸的影响（单位：mmol/L）

| 时间点 | NFC/NDF=0.63 | | NFC/NDF=0.80 | | P | | |
	peNDF=49.85%	peNDF=53.64%	peNDF=49.85%	peNDF=53.64%	peNDF	NFC/NDF	p×N
0 h	15.88±0.59	15.96±2.41	16.52±0.95	16.04±0.68	0.528	0.263	0.380
3 h	21.78±0.58[bc]	20.81±0.81[c]	23.18±0.96[a]	22.24±1.03[ab]	0.025	0.002	0.965
6 h	18.58±0.82[a]	17.03±0.72[b]	19.47±0.89[a]	18.79±0.62[a]	0.005	0.001	0.224
9 h	17.22±0.55[b]	16.29±0.63[b]	18.19±0.83[a]	17.14±0.75[b]	0.006	0.010	0.850
12 h	16.10±0.60[a]	15.83±0.62[a]	16.23±0.66[a]	15.91±0.67[a]	0.318	0.718	0.931
平均值	17.91±0.54[bc]	17.18±0.67[c]	18.72±0.45[a]	18.02±0.57[ab]	0.012	0.005	0.944

由表 3-9 可得，高 peNDF 水平日粮组瘤胃中乙酸/丙酸平均值显著大于低 peNDF 水平日粮组（$P<0.05$），高 NFC/NDF 水平日粮组瘤胃中乙酸/丙酸平均值小于低 NFC/NDF 水平日粮组。

表 3-9　不同 peNDF 与 NFC/NDF 组合日粮对绵羊乙酸/丙酸的影响

| 时间点 | NFC/NDF=0.63 | | NFC/NDF=0.80 | | P | | |
	peNDF=49.85%	peNDF=53.64%	peNDF=49.85%	peNDF=53.64%	peNDF	NFC/NDF	p×N
0 h	3.18±0.11	3.19±0.14	3.06±0.19	3.16±0.17	0.484	0.330	0.537
3 h	2.64±0.11^{ab}	2.81±0.14^a	2.40±0.13^c	2.53±0.12^{bc}	0.017	0.001	0.757
6 h	3.00±0.15^b	3.31±0.12^a	2.82±0.12^c	2.94±0.08^{bc}	0.001	0.001	0.086
9 h	3.20±0.08^b	3.48±0.09^a	3.05±0.12^c	3.27±0.08^b	0.001	0.001	0.473
12 h	3.19±078^b	3.35±0.15^a	3.23±0.08^{ab}	3.35±0.11^a	0.010	0.672	0.672
平均值	3.04±0.09^b	3.23±0.12^a	2.91±0.08^c	3.05±0.07^b	0.001	0.002	0.532

由表 3-10 可得，高 peNDF 水平日粮组瘤胃中丁酸平均值显著小于低 peNDF 水平日粮组（$P<0.05$），高 NFC/NDF 水平日粮组瘤胃中丁酸平均值显著小于低 NFC/NDF 水平日粮组（$P<0.05$）。

表 3-10　不同 peNDF 与 NFC/NDF 组合日粮对绵羊丁酸含量的影响（单位：mmol/L）

| 时间点 | NFC/NDF=0.63 | | NFC/NDF=0.80 | | P | | |
	peNDF=49.85%	peNDF=53.64%	peNDF=49.85%	peNDF=53.64%	peNDF	NFC/NDF	p×N
0 h	8.54±0.50	8.23±0.37	8.26±0.48	7.98±0.47	0.168	0.213	0.942
3 h	10.04±0.70^a	9.37±0.35^{bc}	9.55±0.40^{ab}	8.81±0.12^c	0.003	0.021	0.867
6 h	10.24±0.25^a	9.29±0.48^b	8.48±0.52^c	8.16±0.73^c	0.015	0.000	0.198
9 h	9.03±0.61^a	8.51±0.70^{ab}	7.93±0.49^{bc}	7.24±0.53^c	0.036	0.001	0.751
12 h	8.04±053^a	7.12±0.47^b	7.11±0.53^b	6.42±0.55^b	0.003	0.003	0.630
平均值	9.18±0.27^a	8.50±0.25^b	8.27±0.32^b	7.72±0.40^c	0.001	0.000	0.654

4. peNDF、NFC/NDF 水平对绵羊瘤胃菌体蛋白的影响

由表 3-11 可得，peNDF、NFC/NDF 水平对绵羊瘤胃菌体蛋白均无显著影响（$P>0.05$），随着 peNDF 水平的提高，绵羊瘤胃菌体蛋白平均值呈上升趋势，随着 NFC/NDF 水平提高，绵羊瘤胃菌体蛋白平均值升高。

表 3-11　peNDF 与 NFC/NDF 组合日粮对绵羊菌体蛋白含量的影响（单位：mg/100 mL）

| 时间点 | NFC/NDF=0.63 | | NFC/NDF=0.80 | | P | | |
	peNDF=49.85%	peNDF=53.64%	peNDF=49.85%	peNDF=53.64%	peNDF	NFC/NDF	p×N
0 h	24.47±1.02	24.96±1.03	25.47±0.77	25.41±0.84	0.609	0.098	0.514
3 h	26.26±0.60	26.42±0.68	26.31±0.55	26.29±0.50	0.792	0.880	0.735
6 h	24.40±0.71	25.16±0.80	25.03±0.77	24.91±0.55	0.329	0.568	0.186
9 h	26.04±0.34	26.25±0.60	26.28±0.42	26.47±0.32	0.322	0.257	0.960
12 h	26.13±0.50	27.05±046	26.84±0.68	27.01±0.71	0.058	0.226	0.178
平均值	25.46±0.33	25.97±0.45	25.99±0.28	26.02±0.24	0.088	0.072	0.126

（三）讨论

瘤胃发酵指标是反映瘤胃发酵状况的综合指标，是用来衡量瘤胃生理功能是否正常的重要参数，它主要是受日粮结构、营养水平和采样时间影响。动物日粮中的精料大多是易消化碳水化合物，进入瘤胃内快速发酵产生酸，粗饲料的颗粒相对于粗饲料的较小，会降低动物的咀嚼活动，使进入瘤胃的唾液减少，从而瘤胃 pH 快速下降，相反，粗饲料含有较高的纤维素和半纤维素，淀粉等碳水化合物含量少，产生的唾液也少，因此，瘤胃 pH 较高。如果日粮中的精料比例高或者日粮颗粒过小，都会引起瘤胃 pH 过低。瘤胃 pH 太低会引起瘤胃酸中毒。

不同 peNDF、NFC/NDF 水平对绵羊瘤胃 pH、氨态氮、乙酸、丙酸、乙酸/丙酸、丁酸均有显著影响（$P<0.05$），但对菌体蛋白含量没有显著影响。瘤胃 pH、氨态氮、乙酸、乙酸/丙酸的值，高 peNDF 日粮组大于低 peNDF 日粮组；丙酸和丁酸的值，高 peNDF 日粮组小于低 peNDF 日粮组（$P<0.05$）。瘤胃 pH、乙酸、乙酸/丙酸和丁酸的值，高 NFC/NDF 日粮组小于低 NFC/NDF 日粮组；氨态氮和丙酸值，高 NFC/NDF 水平日粮组大于低 NFC/NDF 水平日粮组。华金玲等（2013）认为，日粮中含 70%粗饲料的处理组乙酸浓度、丁酸浓度、乙酸/丙酸均显著高于50%和60%粗饲料处理组。孙龙生等（2011）指出，随着 peNDF 含量的提高，瘤胃 pH 升高，长度为 2 cm 组与 5 cm 组有显著性差异（$P<0.05$）。曾银等（2010）发现，当 peNDF 增加，pH 升高，乙酸/丙酸上升，氨态氮含量呈上升趋势，总VFA 含量下降。反之，随着日粮粗饲料长度减小，微生物对其表面的接触面积增加，瘤胃消化功能增强，挥发性脂肪酸产量提高，pH 降低，乙酸/丙酸显著降低，本试验结果与其一致。

适当提高 NFC/NDF，有利于瘤胃丙酸型发酵。张芳平等（2014）研究结果表明，随着 NFC/NDF 的升高，pH 降低，丙酸浓度升高，乙酸/丙酸值降低。胡红莲等（2010）也得出随着日粮 NFC/NDF 提高，瘤胃 pH 降低，瘤胃丙酸、丁酸及总挥发性脂肪酸含量呈增加趋势，而乙酸含量及乙酸/丙酸则呈降低趋势。降低了NFC/NDF，总挥发性脂肪酸、丙酸、丁酸含量显著降低；而 pH、乙酸含量及乙酸/丙酸显著升高。本试验结果与其一致。

由表 3-5 可以看出，当 NFC/NDF=0.63 和 peNDF=53.64%组合日粮时，绵羊瘤胃 pH 较为稳定。由表 3-6 看出，各个日粮处理组的 NH_3-N 在采食后 12 h 内的趋势相似，都是先升高再降低后逐渐升高的过程，在饲喂 NFC/NDF=0.80 和peNDF=53.64%组合日粮时，NH_3-N 产生量较高。从表 3-7 可以看出，在饲喂NFC/NDF=0.63 和 peNDF=53.64%组合日粮时，乙酸产生量较高，是因为相对高纤维含量的日粮可以促使乙酸生成量增加。从表 3-8 可以看出，在饲喂 NFC/NDF=0.80和 peNDF=49.85%组合日粮时，丙酸产生量较高，是因为低纤维日粮可以促使丙酸生成量增加。因此，peNDF、NFC/NDF 水平对绵羊 pH、乙酸、丙酸、乙酸/丙酸、丁酸均起到显著作用。综合考虑，日粮 NFC/NDF 为 0.63、peNDF 为 53.64%时，可使绵羊瘤胃发酵指标保持稳定状态，促进动物健康。

（四）小结

1）在同一 NFC/NDF 水平时，饲喂高 peNDF 水平日粮时，绵羊瘤胃的 pH、氨态氮、乙酸、乙酸/丙酸的平均值大于饲喂低 peNDF 水平日粮，然而绵羊瘤胃的丙酸和丁酸的值小于饲喂低 peNDF 水平的日粮。

2）在同一 peNDF 水平时，饲喂高 NFC/NDF 水平日粮时，绵羊瘤胃 pH、乙酸、乙酸/丙酸和丁酸的平均值小于饲喂低 NFC/NDF 水平日粮，绵羊瘤胃氨态氮和平均值大于饲喂低 NFC/NDF 水平日粮。

3）饲喂第 1 组日粮，即 peNDF=49.85%、NFC/NDF=0.63 组合日粮时，绵羊瘤胃丁酸的平均值都显著高于其他组。饲喂第 2 组日粮，即 peNDF=53.64%、NFC/NDF=0.63 组合日粮时，绵羊瘤胃 pH 的平均值、乙酸的平均值，乙酸/丙酸的平均值都显著高于其他组。饲喂第 3 组日粮，即 peNDF=49.85%、NFC/NDF=0.80 组合日粮时，绵羊瘤胃丙酸的平均值都显著高于其他组。

三、不同 peNDF 与 NFC/NDF 组合日粮对绵羊营养物质消化代谢的影响

（一）材料与方法

1. 日粮及营养水平

试验动物及饲养管理与第三章第二节内容相同。

2. 测定指标

试验期第 2 天开始连续 5 d，每天 8:00 和 20:00 采用全收粪尿法，收集粪尿并记录质量。测定饲料、粪中的 DM、OM、CP、NDF、ADF 等指标，养分表观消化率=饲料中养分的摄入量与粪中养分的排出量之差占饲料中养分摄入量的百分比。

（二）结果

由表 3-12 可知，DM 表观消化率，随着 peNDF 水平增加而显著降低（$P<0.05$），随着 NFC/NDF 水平增加而显著升高（$P<0.01$）。OM 表观消化率，随着 peNDF 水平增加而降低，随着 NFC/NDF 水平增加而显著升高（$P<0.05$）。peNDF、NFC/NDF 水平对 CP 表观消化率均没有显著影响，但是 CP 表观消化率随着 peNDF 水平增加而呈降低趋势，随着 NFC/NDF 水平增加而呈升高趋势。NDF、ADF 表观消化率，

随着 NFC/NDF 水平增加而显著降低（$P<0.05$），随着 peNDF 水平增加而呈升高趋势。

表 3-12　peNDF、NFC/NDF 组合水平对绵羊营养物质表观消化率的影响（%）

| 项目 | NFC/NDF=0.63 | | NFC/NDF=0.80 | | P | | |
	peNDF=49.85%	peNDF=53.64%	peNDF=49.85%	peNDF=53.64%	peNDF	NFC/NDF	p×N
DM	58.22 ± 0.82^c	57.03 ± 0.80^d	60.62 ± 0.55^a	59.38 ± 0.68^b	0.002	0.000	0.937
OM	60.15 ± 2.58^{ab}	59.81 ± 1.28^b	62.28 ± 0.76^a	61.27 ± 0.72^{ab}	0.340	0.019	0.632
CP	61.45 ± 0.85	61.21 ± 1.02	61.81 ± 0.53	61.57 ± 0.96	0.542	0.364	1.000
NDF	51.73 ± 1.90^{ab}	52.28 ± 1.37^a	50.34 ± 0.89^b	50.93 ± 0.71^{ab}	0.973	0.032	0.342
ADF	45.82 ± 1.52^{ab}	46.91 ± 1.25^a	44.74 ± 0.67^b	45.54 ± 1.00^{ab}	0.086	0.030	0.782

由表 3-13 可知，随着 peNDF 水平升高，进食氮、粪氮、沉积氮、氮的总利用率呈降低趋势，粪氮/进食氮、尿氮/进食氮呈升高趋势。随着 NFC/NDF 水平升高，进食氮、尿氮、沉积氮、氮的总利用率呈升高趋势，粪氮/进食氮呈降低趋势。

表 3-13　peNDF、NFC/NDF 组合水平对绵羊日粮氮代谢的影响

| 项目 | NFC/NDF=0.63 | | NFC/NDF=0.80 | | P | | |
	peNDF=49.85%	peNDF=53.64%	peNDF=49.85%	peNDF=53.64%	peNDF	NFC/NDF	p×N
进食氮/（g/d）	22.75 ± 1.81	22.22 ± 2.33	24.68 ± 1.45	23.42 ± 1.52	0.284	0.071	0.660
粪氮/（g/d）	8.76 ± 0.51^{ab}	8.60 ± 0.68^b	9.42 ± 0.44^a	8.99 ± 0.36^{ab}	0.215	0.035	0.563
尿氮/（g/d）	10.51 ± 0.55	10.46 ± 0.59	10.71 ± 0.50	10.74 ± 0.61	0.963	0.351	0.870
沉积氮/（g/d）	3.48 ± 0.77	3.16 ± 1.28	4.55 ± 0.62	3.69 ± 0.62	0.148	0.057	0.497
氮的总利用率/%	15.17 ± 2.20	13.89 ± 4.39	18.37 ± 1.71	15.68 ± 1.79	0.126	0.059	0.575
粪氮/进食氮/%	38.55 ± 0.85	38.79 ± 1.02	38.19 ± 0.53	38.43 ± 0.96	0.542	0.364	1.000
尿氮/进食氮/%	46.28 ± 1.40^{ab}	47.32 ± 3.47^a	43.44 ± 1.28^b	45.88 ± 1.01^{ab}	0.074	0.032	0.452
氮的表观消化率/%	61.45 ± 0.85	61.21 ± 1.02	61.81 ± 0.53	61.57 ± 0.96	0.542	0.364	1.000

（三）讨论

peNDF 对绵羊的 DM 的表观消化率有显著性的影响（$P<0.05$），日粮 NFC/NDF 水平对绵羊的 DM、OM、NDF、ADF 的表观消化率、粪氮量和尿氮/进食氮有显著影响（$P<0.05$），不同 peNDF、NFC/NDF 水平组合日粮在影响绵羊的营养物质表观消化率和氮代谢时交互作用不显著。DM、OM、CP 的表观消化率、进食氮、粪氮、沉积氮、氮的总利用率均是高 peNDF 日粮组<低 peNDF 日粮组；NDF、ADF 的表观消化率、粪氮/进食氮、尿氮/进食氮均是高 peNDF 日粮组>低 peNDF 日粮组。DM、OM、CP 的表观消化率、进食氮、粪氮、尿氮、沉积氮、氮的总利用率，均是高 NFC/NDF 日粮组>低 NFC/NDF 日粮组。NDF、ADF 的表观消化率、粪氮/进食氮、尿氮/进食氮均是高 NFC/NDF 日粮组<低 NFC/NDF 日粮组。

这是因为饲粮类型及其营养水平和饲料组合效应存在密切的关系。邓先德等（2000）认为，DM 和 OM 的表观消化率随精料水平的提高而增加，同时王文奇等（2014）也认为 DM、OM 的表观消化率随着粗饲料比例的升高而降低，即当 NFC/NDF 水平降低时，NFC 减少，NDF 增多，减少了在瘤胃中的停留时间，这样就加快了日粮在消化道中的流通速率，DM、OM 的表观消化率下降。史仁煌等（2015）认为，随着饲粮中 NDF 提高，DM、OM、CP 的表观消化率降低，这可能是随着饲粮 NDF 提高，缩短了饲料在瘤胃中的降解时间，加快了在胃肠道的流通速度，影响了 DM、OM、CP 在瘤胃中的降解率，导致 DM、OM、CP 的表观消化率降低。本实验中的 DM、OM 随着 NDF 含量增加而显著降低，与上述结果一致。本试验粪氮量随着 NFC/NDF 升高而显著升高，但是进食氮差异不显著，可能是因为各组间氮摄入量的差异较小和日粮中粗蛋白水平差异小引起的。虽然差异不显著，但是可以看出粪氮的变化趋势和进食氮的相同，这与秦雯霄（2013）的研究一致。

孔祥浩等（2010）通过改变 NDF（30%、35%、40% 和 45%）水平来研究其对绵羊日粮养分表观消化率的影响，日粮中 NDF 为 45% 时，干物质表观消化率最低（$P<0.05$）。随着 NDF 含量降低，即随着 NFC/NDF 升高，DM 表观消化率降低（$P<0.05$）。NDF 和 ADF 的表观消化率会因为饲粮 NDF 水平的提高而呈线性增加，可能是因为咀嚼和反刍随着饲粮 NDF 水平的提高而时间延长，pH 升高，纤维分解菌的大量繁殖，使得 NDF 和 ADF 表观消化率提高。Cerrillo 等（1999）在以干草为基础日粮中添加谷物，比例从 0 到 50%，发现粗蛋白的消化率没有变化。刘清清（2014）试验中精粗比由 3：7 增加到 5：5 时，CP 表观消化率没有显著影响。孔庆斌和张晓明（2008）研究表明，随着粗饲料长度的增加，日粮 DM 和 OM 的消化率有下降的趋势；中性洗涤纤维和酸性洗涤纤维的消化率呈上升趋势。本试验数据变化趋势与上述一致。

（四）结论

1）peNDF 水平升高，DM、OM、CP 的表观消化率、进食氮、粪氮、沉积氮、氮的总利用率降低，NDF、ADF 的表观消化率、粪氮/进食氮、尿氮/进食氮升高。

2）随着 NFC/NDF 水平升高，DM、OM、CP 的表观消化率、进食氮、粪氮、尿氮、沉积氮、氮的总利用率升高，NDF、ADF 的表观消化率、粪氮/进食氮、尿氮/进食氮降低。

3）日粮 NFC/NDF 为 0.80、peNDF 为 49.85% 时，绵羊对营养物质消化率最佳。

第三节 羊生产中不同饲喂模式概述

随着养羊业的快速发展，传统饲喂模式已经不能满足规模化羊场的需要，而规模化、标准化、集约化才是现代养殖的方向。传统的饲喂模式中精料和粗饲料分开饲喂，容易造成反刍动物挑食的现象，导致瘤胃内消化代谢动态平衡的紊乱，阻碍动物的生长发育。目前，全混合日粮越来越多地应用于羊生产中，与传统的饲喂模式相比，其能够满足反刍动物的营养需要和控制日粮的精粗比例，得到营养相对平衡的日粮。近些年来，TMR 颗粒饲料在羊规模化生产中异军突起，相比于传统与全混合日粮饲喂，TMR 颗粒饲料除了能够有效保证日粮精粗比，还具有方便包装、运输、易贮藏等优点，同时可以增加动物采食量，提高饲料适口性，促进动物消化吸收和防止绵羊形成异食癖的特性。

一、传统饲喂模式

（一）传统饲喂模式的概念

最传统的饲喂模式，即先粗后精，就是饲喂动物时先给予粗饲料后添加精料。目前，在养殖业上应用较为广泛的粗饲料包括干草类（如羊草、苜蓿等）、秸秆类（如麦秸、玉米秸秆等），精料主要是将各种粮食籽实、微量元素等合理配比的全价饲料。

（二）传统饲喂模式的特点

传统饲喂模式（先粗后精）的特点在于粗饲料的采食能够促使动物瘤胃扩张，增加瘤胃蠕动频率，并且瘤胃微生物和细菌可以充分与干草混合。粗饲料在瘤胃内发酵与反刍需一定时间，之后进入皱胃和肠道中，这时再给动物饲喂精料，精料一部分直接进入皱胃内消化，进入皱胃的精料能够与消化液充分接触，利于精料的消化。另一部分精料与干草混合，经过反刍动物反刍与唾液中相关消化酶的浸润进入瘤胃再被消化吸收。在整个采食过程中，瘤胃会吸收由精料产生的酸性物质。这样瘤胃内 pH 会一直保持在适当范围内，这也有利于瘤胃微生物和细菌的生存和繁殖，动物机体也就不会产生酸中毒。

（三）传统饲喂模式的缺点或局限性

随着畜牧业的迅猛发展，科技生产力水平提高，养殖业已经由传统的混群饲养向规模化、标准化、集约化的方向转变。传统的饲喂模式已不能适应现代化的需求，更适用于散户饲养。传统的饲喂模式主要是混群饲养、精粗分饲，粗饲料自由采食，精料限量饲喂。但是由于羊容易挑食，这就造成其采食的随意性大，导致羊营养吸收不均衡、瘤胃 pH 不稳定，破坏瘤胃内消化代谢的动态平衡。而且传统饲喂模式不利于粗纤维的消化，动物对粗饲料利用率低、浪费粗饲料资源的同时也不能满足动物的生长需要，更不利于现代畜牧业集约化、规模化生产和产业化的发展，不能有效地提高劳动生产效率，因此，具有非常巨大的局限性。

二、全混合日粮

（一）全混合日粮的概念

全混合日粮（TMR）就是按照设计好的饲料配方采用搅拌机将各种粗饲料、精料及微量元素等进行充分混合，加工制成的相对均衡的饲料。

（二）全混合日粮的优点

TMR 的优点如下。①营养均衡：TMR 是将所有饲料原料及微量元素依据动物不同生长阶段营养需要，按照特定比例充分混合而成，可以避免动物挑食、提高饲料转化率和减少动物胃肠道疾病，进而提高动物生产性能。②可以充分利用资源：由于传统的先粗后精饲喂方式饲料适口性差，动物挑食行为严重，而采用 TMR 饲喂模式能够很好地解决这个问题，充分利用饲料资源，避免动物挑食，取得更好的饲喂效果。③有助于控制生产：TMR 能够根据动物在不同生长阶段对营养的需求和养殖场的生产目的在一定范围内调整饲料配方，以获得更大的经济效益。④节省劳动力：TMR 通常采用 TMR 搅拌机对饲料原料进行加工，并且机械化饲喂，具有高效快捷、减少人力投入等优点，适合规模化养殖场，能够有效提高养殖场的经济效益。

（三）全混合日粮的缺点

纵然 TMR 在动物生产中有许多优点，但其在大面积推广应用上也存在许多限制性因素。TMR 的缺点主要有：①TMR 的混合均匀度要求较高，为使所有原料均匀混合，全混合日粮加工过程需要大型混合机械设备；②与小群饲养、个别喂养、传统饲养相比，饲料消耗较大；③必须分群饲养，不同的生理阶段对营养物质的需要不同，频繁分群，增加家畜流动性，会造成一定程度的应激，容易造成生产效率降低；④不适合放牧饲养；⑤对技术和管理人员的水平要求较高。

（四）全混合日粮在反刍动物生产中的应用

1. 全混合日粮对反刍动物生长性能的影响

TMR 营养均衡，适口性好，满足绵羊营养需求的同时还能够减少绵羊挑食，与传统饲喂方式比较，在生产中应用 TMR 具有明显优势。马春萍（2012）用不同饲喂模式饲喂中国美利奴后备公羊，其中 TMR 饲喂组平均月增重 5.53 kg，传统饲喂组平均月增重 3.04 kg，传统饲喂组显著低于 TMR 饲喂组（$P<0.05$），说明

相对于传统饲喂模式而言，TMR 饲喂模式对羊的生长发育有非常大的促进作用。Chobtang 等（2010）研究表明，不同蛋白质水平的 TMR 可以显著影响泰国本地公山羊的营养物质表观消化率和生长性能，随着 TMR 蛋白质水平的提高，羊总增重、平均日增重和粗蛋白的消化率与对照组相比差异显著（$P<0.05$），表明 TMR 蛋白质水平影响山羊的生产性能。俞联平等（2013）通过比较 TMR 饲喂与传统饲喂（先粗后精）对妊娠母羊的饲喂效果，发现饲喂 TMR 比采用传统饲喂的妊娠母羊哺育羔羊的断奶重显著提高（$P<0.05$）。

2. 全混合日粮对反刍动物瘤胃发酵环境的影响

对于反刍动物来说，瘤胃在整个消化器官中起着重要的作用，保持瘤胃内环境的稳定有利于提高羊对饲料的消化和利用效率。TMR 与传统先粗后精饲喂模式相比，营养相对均衡，使瘤胃中各种瘤胃微生物活动协调一致，能够维持瘤胃内环境相对稳定，从而提高了瘤胃的发酵效果。Wahyuni 等（2012）在给山羊饲喂不同酶水平的 TMR 饲料时发现，2 g/kg 酶水平的 TMR 饲料瘤胃氨态氮的平均值最低，说明饲料转化率最好。同时可以看出，在 2 g/kg 酶水平下，TMR 饲料能提高糖类消化率和促进山羊的生长发育。蒋涛等（2008）研究表明，采用 TMR 和传统先粗后精两种饲喂模式饲喂延边半细毛羊，9 h 时，TMR 组氨态氮浓度显著低于传统组（$P<0.05$），瘤胃 pH 趋于稳定，在 0 h 、9 h 时，TMR 组原虫数目显著高于传统组（$P<0.05$），说明与传统组相比，TMR 组氮的流通速率增加，表明饲料的利用率有所提高。

三、全混合日粮颗粒饲料

颗粒饲料主要包括硬颗粒饲料、膨化颗粒饲料、压块饲料、疏松颗粒饲料、微颗粒饲料。由于反刍动物的复胃特性，与一般畜禽不同，反刍动物的瘤胃具有强大的功能，因此，通常采食硬颗粒饲料；而鸡、猪等畜禽多采食膨化颗粒饲料。饲料经过膨化之后可以增加淀粉、蛋白质的营养价值，杀除有害菌类，提高产品的安全性。疏松颗粒、微颗粒一般应用于鱼虾等水产养殖。全价颗粒饲料属于硬颗粒饲料，是根据动物对营养物质的需求，将粗饲料、精料、微量元素及添加剂等按比例添加并均匀混合，加工成营养均衡的 TMR 颗粒饲料。

（一）全混合日粮颗粒饲料的优点

目前，我国反刍动物主要采用 TMR 饲喂模式。使用 TMR 颗粒饲料饲喂动物，可以显著提高动物的日增重和饲料转化率。这是由于制粒过程中蒸汽膨化，淀粉糊化，提高了饲料的消化率，同时也提高了适口性。并且，在高温制粒过程中能够灭菌、消毒，育肥羊采食颗粒饲料后不会出现消化紊乱等不良症状。

TMR 颗粒饲料有很多优点：①TMR 颗粒饲料能够满足反刍动物在不同生长发育阶段对营养物质的需求，有效调节日粮，进而控制生产。②TMR 颗粒饲料能够适用于规模化生产，可以很大程度上提高生产效益和工作效率。③TMR 颗粒饲料能够提高日粮的适口性，这可能与制粒过程中淀粉原料（谷物）的糊化产生芳香气味有关。这样可以有效避免动物的挑食行为，减少饲料资源的浪费，也可以提高反刍动物采食量，使反刍动物从低能量日粮中获得更多自身所需的营养物质，降低养殖户的饲养成本。④TMR 颗粒饲料可以维持瘤胃内环境的稳定，防止消化系统紊乱。TMR 颗粒饲料精粗比适宜，营养更均衡，反刍动物采食后，瘤胃内碳水化合物的吸收与蛋白质分解协调同步，还可以防止动物因采食精料过多使瘤胃 pH 骤然下降而引发的动物酸中毒。除此之外，TMR 颗粒饲料能够促进瘤胃发酵，使动物机体消化、吸收及代谢有条不紊地进行，有利于提高饲料的利用率，减少了酮血症、乳热病、酸中毒和食欲不良等疾病发生的可能性。

（二）颗粒饲料的加工方法

反刍动物颗粒饲料的加工方法与其他畜禽颗粒饲料的加工方法大体相同。但是，在反刍动物颗粒饲料加工时，其原料一般有谷物类精料和秸秆类、羊草、苜蓿等粗饲料，在制粒前需将粗饲料粉碎成草粉。而单胃动物颗粒饲料则以全混合精料为主，颗粒饲料中不含草粉。草粉粉碎加工速度慢、容重小、流动性差，因此，反刍动物 TMR 颗粒饲料制粒速度远低于不含草粉的单胃动物颗粒饲料，生产效率相对较低，在制粒环节配置制粒缓冲仓有利于提高生产效率。缓冲仓内设振动棒以防拱阻，增加流动性。配料输送时，由于草粉容积大、流动性差、输送慢，因此，输送和提升常采用大口径螺旋提升机或皮带输送机。

（三）颗粒饲料加工工艺

反刍动物颗粒饲料的加工工艺一般分为粉碎、配料、混合、制粒、冷却、分级、成品包装。首先将所有原料逐一粉碎存放在各自的料仓，添加剂料仓中的添加剂在使用前要进行稀释，按照不同动物不同生长阶段营养需要量将已经粉碎的原料分批投入混合机中进行充分搅拌。混合均匀度达到要求意味着颗粒饲料的配料过程完成。由于不同动物不同生长阶段营养需要量不同，因此混合时间也有所差别。

1. 配料混合

配料工艺是生产颗粒饲料重要的环节之一，根据动物的不同生长阶段对营养物质需求的不同，需要配制不同的饲料配方，以满足动物的营养需要。将所需精料按照饲料配方要求逐一加入混合机，先将精料均匀混合形成全混合精料，再将粉碎好的纤维状草粉按照规定的精粗比加入混合机中。在混合前加水，以保证饲料中的含水量在正常范围内，反刍动物颗粒饲料的含水量通常在 10%～13%。在混合时通常采用卧式双螺旋混合机进行充分混合，时间为 3 min，使之达到混合要求。

2. 制粒工艺

制粒工艺决定着颗粒饲料的质量，是颗粒饲料加工中最重要的部分。制粒工艺包括调质、制粒、筛分，其中调质是影响颗粒饲料质量的关键环节。

3. 调质与制粒

所谓调质就是将已经配好的粉状原料调和成含有一定水分和湿度的粉状原料，方便后面的制粒过程。目前，我国饲料调质一般采用加入蒸汽来完成，制粒过程包括环模制粒和平模制粒。

4. 冷却、筛分、成品包装

制粒后的颗粒饲料要经过冷却器冷却，通过分级筛将不符合要求或不达标准的颗粒筛分出来，重新制粒或进行破碎，最后形成满足需要的颗粒度均匀的颗粒饲料，然后将筛分好的成品进行包装。

（四）全混合日粮颗粒饲料在反刍动物中的应用

1. 全混合日粮颗粒饲料对反刍动物生产性能的影响

反刍动物颗粒饲料在生产时密度增加，体积减小，制粒过程使饲料原料中淀粉糊化散发出芳香性气味，适口性提高的同时动物的采食量也相应增加。刘圈炜等（2015）研究发现，饲喂苜蓿草粉 TMR 颗粒饲料可显著提高海南育肥黑山羊的日增重和采食量（$P<0.05$）。李亚奎等（2011）分别将 TMR 颗粒饲料、TMR 和传统的先粗后精三种模式的饲料饲喂羔羊，发现 TMR 颗粒饲料组可显著提高羔羊的日增重（$P<0.05$），说明 TMR 颗粒饲料能更好地促进羔羊生长。成文革等（2017）研究表明，羊草通过颗粒加工可以改善适口性，显著提高了羊的日采食量、日增重和饲料中干物质、中性洗涤纤维、酸性洗涤纤维的利用率（$P<0.05$），使饲料转化率提高。与粉料相比，颗粒饲料适口性更好，但羔羊瘤胃发育还未完全，不宜采食过多，否则易导致消化不良，影响机体生长，造成饲料资源浪费。大多数研究认为，全价颗粒饲料相比于常规的粉料不仅可以提高羊的生产性能，还能够有效地改善饲料的适口性。可能的原因是，采食颗粒饲料增加其在动物胃肠道内的流通速率，进而提高了采食量。

2. 全混合日粮颗粒饲料对羔羊瘤胃发育的影响

良好的瘤胃发育可以决定羔羊是否健康的生长。王婕姝（2014）研究表明，饲喂秸秆颗粒饲料的羔羊瘤胃所占复胃的比例低于饲喂铡短秸秆饲料的羔羊，但差异不显著（$P>0.05$）。从瘤胃黏膜发育上看，秸秆颗粒组与铡短秸秆组对黏膜乳头长度、宽度和厚度无不良影响。当羔羊采食秸秆 TMR 颗粒饲料时，可以改善瘤胃壁对营养物质的吸收，使瘤胃壁得到充足的营养，显著增加了瘤胃壁的厚度。因此，颗粒饲料对于羊来说非常重要，尤其是羔羊阶段。大多数研究认为，全价颗粒饲料可以促进瘤胃的发育，可能是因为饲料在加工的过程中，经过高温杀菌，减少了饲料中病原菌在采食后对瘤胃的伤害，保证了瘤胃的健康和正常发育。

3. 全混合日粮颗粒饲料对反刍动物瘤胃发酵的影响

全价颗粒饲料饲喂羊有利于其维持瘤胃内环境的相对稳定，促进瘤胃发酵，有利于对饲料中营养物质的消化吸收及代谢。郑琛等（2012）研究表明，饲喂颗粒饲料可以提高绵羊胃肠道食糜的流通速率，进而影响各种酸的比值，饲喂高精料颗粒饲料的绵羊瘤胃液中丙酸与其他酸的物质的量比显著高于对照组，而乙酸含量和乙酸/丙酸低于对照组（$P<0.05$）。张昌吉等（2008）研究表明，用玉米秸秆、小麦秸秆分别与苜蓿制成精粗比为 1∶1 和 5.3∶4.7 的全价颗粒饲料，两种颗粒饲料对绵羊瘤胃液 pH、总氮、氨态氮、尿素氮、非蛋白氮均无显著性影响（$P>0.05$），且两种颗粒饲料饲喂效果均好于对照组。Barrios 等（2003）研究表明，复合蛋白颗粒料替代豆粕，随着蛋白质水平的不断增加，绵羊的瘤胃液 pH 无显著影响（$P>0.05$），但在绵羊采食后 0～8 h，试验组 pH 变化相比于对照组趋于平稳。试验中瘤胃液 pH 变化为 6.78～7.26，均在正常生理范围内，使绵羊瘤胃环境趋于稳定。

4. 全混合日粮颗粒饲料对反刍动物表观消化率的影响

颗粒饲料通过制粒改善了饲料中某些营养成分的理化性质，促进了动物机体对于饲料的利用。王文奇等（2014）研究表明，母羊饲喂不同精粗比全价颗粒饲料可显著提高干物质、有机物和中性洗涤纤维的表观消化率（$P<0.05$），干物质和有机物表观消化率与精粗比成正比，当精粗比为 55∶45 时，中性洗涤纤维的表观消化率最高。蒋再慧（2017）研究表明，饲喂不同比例玉米秸秆全价颗粒饲料对育肥绵羊的消化代谢具有显著性影响，玉米秸秆添加比例为 42% 和 32% 的全价颗粒饲料饲喂效果较好。在饲养条件、营养水平相同的条件下，提高饲料中营养物质的表观消化率的方法就是对肥育羔羊进行适当的限饲。王鹏等（2011）分别给羔羊饲喂三个不同营养水平的颗粒饲料，即自由采食、60%自由采食和40%自由采食，结果表明自由采食组的羊日增重显著高于其他两组（$P<0.05$），但 60%自由采食组的粗蛋白、中性洗涤纤维、酸性洗涤纤维等营养物质的表观消化率略高于其他两组。

5. 全混合日粮颗粒饲料对反刍动物血液生化指标的影响

饲喂苜蓿草粉、玉米、豆粕、麸皮全价颗粒饲料可提高育肥黑山羊血清总蛋白、真蛋白、球蛋白和葡萄糖水平，降低尿素氮含量。同时，还可使碱性磷酸酶、丙氨酸氨基转移酶和天冬氨酸转氨酶活性有所提高。杨中民（2016）研究表明，给羊饲喂菌糠后，试验中期对照组羊的血清总蛋白浓度高于菌糠组，差异显著（$P<0.05$）。试验前期两组白蛋白无显著性差异，但是对照组略高于菌糠组，试验末期差异极显著（$P<0.01$）。与对照组相比，菌糠组的谷草转氨酶试验末期显著升高（$P<0.05$）。任燕锋等（2011）研究表明，复合蛋白颗粒料替代饲粮中 40%和 60%的豆粕对绵羊瘤胃发酵和血液生化指标没有显著影响，说明这种复合蛋白颗粒料作为替代豆粕等高营养价值的蛋白质饲料对绵羊无不良影响。

（五）全混合日粮颗粒饲料的应用前景

综上所述，幼龄反刍动物采食 TMR 颗粒饲料后可以提高生长性能，降低患病风险，促进瘤胃发育。成年反刍动物采食 TMR 颗粒饲料后能够提高饲料转化率和保证瘤胃环境的相对稳定。此外，TMR 颗粒饲料便于运输和贮存，能够有效防止营养物质和微量元素的损失。因此，在畜牧业生产中 TMR 颗粒饲料具有非常广阔的前景。但是，TMR 颗粒饲料在加工的过程中工艺复杂，成本高，在规模化、标准化、集约化生产过程中对技术和设备的要求严格，在对 TMR 颗粒饲料生产过程中技术和设备的开发与研制还需进行更加系统的研究。由于不同动物和不同生长阶段对营养物质的需求也大不相同，因此，TMR 颗粒饲料的利用需要有针对性和合理性。

第四节 不同饲喂模式对羊营养代谢的调控作用研究

一、不同饲喂模式对绵羊瘤胃发酵指标的影响

（一）材料与方法

1. 试验设计

采用 3×3 拉丁方阵试验设计，将体重相近、胎次相同的 6 只绵羯羊随机分为 3 组，每组 2 个重复，分别采用不同的饲喂模式：传统组为 A，采用先粗后精饲喂（间隔 30 min），TMR 组为 B，采用全混合日粮饲喂，TMR 颗粒组为 C，采用TMR 颗粒饲料饲喂。具体试验设计见表 3-14。

表 3-14 试验设计

试验期	编号		
	1 号、2 号	3 号、4 号	5 号、6 号
第一期	A（传统组）	B（TMR 组）	C（TMR 颗粒组）
第二期	B（TMR 组）	C（TMR 颗粒组）	A（传统组）
第三期	C（TMR 颗粒组）	A（传统组）	B（TMR 组）

本试验共分为三期，期与期之间不同组羊轮换饲喂，保证三个试验期内每只羊都采食到每一种试验日粮，每期预试期 10 d，正试期 7 d，全期共 51 d。

2. 试验日粮及营养水平

试验日粮由羊草和混合精料组成，以传统模式、TMR 模式和 TMR 颗粒饲料模式饲喂。传统组按上述日粮精粗分离常规饲喂。TMR 组利用 TMR 搅拌机将各种精粗饲料按比例充分混合、切碎并拌匀，制作 TMR，进行饲喂。TMR 颗粒饲料由黑龙江省卫星隆泰牧业有限公司加工，是长度为 2 cm、直径为 4 mm 的颗粒。日粮的配制参照中国《肉羊饲养标准》（NY/T 816—2004），日粮组成及营养水平见表 3-15。

表 3-15 日粮组成及营养水平（风干基础）

原料	含量/%
羊草	70.00
玉米蛋白粉	7.43
玉米	8.21
麦麸	3.00
豆粕	9.02
磷酸氢钙	0.94
食盐	0.40
预混料	1.00
合计	100.00
营养水平	
代谢能/（MJ/kg）	10.14
干物质/%	91.39
粗蛋白/%	14.93
粗灰分/%	8.55
中性洗涤纤维/%	48.22
酸性洗涤纤维/%	34.45
粗脂肪%	1.91
钙/%	0.51
磷/%	0.42

注：①每千克预混料含 $FeSO_4$ 16 000 mg，$CuSO_4$ 5200 mg，$ZnSO_4$ 12 000 mg，$MnSO_4 \cdot 5H_2O$ 10 000 mg，沸石粉 256 g，Na_2SeO_3 3 g，Co 120 mg，维生素 A 200 mg，维生素 D_3 100 mg，维生素 E 600 mg，KI 6 g，Mg 74 g。②代谢能根据原料组成计算所得，其余为实测值

3. 试验动物及饲养管理

选取 6 只体重相近、安装永久性瘤胃瘘管的绵羊羯羊（体重相近、胎次相同），

每只试验羊进行单笼饲养。羊舍定期消毒灭菌，每天清理羊舍，清水冲洗，保证羊舍的清洁。每日饲喂 2 次（6:00 和 18:00），限制饲喂，早晚各 0.75 kg，自由饮水。

4. 测定的指标

从正式试验第 3 天起，连续 3 天，在饲喂 0 h、3 h、6 h、9 h、12 h 时采集瘤胃液（晨饲前采取瘤胃液时计为 0 h），用 pH 酸度计直接测定并记录 pH。四层无菌纱布过滤并对滤液进行 4000 r/min 离心 15 min。取瘤胃液 1 mL 用于测定 NH3-N 浓度，另取 5 mL 瘤胃液用于测定 VFA，测定时加 1 mL 25%的偏磷酸均匀混合后进行测定。保留 20 mL 瘤胃液测定菌体蛋白，将各样品放于–20℃冰箱内保存待测。

（二）结果

1. 不同饲喂模式对绵羊瘤胃 pH 的影响

不同饲喂模式对绵羊瘤胃 pH 的影响见表 3-16。由表 3-16 可知，各处理组瘤胃 pH 变化分别是 6.25～6.75、6.30～6.74、6.33～6.78；绵羊瘤胃 pH 的平均值分别是 6.50、6.52、6.61。各处理组之间，瘤胃 pH 变化规律相似，均呈先降低后逐渐升高的趋势。不同饲喂模式对绵羊瘤胃 pH 平均值无显著影响（$P>0.05$），TMR 颗粒组的 pH 平均值高于传统组和 TMR 组，但差异不显著（$P>0.05$）。在 0～3 h 时，TMR 颗粒组相比于其他两组无显著变化。在 6 h 时，TMR 颗粒组的 pH 显著高于其他两组（$P<0.05$），传统组与 TMR 组之间差异不显著（$P>0.05$）。9 h 时，TMR 颗粒组的 pH 显著高于其他两组（$P<0.05$），TMR 组与传统组差异不显著（$P>0.05$），在 12 h 时，各处理组间 pH 差异不显著（$P>0.05$）。

表 3-16　不同饲喂模式对绵羊瘤胃 pH 的影响

时间点	传统组	TMR 组	TMR 颗粒组	P
0 h	6.75 ± 0.05	6.74 ± 0.03	6.78 ± 0.02	0.398
3 h	6.33 ± 0.09	6.30 ± 0.03	6.33 ± 0.07	0.813
6 h	6.25 ± 0.05^{b}	6.30 ± 0.06^{b}	6.48 ± 0.06^{a}	0.002
9 h	6.45 ± 0.14^{b}	6.55 ± 0.03^{b}	6.67 ± 0.10^{a}	0.009
12 h	6.70 ± 0.06	6.69 ± 0.07	6.78 ± 0.02	0.111
平均值	6.50 ± 0.22	6.52 ± 0.21	6.61 ± 0.20	0.675

注：同行数据上角标字母不同表示差异显著（$P<0.05$），字母相同或未标字母表示差异不显著（$P>0.05$）

2. 不同饲喂模式对绵羊瘤胃 NH3-N 浓度的影响

不同饲喂模式对绵羊瘤胃 NH3-N 浓度的影响见表 3-17。由表 3-17 可知，各

处理组瘤胃 NH_3-N 浓度变化分别是 12.83～22.38 mg/100 mL、13.04～22.27 mg/100 mL、12.72～22.58 mg/100 mL；NH_3-N 的平均浓度为 17.60 mg/100 mL、17.77 mg/100 mL、17.86 mg/100 mL；不同饲喂模式对绵羊瘤胃 NH_3-N 平均值无显著影响（$P>0.05$），不同饲喂模式对绵羊瘤胃 NH_3-N 值没有显著影响，各处理组间无显著性差异（$P>0.05$）。3 个处理组的 NH_3-N 浓度在采食后 12 h 内的趋势相似，均呈先升高后降低的趋势。

表 3-17　不同饲喂模式对绵羊瘤胃 NH_3-N 浓度的影响（单位：mg/100 mL）

时间点	传统组	TMR 组	TMR 颗粒组	P
0 h	12.83±0.44	13.04±0.47	12.72±0.41	0.458
3 h	16.28±0.38	16.50±0.46	16.66±0.36	0.287
6 h	20.52±0.41	20.81±0.51	20.71±0.31	0.496
9 h	22.38±0.37	22.27±0.50	22.58±0.34	0.435
12 h	16.00±0.33	16.24±0.69	16.63±0.48	0.138
平均值	17.60±1.71	17.77±1.67	17.86±1.73	0.994

注：同行数据上角标字母不同表示差异显著（$P<0.05$），字母相同或未标字母表示差异不显著（$P>0.05$）

3. 不同饲喂模式对绵羊瘤胃挥发性脂肪酸浓度的影响

不同饲喂模式对绵羊瘤胃乙酸浓度的影响见表 3-18。由表 3-18 可知，各处理组乙酸浓度变化分别是 60.21～66.21 mmol/L、60.33～65.21 mmol/L、58.68～64.23 mmol/L；乙酸的平均浓度分别为 62.60 mmol/L、62.55 mmol/L、61.32 mmol/L。不同饲喂模式对绵羊瘤胃乙酸平均浓度无显著影响（$P>0.05$）。在 0～3 h 时，组间差异不显著（$P>0.05$）。在 6 h 时，TMR 颗粒组乙酸浓度显著低于传统组和 TMR 组（$P<0.05$），传统组和 TMR 组组间差异不显著（$P>0.05$）。在 9 h 时，各处理组之间差异不显著（$P>0.05$）。在 12 h 时，TMR 颗粒组乙酸浓度显著低于传统组和 TMR 组，传统组和 TMR 组组间差异不显著（$P>0.05$）。

表 3-18　不同饲喂模式对绵羊瘤胃乙酸浓度的影响（单位：mmol/L）

时间点	传统组	TMR 组	TMR 颗粒组	P
0 h	61.31±1.49	61.84±0.71	61.48±0.49	0.656
3 h	60.21±0.48	60.33±0.69	59.69±0.31	0.113
6 h	62.26±1.31[a]	62.13±0.66[a]	58.68±0.56[b]	0.001
9 h	63.00±0.58	63.22±0.70	62.52±0.21	0.111
12 h	66.21±1.07[a]	65.21±0.69[a]	64.23±0.48[b]	0.001
平均值	62.60±1.02	62.55±0.81	61.32±0.99	0.571

注：同行数据上角标字母不同表示差异显著（$P<0.05$），字母相同或未标字母表示差异不显著（$P>0.05$）

不同饲喂模式对绵羊瘤胃丙酸浓度的影响见表 3-19。由表 3-19 可知，各处理组丙酸浓度变化分别是 14.88～15.61 mmol/L、14.82～16.06 mmol/L、14.74～16.05 mmol/L；丙酸的平均浓度分别为 15.34 mmol/L、15.49 mmol/L、15.42 mmol/L；不同饲喂模式对绵羊瘤胃丙酸平均浓度无显著影响（$P>0.05$）。在 0～9 h 时各处理组间差异不显著（$P>0.05$），在 12 h 时，TMR 颗粒组丙酸浓度低于传统组（$P>0.05$）和 TMR 组（$P<0.05$）。

表 3-19 不同饲喂模式对绵羊瘤胃丙酸浓度的影响（单位：mmol/L）

时间点	传统组	TMR 组	TMR 颗粒组	P
0 h	15.61±1.16	14.82±0.80	15.89±0.70	0.141
3 h	14.88±0.65	15.32±1.08	16.05±1.16	0.149
6 h	15.40±0.43	15.38±0.46	15.34±0.44	0.974
9 h	15.61±0.93	16.06±0.89	15.09±0.61	0.156
12 h	15.21±0.97[ab]	15.85±0.55[a]	14.74±0.87[b]	0.008
平均值	15.34±0.31	15.49±0.49	15.42±0.43	0.884

注：同行数据上角标字母不同表示差异显著（$P<0.05$），字母相同或未标字母表示差异不显著（$P>0.05$）

不同饲喂模式对绵羊瘤胃丁酸浓度的影响见表 3-20。各处理组丁酸浓度变化分别是 8.42～10.45 mmol/L、8.42～10.78 mmol/L、8.20～9.81 mmol/L；各处理组日粮的瘤胃丁酸的平均浓度分别为 9.16 mmol/L、9.23 mmol/L、9.04 mmol/L；不同饲喂模式对绵羊瘤胃丁酸平均浓度无显著影响（$P>0.05$）。在 0～3 h 时丁酸浓度各处理组间差异不显著（$P>0.05$），在 6 h 时，TMR 颗粒组丁酸浓度显著低于传统组和 TMR 组（$P<0.05$），传统组与 TMR 组无显著差异（$P>0.05$）。在 9 h 时，TMR 颗粒组和传统组的丁酸浓度显著低于 TMR 组（$P<0.05$），传统组和 TMR 颗粒组无显著差异（$P>0.05$）。

表 3-20 不同饲喂模式对绵羊瘤胃丁酸浓度的影响（单位：mmol/L）

时间点	传统组	TMR 组	TMR 颗粒组	P
0 h	8.86±0.59	8.53±0.62	9.81±3.32	0.525
3 h	8.42±0.74	8.71±0.76	8.28±0.85	0.626
6 h	10.45±0.43[a]	10.78±0.46[a]	9.59±0.77[b]	0.002
9 h	9.42±0.22[b]	9.73±0.21[a]	9.30±0.64[b]	0.003
12 h	8.66±0.72	8.42±0.95	8.20±0.76	0.606
平均值	9.16±0.81	9.23±1.01	9.04±0.75	0.935

注：同行数据上角标字母不同表示差异显著（$P<0.05$），字母相同或未标字母表示差异不显著（$P>0.05$）

不同饲喂模式对绵羊瘤胃乙酸/丙酸的影响见表 3-21。各处理组乙酸/丙酸变化分别是 3.95～4.37、3.94～4.18、3.74～4.36；不同饲喂模式下绵羊瘤胃中乙酸/

丙酸平均值分别为 4.09、4.05、3.99；不同饲喂模式对绵羊瘤胃乙酸/丙酸平均值无显著影响（$P>0.05$）。在 0～3 h 时，各处理组之间差异不显著（$P>0.05$），在 6 h 时，TMR 颗粒组的乙酸/丙酸显著低于传统组和 TMR 组（$P<0.05$），传统组和 TMR 组无显著差异（$P>0.05$）。

表 3-21　不同饲喂模式对绵羊瘤胃乙酸/丙酸的影响

时间点	传统组	TMR 组	TMR 颗粒组	P
0 h	3.95 ± 0.35	4.18 ± 0.23	3.88 ± 0.19	0.147
3 h	4.05 ± 0.17	3.96 ± 0.30	3.74 ± 0.31	0.151
6 h	4.05 ± 0.11^a	4.03 ± 0.12^a	3.82 ± 0.14^b	0.011
9 h	4.04 ± 0.25	3.94 ± 0.25	4.15 ± 0.17	0.322
12 h	4.37 ± 0.27	4.15 ± 0.15	4.36 ± 0.22	0.188
平均值	4.09 ± 0.16	4.05 ± 0.11	3.99 ± 0.26	0.692

注：同行数据上角标字母不同表示差异显著（$P<0.05$），字母相同或未标字母表示差异不显著（$P>0.05$）

4. 不同饲喂模式对绵羊瘤胃菌体蛋白含量的影响

不同饲喂模式对绵羊瘤胃菌体蛋白含量的影响见表 3-22。由表 3-22 可知，各处理组菌体蛋白含量变化分别是 41.27～61.85 mg/100 mL、40.78～60.92 mg/100 mL、41.26～60.73 mg/100 mL；菌体蛋白的平均值分别为 54.16 mg/100 mL、53.85 mg/100 mL、53.93 mg/100 mL；不同饲喂模式对绵羊瘤胃菌体蛋白平均值无显著影响（$P>0.05$），在 0～9 h 时，各处理组之间菌体蛋白含量差异不显著（$P>0.05$）。在 12 h 时，TMR 颗粒组菌体蛋白浓度显著低于传统组（$P<0.05$），传统组和 TMR 组、TMR 组和 TMR 颗粒组差异均不显著（$P>0.05$）。

表 3-22　不同饲喂模式对绵羊瘤胃菌体蛋白含量的影响（单位：mg/100 mL）

时间点	传统组	TMR 组	TMR 颗粒组	P
0 h	41.27 ± 0.62	40.78 ± 0.56	41.26 ± 0.64	0.340
3 h	58.68 ± 1.68	59.82 ± 1.22	60.09 ± 1.47	0.242
6 h	53.29 ± 1.15	52.55 ± 0.70	52.53 ± 0.94	0.314
9 h	55.72 ± 0.78	55.19 ± 0.85	55.04 ± 1.17	0.457
12 h	61.85 ± 1.04^a	60.92 ± 0.92^{ab}	60.73 ± 0.53^b	0.035
平均值	54.16 ± 1.88	53.85 ± 1.06	53.93 ± 1.87	0.998

注：同行数据上角标字母不同表示差异显著（$P<0.05$），字母相同或未标字母表示差异不显著（$P>0.05$）

（三）讨论

瘤胃 pH 是反映瘤胃发酵水平的重要指标，受瘤胃中碳水化合物和日粮中有机物发酵程度、瘤胃内 VFA 含量等内在因素的影响。张勇等（2016）研究表明，湖羊饲喂油菜秆颗粒料相比于对照组瘤胃 pH 有升高的趋势。本试验中 TMR 颗粒组瘤胃 pH 在 6 h、9 h 时，TMR 颗粒组显著高于其他两组，但在其他时间无显著差异（$P>0.05$）。饲料理化性质和采食时间决定了瘤胃内 pH 的变动。因为 TMR 颗粒饲料经过特殊工艺加工，所以动物采食颗粒饲料时食糜的流通率会显著增加，导致瘤胃 pH 的增加。采食 TMR 颗粒饲料后，经过 12 h 的消化，TMR 颗粒组的 pH 相比于前两组波动更小。相对于传统饲喂和 TMR 饲喂，TMR 颗粒饲料更能维持瘤胃液 pH 的相对稳定。

反刍动物瘤胃中碳水化合物降解后生成 VFA，VFA 的重要作用是供能。其中丙酸在生成糖的同时，其浓度体现动物机体对能量的利用度，丙酸的糖异生产生反刍动物机体代谢所需要的葡萄糖，占机体所需葡萄糖的很大部分。本试验中所有绵羊的瘤胃 VFA 都在正常范围内。在饲喂 6 h 时，TMR 颗粒组乙酸、丁酸浓度和乙酸/丙酸显著低于 TMR 组和传统组（$P<0.05$），在饲喂 9 h 时，TMR 颗粒组和传统组丁酸浓度显著低于 TMR 组（$P<0.05$），在饲喂 12 h 时，TMR 颗粒组乙酸显著低于 TMR 组和传统组（$P<0.05$）。瘤胃中丙酸含量的增加有助于葡萄糖的产生。

瘤胃内菌体蛋白的浓度直接受 $NH_3\text{-}N$ 浓度的影响，代表瘤胃内细菌的数量。本试验中，瘤胃内 $NH_3\text{-}N$ 浓度各处理组之间差异不显著，菌体蛋白浓度在 0 h、3 h、6 h、9 h 时各处理组之间无显著差异（$P>0.05$），但在 12 h 时，传统组菌体蛋白含量显著高于 TMR 颗粒组（$P<0.05$）。不同饲喂模式对绵羊瘤胃菌体蛋白平均值无显著影响（$P>0.05$），可能的原因是采食颗粒饲料后瘤胃食糜流通速率增加，导致菌体蛋白含量有降低的趋势。全价颗粒饲料中的可降解蛋白质和碳水化合物在瘤胃内正常进行发酵、消化、吸收和代谢，促进了瘤胃内环境的稳定。

瘤胃中的 $NH_3\text{-}N$ 来源于蛋白质降解和非蛋白氮（NPN）化合物，以及唾液中尿素氮中的氮。瘤胃 $NH_3\text{-}N$ 的增加与蛋白质的消耗有关。瘤胃内 $NH_3\text{-}N$ 浓度影响瘤胃内纤毛虫群体的数量，纤毛虫数量和活力与其浓度成正比。本试验中，瘤胃内 $NH_3\text{-}N$ 浓度各处理组之间差异不显著，原因可能是各组饲料原料相同，精粗比一致，蛋白质含量相近，因此，瘤胃内菌体蛋白含量接近，微生物对 $NH_3\text{-}N$ 的利用率接近，瘤胃 $NH_3\text{-}N$ 浓度无显著差异。

（四）结论

6 h、9 h 时，TMR 颗粒组的 pH 显著高于其他两组（$P<0.05$）。6 h 时，TMR 颗粒组乙酸浓度显著低于传统组和 TMR 组（$P<0.05$），TMR 颗粒组与传统组和 TMR 组相比，6 h 时，丁酸浓度 TMR 颗粒组最低。9 h 时，TMR 颗粒组和传统组的丁酸浓度显著低于 TMR 组（$P<0.05$），12 h 时，TMR 颗粒组乙酸含量显著低于传统组和 TMR 组（$P<0.05$）。

二、不同饲喂模式对绵羊瘤胃营养物质降解率的影响

（一）材料与方法

1. 试验设计、日粮及动物饲养管理

同第三章第四节不同饲喂模式对绵羊瘤胃发酵指标的影响。

2. 测定的指标

传统饲喂模式的日粮按照饲喂顺序先投放羊草后再投放精料（间隔 30 min），TMR 饲喂的日粮将羊草与精料按照饲料配方比例均匀混合后再投放，TMR 颗粒饲料粉碎后直接投放。准确称取 4.0 g 样品，装入面积为 6 cm×10 cm，孔径为 40 μm 的尼龙袋内，拴系于瘘管口并加以固定；在晨饲前将尼龙袋放入绵羊瘤胃腹囊中。分别在投放后 3 h、6 h、12 h、24 h 及 48 h 取出尼龙袋（0 h 时间点的尼龙袋直接用 39℃的温水冲洗，然后在 65℃恒温箱中烘干作为空白对照）。将每个时间点取出的尼龙袋 39℃温水冲洗，冲洗时间约为 5 min。将洗净的尼龙袋放入 65℃恒温箱中烘干至恒重。测定饲料和残渣中的 DM、NDF 和 ADF 含量，并计算降解率。

（二）结果

不同饲喂模式对绵羊瘤胃干物质降解率的影响见表 3-23。由表 3-23 可知，在 24 h 时，TMR 颗粒组与 TMR 组干物质降解率显著高于传统组（$P<0.05$），但 TMR 颗粒组与 TMR 组干物质降解率差异不显著（$P>0.05$）。在 3 h、6 h、12 h、48 h 时，TMR 颗粒组相比于传统组和 TMR 组干物质瘤胃降解率较高，但差异不显著（$P>0.05$），并且干物质瘤胃降解率随着时间的增加而增加。不同饲喂模式对绵羊干物质瘤胃降解参数无显著影响（$P>0.05$），TMR 颗粒组相比于传统组与 TMR 组瘤胃中可降解部分较高，瘤胃中有效降解率 TMR 颗粒组高于传统组和 TMR 组，但差异不显著（$P>0.05$）。快速降解部分和慢速降解部分，各处理组之间差异不显著（$P>0.05$）。

表 3-23 不同时间点干物质瘤胃降解率（%）

时间点	传统组	TMR 组	TMR 颗粒组	P
干物质瘤胃降解率				
3 h	29.22±0.43	29.23±1.27	29.61±0.92	0.725
6 h	40.37±1.80	40.82±1.31	41.28±1.13	0.559
12 h	50.15±0.71	50.66±1.08	50.81±0.56	0.357
24 h	58.05±0.56[b]	59.02±0.69[a]	59.51±1.40[a]	0.019
48 h	63.86±0.58	63.87±0.68	63.96±0.61	0.981

续表

时间点	传统组	TMR 组	TMR 颗粒组	P
干物质瘤胃降解参数				
a	17.94±1.07	16.92±2.50	17.20±2.05	0.661
b	45.32±1.00	46.47±1.90	46.30±2.48	0.536
c	0.10±0.08	0.11±0.10	0.18±0.08	0.284
a+b	63.26±0.63	63.39±0.65	63.51±0.78	0.824
ED	48.13±0.71	48.90±0.68	49.14±1.06	0.124

注：①a 为快速降解部分；b 为慢速降解部分；a+b 为可降解部分；c 为 b 的降解速率；ED 为有效降解率。
②同行数据上角标字母不同表示差异显著（P<0.05），字母相同或未标字母表示差异不显著（P>0.05）

不同饲喂模式对绵羊瘤胃 NDF 降解率的影响见表 3-24。由表 3-24 可知，在 48 h 时，TMR 颗粒组 NDF 降解率显著高于传统组与 TMR 组（P<0.05），传统组和 TMR 组 NDF 降解率差异不显著（P>0.05）。在 3~24 h 时，TMR 颗粒组相比于传统组和 TMR 组 NDF 瘤胃降解率较高，但差异不显著（P>0.05），并且，NDF 瘤胃降解率随着时间的增加而增加。不同饲喂模式对绵羊 NDF 瘤胃降解参数无显著影响，从瘤胃中可降解部分、快速降解部分、慢速降解部分和有效降解率来看，TMR 颗粒组高于传统组与 TMR 组，但各处理组之间差异不显著（P>0.05）。

表 3-24　不同时间点 NDF 瘤胃降解率（%）

时间点	传统组	TMR 组	TMR 颗粒组	P
NDF 瘤胃降解率				
3 h	22.58±0.89	22.70±0.76	22.96±0.85	0.731
6 h	30.61±1.46	30.63±1.67	30.91±1.69	0.935
12 h	38.38±1.28	38.97±1.64	39.07±0.61	0.681
24 h	57.90±1.15	57.97±0.82	58.24±1.14	0.837
48 h	69.96±1.63[b]	70.14±0.54[b]	71.41±0.57[a]	0.015
NDF 瘤胃降解参数				
a	14.67±1.07	14.70±1.10	15.03±1.29	0.735
b	63.49±2.92	63.91±1.43	64.25±0.42	0.786
c	0.44±0.04	0.45±0.03	0.46±0.02	0.960
a+b	78.16±2.34	78.60±1.40	79.28±1.48	0.696
ED	44.99±0.81	45.59±1.13	45.79±0.39	0.254

注：①a 为快速降解部分；b 为慢速降解部分；a+b 为可降解部分；c 为 b 的降解速率；ED 为有效降解率。
②同行数据上角标字母不同表示差异显著（P<0.05），字母相同或未标字母表示差异不显著（P>0.05）

不同饲喂模式对绵羊瘤胃 ADF 降解率的影响见表 3-25。在 12 h 时，TMR 颗粒组 ADF 降解率显著高于传统组（P<0.05），TMR 组与 TMR 颗粒组 ADF 降解率差异不显著（P>0.05）。在 3 h、6 h、24 h、48 h 时，TMR 颗粒组相比于传统组和

TMR 组 ADF 瘤胃降解率较高，但差异不显著（$P>0.05$），并且，ADF 瘤胃降解率随着时间的增加而增加。不同饲喂模式对绵羊 ADF 瘤胃降解参数无显著影响（$P>0.05$），ADF 的有效降解率 TMR 颗粒组高于传统组与 TMR 组，但差异不显著（$P>0.05$）。快速降解部分、慢速降解部分和可降解部分，各处理组之间差异不显著（$P>0.05$）。

表 3-25 不同时间点 ADF 瘤胃降解率（%）

时间点	传统组	TMR 组	TMR 颗粒组	P
ADF 瘤胃降解率				
3 h	17.09±1.45	17.49±1.38	17.64±1.13	0.763
6 h	27.51±0.60	28.23±1.19	28.58±1.54	0.302
12 h	41.45±0.69[b]	42.32±0.85[ab]	42.76±1.12[a]	0.024
24 h	52.53±2.11	52.58±1.17	52.90±1.04	0.078
48 h	68.01±1.01	68.66±1.14	68.68±0.72	0.753
ADF 瘤胃降解参数				
a	8.58±2.02	9.44±2.37	9.54±1.92	0.691
b	62.86±1.39	62.23±1.90	62.56±1.51	0.773
c	0.53±0.06	0.55±0.09	0.56±0.05	0.943
$a+b$	71.44±1.90	72.67±2.48	72.10±1.44	0.572
ED	45.17±1.23	45.55±1.86	45.64±0.38	0.809

注：①a 为快速降解部分；b 为慢速降解部分；$a+b$ 为可降解部分；c 为 b 的降解速率；ED 为有效降解率。②同行数据上角标字母不同表示差异显著（$P<0.05$），字母相同或未标字母表示差异不显著（$P>0.05$）

（三）讨论

尼龙袋法能够充分体现反刍动物的生物学特性，可以提高评定饲料营养价值可靠性。本试验中，在 24 h 时，TMR 颗粒组和 TMR 组的干物质降解率显著高于传统组（$P<0.05$），但在其他时间点各个处理组之间差异不显著（$P>0.05$）。丁健等（2003）研究表明，将牧草颗粒化处理后 NDF 降解率和干物质降解率显著高于对照组（$P<0.05$）。与本试验结果相一致。原因可能是颗粒饲料经过特殊的加工，使其接触面积增加，能够更好地被绵羊消化吸收，颗粒饲料在制粒过程中淀粉糊化，瘤胃中原虫吞噬淀粉颗粒，提高瘤胃对纤维素和干物质的消化。

中性洗涤纤维和酸性洗涤纤维能体现日粮纤维水平，日粮中含有一定量的 NDF 和 ADF 能够保证反刍动物正常反刍和瘤胃内环境的稳定。有研究表明，粒径的减小（牧草的切碎、碾磨和沉淀）可以增加牧草的相对表面积以增强微生物定植的同时，也增加细胞壁降解酶的有效性，促进 NDF 和 ADF 的消化。本研究中，48 h 时，TMR 颗粒组 NDF 降解率显著高于传统组与 TMR 组（$P<0.05$），在 12 h 时，TMR 颗粒组 ADF 降解率高于传统组。胡雅洁等（2007）研究表明，首

蓿干草不同处理方式对养分的降解率无显著影响（$P>0.05$），但随消化时间增加而升高。从 DM、CP、NDF、ADF 在瘤胃内的降解率来看，粉碎苜蓿干草组和颗粒处理苜蓿干草组比整株组有明显提高。

本研究中，不同饲喂模式对绵羊瘤胃 DM 和 NDF、ADF 的快速降解部分、慢速降解部分、可降解部分及有效降解率均无显著影响（$P>0.05$）。有研究表明，快速降解部分随着饲料中 CP 含量增加而增加，慢速降解部分随着饲料中纤维含量和纤维消化增加而减少。因此，随着饲料中精料比例升高，快速降解部分会逐渐增加，慢速降解部分会逐渐降低。因为本研究中只是饲料加工方式不同（饲喂模式），但是精粗比一致，所以快速降解部分和慢速降解部分之间差异不显著，符合快速降解和慢速降解变化规律。

（四）结论

24 h 时，TMR 颗粒组与 TMR 组干物质降解率显著高于传统组（$P<0.05$）。48 h 时，TMR 颗粒组 NDF 降解率显著高于传统组与 TMR 组（$P<0.05$）。12 h 时，TMR 颗粒组 ADF 降解率高于传统组。

三、不同饲喂模式对绵羊营养物质表观消化率的影响

（一）材料与方法

1. 试验设计、日粮及动物饲养管理

同第三章第四节不同饲喂模式对绵羊瘤胃发酵指标的影响。

2. 测定的指标

在每个时期的正式期从第 1 天开始连续 2 d，计算采食量。每天 8:00 和 20:00 采用全收粪法收集粪便称重。每次取鲜粪总量的 10%，加入 10% 硫酸固氮，-20°C 冷冻保存待测。饲料样品和粪样中的干物质、有机物、粗脂肪、中性洗涤纤维、酸性洗涤纤维、粗蛋白含量参照《饲料分析及饲料质量检测技术》（杨胜，1993）测定。

养分表观消化率公式为：养分的表观消化率（%）=（采食量×饲料中该养分含量−鲜粪重×粪中该养分含量）×100/（采食量×饲料中该养分含量）。

（二）结果

不同饲喂模式对绵羊营养物质表观消化率的影响结果见表 3-26。不同饲喂模式对绵羊干物质、有机物、粗脂肪的表观消化率无显著影响（$P>0.05$），TMR 颗粒组中干物质、有机物、粗脂肪表观消化率高于传统组和 TMR 组。TMR 颗粒组

粗蛋白的表观消化率显著高于其他两组（P<0.05）。不同饲喂模式对绵羊 NDF 和 ADF 表观消化率均有显著影响（P<0.05），其中 TMR 颗粒组中 NDF 的表观消化率显著高于 TMR 组和传统组，且各处理组之间有显著性差异（P<0.05）；TMR 颗粒组与传统组的 ADF 表观消化率无显著差异（P>0.05），但均显著高于 TMR 组（P<0.05）。

表 3-26　不同饲喂模式对绵羊营养物质表观消化率的影响（%）

项目	传统组	TMR 组	TMR 颗粒组	P
干物质	65.73±0.33	63.59±1.25	67.15±1.95	0.205
有机物	63.64±0.85	62.13±1.96	63.74±1.93	0.756
粗蛋白	58.37±0.25[b]	56.34±1.47[b]	62.22±0.89[a]	0.003
粗脂肪	53.79±2.10	54.54±1.51	56.43±1.60	0.560
NDF	53.75±0.68[c]	55.57±0.47[b]	60.67±0.60[a]	0.001
ADF	36.46±1.33[a]	31.69±1.38[b]	38.33±1.77[a]	0.020

注：同行数据上角标字母不同表示差异显著（P<0.05），字母相同或未标字母表示差异不显著（P>0.05）

（三）讨论

饲料中营养物质表观消化率测定具有重要的意义，因为营养物质表观消化率代表了各营养物质在动物机体胃肠道内的消化吸收程度。本试验中，不同饲喂模式对干物质、有机物、粗脂肪的表观消化率无显著影响（P>0.05），但是 TMR 颗粒饲料组粗脂肪的表观消化率稍高于传统组和 TMR 组，原因可能是颗粒饲料经过特殊的加工，其中的脂肪能够更好地被绵羊消化和吸收。王文奇等（2014）研究表明，TMR 颗粒饲料可显著提高母羊 NDF 的表观消化率（P<0.05），精粗比为55∶45 时，NDF 的表观消化率最高。Bargo 等（2002）给奶牛饲喂 TMR，结果发现粗蛋白和 NDF 表观消化率显著低于精粗分饲组（P<0.05）。在本试验中，TMR 颗粒组中 NDF 表观消化率最高，且处理组之间差异显著。这是因为颗粒饲料制粒过程中淀粉糊化，瘤胃中的原虫可以更好地吞噬淀粉颗粒，提高瘤胃对纤维素和干物质的表观消化率，并且瘤胃 pH 稳定可以促进瘤胃发酵。不同饲喂模式对粗蛋白的表观消化率有显著影响（P<0.05），且 TMR 颗粒组粗蛋白的表观消化率显著高于其他两组（P<0.05）。这因为颗粒饲料在高温制粒过程中其纤维素被破坏、软化，致使植物性蛋白能较好地与消化酶接触，从而提高了粗蛋白的消化率。TMR 颗粒饲料及 TMR 两种饲喂模式为绵羊提供营养均衡的日粮，同时能够有效预防营养代谢紊乱，使营养物质的利用效率更高，从而提高饲料转化率。

（四）结论

TMR 颗粒组粗蛋白的表观消化率显著高于其他两组，TMR 颗粒组 NDF 表观消化率显著高于 TMR 组和传统组，TMR 颗粒组与传统组的 ADF 表观消化率显著高于 TMR 组。TMR 颗粒饲喂相比于 TMR 饲喂和传统饲喂可以促进粗蛋白、ADF、NDF 的消化，从而提高饲料的利用率。

参 考 文 献

成文革, 润航, 李子勇, 等. 2017. 粉碎或颗粒化吉生羊草对育肥羊生产性能表观消化率及屠宰性能的影响. 饲料工业, (1): 47-50.

邓先德, 李卫军, 朱进忠. 2000. 不同精料饲喂量对绵羊育肥效果的影响. 中国畜牧杂志, 36: 5-7.

丁健, 赵国琦, 孙龙生, 等. 2003. 颗粒化处理对牧草瘤胃降解率的影响研究. 粮食与饲料工业, 38(1): 32-34.

韩昊奇, 刘大程, 高民, 等. 2011. 不同 NFC/NDF 比对奶山羊瘤胃微生物及瘤胃 pH 值变化的影响. 动物营养学报, 23(4): 597-603.

贺鸣. 2005. TMR 中粗饲料不同颗粒大小对干奶牛咀嚼行为和瘤胃发酵的影响. 中国农业大学硕士学位论文.

胡红莲, 卢德勋, 刘大程, 等. 2009. 不同 NFC/NDF 比日粮对奶山羊瘤胃 pH 动态变化的影响[J]. 中国畜牧杂志, 45(3): 19-22.

胡红莲, 卢德勋, 刘大程, 等. 2010. 日粮不同 NFC/NDF 比对奶山羊瘤胃 pH、挥发性脂肪酸及乳酸含量的影响. 动物营养学报, 22(3): 595-601.

胡雅洁, 贾志海, 王润莲, 等. 2007. 不同加工方式苜蓿干草在肉羊瘤胃内的降解及对消化代谢的影响. 中国畜牧杂志, 43(17): 36-38.

华金玲, 郭亮, 王立克, 等. 2013. 不同精粗比日粮对黄淮白山羊瘤胃挥发性脂肪酸影响. 东北农业大学学报, (6): 58-62.

蒋涛, 严昌国, 刘春龙, 等. 2008. TMR 对延边半细毛羊瘤胃发酵和消化率的影响. 饲料工业, 29(1): 41-43.

蒋再慧. 2017. 肉羊玉米秸秆全混合颗粒饲料的研究. 黑龙江八一农垦大学硕士学位论文.

孔庆斌. 2006. 苜蓿干草切割长度对后备母牛咀嚼活动、养分消化率和能量平衡的影响. 中国农业大学硕士学位论文.

孔庆斌, 张晓明. 2008. 苜蓿干草切割长度对荷斯坦育成母牛采食与反刍行为和营养物质消化的影响. 中国畜牧杂志, 44(19): 47-51.

孔祥浩, 郭金双, 朱晓萍, 等. 2010. 不同 NDF 水平绵羊日粮养分表观消化率研究. 动物营养学报, 22(1): 70-74.

李亚奎, 郝荣超, 马旭平, 等. 2011. 颗粒化全混合日粮对羔羊育肥效果的研究. 黑龙江畜牧兽医, (3): 65, 66.

栗文钰, 孙龙生, 李智春, 等. 2009. TMR 日粮不同颗粒大小对奶牛采食行为的影响. 饲料工业, 30(1): 15-18.

刘清清. 2014. 日粮精粗比对绵羊消化和瘤胃消化代谢的影响. 山西农业大学硕士学位论文.

刘圈炜, 郑心力, 谭树义, 等. 2015. 不同组合全价颗粒饲料对育肥海南黑山羊生产性能的影响. 粮食与饲料工业, 12(9): 59-65.

马春萍. 2012. TMR 饲养技术在中国美利奴后备公羊饲喂中的应用. 新疆农垦科技, 35(7): 33, 34.

马冬梅, 苗树君, 刘子骞, 等. 2009. 全混合日粮中饲草长度对奶牛采食行为、瘤胃发酵和日粮消化率的影响. 中国牛业科学, 35(4): 9-13.

聂普. 2014. 粗饲料长度、来源对泌乳奶牛采食量、咀嚼活动及生产性能影响的研究. 山东农业大学硕士学位论文.

秦雯霄. 2013. 玉米青贮与花生秧配比对奶牛瘤胃消化、生产性能及氮素的利用的影响. 河南农业大学硕士学位论文.

任燕锋, 刘春龙, 刘大森, 等. 2011. 复合蛋白颗粒料替代豆粕对绵羊瘤胃发酵和血液生化指标的影响. 农业系统科学与综合研究, 27(4): 502-508.

史仁煌, 董双钊, 付瑶, 等. 2015. 饲粮中性洗涤纤维水平对泌乳高峰期奶牛生产性能、营养物质表观消化率及血清指标的影响. 动物营养学报, 27(8): 2414-2422.

孙龙生, 栗文钰, 赵国琦. 2011. TMR 物理有效中性洗涤纤维对奶牛瘤胃发酵参数的影响. 畜牧与兽医, 43(5): 36-40.

王婕姝. 2014. 秸秆颗粒型日粮对育肥羔羊生产性能和瘤胃发育的影响. 甘肃农业大学硕士学位论文.

王亮亮. 2006. 饲喂模式和 TMR 颗粒度对奶牛瘤胃发酵和生产性能的影响. 中国农业大学硕士学位论文.

王鹏, 张英杰, 刘月琴, 等. 2011. 全价颗粒料对羔羊育肥效果及营养物质消化的影响. 饲料研究, (1): 12-14.

王文奇, 侯广田, 罗永明, 等. 2014. 不同精粗比全混合颗粒饲粮对母羊营养物质表观消化率、氮代谢和能量代谢的影响. 动物营养学报, 26(11): 3316-3324.

魏德泳, 朱伟云, 毛胜勇. 2012. 日粮不同 NFC/NDF 比对山羊瘤胃发酵与瘤胃微生物区系结构的影响. 中国农业科学, 45(7): 1392-1398.

杨中民. 2016. 菌糠颗粒饲料对绵羊生长、代谢及屠宰性能的影响. 山西农业大学硕士学位论文.

俞联平, 王汝富, 高占琪, 等. 2013. 种羊生产中全混合日粮应用效果评价. 中国草食动物科学, 33(4): 31-33.

禹爱兵, 王留香, 庄涛, 等. 2012. 不同 NDF/NFC 日粮对 3~6 月龄后备犊牛生长发育及营养物质消化代谢的影响. 饲料工业, 33(24): 44-48.

曾银, 贺鸣, 曹志军, 等. 2010. 全混合日粮中粗饲料长度对奶牛咀嚼行为和瘤胃发酵的影响. 动物营养学报, 22(6): 1571-1578.

张昌吉, 刘哲, 郝正里, 等. 2008. 含不同秸秆的全饲粮颗粒对绵羊瘤胃代谢参数的影响. 草业科学, 25(1): 82-86.

张芳平, 徐兰娇, 赵向辉, 等. 2014. 鄱阳湖草型日粮不同 NFC/NDF 对锦江黄牛瘤胃体外发酵功能影响及与 BCP 和 TVFA 浓度的相关分析. 饲料研究, (9): 41-44.

张立涛, 刁其玉, 李艳玲, 等. 2013. 35-50kg 黑头杜泊羊×小尾寒 F1 代杂交羊饲粮中适宜 NFC/NDF 比例研究. 中国农业科学, 46(21): 4620-4632.

张勇, 郭海明, 汤志宏, 等. 2016. 油菜秆颗粒料对湖羊生产性能、瘤胃发酵参数及血液生化指标的影响. 草业学报, 25(10): 171-179.

郑琛, 程胜利, 李发弟, 等. 2012. 不同营养水平全饲粮颗粒料对绵羊瘤胃液挥发性脂肪酸的影响. 中国畜牧杂志, 48(17): 36-39.

Alamouti A A, Alikhani M, Ghorbani G R, et al. 2009. Effects of inclusion of neutral detergent soluble fibre sources in diets varying in forage particle size on feed intake, digestive processes, and performance of mid-lactation Holstein cows. Anim. Feed Sci. Technol., 154(1): 9-23.

Barrios-Urdaneta A, Fondevila M, Castrillo C. 2003. Effect of supplementation with different proportions of barley grain or citrus pulp on the digestive utilization of ammonia-treated straw by sheep. Anim. Sci., 76(2): 309-317.

Cerrillo M A, Russell J R, Crump M H. 1999. The effects of hay maturity and forage to concentrate ratio on digestion kinetics in goats. Small Ruminant Res., 32(1): 51-60.

Chobtang J, Intharak K, Isuwan A. 2010. Effects of dietary crude protein levels on nutrient digestibility and growth performance of Thai indigenous male goats. Songklanakarin Journal of Science & Technology, 31(6): 591-596.

Einarson M S, Plaizier J C, Wittenberg K M. 2004. Effects of barley silage chop length on productivity and rumen conditions of lactating dairy cows fed a total mixed ration. J. Dairy Sci., 87(9): 2987-2996.

Kmicikewycz A D, Heinrichs A J. 2015. Effect of corn silage particle size and supplemental hay on rumen pH and feed preference by dairy cows fed high-starch diets 1. J. Dairy Sci., 98(1): 373-385.

Mertens D R. 1997. Creating a system for meeting the fiber requirements of dairy cows. J. Dairy Sci., 80(7): 1463-1481.

Wahyuni R D, Ngampongsai W, Wattanachant C, et al. 2012. Effects of enzyme levels in total mixed ration containing oil palm frond silage on intake, rumen fermentation, and growth performance of male goat. Songklanakarin Journal of Science and Technology, 34(4): 353-360.

第四章 饲料淀粉对羔羊胃肠道发育的作用

第一节 饲料淀粉的来源、分类和理化特性

植物组织的 75% 为碳水化合物，是羊的主要能量来源。植物组织中的碳水化合物主要有多糖、纤维素、果胶和淀粉等。目前谷物已经广泛应用于动物日粮中，尤其是羔羊的初始日粮。淀粉作为谷物能量的主要贮存形式被单胃动物和羊利用的场所和方式有所不同。单胃动物淀粉的主要消化场所在小肠。羊淀粉消化场所与单胃动物不同主要是由于瘤胃内微生物的作用。淀粉在羊瘤胃中降解产生挥发性脂肪酸（VFA）供给宿主利用，并为瘤胃微生物的生长提供能量。瘤胃微生物分泌的淀粉酶将大部分淀粉水解为麦芽糖，在麦芽糖酶的作用下进一步将麦芽糖水解生成葡萄糖。淀粉在瘤胃内水解产生的葡萄糖很难被测定，因为其被瘤胃微生物迅速地吸收和代谢，随后葡萄糖发生糖酵解作用生成丙酮酸。一些化学途径能够使丙酮酸转化为可被瘤胃吸收的挥发性脂肪酸。除 VFA 之外，淀粉在瘤胃内发酵还产生甲烷、二氧化碳和氢。瘤胃内未降解的淀粉将进入小肠，小肠消化淀粉是受胰腺 α-淀粉酶和寡糖酶的水解作用，最终以葡萄糖的形式被吸收。小肠中仍未被消化的淀粉会进入大肠，由大肠微生物发酵或随着粪便排出体外。

一、淀粉的来源

淀粉是水和二氧化碳通过植物的光合作用合成的天然高聚物。淀粉的种类繁多，根据其来源的差异可以分为谷类淀粉（小麦淀粉、玉米淀粉等）、豆类淀粉（豌豆淀粉、绿豆淀粉等）、薯类淀粉（木薯淀粉、马铃薯淀粉和甘薯淀粉等）和其他类淀粉（藕淀粉、菱淀粉和马蹄淀粉等）。虽然能够合成淀粉的植物很多，但商品淀粉主要来源于玉米、小麦、木薯、马铃薯和豆类等少数植物。已有研究发现，不同谷物中的淀粉含量也不同，玉米、小麦和高粱中淀粉含量约为 70%，大麦和燕麦约为 57%，木薯中淀粉含量约为 70%，而豌豆和大豆的淀粉含量约为 45%，植物生长的环境和营养状况等因素都会影响植物中淀粉的含量。

畜禽所需能量的主要来源为淀粉，占生产成本的 50% 以上。淀粉是由多个葡萄糖基单元通过糖苷键结合成的高分子多糖，其通式为 $(C_6H_{10}O_5)_n$。作为植物碳水化合物的主要贮存方式，淀粉广泛存在于植物的根、茎、叶和果实等部位，在谷物籽实和薯类作物的根、茎中含量特别丰富。不同谷物中的淀粉含量也不同，由高到低依

次为小麦、玉米、高粱和大米，大麦和燕麦淀粉含量相对较少，占 50% 左右。

二、淀粉的分类

淀粉主要分为四大类：谷物淀粉（由谷物籽实中提取的淀粉，如大米、小麦和玉米淀粉等）、豆类淀粉（以绿豆、蚕豆和豌豆等豆类为原料加工制成的淀粉）、薯类淀粉（以木薯、甘薯、马铃薯和豆薯等薯类的根、块茎为原料加工制成的淀粉）和其他类淀粉（菱淀粉、藕淀粉、荸荠淀粉等）。

按照淀粉的葡萄糖聚合方式的差别，可将淀粉分为直链淀粉（amylose，AM）和支链淀粉（amylopectin，AP），二者占淀粉颗粒干重的百分含量高达 98%～99%。由于淀粉颗粒的来源不同，其直链淀粉与支链淀粉的比值也存在着较大的差异性。一般直链淀粉占总体积的 1/5 左右，而支链淀粉含量差异性较大，为 30%～90%，尽管葡萄糖是这两种多糖组成的基本单元，但直链淀粉是线性多聚体（α-D-1,4 糖苷键），分子量较小，约为 100 kDa；支链淀粉是具有分支结构的多聚体（α-D-1,4 糖苷键和 α-D-1,6 糖苷键连接），分子量较直链淀粉大很多，为 10^4～10^6 kDa。

研究已表明，淀粉颗粒的消化性能受直链与支链淀粉的含量和比例的影响。进一步研究发现，淀粉源中抗性淀粉（resistant starch，RS）含量受直链与支链淀粉比例的影响，尤其是与直链淀粉的含量有密切的关系。直链淀粉含量升高，RS 含量也随之升高（表 4-1）。

表 4-1　直链淀粉与支链淀粉比例对抗性淀粉含量的影响

直链淀粉与支链淀粉比例	抗性淀粉含量/%
0∶100	7.61±0.38
15∶85	8.97±0.29
25∶75	18.16±0.23
40∶60	19.07±0.40
50∶50	21.48±0.41
75∶25	28.06±1.46
100∶0	36.45±2.3

根据体外消化动力学，淀粉按照吸收速度又可以被分为快速降解淀粉、慢速降解淀粉、抗性淀粉。快速降解淀粉能够在动物胃肠道内被快速的消化吸收；慢速降解淀粉被消化吸收的速率相对较慢；抗性淀粉在动物小肠中不能被降解，但在大肠内可被微生物利用。由于淀粉颗粒是由许多支链分子和直链分子构成的聚合体，晶体结构形成时差异性比较大，因此形状也不尽相同。形态决定功能，支链淀粉是谷物类淀粉结晶构造的主要成分，其余的部分直链淀粉分子和脂质形成络合体包被于网状结构中。淀粉颗粒蛋白质、脂类，以及矿物质的含量很少，如表 4-2 所示。

支链淀粉的化学结构对淀粉的特性具有重要的影响，依据其侧链结构还可将天然的淀粉晶体划分为 A、B、C 和 V 四种类型。A 型支链结构分散且分支多；B 型支链结构集中，分支数目较 A 型少；C 型居中。V 型淀粉是由直链淀粉分子与脂肪酸等物质混合而得到的，其在天然淀粉中非常罕见。

表 4-2　不同淀粉源的化学组成（%）

淀粉	水分	脂类	蛋白质	磷
玉米淀粉	13.0	0.80	0.35	0.02
小麦淀粉	13.0	0.90	0.40	0.06
木薯淀粉	13.0	0.10	0.10	0.01
马铃薯淀粉	18.0	0.10	0.10	0.08
豌豆淀粉	11.7	0.45	0.19	—
糯玉米淀粉	13.0	0.20	0.30	0.01

三、淀粉的理化特性

淀粉以半结晶的颗粒结构贮存于植物中。颗粒呈白色，略有光泽，不溶于水，但参与植物能量的新陈代谢。淀粉颗粒的形状繁多，其中包括圆形、卵形、多边形等。已有研究表明，不同来源淀粉颗粒的大小和形状存在差异（表 4-3）。淀粉颗粒是由众多支链淀粉分子和直链淀粉分子构成的聚合体，聚合体可在局部形成结晶结构。Waigh 等（1997）利用 X 射线衍射分析结合其他研究手段，得出了淀粉颗粒的模型。淀粉颗粒结构类似一个同心环状结构，内部由 3 层结构组成：结晶区、半结晶区和无定形区。直链淀粉分子构成无定形区，而支链淀粉分子存在于结晶区。淀粉颗粒呈现高度有序性，表现为高分支和无分支部分的相互交替，形成了致密而又稳定的晶体结构。淀粉颗粒结构决定着淀粉分子的物理和化学性质。对于谷物淀粉而言，支链淀粉主要存在于结晶结构，直链淀粉分子与脂质结合并包被于颗粒的网状结构，其存在形式为络合体。

通过扫描电镜及偏光显微镜观察不同来源淀粉颗粒形态，发现其呈现出球形，多角形、片状及不规则管状等多种形状。淀粉颗粒在偏光显微镜下会呈现出偏光十字，可以根据偏光十字的位置、形状和明显程度来鉴别不同来源的淀粉，直链淀粉含量会直接影响淀粉颗粒的形态特征，直链淀粉的含量与玉米淀粉中长条状颗粒呈正相关。淀粉颗粒结构较为复杂，可以借助激光扫描共聚焦显微镜观测染色后的淀粉颗粒表面的孔（pore）、通道（channel）和空洞（cavity）等细微的结构，这些孔、通道和空洞的存在对于淀粉的改性有着复杂的影响。

表 4-3 不同来源的淀粉颗粒大小及其形状

淀粉来源	类型	粒径大小/μm	形状
玉米	谷物	3～26	圆形、多边形
小麦	谷物	2～35	圆形、透镜状
高粱	谷物	3～10	圆形、多边形
木薯	块茎	4～35	卵圆形
土豆	块茎	50～100	卵圆形、球形
豌豆	豆科	20～40	卵圆形、圆形
绿豆	豆科	10～32	卵圆形、圆形

淀粉的通用分子式为$(C_6H_{10}O_5)_n$，n 为聚合度，相对分子量一般在 690～6340，$C_6H_{10}O_5$ 为脱水葡萄糖单位，以 α-D-1,6-葡萄糖苷键或 α-D-1,4-葡萄糖苷键形成葡萄糖链，以此形成直链和支链两种不同的淀粉分子。在天然淀粉中，直链淀粉与支链淀粉的比例因植物种类、品种和生长时期而不同，一般普通淀粉中直链淀粉的比例约为支链淀粉的 1/3，而高直链淀粉中直链淀粉的比例为 40%～70%。直链淀粉是 250～300 个葡萄糖分子以 α-D-1,4 糖苷键脱水缩合形成的线性大分子，其构象呈右手螺旋状，分子量为 100 kDa。支链淀粉则是由 α-D-1,6-糖苷键和 α-D-1,4-糖苷键共同连接而成，其中每 8～9 个葡萄糖单位有一个分支，分支点处由 α-D-1,6-糖苷键相连，分支内仍然以 α-D-1,4 糖苷键相连，其结构为复杂的枝杈状，分子量为 10^4～10^6 kDa。由于直链淀粉和支链淀粉的大小与结构存在差异，因此二者的性质也截然不同，前者易溶于水且溶液黏度较低，而后者必须加热后方可溶解，且溶解后黏度较大。

淀粉的性质因支链淀粉的侧链结构不同而存在差异，通常按照支链淀粉侧链结构的不同可以将天然淀粉晶粒分为 3 个类型。A 型淀粉的支链上键较多且分散，易受到淀粉酶的作用，多存在于谷物中；B 型淀粉支链键很少且集中，能抑制淀粉酶的水解作用，主要存在于薯类淀粉中；C 型淀粉晶粒的侧链结构则介于两者之间，故其酶解能力也介于两者之间。

第二节 羊对饲料淀粉的利用

一、羊对葡萄糖的需求

羊大部分的葡萄糖是来自于丙酸的糖异生作用，需要消耗机体 27%～59%的碳，而氨基酸、甘油、乳酸在葡萄糖的产生过程中只提供很少的碳，糖异生主要发生在肝中，肾中只占 15%左右。空腹或禁食的时候，脂肪组织中的脂肪分解产生的甘油是很重要的原料。

葡萄糖是神经组织主要的能量来源。在糖蛋白和细胞膜糖脂的合成中起很重要的作用。羊和单胃动物不同，由于乙酸是非神经组织能量和脂肪合成所需碳源的主要来源，大量的丙酸从动物瘤胃中被吸收，能够满足机体对葡萄糖的需求。在妊娠和哺乳期间，母体可由胎盘和乳汁提供葡萄糖。和成年期的羊相比，羔羊的葡萄糖代谢机制和单胃动物更相似。葡萄糖是胎儿主要的能量来源，脂肪酸提供的能量很少。Horsfield 等（1974）指出，体重为 459 kg，每天产 20.5 kg 奶的羊产生葡萄糖的速率是 2.1 g/min，体重达 521 kg，每天产奶 20.5 kg 的羊产生葡萄糖的速率为 6.8 g/min。葡萄糖是羊奶中乳糖合成的主要前体物。

二、羊对淀粉的消化降解与葡萄糖的吸收

羔羊出生后，小肠发育很快，并能大量吸收葡萄糖和某些氨基酸。随着固体饲料的摄食，反刍动物的瘤胃和网胃也随之发育。因此，随着羊在不同生长阶段消化道各部分的逐渐发育，其消化和吸收淀粉的场所与方式不同。羔羊从出生到 3 周龄，瘤胃还未发育，为非反刍阶段，机体所需的营养主要来源于母乳，因此淀粉的消化方式与单胃动物类似。在 3～8 周龄时，瘤胃正在发育，为过渡阶段，3 周龄后开始摄食固体饲料，此时淀粉的消化由瘤胃微生物和消化酶共同作用完成；到了 8 周龄后，进入反刍阶段，羔羊在 7 周龄时，才能检测出麦芽糖酶的活性，在到达 8 周龄时，胰脂肪酶的活性达到最高水平，这时的瘤胃已发育完全，80%～95%的淀粉在瘤胃中被瘤胃微生物发酵分解，绵羊谷物淀粉有 90%以上是在瘤胃内消化的，剩余部分多数是在小肠内被消化，淀粉在反刍动物小肠内的消化率可以达到 95%甚至以上。

（一）羊体内葡萄糖来源

羊机体所利用的葡萄糖主要有两种，分别为内源葡萄糖（endogenous glucose，POEG）和外源葡萄糖（exogenous glucose，BSEG）。

POEG 来源于两种途径：①由肝脏经糖异生作用产生的葡萄糖。饲料中淀粉经过动物消化道内微生物发酵会产生丙酸和乳酸等挥发性脂肪酸，这些挥发性脂肪酸被吸收进入肝脏后经过糖异生作用产生葡萄糖。②生糖氨基酸转化产生的葡萄糖。动物饲料来源的蛋白质或消化道内微生物蛋白，都会被转化成生糖氨基酸，随后经糖异生作用产生葡萄糖。

BSEG 主要指日粮中未被瘤胃微生物降解而进入小肠的碳水化合物，尤其是非结构性碳水化合物，在胰腺 α-淀粉酶等消化酶的作用下水解，然后通过血液进入整个组织代谢层次的葡萄糖。通常猪、家禽和 0～3 周龄的羊是利用这种途径来获得葡萄糖供应的。

日粮中碳水化合物的种类决定了动物获取葡萄糖的途径。游离的碳水化合物（乳糖、果糖、海藻糖等）和细胞内的碳水化合物（淀粉、果聚糖等）可以直接被动物吸收与利用，也可以经过酶消化后被转化为可吸收的形式，随后被吸收利用；而细胞壁内的碳水化合物（纤维素、半纤维素、木质素等）和壳多糖则需要依靠消化道内微生物的帮助才能被吸收与利用。

（二）瘤胃内淀粉的消化降解

单胃动物和羔羊淀粉的主要消化场所是小肠。成年羊淀粉的消化场所与单胃动物不同，主要是因为微生物的作用。淀粉消化为葡萄糖的过程需要有唾液腺、瘤胃微生物或者胰腺和小肠分泌的酶。研究发现，羊的鼻唇腺可以分泌较高浓度的淀粉酶。胰腺分泌 α-淀粉酶，小肠黏膜是多种酶类的分泌场所，如海藻糖酶、异麦芽糖酶、麦芽糖酶、乳糖酶等。瘤胃微生物能够分泌 α-淀粉酶、β-淀粉酶、支链淀粉酶、异淀粉酶和 α-极限糊精酶。

瘤胃内很多细菌可以降解淀粉。日粮中淀粉比率增多时，发现能够降解淀粉的菌体占总细菌的百分比较高。饲喂高谷物日粮羊的瘤胃中主要的微生物物种有嗜淀粉拟杆菌、溶纤维丁酸弧菌、栖瘤胃拟杆菌、羊链球菌、真杆菌、反刍杆菌、瘤胃球菌、淀粉琥珀酸单胞菌和乳酸杆菌。

在对羊饲喂以谷物为基础的日粮引起的亚急性乳酸中毒的研究中发现，饲喂后数小时内瘤胃链球菌的数量以 2～3 个数量级增长，饲喂后 24 h 内乳酸杆菌生长速度显著高于原虫的数量，变为优势菌。羊瘤胃内有大量菌群，是个发酵工厂。原虫数量受限于瘤胃 pH，酸性过强会导致菌体生长受限。原虫对瘤胃内淀粉的降解率至少有两方面的影响：①通过吞噬大量的细菌来降低瘤胃的发酵。②吞噬淀粉颗粒和可溶性糖，降低了这些底物被快速生长细菌发酵的可能性。纤毛虫的出现影响了淀粉消化的位点。

多数降解淀粉的微生物均有胞外淀粉酶，通常是 α-淀粉酶。α-淀粉酶是一种随机作用于淀粉链内部的内切酶。α-淀粉酶起初快速分解淀粉分子使其形成水溶性糊精和低聚糖。直链淀粉降解的最终产物有 3 种，分别为麦芽糖、麦芽三糖和少量的游离葡萄糖。麦芽三糖通常不被 α-淀粉酶和 β-淀粉酶分解。支链淀粉降解的最终产物有 4 种，分别为麦芽糖、麦芽三糖、少量的葡萄糖和 α-极限糊精。降解的低聚糖由 4～8 个葡萄糖单元组成并由 α-1,6 键连接，而且不能被淀粉酶水解。脱支酶（支链淀粉酶、异淀粉酶、α-极限糊精酶）对于分解这些结构很重要。在淀粉颗粒的表面存在微孔，淀粉颗粒的核心存在着空腔，而孔洞则连接着淀粉颗粒表面的微孔和中心的空腔。淀粉颗粒表面微孔和贯穿淀粉颗粒的孔洞为淀粉分解酶进入淀粉颗粒内部进行水解提供了通道。

羊胃肠道内的淀粉消化率超过 95%。粗饲料中少量的 α 位连接的葡萄糖聚合物会流通进入皱胃。Mcallan 和 Smith（1974）报道饲喂干草的绵羊和羊中，1 kg 干物质有 17～30 g α-葡聚糖会流通进入十二指肠。基于这些估测来计算，每天摄入的 1 kg 干草中有 3～6 g 的 α-葡聚糖会流通进入十二指肠，这与绵羊的 5 g/d 近似。因此，饲喂干草饲粮的羊的小肠可吸收利用的葡萄糖的量很少。当给羊饲喂谷物日粮时，受谷物的类型、淀粉的前期加工过程，以及所饲喂的动物品种的影响，有相当一部分的淀粉和原虫中的糖原会逃脱瘤胃的发酵并且最终进入小肠中。

（三）羊小肠内淀粉的消化和吸收

小肠是动物机体消化和吸收营养物质的主要场所，淀粉在反刍动物小肠内的消化过程主要是一系列的酶解反应。小肠根据形态和结构的变化可分为十二指肠、空肠及回肠三部分。十二指肠中丰富的消化液可以充分接触并逐渐分解淀粉，其主要来源于肝分泌的胆汁、胰腺分泌的胰液和肠道分泌的肠液等。动物机体中用来消化和分解淀粉的主要酶为 α-淀粉酶，其分解直链淀粉与支链淀粉产生的物质有所差别。它可以将直链淀粉分解为麦芽糖和麦芽三糖，而将支链淀粉分解为 α-极限糊精、麦芽糖和麦芽三糖，其中 α-极限糊精可以被寡糖酶分解为麦芽糖等二糖，二糖酶（胰腺淀粉酶和小肠麦芽糖酶等）可以将二糖最终分解为可被小肠吸收的单糖。

1. 羔羊小肠消化酶的分布特点

饲料中的各种营养物质在反刍动物消化道中都必须经过各种酶的作用，将其分解为机体容易吸收利用的小分子化合物。羔羊体内消化酶的活力水平及分布情况可以作为判断羔羊对饲料的消化能力和消化道发育程度的重要参数。机体内不同的消化酶可以分解不同的饲料成分，分解淀粉的酶为淀粉酶，能催化复合糖原水解，即作用于 α-D-1,4 糖苷键，产生麦芽糖和葡萄糖，主要包括胰淀粉酶、麦芽糖酶、蔗糖酶和乳糖酶等；分解蛋白质的酶为蛋白质分解酶，主要包括胰蛋白酶、糜蛋白酶和羧肽酶等；同理，使脂肪降解的酶称为脂肪酶。

小肠液的消化酶活性与小肠部位有关。孙洪新（2003）在研究羔羊小肠消化酶活性变化规律时发现，羔羊小肠内容物中胰蛋白酶和糜蛋白酶的活性在各肠段中存在差异，表现为空肠段内活性显著高于十二指肠和回肠，十二指肠中的活性最低；羔羊空肠中段的糜蛋白酶活性最高，而空肠后段的胰蛋白酶活性最高。王宝山（2003）研究表明，小尾寒羊的小肠内容物中淀粉酶活性表现为空肠大于回肠，且空肠和回肠中淀粉酶活性显著大于十二指肠。小肠中乳糖酶活性从大到小依次为空肠段、十二指肠段、回肠段。乳糖酶主要分布在小肠前段，而蔗糖酶、麦芽糖酶和异麦芽糖酶主要分布在小肠后段。此外，酶的分布情况也与肠黏膜的深度有关，一般情况下，肠黏膜最表层酶的浓度最高，距离肠黏膜的表面越深，酶含量越少。

由于羊胰淀粉酶、肠麦芽糖酶和蔗糖酶的浓度低，羊的小肠消化大量淀粉的能力不强。淀粉在小肠的消化通常比在瘤胃中发酵更高效，并且羊可以通过改变机体碳水化合物酶的活力而使淀粉在小肠里被大量消化。已经证明，在小肠黏膜近侧区，淀粉酶的吸收能力是非常高的，这种能力随着与幽门距离的增加而逐渐减弱。羊的小肠中存在葡萄糖或淀粉水解产物时，淀粉酶的分泌就会减少，同样酶的活力也会减弱。有研究报道，当给动物的日粮中含有同等能量的高蛋白苜蓿干草与谷物时，淀粉酶的活性升高。蛋白质对胰淀粉酶分泌的刺激作用已经在单胃动物中被证明。Mendoza 等（1993）发现小肠中消化的淀粉量与进入十二指肠中的酪蛋白呈线性关系。

2. 小肠上皮细胞内葡萄糖的转运机制

葡萄糖是极性的亲水性分子，不能经简单扩散而穿过疏水脂双层，而是以需要能量的主动转运被吸收，当肠道内葡萄糖流量大于 60 g/h 时，主动运输有可能会饱和，再吸收的葡萄糖则由被动转运去完成。这一系列过程由 SGLT 和 GLUT 这两类葡萄糖转运载体共同完成。

Na^+依赖型葡萄糖转运：由 Na^+/葡萄糖协同作用，通过动物肠道上皮细胞的顶侧膜、肾近曲小管和脉络丛进行转运的葡萄糖转运方式称为 Na^+依赖型葡萄糖转运，其蛋白质符号为 SGLT，基因符号为 *SLC5*。*SLC5* 家族中的 SGLT-1（apical sodium-dependent glucose co-transporter-1）主要存在于空肠微绒毛上段的肠细胞黏膜上，是由 12 个 α-螺旋状的跨膜片段组成，其羧基端区域对辨认和结合葡萄糖至关重要。SGLT-1 作为 Na^+依赖型葡萄糖转运体，在转运葡萄糖的过程中需要 Na^+的协同作用，转运葡萄糖和 Na^+数量的比例为 1 : 2。Na^+-K-ATP 酶具有保持细胞内外 Na^+浓度梯度的作用，SGLT-1 在顺浓度差将 Na^+转运到细胞内的同时，还可以将葡萄糖逆浓度差协同转运到上皮细胞，其对葡萄糖的亲和力非常高，在体内转运葡萄糖的饱和度为 30～50 mmol/L，对于小肠成熟上皮细胞刷状缘膜的表达具有重要作用，并能够促进葡萄糖和半乳糖的吸收。

易化转运：与 Na^+依赖型葡萄糖转运的方式不同，经促进葡萄糖转运体介导，主要存在于动物肠道上皮细胞基底外侧膜、肾近曲小管膜和脉络丛，也包括其他细胞质膜，蛋白质符号为 GLUT，基因符号为 *SLC2*。小肠中葡萄糖的吸收方式主要为易化扩散，其有效转运体为 GLUT-2（facilitated glucose transporter），在葡萄糖离开肠细胞还未进入到血液循环时，由 GLUT-2 作为转运体跨过肠道细胞间空隙并穿过基底膜和毛细管黏膜。当小肠腔内处于高糖状态时，原位于小肠基底膜的 GLUT-2 可以在数分钟内转移到空肠上皮细胞膜进行糖的吸收。

直链淀粉在动物肠道中的降解速率显著低于支链淀粉，而淀粉的消化率会影响肠道的消化吸收功能，进而影响体内胰岛素和胰高血糖素反应。在羔羊的能量代谢中，胰岛素和胰高血糖素起重要的调节作用。当小肠吸收了大量的葡萄糖进入血液中时，动物机体血液中胰岛素含量也随之升高，胰岛素通过一系列途径，如促进血液中葡萄糖转化为贮存物质或其他物质等降低血糖的含量。生长激素属于肽类激素，由垂体前叶合成和分泌。动物体中生长激素能促进糖类等营养物质的代谢，还能通过促进机体合成胰岛素样生长因子，从而促进动物机体的生长发育。机体中生长激素能调节所有器官及相关组织的活动，尤其对动物的内脏器官（如胃肠道）、骨骼等作用最为显著。血液中 β-羟基丁酸（beta hydroxy butyric acid，BHBA）的含量是反映瘤胃乳头状组织上皮细胞中代谢活性的一个非常重要的指标。日粮中直链淀粉/支链淀粉对羔羊血液中激素含量的影响见表 4-4。

表 4-4 不同淀粉对羔羊血液中激素含量的影响

指标	日粮处理组			
	木薯淀粉	玉米淀粉	小麦淀粉	豌豆淀粉
胰岛素/（μIU/mL）				
21 d	20.89	21.70	20.78	21.15
35 d	20.16	21.73	21.82	17.22
56 d	21.04	17.64	16.53	18.92
生长激素/（ng/mL）				
21 d	9.52	9.37	9.06	9.48
35 d	7.41	8.38	8.35	10.66
56 d	8.12	8.49	8.34	10.43
胰高血糖素/（pg/mL）				
21 d	153.35	154.59	151.34	158.47
35 d	155.32	147.29	149.79	149.00
56 d	143.56	146.59	142.37	144.07
肌酐/（μmol/L）				
21 d	66.59	65.30	62.09	62.94
35 d	61.26	61.88	66.63	64.79
56 d	60.75	61.44	59.86	57.15
β-羟基丁酸/（μmol/L）				
21 d	139.14	149.92	147.27	160.84
35 d	110.96	115.26	159.48	169.78
56 d	111.07	107.60	115.10	179.30

饲喂磨碎玉米日粮的绵羊外周门静脉血液中葡萄糖的含量增高。Janes 等（1985）发现 90%～92%的玉米淀粉（100～120 g/d）在羊的小肠中代谢完全，代谢产物随后经过肠系黏膜静脉和门静脉进入肝。一些研究表明，成年羊葡萄糖在肠道中的吸收、葡萄糖在肠管中的运输和葡萄糖载体的活力均会下降，这些都限制淀粉在小肠中分解。Bauer 等（2001）发现，Na^+ 与葡萄糖载体的活力比值会影响淀粉在远端小肠中的吸收。

三、谷物淀粉在不同肠道位点的消化率

基于瘤胃内微生物的特殊作用，保持饲粮中一定数量的淀粉，对于羊高效利用氮源、提高微生物蛋白合成效率是十分必要的。淀粉来源对其在瘤胃内的降解率有显著影响。Herrera-Saldan 等（1990）测定了谷物淀粉的瘤胃降解率，结果发现燕麦最容易被消化，随后依次为小麦、玉米及高粱。Huntington（1997）总结了不同谷物来源及其加工方式对淀粉在消化道不同位点消化率的影响（表 4-5）。对于玉米、高粱而言，蒸汽压片较干压片能提高淀粉的全消化道消化率，这表明玉米和高粱经蒸汽压片的凝胶作用质地均一。Theurer（1986）研究发现，经蒸汽处理后的淀粉，颗粒会变小，可提高瘤胃降解效率，这也可能是蒸汽压片能够有效提高淀粉消化率的原因。

表 4-5 不同谷物来源和加工方法对淀粉在消化道不同位点消化率的影响

品种	加工方法	淀粉进食量/（kg/d）	消化率/%		
			瘤胃	肠道	全消化道
玉米	较干压片	2.06	76.2	16.2	92.2
	蒸汽压片	2.20	84.8	14.1	98.9
	磨碎	10.65	49.5	44.0	93.5
高粱	干压片	4.81	59.8	26.1	87.2
	蒸汽压片	4.78	78.4	19.6	98.0
	磨碎	3.81	70.0	15.4	91.0
小麦	干压片	2.94	88.3	9.9	98.2
	蒸汽压片	2.87	88.1	10.0	98.6
燕麦	干压片	1.53	92.7	5.6	98.3
	蒸汽压片	1.49	94.0	4.5	98.8

多种因素影响着饲料淀粉在小肠的消化，如淀粉颗粒大小及其表面积、淀粉的结晶度、直链淀粉/支链淀粉等。较大的淀粉颗粒，其表面积与体积比小，与酶接触的有效面积减少，故其降解效率受到限制。原生 B 型淀粉晶体的结晶度是增强淀粉消化酶抗性的影响因素之一，B 型结晶体片段的存在有助于直链淀粉中抗性淀粉（RS）的形成。大颗粒淀粉中直链淀粉的结晶度高于小颗粒淀粉，致使其不易被动物消化吸收。不同来源淀粉中直链淀粉和支链淀粉含量各不相同，已有研究发现高直链小麦淀粉消化速率低于高支链小麦淀粉。目前，关于淀粉颗粒中其他组分对淀粉消化性能的影响上并没有统一的认识，但是，学者关于直链淀粉/支链淀粉对淀粉颗粒大小和结构产生的影响进而改变其消化特性方面已经达成了共识。此外，也有研究表明，直链淀粉和支链淀粉的消化是同

时进行的。

影响羊淀粉消化降解的因素主要有以下几个方面。

谷物淀粉在动物胃肠道中的消化降解受到淀粉的外源和内源因素的影响，其中外源因素的影响，包括淀粉的加工处理技术、瘤胃环境等。经测量，不同的谷物中，淀粉中直链淀粉与支链淀粉的比例也各不相同，一般直链淀粉占 10%～30%，支链淀粉占 30%～90%。而这种比例（直链淀粉/支链淀粉）与消化道的降解呈负效应，因为淀粉酶是从支链淀粉的无定形区域开始起作用的。

1. 淀粉的结晶度

造成淀粉对消化酶抗性的一个影响因素是原生 B 型淀粉晶体的结晶度，这已经在高直链玉米淀粉中，以及由植物细胞或其他组织结构封装的淀粉中观察到。分别采用 X 射线衍射法和扫描量热法两种方法对直链玉米淀粉样品中抗性晶体结构研究时发现，存在于略微放大晶体结构的 B 型结晶体的直链片段有助于形成直链玉米淀粉中的抗性淀粉。任何能够去除淀粉的结晶度（即淀粉糊化作用）或者破坏植物细胞或者组织结构的完整性（即碾碎）的加工过程都会增加酶对淀粉的可降解性，以及降低抗性淀粉的含量，然而再结晶和化学修饰均会增加 RS 的含量。经过改性的食物淀粉对消化酶仅有部分的抗性作用，这是化学修饰主观诱导的结果。除这些影响因素以外，植物饲料中的细胞结构也会影响小肠中淀粉的可降解性，同时也会影响淀粉的固有物理形态的内在消化率。

2. 淀粉颗粒的粒状结构

生的淀粉颗粒对淀粉酶易感性的较大差异也会影响 RS 的形成。众所周知，马铃薯淀粉和高直链玉米淀粉在体外试验中显示了非常强的抗性作用，在动物体内也不能被完全吸收，尽管大多数谷物在胃肠道中的消化速度比较缓慢，但是最终会消化得比较完全。非淀粉材料的吸附层能有效地阻碍酶的作用。研究发现，生的豆类淀粉比玉米淀粉对水解作用具有更强的抗性，可能是由晶体结构和直链淀粉含量的差异所引起的。

3. 淀粉中直链淀粉/支链淀粉

淀粉中的直链淀粉较高会降低淀粉的消化降解率，主要是由于直链淀粉的含量和 RS 的形成呈正相关关系。日粮中直链淀粉/支链淀粉对饲喂玉米淀粉的动物餐后血糖和胰岛素的反应的重要作用已经在玉米产品中得到广泛研究。含高直链淀粉（70%）的玉米淀粉日粮中，抗性淀粉的含量为 20 g/100 g DM；而含有常规玉米淀粉（含有 25%直链淀粉）的日粮中抗性淀粉的含量为 3 g/100 g DM。

4. 淀粉中直链淀粉的回生作用

在 50℃的环境下热处理及有水存在时，直链淀粉的晶体结构膨胀，支链淀粉的晶体结构会分解并且淀粉颗粒会破裂。淀粉的多糖链会随机排列，使得淀粉膨胀并且使周围的基质增稠，如淀粉的糊化作用（这一过程使得淀粉容易被消化）。在冷却或者干燥的条件下，再结晶现象（回生作用）发生。这个过程发生得很快，其中直链淀粉的一部分作为线状结构，并且通过氢键作用促进彼此之间的联系。豌豆、玉米、小麦和马铃薯中回生的直链淀粉被发现对淀粉的水解作用具有高度的抗性。糊化作用后，淀粉回生的速率或者程度基本上依赖于直链淀粉的含量。小麦淀粉反复高压灭菌后会产生 10% 的抗性淀粉。获得 RS 的含量似乎与淀粉中直链淀粉的含量强烈相关，回生作用可以作为反复高压灭菌时 RS 产生的主要机制。在饲料贮存的过程中，糊化淀粉聚合物的分散被认为是经历了回生到半晶体结构的过程，因而对胰腺淀粉酶具有抗性作用。小麦淀粉和玉米淀粉回生作用很强，然而，马铃薯淀粉回生率仅为 25%。豆类淀粉的降解率显著低于谷物淀粉，这可能是由于前者中直链淀粉的含量较高。有研究报道，直链淀粉含量高的谷物淀粉降解率也会下降。

5. 直链淀粉链长度的影响

Eerlingen 等（1993）研究了直链淀粉的链长对抵抗酶消化作用的影响，他们通过用大麦淀粉酶孵化马铃薯淀粉，使马铃薯淀粉的直链淀粉处于不同的降解程度，并且通过测量平均链长，以及聚合度来进行监视。结果显示，RS 晶型结构可能是由直链淀粉螺旋形成，这些直链淀粉螺旋位于链轮廓的特定区域。

四、不同淀粉源调控肠道健康的研究进展

（一）不同淀粉源对胃肠道形态的影响

羔羊从出生到成为功能性羊，涉及消化道形态结构及消化生理功能等多方面的并行发育。在生产中，羔羊的瘤胃较早的和完善的发育对其生长和健康是至关重要的，也会影响养殖者的经济效益。丁酸及一定含量的丙酸，会促进瘤胃黏膜的发育，这主要是因为它们能被瘤胃上皮细胞用作能量源。然而，不同 VFA 的刺激效果并不是对等的，丁酸的刺激效果最佳，其次是丙酸。羔羊胃肠道的形态结构中，胃肠道的相对质量，以及各胃室相对于全胃容积的变化、瘤胃乳头状组织的发育情况（组织的高度、密度、宽度、表面积）、小肠绒毛（高度、宽度、隐窝深度、绒毛表面积、绒毛高度/隐窝深度）发育的变化等是反映消化道对营养物质消化和吸收能力的重要指标，也是羔羊肠道健康的重要标志之一。

瘤胃的发育主要体现在乳头状组织的发育，质量和体积的增加，以及瘤胃上皮的发育。瘤胃上皮具有很多重要的生理功能，如营养物质的吸收和转运、短链脂肪酸的代谢等。良好的瘤胃上皮发育对于营养物质的利用至关重要。瘤胃内 VFA 能够促进瘤胃上皮的发育。通常情况下，研究者都采用瘤胃上皮乳头状组织高度、宽度、颜色、单位面积的密度及肌层厚度来衡量瘤胃上皮的发育情况。瘤胃上皮乳头状组织高度是瘤胃上皮发育的关键因素，最能够反映不同处理方式对瘤胃发育的影响，其次是瘤胃乳头宽度和密度等指标。

在幼龄反刍动物中，最大的生理功能变化是瘤胃的发育，瘤胃形态结构较好的发育有利于反刍动物更好地吸收营养物质。随着羔羊摄入固体饲料，以及随后慢慢建立的瘤胃发酵模式，羔羊的瘤胃同时进行着形态结构和代谢功能的发育，乳头状组织的发育意味着瘤胃上皮细胞的发育，具有非常重要的生理功能，如营养物质的吸收和转运。瘤胃中正常发酵模式的建立会促进瘤胃上皮细胞的发育，进而增强瘤胃中挥发性脂肪酸对瘤胃正常的乳头状组织的发育作用。早期摄入的饲料将会通过刺激瘤胃的发酵过程从而促进瘤胃的发育。不同淀粉源中直链淀粉/支链淀粉有所差异。淀粉源组成差异对羊胃肠道淀粉降解速率和位点有着不同的影响，可能导致胃肠道内 VFA 的组成和含量不同，进而差异性地影响幼龄羔羊瘤胃形态结构发育。日粮中直链淀粉比例的提高增加了瘤胃乳头状组织的高度和表面积，瘤胃中乳头状组织的密度更大。

小肠是哺乳动物消化、吸收营养的功能器官。在小肠中，绒毛结构的变化会影响小肠的消化和吸收能力。在哺乳期，羔羊从简单的皱胃消化到功能性的瘤胃降解的过渡过程中，小肠组织经历着巨大的代谢性变化。小肠绒毛的高度、隐窝深度等指标是肠道内环境的直接体现，可以被用作反映肠道健康的指标。不同来源的淀粉中，直链淀粉和支链淀粉比例不同对动物产生的营养生理效应存在差异。高直链淀粉/支链淀粉的豌豆淀粉日粮显著提高了羔羊小肠（十二指肠、空肠和回肠）的绒毛高度、隐窝深度、绒毛高度/隐窝深度和绒毛表面积。

（二）不同淀粉源对胃肠道发酵特性的影响

单胃动物对淀粉的发酵作用是由大肠中的微生物完成的，其发酵产物为短链脂肪酸。日粮中淀粉在消化道前段消化速率的差异会导致进入后肠道淀粉组成的不同。这种发酵底物的改变将导致微生物对其利用方式发生变化。高直链淀粉分子结构排列有序，肠道微生物对其利用速率相对较慢，葡萄糖释放速度与微生物利用的速率较高支链淀粉要更加平衡，这种发酵模式会使更多的乙酸有效地转化为丁酸，而丁酸则是刺激动物胃肠道发育功能最强的短链脂肪酸。Sun 等（2006）研究发现，饲喂豌豆淀粉（高直链淀粉/支链淀粉）日粮增加了生长猪盲肠和结肠食糜中的丁酸浓度。Topping 和 Clifton（2001）研究也证实了这一结果，富含直链淀粉的土豆淀粉有效地增加了人结肠的丁酸浓度。进一步研究发现，饲喂直链淀粉/支链淀粉相近的玉米淀粉和小麦淀粉日粮的断奶仔猪大肠中短链脂肪酸浓度无显著性差异。由此可见，动物大肠中短链脂肪酸的组成和数量与日粮淀粉中直链淀粉/支链淀粉有关。抗性淀粉（高直链淀粉）是淀粉中的一种特殊形式，主要分为 4 种类型（RS_1、RS_2、RS_3 和 RS_4）。抗性淀粉发酵模式很大程度上受其类型的影响。Andrieux 等（1992）报道，RS_2 降低丙酸含量，相反 RS_3 增加丙酸含量。目前对 RS 发酵特性的研究主要集中于 RS_2 或比较 RS_2 和 RS_3，而对其他类型抗性淀粉和相互比较的研究方面缺乏数据，值得深入研究。

羊瘤胃发酵反应主要包括：①多糖类物质经微生物发酵，形成 VFA（乙酸、丙酸、丁酸等）、二氧化碳和甲烷等。VFA 为宿主提供能量同时参与各种代谢，最终形成动物产品。②饲料中的蛋白质在微生物作用下降解为氨态氮、挥发性脂肪酸、二氧化碳和其他代谢产物。部分发酵产物可由瘤胃上皮吸收，进而调控瘤胃内环境。适宜 VFA 浓度及组成是保证瘤胃功能的发挥和维持内环境稳定的前提。汪水平（2007）以小麦、玉米、高粱和稻谷作为山羊日粮的淀粉来源，在淀粉源对山羊瘤胃发酵影响方面得到了类似的结果，即玉米和小麦组山羊瘤胃TVFA 显著高于高粱日粮组和稻谷日粮组。Gimeno 等（2015）的研究发现，经研磨和干压处理后的玉米与大麦混合日粮对瘤胃发酵产生的 VFA 及 NH_3-N 无显著差异。推测经加工处理后，日粮淀粉结构的改变可影响淀粉源在瘤胃内的发酵产物。此外，也有研究者比较了日粮中抗性淀粉、玉米淀粉和糯米淀粉对瘤胃发酵的影响，发现抗性淀粉日粮组的羊瘤胃氨态氮浓度显著高于玉米和糯米淀粉组，而糯米淀粉组羊瘤胃丙酸含量显著高于其他试验组。

对于羔羊来说，其出生时胃肠道发育并不成熟，不具有反刍的功能。羔羊从非反刍向反刍的转变是以瘤胃的发酵功能为中心的。瘤胃发酵能力的建立主要依赖于瘤胃微生物区系的建立和基底物质的获得。早期补饲固体饲料可通过刺激发酵过程进而促进瘤胃的发育。随日龄增长，饲料消耗量的增加能够提高羊胃肠道适应和发酵固体饲料的能力。早期补饲不同的固体饲料对动物胃肠道发育产生的效果不尽相同。

（三）不同淀粉源对肠道消化酶活性的影响

动物体内消化酶所参与的化学消化是肠道内养分消化的主要过程，消化酶的分泌与活性可直接影响饲料在小肠消化率的高低。通常消化酶活性与动物的品种、年龄、日粮的组成和营养水平及环境因素等密切相关，其中日粮的组成对消化酶的分泌及活性具有重要影响，胰腺往往会为了动物机体能够消化各种营养物质而表现出对日粮营养成分的"适应性分泌"。小肠中的淀粉消化酶（淀粉酶、麦芽糖酶等）主要用于消化小肠中的淀粉，其活性会受到动物日粮中淀粉来源和进食量的影响。豌豆淀粉与木薯、玉米和小麦淀粉相比，能极显著提高育肥羔羊小肠食糜和黏膜中淀粉酶的活性。不同淀粉源对动物肠道内各消化酶活性存在一定程度的影响，因此，在实际生产实践中，可通过选择动物日粮中适宜的淀粉源来改善机体肠道对养分的消化，进而促进肠道发育和功能的完善。

（四）不同淀粉源对肠道发育相关基因及葡萄糖转运载体蛋白基因表达量的影响

　　肠道发育相关因子（IGF-1、IGF-1R 和 EGF），以及葡萄糖转运载体 GLUT-2 和 SGLT-1 被认为是调节动物肠道结构功能的重要因子。胰岛素样生长因子（insulin-like growth factor-1，IGF-1）具有刺激动物肠道发育和功能成熟的重要作用，还可以提高小肠绒毛刷状缘酶的活性，是反刍动物胃肠道发育的重要调节因子之一。研究证实，如果能够提高肠道黏膜中类胰岛素生长因子-1 受体（insulin-like growth factor-1R，IGF-1R）信使核糖核酸（messenger RNA，mRNA）的表达，IGF-1 的作用将会得到加强，进而促进动物胃肠道发育和功能的完善。表皮生长因子（epidermal growth factor，EGF）能够促进小肠黏膜上皮的增殖，调节肠细胞分化，刺激肠道组织生长。Han 等（2012）在研究中发现，在断奶仔猪日粮中添加豌豆淀粉可提高空肠和回肠中 IGF-1 mRNA 的表达量，而木薯淀粉可显著降低仔猪小肠发育相关基因的表达。因此，可以推测在动物日粮中添加不同淀粉源可调节小肠发育相关基因的表达，进而调节肠绒毛的发育。

　　此外，葡萄糖转运载体是存在于细胞膜上用来转运葡萄糖的重要载体蛋白，可以通过增加葡萄糖转运载体的数量进而促进葡萄糖的吸收能力。研究者认为调节 GLUT-2、SGLT-1 的活性和表达，可能会促进反刍动物肠道对淀粉的吸收利用。饲喂不同淀粉源日粮的羔羊小肠中葡萄糖转运载体 GLUT-2 和 SGLT-1 的表达存在差异，饲喂豌豆淀粉日粮能提高羔羊十二指肠中段、空肠和回肠中 GLUT-2 与 SGLT-1 的表达量。

第三节　羔羊的生长发育特点

　　处于出生至断奶阶段的羊为羔羊。羔羊时期是一生中生长发育最旺盛的时期，此时羔羊各器官尚未发育成熟，体质较弱，适应能力差，极易发病死亡。为了提高羔羊的成活率，必须加强饲养管理。

一、羔羊的生理发育特点

　　羔羊出生后，前胃只有皱胃的 57%，0～21 日龄的羔羊瘤胃中黏膜乳头软而小，微生物区系尚未建立，反刍功能不健全，耐粗饲料能力差，只能在皱胃和小肠中对食物进行消化。但皱胃和小肠消化液中缺乏淀粉酶，对淀粉类物质的消化能力差，当食入过多淀粉后，易出现腹泻。此时，羔羊所吃的母乳经食管直接进入皱胃消化。羔羊 21 日龄后开始出现反刍活动，随日龄和采食量的增长，消化酶分泌量也逐渐增加，耐粗饲料能力增强。如果对羔羊早期适度补饲高质量的青绿饲料，可为瘤胃微生物的生长繁殖创造合理的营养条件，迅速建立合理的微生物区系，增强对粗饲料的消化能力。

二、羔羊瘤胃的发育

羔羊瘤胃发育分为 3 个阶段，分别是初生至 3 周龄的非反刍阶段；3～8 周龄的过渡阶段和 8 周龄以后的反刍阶段。

(一) 非反刍阶段

此阶段母乳营养充足，羔羊机体发育迅速，瘤胃组织结构快速发育。研究表明，到 20 日龄羔羊（波尔山羊）瘤胃重 41 g，瘤胃相对质量在 7～21 日龄增速较大，瘤胃相对质量由约占全胃比例的 20%增长到 43%；同时瘤胃容积占全胃的比例由 15%扩增到 46%。新出生的羔羊瘤胃乳头长度为 0.205 mm，宽度为 0.091 mm，到 15 日龄瘤胃乳头长度为 0.368 mm，宽度为 0.129 mm，乳头变长变宽。但是此阶段羔羊瘤胃乳头表面较光滑，上皮细胞相对细小扁平。这主要是由于羔羊从出生到 3 周龄食管沟闭合，母乳或液体饲料直接进入皱胃，对瘤胃上皮细胞没有直接刺激作用。

早期研究发现，羔羊出生后 2 d 瘤胃内已有严格的厌氧微生物，数量与成年动物相当。这表明瘤胃微生物区系的建立不依赖固体饲料的采食。羔羊出生后 8～10 日龄时其瘤胃中可出现厌氧真菌。瘤胃微生物是瘤胃功能发挥的基础，群体饲养的羔羊纤维素分解菌和产甲烷菌在出生后 3、4 日龄出现，1 周后接近成年羊的水平；与母羊共同饲养的羔羊在 15～20 日龄可以在瘤胃内检测出原虫。20 日龄的羔羊瘤胃内已经出现了普雷沃氏菌属、厚壁菌门及拟杆菌门的细菌。瘤胃内微生物出现的时间不一致是否与饲养模式或饲料有关有待进一步研究。羔羊在出生时，瘤胃内已经检测到蛋白酶和淀粉酶，且不随日龄变化；14 日龄的羔羊瘤胃内均可检出纤维素酶，随后其酶活力随日龄逐渐增加。普遍认为，瘤胃内消化酶的变化由微生物产生，但是目前对瘤胃微生物优势菌群与消化酶的相关性研究的报道较少。反映瘤胃内环境的指标主要有 VFA 浓度、氨态氮浓度和瘤胃 pH。出生后羔羊瘤胃内的 VFA 浓度从无到有且存在个体差异。

(二) 过渡阶段

随着年龄增长，羔羊采食固体饲料增多，瘤胃组织形态进一步发育，同时各项功能开始逐渐增强。此阶段羔羊瘤胃相对质量和容积进一步增加。到 56 日龄羔羊瘤胃占总胃重的比例达到 60%，占总胃容积的比例达到 78%，接近成年羊瘤胃相对质量和容积。30 日龄的羔羊瘤胃乳头长度达到较高水平，为 1.709 mm，然后降低，到 45 日龄羔羊瘤胃乳头长度为 0.707 mm，随后继续增长，到 60 日龄达到 2.006 mm。瘤胃乳头宽度一直增加，从 30 日龄的 0.276 mm 增长到 60 日龄的 0.503 mm。随着日龄的增加，瘤胃乳头表面角质化程度不断提高，到 6～10 周龄瘤胃乳头表面明显变粗糙。因此，此阶段瘤胃组织形态发育主要是瘤胃基层，以及瘤胃乳头的发育，其中瘤胃乳头生长是与非反刍阶段相比的最大变化。

　　21 日龄的羔羊瘤胃内的微生物已经可以消化大部分成年羊消化利用的饲料。50 日龄羔羊瘤胃内优势菌群出现纤维分解菌。兼性厌氧菌快速繁殖后，逐渐被厌氧微生物取代，在 6～8 周龄趋于稳定。在 2 月龄内羔羊瘤胃内原虫数量一直持续增加，2 个月时达（5.7±3.6）×10 个/mL，70 日龄优势菌群中出现原虫。受采食量变化影响，此阶段瘤胃优势菌群不稳定，但是拟杆菌门和厚壁菌门一直是此阶段的优势菌。羔羊瘤胃内的消化酶活力在此阶段变化不大，日龄间差异不显著，部分日龄消化酶活力的变化可能与日粮的变化导致微生物种类与数量的变化有关。

　　21 日龄后瘤胃内 VFA 浓度快速升高。不同饲养管理条件下，56 日龄羔羊瘤胃内总 VFA 浓度为 60～130 mmol/L，与成年羊的瘤胃 VFA 浓度相当。瘤胃内氨态氮的浓度在 21 日龄后迅速降低，到 5 周龄后稳定在 25 mmol/L，与成年羊瘤胃接近。瘤胃 pH 稳定在 6.0～6.7，不随日龄变化。但是瘤胃内的 VFA 浓度和氨态氮受瘤胃微生物产生速度及瘤胃上皮吸收速度的影响，这就表明瘤胃内环境的变化与瘤胃乳头生长和饲料的种类有关。

　　新生绵羊的瘤胃上皮细胞利用葡萄糖的能力随着日龄的增长不断增加，一直持续到 42 日龄。随后葡萄糖的利用率迅速降低，而丁酸的利用率却在逐渐增加。42 日龄时，瘤胃上皮出现生酮作用的细胞显著增加，42 日龄以后其产生 BHBA 的速率和成年羊瘤胃产生的速率一致，且不随日龄变化。瘤胃上皮的 3-羟基-3-甲基戊二酰辅酶 A 合成酶（HMG-CoA 合成酶）和乙酰乙酰辅酶 A 硫解酶（acetoacetyl-CoA 硫解酶）的 mRNA 水平随日龄增加而改变，但并不随 VFA 的出现改变。

（三）反刍阶段

　　到 56 日龄羔羊瘤胃发育基本趋于成熟，瘤胃进入反刍阶段。此阶段全胃占总消化道的相对比例在不断增加，到 112 d 占全消化道的 39%，成年后占 49%，但是瘤胃占全胃的相对质量稳定在 60%，这就表明此阶段瘤胃的发育与其他 3 个胃的发育速度相当。瘤胃质量随日龄逐渐增加，200 日龄的小尾寒羊可达到 450 g，滩羊达到 300 g。瘤胃液的体积到 100 日龄时增加趋于稳定，到 150 日龄时增加到 4.84 L。

瘤胃乳头长度和宽度随日龄增加,但是单位面积上瘤胃乳头数量却减少,由 2 月龄的 385 个/cm 减少到 132.58 个/cm,此阶段瘤胃角质化明显。

瘤胃内的微生物主要包含原虫、真菌、细菌。瘤胃微生物中细菌的数量最多为 1010~1011 CFU/mL,其次是原虫 105~106 CFU/mL,真菌数量最少,为 103~104 CFU/mL。羔羊瘤胃细菌总数量随日龄持续增加,120~135 日龄后趋于稳定,瘤胃液中纤毛虫数量在 75~90 日龄增加迅速,在 120 日龄趋于稳定。瘤胃内的消化酶活力在反刍阶段变化不明显,纤维素酶的酶活力较稳定,但是在 9 周龄、11 周龄和 15 周龄浓度较高。α-淀粉酶的活力呈曲线变化,蛋白酶的总活性在 80~200 日龄呈现逐渐上升的趋势,200 日龄时增大明显,变化为 0.10~0.52 IU;脂肪酶的活力呈上升的趋势。此阶段瘤胃微生物区系稳定,优势菌群明显。瘤胃内的 pH 稳定在 6.3~7.0,且不随日龄变化。氨态氮浓度随日龄略有增加,在 100 日龄时稳定并达到最高值,但在 200 日龄可能会再次明显增加。瘤胃内的总 VFA 浓度为 60~130 mmol/L,但是瘤胃内的乙酸、丙酸、丁酸的浓度及相关比例与饲喂日粮有关。反刍阶段羔羊瘤胃绝对质量增加,但是相对于在此阶段羔羊消化道其他部分的发育,瘤胃组织结构发育处于稳定状态,瘤胃生理代谢功能变化较小。

(四)羔羊瘤胃发育的影响因素

1. 日粮类型与结构

乳头的长度和密度随日粮精料比例和营养水平增加而增加,精料的采食量增加能够增加瘤胃基层的厚度,以饲喂精料为主的羔羊,瘤胃上皮颗粒细胞层厚度增加。与饲喂干草的羔羊比较,饲喂精料的羔羊瘤胃质量、上皮细胞 DNA 含量、蛋白质合成能力均高。过度饲喂精料会导致乳头角质化不全,形态异常。高比例的精料会加速瘤胃微生物区系的建立,进而通过增加 VFA 和 NH_3-N 的浓度来增加瘤胃的代谢活性。瘤胃发酵速率过快,丙酸转化为乳酸含量增加,虽然乳酸也可进一步转化为葡萄糖,但容易造成瘤胃酸中毒,影响纤维物质等的消化率、采食量及机体健康。因此,合理的精粗比例是健康瘤胃发育的关键,但是在羔羊早期是否饲喂干草还没得到统一定论。Norouzian 等(2011)认为开食料中含有 15% 的苜蓿在不影响羔羊体重的情况下可以降低瘤胃角质层,增加瘤胃壁肌肉层厚度。除日粮精粗比对羔羊瘤胃有不同程度的影响外,饲料原料和日粮颗粒大小也会影响羔羊瘤胃的发育。蔡健森(2007)在研究羔羊早期断奶时发现,饲喂植物性蛋白和乳源性蛋白的羔羊可增加瘤胃乳头的数量,但不增加羔羊 90 d 瘤胃的质量。较小颗粒的日粮可减少瘤胃乳头的生长。日粮的颗粒较粗糙会降低乳头角质层厚度,减小代谢物通过瘤胃上皮的阻力,但是 Norouzian 和 Valizadeh(2015)研究发现,紫花苜蓿的颗粒大小对羔羊的瘤胃乳头的长度、宽度、密度,以及瘤胃上皮的厚度和面积没有影响。

2. 日粮营养素水平

羔羊 28 日龄断奶后，限制营养水平，羔羊瘤胃乳头宽度、长度和绒毛表面积明显减少。口服重组胰岛素生长因子（rhIGFI）粗制品促进新生羔羊瘤胃上皮乳头发育，刺激瘤胃上皮细胞分裂增加细胞数量，对单个细胞体积的影响相对较小。30 日龄的断奶羔羊表明日粮中高能量可增加瘤胃液内的丙酸浓度，降低丁酸浓度，但是对乙酸浓度影响较小，同时还会影响瘤胃液中原虫的数量。高蛋白质水平可增加羔羊瘤胃液中原虫和拟杆菌的数量，增加瘤胃液氨态氮浓度。能量水平对瘤胃发育的影响主要体现在对瘤胃上皮和瘤胃微生物细菌的影响，但是蛋白质水平影响瘤胃上皮发育的相关报道较少。

3. 饲养管理

放牧条件下，羔羊瘤胃内的 VFA 浓度在 56 日龄前逐渐增加，到 56 日龄后接近成年水平并趋于稳定的状态，pH 稳定在 $6.03\sim6.67$，舍饲条件下 VFA 总浓度在 42 d 达到最大并趋于稳定，pH 稳定在 $5.30\sim6.03$。放牧条件下瘤胃内容物中微生物蛋白酶、α-淀粉酶和纤维素酶比活性分别出现在 14 d、42 d、28 d，舍饲条件下 3 种酶的活性最高分别出现在 21 d、7 d、14 d。饲养模式影响瘤胃代谢参数和消化功能可能与采食的饲料种类及数量有关。断奶时间与断奶方式，是否饲喂固体饲料，以及饲喂固体饲料的时间都会影响瘤胃的发育。人工喂养的羔羊可增加瘤胃角质层的厚度，血液中 BHBA 的浓度高，瘤胃代谢能力强，但不增加瘤胃的乳头长度、宽度和密度。使用代乳品进行早期断奶可增加羔羊瘤胃质量和瘤胃乳头长度。饲喂代乳料的羔羊瘤胃乳头长度、宽度均要高于饲喂精料的羔羊瘤胃乳头。但是新生反刍动物仅喂乳汁或代乳品，会延滞瘤胃的发育，瘤胃比同龄的正常动物小，胃壁较薄，乳头缺乏正常的发育和色泽，总 VFA 浓度较低。延迟固体日粮饲喂时间使得瘤胃上皮细胞的代谢功能受到阻滞。因此，在生产中掌握合适的断奶时间，以及补饲开食料有利于瘤胃的发育。

第四节　日粮中不同淀粉源对羔羊瘤胃发育的影响

瘤胃是羊进行微生物和物理消化的重要场所。羔羊瘤胃的正常发育受饲粮、种别和其他因素的影响。实践生产中，早期完善羔羊瘤胃发育对于其生长和健康十分重要。饲料及其代谢产物显著影响羔羊前胃结构及其生理功能的发育，羔羊采食饲料能够促进胃部肌肉组织的发育，提高瘤胃蠕动及 VFA 的产生和吸收。淀粉作为羊日粮中主要的能量来源，可刺激瘤胃微生物发酵产生 VFA。然而，不同淀粉组成（直链淀粉/支链淀粉）在瘤胃内的发酵模式可能存在差异，进而导致淀粉发酵的终产物（VFA）的组成也会有所不同，差异性地影响瘤胃发育。瘤胃生理发育可分为两方面：瘤胃质量和容积的增加及瘤胃上皮乳头状组织的增长。瘤胃 pH 和 VFA 组成作为瘤胃发酵的主要内环境指标，可反映瘤胃内部环境状况及瘤胃发酵模式和程度；瘤胃菌群多样性的快速建立有助于瘤胃消化代谢功能的发挥。因此，瘤胃生理发育、发酵模式和菌群的多样性可全面地反映羔羊向成年过渡过程中瘤胃的健康状况。

一、材料与方法

（一）试验设计

选用 48 只初生公羔（小尾寒羊×东北细毛羊），随机分为 4 组，即木薯淀粉（TS）、玉米淀粉（CS）、小麦淀粉（WS）和豌豆淀粉（PS）组，每组 12 个重复，每个重复 1 只，各组间羔羊的初生重无显著差异，对应饲喂 4 种试验精料。

（二）日粮及营养水平

本试验分别选择 TS、CS、WS 和 PS 作为各试验组羔羊日粮中唯一的淀粉来源，配制 4 种在淀粉和氮含量，以及能量水平上基本一致的试验精料。试验精料的配制参照美国国家研究委员会 NRC 建议的育肥羔羊中等速度生长、预期日增重 200 g 的营养需要进行。试验中所选用的淀粉源均为食品级（上海国福龙凤食品股份有限公司）。4 种试验精料中直链淀粉/支链淀粉分别为 0.12（TS）、0.23（CS）、0.24（WS）、0.48（PS），精料组成及营养水平见表 4-6。

表 4-6　不同处理组试验精料的组成和营养水平（%）

原料	TS	CS	WS	PS
木薯淀粉	50.25			
玉米淀粉		50.25		
小麦淀粉			50.25	
豌豆淀粉				50.25
大豆粕	29.00	29.00	29.00	29.00
玉米蛋白粉	14.80	14.80	14.80	14.80
大豆油	1.60	1.60	1.60	1.60
石粉	0.80	0.80	0.80	0.80
磷酸氢钙（CaHPO$_4$）	1.20	1.20	1.20	1.20
食盐 NaCl	0.35	0.35	0.35	0.35
预混料	2.00	2.00	2.00	2.00
合计	100.00	100.00	100.00	100.00

续表

原料	TS	CS	WS	PS
营养水平				
总淀粉	43.72	44.01	44.00	44.97
直链淀粉/总淀粉	10.70	18.70	19.36	32.42
支链淀粉/总淀粉	89.30	81.30	80.64	67.58
直链淀粉/支链淀粉	0.12	0.23	0.24	0.48
干物质	90.14	90.14	90.14	89.88
粗蛋白	19.77	19.87	19.88	19.79
钙	0.76	0.76	0.76	0.76
磷	0.58	0.58	0.60	0.58
消化能 MJ/kg	14.23	14.27	14.20	14.25

注：①预混料中每千克精料含 Zn 5200 mg，Cu 1200 mg，Mn 4000 mg，Fe 6000 mg，I 40 mg，Co 35 mg，Se 20 mg，维生素 A 940 IU，维生素 E 20 IU。②营养水平中，消化能为计算值，其余为实测值

（三）饲养管理

试验前一周清扫、冲洗羊舍，并进行消毒处理。本研究试验期为 77 d，分别于羔羊 21、35、56 和 77 日龄每个处理组屠宰 3 只羔羊进行相关指标的测定。羔羊进行全舍饲饲养，于产后 7 d 补饲对应的试验精料及优质苜蓿（铡短至 3 cm 左右，营养成分：干物质 92.50%，粗蛋白 16.72%，钙 1.44%，磷 0.91%），并供应充足且清洁的饮水。每日饲喂 4 次（4:30、10:00、15:30 和 21:30）。试验全期，定时进行畜舍消毒，密切观察羔羊健康状况。

（四）样品的采集及预处理

1. 瘤胃组织样品的采集及预处理

羔羊活体称重后颈静脉放血致死，迅速打开腹腔，结扎各胃室连接处，连同内容物称重。随后倾出内容物后，称取其质量。用排水法测定各胃室容积。用生理盐水反复冲洗瘤胃后，再用蒸馏水冲洗，最后用滤纸吸干，称重。参照 Lesmeister 和 Heinrichs（2004）所描述的方法，分别采集瘤胃背囊和腹囊组织块（约 2 cm²），固定于 10% 的甲醛溶液中，用于测定瘤胃形态结构。

2. 瘤胃液的采集及预处理

瘤胃内容物采集于饲喂后的 3～4 h，4 层纱布过滤后立即用 pH 酸度计测定瘤胃液 pH。部分瘤胃液贮存于 -20℃以备测定氨态氮和菌体蛋白含量。吸取 10 mL 瘤胃液 4℃离心（10 000 r/min）15 min，取 5 mL 上清液与 1 mL 25% 偏磷酸混合贮存于 -20℃，用于测定 VFA。

（五）测定指标

1. 瘤胃相对质量和容积的测定

屠宰试验时称得羔羊活体重，以及各胃室质量和容积，因此可计算得出瘤胃相对质量（%活体重、%全胃）和相对容积（%全胃）。计算公式如下：

瘤胃相对质量（%活体重）=瘤胃质量/羔羊宰前体重×100%

瘤胃相对质量（%全胃）=瘤胃质量/（瘤胃质量+网胃质量+瓣胃质量+皱胃质量）×100%

瘤胃相对质量容积（%全胃）=瘤胃容积/（瘤胃容积+网胃容积+瓣胃容积+皱胃容积）×100%

2. 瘤胃发酵指标

pH 酸度计（Model PHS-2F）经校正后即时测定瘤胃 pH。瘤胃液氨态氮（NH3-N）参照冯宗慈和高民（1993）的方法进行测定，采用高效液相色谱法（high performance liquid chromatography，HPLC）测定瘤胃液挥发性脂肪酸浓度。

3. 瘤胃液菌体蛋白的测定

菌体蛋白的分离采用差速离心法。去除瘤胃液中的原虫和饲料大颗粒（瘤胃液于 39℃ 150×g 离心 15 min），分离细菌组分（用移液管准确量取 20 mL 上清液于 4℃ 16 000×g 离心 20 min 以分离细菌组分，弃上清，用 15 mL 生理盐水反复洗涤、离心两次）。

参照 Cotta 和 Russell（1982）及 Broderick 和 Craig（1989）阐述的方法测定菌体蛋白含量。将上述收集的细菌沉淀毫无损失地转移至消化管中，按凯式微量定氮法测定菌体蛋白含量。

4. 瘤胃组织形态结构的测定

采用石蜡切片，苏木精-伊红染色（hematoxylin and eosin staining，HE）方法观察羔羊瘤胃形态结构。每个样品制作 6 片切片，厚度为 7 μm，相邻切片之间距离 100 μm。光学显微镜（Olympus，Tokyo，Japan）放大倍数为 40×。瘤胃乳头表面积为乳头高度与宽度的乘积。

二、结果

（一）日粮中不同淀粉源对羔羊发酵参数的影响

精料中不同直链淀粉/支链淀粉对羔羊瘤胃 pH、氨态氮和菌体蛋白含量的影响见表 4-7。不同直链支链淀粉比对 21、35、56 和 77 日龄羔羊瘤胃 pH 无显著性影响（$P>0.05$）。随日龄的增长，部分羔羊瘤胃液氨态氮含量随之增加。与木薯淀粉、玉米淀粉和小麦淀粉试验精料相比，豌豆淀粉试验精料有增加 21、35 和 56 日龄羔羊瘤胃液氨态氮含量的趋势。77 日龄时，豌豆淀粉组羔羊瘤胃液氨态氮含量显著高于木薯淀粉组和小麦淀粉组（$P=0.034$）。56 和 77 日龄时，豌豆淀粉组羔羊瘤胃菌体蛋白含量显著低于木薯淀粉组，然而这两组间 21 和 35 日龄羔羊瘤胃液的菌体蛋白含量无显著差异。玉米淀粉组和小麦淀粉组羔羊 21、35、56 和 77 日龄时瘤胃液菌体蛋白含量均无显著性差异（$P>0.05$）。

表 4-7 精料中直链淀粉/支链淀粉对不同日龄羔羊瘤胃 pH、氨态氮和菌体蛋白浓度的影响

项目	TS	CS	WS	PS	SEM	P
瘤胃 pH						
21 d	6.79	6.93	6.64	6.56	0.151	0.369
35 d	6.92	6.92	6.76	6.91	0.132	0.788
56 d	6.77	6.66	6.91	6.83	0.181	0.794
77 d	6.95	6.94	6.66	6.61	0.152	0.373
氨态氮/（mg/100 mL）						
21 d	15.04	14.61	14.09	15.56	0.544	0.296
35 d	17.62	17.96	17.90	19.07	0.490	0.202
56 d	17.84	17.98	18.06	18.75	0.293	0.159
77 d	19.62[b]	19.99[ab]	19.38[b]	21.23[a]	0.449	0.034
菌体蛋白/（mg/mL）						
21 d	0.54	0.56	0.52	0.54	0.026	0.746
35 d	1.46	1.33	1.37	1.30	0.055	0.212
56 d	1.53[a]	1.44[ab]	1.49[a]	1.29[b]	0.051	0.019
77 d	1.83[a]	1.50[ab]	1.56[ab]	1.41[b]	0.105	0.065

注：同行上角标字母不同表示差异显著（$P<0.05$）；字母相同表示差异不显著（$P>0.05$）。SEM，标准误

精料中不同直链淀粉/支链淀粉对羔羊瘤胃液挥发性脂肪酸含量影响的测定结果见表 4-8。瘤胃液总挥发性脂肪酸浓度未受试验精料中直链淀粉/支链淀粉的影响（$P>0.05$）。56 日龄时，所有羔羊瘤胃液中总挥发性脂肪酸浓度均低于 35 日龄。4 个试验组 21、35、56 和 77 日龄羔羊的瘤胃乙酸及异戊酸浓度无显著性差异（$P>0.05$）。35、56 和 77 日龄时，木薯淀粉组羔羊瘤胃丙酸浓度显著高于豌豆淀粉组（$P=0.039$，$P=0.005$，$P=0.021$），然而这两组间羔羊 21 日龄瘤胃丙酸浓度无显著性差异（$P>0.05$）。35 和 56 日龄时，豌豆淀粉组瘤胃丁酸浓度最高，玉米淀粉组和小麦淀粉组次之（$P<0.001$），木薯淀粉组最低（$P<0.001$），然而 4 个处理组间 21 日龄羔羊瘤胃丁酸浓度无显著性差异（$P>0.05$）。豌豆淀粉组羔羊 77 日龄瘤胃丁酸浓度显著高于玉米淀粉组、小麦淀粉组和豌豆淀粉组（$P=0.023$）。

异丁酸浓度随日龄增长而增加。豌豆淀粉组羔羊21日龄时瘤胃异丁酸浓度显著高于木薯淀粉组、玉米淀粉组和小麦淀粉组（$P=0.001$），而4个处理组间羔羊35、56和77日龄时异丁酸浓度无显著性差异（$P>0.05$）。到达77日龄时，豌豆淀粉组羔羊支链脂肪酸浓度显著高于小麦淀粉组（$P<0.05$）。

表4-8　精料中直链淀粉/支链淀粉对不同日龄羔羊瘤胃液
挥发性脂肪酸浓度的影响（单位：mmol/L）

项目	TS	CS	WS	PS	SEM	P
总挥发性脂肪酸						
21 d	35.27	34.66	34.99	33.84	2.328	0.974
35 d	46.71	44.37	46.37	44.58	2.775	0.902
56 d	41.61	39.24	38.49	42.10	2.646	0.728
77 d	56.33	54.25	54.40	57.31	1.696	0.540
乙酸						
21 d	24.85	24.37	24.44	23.29	1.911	0.945
35 d	28.84	26.48	27.56	28.85	2.284	0.880
56 d	24.47	22.21	22.28	25.71	1.900	0.518
77 d	31.49	31.36	31.36	31.67	1.599	0.999
丙酸						
21 d	5.86	5.34	5.73	5.63	0.251	0.536
35 d	10.48[a]	10.78[a]	10.83[a]	8.38[b]	0.549	0.039
56 d	9.65[a]	8.52[b]	8.02[b]	7.61[b]	0.285	0.005
77 d	17.12[a]	15.15[b]	15.08[b]	14.85[b]	0.436	0.021
丁酸						
21 d	1.72	1.90	2.04	1.73	0.368	0.910
35 d	2.75[c]	3.10[b]	3.21[b]	3.75[a]	0.058	<0.001
56 d	2.81[c]	3.37[b]	3.52[b]	4.65[a]	0.121	<0.001
77 d	2.72[b]	2.72[b]	2.99[b]	4.21[a]	0.302	0.023
戊酸						
21 d	0.92	1.05	1.01	0.89	0.070	0.380
35 d	1.52	1.45	1.51	1.41	0.263	0.988
56 d	1.71	1.77	1.29	1.54	0.254	0.571
77 d	1.27	1.38	1.62	2.43	0.195	0.012
异丁酸						
21 d	0.78[b]	0.81[b]	0.77[b]	0.95[a]	0.031	0.001
35 d	1.32	1.44	1.53	1.32	0.152	0.724
56 d	1.84	1.99	2.06	1.72	0.285	0.871
77 d	2.49	2.44	2.23	2.64	0.191	0.538

续表

项目	TS	CS	WS	PS	SEM	P
异戊酸						
21 d	1.14	1.20	1.00	1.34	0.296	0.879
35 d	1.80	1.12	1.73	1.18	0.220	0.122
56 d	1.13	1.38	1.32	0.89	0.231	0.484
77 d	1.24	1.20	1.11	1.51	0.251	0.717
支链脂肪酸						
21 d	1.92	2.00	1.77	2.29	0.300	0.672
35 d	3.12	2.55	3.26	2.50	0.294	0.239
56 d	2.97	3.37	3.38	2.58	0.396	0.475
77 d	3.73[ab]	3.64[ab]	3.34[b]	4.15[a]	0.165	0.051

注：同行上角标字母不同表示差异显著（$P<0.05$）；字母相同表示差异不显著（$P>0.05$）。SEM，标准误

（二）日粮中不同淀粉源对羔羊瘤胃形态结构的影响

各处理组羔羊瘤胃的相对质量和相对容积测定结果如表 4-9 所示。随着羔羊日龄的增长，瘤胃相对质量和相对容积也随之增大。精料中直链淀粉/支链淀粉对羔羊瘤胃相对质量（%体重、%全胃重）无显著性影响（$P>0.05$）。本研究发现精料中直链淀粉/支链淀粉对瘤胃相对容积（%全胃）也无显著性影响（$P>0.05$）。

形态计量测定结果如表 4-10～表 4-13 所示。本研究选择 6 个指标衡量精料中直链淀粉/支链淀粉对 21、35、56 和 77 日龄育肥羔羊瘤胃形态发育的影响，其中包括瘤胃乳头状组织的长度、宽度、密度和表面积，以及肌层厚度、角质化层厚度。21 日龄时，各试验组瘤胃背部和腹部测定的所有指标均无显著性差异（$P>0.05$）。与木薯淀粉、玉米淀粉和小麦淀粉试验精料相比，豌豆淀粉组显著地提高了 35 日龄羔羊瘤胃背部乳头状组织的表面积（$P=0.010$），然而对其他指标无显著性影响（$P>0.05$）。关于瘤胃腹囊，精料中直链淀粉/支链淀粉对 35 日龄羔羊的测定指标均无显著性的影响（$P>0.05$）。56 日龄时，豌豆淀粉组羔羊瘤胃背部乳头状组织长度显著大于木薯淀粉组、玉米淀粉组和小麦淀粉组（$P=0.002$）；豌豆淀粉组羔羊瘤胃腹部乳头状组织的表面积显著高于木薯淀粉组、玉米淀粉组和小麦淀粉组（$P=0.047$），而其瘤胃背部乳头状组织的表面积最高，其次是玉米淀粉组和小麦淀粉组，木薯淀粉组最低；其他指标无显著性差异（$P>0.05$）。77 日龄时，豌豆淀粉组羔羊瘤胃背部乳头状组织长度显著大于木薯淀粉组、玉米淀粉组和小麦淀粉组（$P=0.031$）；豌豆淀粉组羔羊瘤胃腹部乳头状组织的表面积显著高于木薯淀粉组、玉米淀粉组和小麦淀粉组（$P=0.027$）；其他指标也无显著性差异（$P>0.05$）。

表 4-9　精料中直链淀粉/支链淀粉对羔羊瘤胃相对质量和相对容积的影响

项目	TS	CS	WS	PS	SEM	P
相对质量/%体重						
21 d	1.01	1.14	1.04	0.80	0.127	0.342
35 d	1.71	1.66	1.57	1.54	0.234	0.951
56 d	2.53	2.90	2.19	2.56	0.240	0.295
77 d	2.83	2.95	2.69	2.63	0.197	0.672
相对质量/%全胃重						
21 d	44.70	51.00	44.68	46.19	4.003	0.786
35 d	62.13	62.16	60.85	60.52	3.512	0.982
56 d	69.39	69.81	69.37	69.80	1.464	0.994
77 d	70.02	72.31	70.62	70.31	1.377	0.749
相对容积/%全胃						
21 d	61.77	60.80	63.82	60.90	0.785	0.527
35 d	72.18	71.23	71.73	72.82	1.623	0.912
56 d	81.29	78.38	80.02	81.86	1.405	0.221
77 d	84.76	84.69	84.21	85.08	0.783	0.887

注：SEM，标准误

表 4-10　精料中直链淀粉/支链淀粉对 21 日龄羔羊瘤胃形态结构的影响

项目	TS	CS	WS	PS	SEM	P
瘤胃背囊						
乳头状组织长度/μm	592.44	602.44	604.11	630.78	24.721	0.726
乳头状组织宽度/μm	238.44	241.11	247.50	255.33	6.117	0.219
乳头状组织表面积/mm^2	0.14	0.15	0.15	0.16	0.008	0.298
肌层厚度/μm	378.06	406.22	395.72	398.28	12.539	0.447
乳头状组织密度/(个/cm^2)	116	118	112	113	3.157	0.577
角质化层厚度/μm	19.94	19.39	19.28	20.67	0.844	0.639
瘤胃腹囊						
乳头状组织长度/μm	581.00	584.44	589.67	598.72	19.092	0.921
乳头状组织宽度/μm	294.44	276.17	277.89	293.50	13.268	0.652
乳头状组织表面积/mm^2	0.17	0.16	0.16	0.17	0.009	0.747
肌层厚度/μm	395.44	390.33	394.94	399.22	10.908	0.953
乳头状组织密度/(个/cm^2)	116	118	112	113	3.157	0.577
角质化层厚度/μm	19.89	18.94	19.17	20.44	0.810	0.545

注：SEM，标准误

表 4-11 精料中直链淀粉/支链淀粉对 35 日龄羔羊瘤胃形态结构的影响

项目	TS	CS	WS	PS	SEM	P
瘤胃背囊						
乳头状组织长度/μm	877.39	872.44	873.50	918.28	16.205	0.147
乳头状组织宽度/μm	275.28	278.83	276.89	305.78	9.233	0.071
乳头状组织表面积/mm²	0.24[b]	0.24[b]	0.24[b]	0.28[a]	0.009	0.010
肌层厚度/μm	413.06	437.33	421.28	417.17	10.757	0.409
乳头状组织密度/(个/cm²)	102	102	104	103	1.988	0.893
角质化层厚度/μm	25.06	24.89	24.33	25.11	0.853	0.914
瘤胃腹囊						
乳头状组织长度/μm	800.50	839.11	835.72	856.78	18.814	0.205
乳头状组织宽度/μm	278.72	270.28	274.50	287.28	9.358	0.616
乳头状组织表面积/mm²	0.22	0.23	0.23	0.25	0.010	0.325
肌层厚度/μm	421.94	424.78	417.72	411.39	7.493	0.563
乳头状组织密度/(个/cm²)	110	106	117	105	8.774	0.774
角质化层厚度/μm	23.17	21.72	23.44	22.17	0.644	0.197

注：同行上角标字母不同表示差异显著（$P<0.05$）；字母相同表示差异不显著（$P>0.05$）。SEM，标准误

表 4-12 精料中直链淀粉/支链淀粉对 56 日龄羔羊瘤胃形态结构的影响

项目	TS	CS	WS	PS	SEM	P
瘤胃背囊						
乳头状组织长度/μm	1317.28[b]	1298[b]	1321.28[b]	1480.06[a]	35.660	0.002
乳头状组织宽度/μm	327.61	359.17	336.72	338.89	11.605	0.277
乳头状组织表面积/mm²	0.43[b]	0.46[ab]	0.44[ab]	0.50[a]	0.019	0.074
肌层厚度/μm	475.33	477.5	468.28	468.33	8.845	0.832
乳头状组织密度/(个/cm²)	84	84	86	91	2.388	0.151
角质化层厚度/μm	32.28	32.72	30.44	29.94	1.219	0.301
瘤胃腹囊						
乳头状组织长度/μm	1279.06	1272.44	1295.72	1323.83	17.679	0.180
乳头状组织宽度/μm	332.33	337.11	329.44	373.06	14.802	0.141
乳头状组织表面积/mm²	0.43[b]	0.43[b]	0.43[b]	0.50[a]	0.021	0.047
肌层厚度/μm	408.67	407.00	411.11	414.72	8.437	0.924
乳头状组织密度/(个/cm²)	90	90	91	87	1.640	0.294
角质化层厚度/μm	30.22	30.50	28.61	28.17	0.825	0.126

注：同行上角标字母不同表示差异显著（$P<0.05$）；字母相同表示差异不显著（$P>0.05$）。SEM，标准误

表 4-13 精料中直链淀粉/支链淀粉对 77 日龄羔羊瘤胃形态结构的影响

项目	TS	CS	WS	PS	SEM	P
瘤胃背囊						
乳头状组织长度/μm	1446.44[b]	1446.39[b]	1480.78[b]	1590.72[a]	38.527	0.031
乳头状组织宽度/μm	368.33	390.94	385.78	398.11	15.216	0.558
乳头状组织表面积/mm²	0.53[b]	0.57[ab]	0.57[ab]	0.63[a]	0.026	0.053
肌层厚度/μm	541.89	548.22	524.39	532.56	14.008	0.645
乳头状组织密度/（个/cm²）	78	76	78	82	2.341	0.319
角质化层厚度/μm	35.61	36.06	34.89	34.39	1.079	0.703
瘤胃腹囊						
乳头状组织长度/μm	1397.11	1419.72	1397.50	1462.83	22.373	0.140
乳头状组织宽度/μm	359.94	359.06	361.17	396.22	12.394	0.104
乳头状组织表面积/mm²	0.50[b]	0.51[b]	0.50[b]	0.58[a]	0.021	0.027
肌层厚度/μm	541.39	535.39	555.56	531.56	8.740	0.236
乳头状组织密度/（个/cm²）	81	76	81	78	1.593	0.167
角质化层厚度/μm	33.83	33.83	32.00	31.94	0.830	0.181

注：同行上角标字母不同表示差异显著（$P<0.05$）；字母相同表示差异不显著（$P>0.05$）。SEM，标准误

三、讨论

（一）日粮中不同淀粉源对羔羊发酵参数的影响

羔羊出生时胃肠道发育并不成熟，不具有反刍的功能。羔羊从非反刍向反刍的转变是以瘤胃的发酵功能为中心的。瘤胃发酵能力的建立主要依赖于瘤胃微生物区系的建立和基底物质的获得。早期补饲固体饲料可通过刺激发酵过程进而促进瘤胃的发育。随日龄增长饲料消耗量的增加能够提高反刍动物胃肠道适应和发酵固体饲料的能力。早期补饲不同的固体饲料对动物胃肠道发育产生的效果不尽相同。本研究中，4 个试验组羔羊瘤胃发酵产物和形态计量测定结果中，部分指标具有显著性差异。羔羊瘤胃 pH 未受到淀粉来源的影响。与玉米淀粉、小麦淀粉和木薯淀粉相比，豌豆淀粉的瘤胃降解率较低。而且，日粮淀粉的瘤胃降解率对瘤胃 pH 有很重要的影响。不同直链淀粉/支链淀粉的淀粉源对瘤胃 pH 没有影响，可能是高直链淀粉瘤胃中的降解速率低，导致有机酸产生速率相对较慢，进而引起羔羊瘤胃 pH 变化速率的不同。瘤胃氨态氮的累积与碳水化合物降解速率相反。豌豆淀粉组有提高 21、35 和 56 日龄羔羊瘤胃氨态氮含量的趋势，而且显著提高了 77 日龄羔羊瘤胃液氨态氮含量。瘤胃菌体蛋白含量减少会导致氨态氮的累积。相应地，本研究结果显示豌豆淀粉组显著降低了 56 和 77 日龄羔羊瘤胃菌

体蛋白含量。豌豆淀粉组羔羊菌体蛋白含量的减少可能与瘤胃内豌豆淀粉和蛋白质同步利用较差有关系。新生动物通过摄入固体饲料建立瘤胃发育，这一过程会产生挥发性脂肪酸，随后刺激瘤胃发育。不同碳水化合物具有不同的发酵模式。本研究显示，精料中直链淀粉/支链淀粉对瘤胃总挥发性脂肪酸浓度无影响。各试验组羔羊瘤胃总挥发性脂肪酸浓度相近可能是由饲料采食量相近引起的。所有羔羊 56 日龄瘤胃总挥发性脂肪酸含量都低于 35 日龄可能归因于瘤胃上皮挥发性脂肪酸吸收能力增强，此阶段羔羊瘤胃上皮迅速发育，进而对挥发性脂肪酸的吸收也随之加强。与高直链淀粉相比，支链淀粉丰富的淀粉源具有较高的瘤胃降解率，进而能为瘤胃微生物提供更多的可利用淀粉。这可能是木薯淀粉组羔羊瘤胃丙酸较高的原因。肠道微生物对淀粉底物的结构特征有高敏感性，这种调控机制可能是受淀粉颗粒的形状和淀粉颗粒内部精细结构的作用。高直链淀粉分子结构排列高度有序，肠道微生物对其降解速度较为缓慢，葡萄糖的释放与微生物对其利用速率之间可能存在良好的动态平衡，这样的发酵模式会使发酵产物乙酸更加有效地转化为丁酸，进而引起丁酸含量的上升。本试验结果显示直链淀粉/支链淀粉为 0.48 的豌豆淀粉显著提高了 35、56 和 77 日龄羔羊瘤胃丁酸浓度，可能归因于豌豆淀粉高度有序的颗粒结构。Sun 等（2006）发现豌豆淀粉能增加生长猪盲肠和结肠丁酸浓度。另有研究报道，富含直链淀粉的土豆淀粉也能有效增加人结肠丁酸浓度。玉米淀粉组和小麦淀粉组羔羊短链脂肪酸浓度均无显著性差异。玉米淀粉和小麦淀粉相近的直链淀粉/支链淀粉可能解释这一结果。木薯淀粉、玉米淀粉和小麦淀粉组 21 日龄羔羊异丁酸的浓度显著低于豌豆淀粉组，推测试验羔羊可能因缺乏合成异丁酸需要的支链氨基酸导致异丁酸浓度的降低。

（二）日粮中不同淀粉源对羔羊瘤胃形态结构的影响

　　羔羊从哺食母乳到采食固体饲料（谷物和干草）的过渡过程中，即从依赖葡萄糖到依赖挥发性脂肪酸作为主要能量的过程中，瘤胃质量、容积和形态迅速变化。这些变化来自固体饲料对瘤胃的物理刺激及其发酵产物对瘤胃上皮的化学刺激。Norouzian 和 Valizadeh（2014）研究证明，固体饲料对瘤胃的物理刺激能导致瘤胃质量、容积和肌化的增加。本研究中，各试验组 21、35、56 和 77 日龄羔羊瘤胃相对质量（%体重、%全胃重）和相对容积（%全胃）无显著差异，推测其原因可能是各试验组羔羊固体饲料采食量相近，进而产生相似的物理刺激。

　　随着起始固体饲料的摄入和随后建立的瘤胃发酵，瘤胃经历了物理性和代谢性的变化。瘤胃物理性发育包括瘤胃质量和容积的增加及瘤胃上皮乳头状组织的增长。瘤胃乳头的良好发育对营养物质的利用至关重要。研究表明，在瘤胃内放置惰性材料模拟饲料的物理刺激并没有引起瘤胃乳头的显著增长，而灌注丁酸钠则显著影响了犊牛和羔羊瘤胃乳头的增长。这表明仅有固体饲料的物理刺激并不能促进瘤胃乳头状组织的发育。因此，为了瘤胃上皮正常发育应有适宜的瘤胃发酵，其产生的短链脂肪酸可促进乳头的增长。乳头状组织长度的增长能提高瘤胃的吸收能力，其表面积的增加意味着更大的瘤胃吸收面积。通常情况下，研究者都采用瘤胃上皮乳头状组织长度、宽度、颜色、单位面积的密度及肌层厚度来衡量瘤胃上皮的发育情况。Lesmeister 和 Heinrichs（2004）认为瘤胃上皮乳头状组织长度是瘤胃上皮发育的关键因素，最能够反映不同处理方式对瘤胃发育的影响，其次是瘤胃乳头宽度和密度等指标。与木薯淀粉日粮相比，豌豆淀粉日粮（高直链淀粉/支链淀粉）通过增加 35、56 和 77 日龄羔羊的瘤胃背部和腹部乳头状组织长度或表面积而显著地刺激了瘤胃发育。这可能与豌豆淀粉组羔羊瘤胃丁酸浓度显著高于木薯淀粉组有关。据报道，挥发性脂肪酸对乳头状组织发育的刺激效果并不相同，丁酸刺激效果最好。目前，关于丁酸刺激瘤胃乳头生长的途径尚未阐明。Zanmin 等（2004）报道，这种效应的潜在机制可能是由于丁酸能调节 IGF-I 产量，IGF-I 进而增加乳头状组织的大小。瘤胃上皮具有重要的生理功能，包括营养物质的吸收和转运，短链脂肪酸的代谢和保护作用。这种保护作用与瘤胃上皮细胞角质化程度有关。4 个试验组 21 日龄羔羊瘤胃上皮发育各项指标均无显著性差异。推测其原因可能是羔羊采食固体饲料量较少，随后产生的物理刺激和化学刺激不足使各处理组间产生显著性的差异。

四、结论

不同直链淀粉/支链淀粉精料未影响各组羔羊瘤胃 pH，豌豆淀粉组羔羊 77 日龄时瘤胃液氨态氮显著高于木薯淀粉组，而菌体蛋白含量显著低于木薯淀粉组。35 日龄后，木薯淀粉组羔羊瘤胃丙酸浓度显著高于豌豆淀粉组，丁酸浓度显著低于其他组。各组羔羊瘤胃相对质量和相对容积无显著性差异，豌豆淀粉日粮显著提高了 35、56 和 77 日龄羔羊瘤胃背部或腹部的乳头状组织的长度或表面积。

第五节　日粮中不同淀粉源对羔羊小肠发育的影响

一、日粮中不同淀粉源对羔羊小肠形态结构的影响

（一）材料与方法

1. 试验设计、日粮及营养水平和饲养管理

试验设计、日粮及营养水平和饲养管理同本章第四节。

2. 样品的采集及预处理

每期试验结束后，每个重复选择 1 只羔羊准确称量其活体质量后进行屠宰。迅速打开腹腔，将羔羊的小肠（十二指肠、空肠、回肠）和大肠（盲肠、结肠、直肠）的各部位连接处进行结扎，准确称取各肠段带有食糜的质量和其净质量。然后，于羔羊十二指肠、空肠和回肠各段的中部分别采集适宜大小的组织样品，用冰生理盐水冲洗干净后，放入装有 10% 中性甲醛溶液的玻璃瓶中，用于测定小肠形态结构。

3. 小肠形态结构的测定方法

从固定好的组织取样，经过不同浓度的乙醇逐级脱水，然后进行二甲苯透明、浸蜡和石蜡包埋等处理，再将其切成 8 μm 的切片，最后进行苏木精-伊红染色（HE）和中性树胶封片。在 40× 光学显微镜下进行观察和显微照相。采用 ML-50 显微图像采集分析系统测量小肠绒毛高度、绒毛宽度和隐窝深度，并计算绒毛高度/隐窝深度和绒毛表面积（绒毛表面积=$2\pi rh$，r 为绒毛的半径，h 为绒毛高度）。

（二）结果

不同淀粉源对 21、35、56 和 77 日龄羔羊十二指肠形态结构的影响见表 4-14。不同淀粉源对绒毛高度、隐窝深度、绒毛高度/隐窝深度和绒毛表面积有显著影响（$P<0.05$）。生长时期对绒毛高度、绒毛高度/隐窝深度和绒毛表面积均有显著影响（$P<0.05$）。不同淀粉源对 77 日龄羔羊绒毛高度和绒毛高度/隐窝深度，35 日龄羔羊隐窝深度和 56、77 日龄羔羊绒毛表面积无显著影响（$P>0.05$），且在整个试验期内，4 个淀粉组的绒毛宽度均无显著差异（$P>0.05$）。在 21、35 日龄时，小麦和豌豆淀粉显著提高了羔羊十二指肠的绒毛高度（$P<0.05$）。在 21、56 和 77 日龄时，豌豆淀粉组羔羊十二指肠的隐窝深度值最大（$P<0.05$）。小麦和豌豆淀粉显著提高了 35 日龄羔羊十二指肠绒毛高度/隐窝深度（$P<0.05$），且小麦淀粉显著提高了 21 和 56 日龄羔羊十二指肠绒毛高度/隐窝深度（$P<0.05$）。小麦和豌豆淀粉显著提高了 21 和 35 日龄羔羊十二指肠的绒毛表面积（$P<0.05$）。十二指肠中绒毛宽度和隐窝深度都不随生长时期的变化而变化（$P>0.05$），但绒毛高度、绒毛表面积和绒毛高度/隐窝深度都随着生长时期的增加而增大（$P<0.05$）。

不同淀粉源对 21、35、56 和 77 日龄羔羊空肠形态结构的影响见表 4-15。不同淀粉源和生长时期均对羔羊空肠绒毛高度、绒毛宽度、隐窝深度、绒毛表面积和绒毛高度/隐窝深度产生显著影响（$P<0.05$）。羔羊空肠的隐窝深度不存在淀粉源与生长时期的交互作用（$P>0.05$），而绒毛高度、绒毛宽度、绒毛表面积和绒毛高度/隐窝深度则存在淀粉源与生长时期的交互作用（$P<0.05$）。不同淀粉源对 56、77 日龄羔羊绒毛高度，21、56 日龄羔羊绒毛宽度，21、35 日龄羔羊绒毛高度/隐

表 4-14 不同淀粉源对羔羊十二指肠组织形态的影响

项目	处理组（T）					时期（P）					P		
	TS	CS	WS	PS	SEM	21 d	35 d	56 d	77 d	SEM	T	P	T×P
绒毛高度/μm													
21 d	204.81^{b}	209.72^{b}	236.11^{a}	237.89^{a}	1.98	222.13^{b}	224.04^{b}	227.88^{b}	275.68^{a}	1.97	<0.0001	<0.0001	<0.0001
35 d	208.47^{b}	212.38^{b}	233.51^{a}	241.81^{a}	1.98								
56 d	220.73^{b}	226.35^{b}	227.22^{a}	237.21^{a}	1.98								
77 d	271.57	275.17	275.98	279.98	1.98								
绒毛宽度/μm													
21 d	88.35	86.55	88.53	88.30	0.89	87.93	87.84	88.61	88.30	0.41	0.0626	0.6039	0.9522
35 d	87.21	87.08	88.99	88.10	0.89								
56 d	88.30	87.35	89.54	89.24	0.89								
77 d	87.51	88.34	88.86	88.50	0.89								
隐窝深度/μm													
21 d	118.33^{b}	118.64^{b}	117.00^{b}	139.62^{a}	1.31	123.40	123.04	122.55	122.49	1.25	<0.0001	0.7315	<0.0001
35 d	121.96	123.14	120.70	126.35	1.31								
56 d	125.67^{a}	123.12^{a}	111.84^{b}	129.56^{a}	1.31								
77 d	119.15^{b}	122.00^{a}	120.67^{b}	128.15^{a}	1.31								
绒毛高度/隐窝深度													
21 d	1.73^{b}	1.77^{b}	2.02^{a}	1.70^{b}	0.03	1.81^{b}	1.82^{b}	1.87^{b}	2.25^{a}	0.02	<0.0001	<0.0001	<0.0001
35 d	1.71^{b}	1.72^{b}	1.93^{a}	1.92^{a}	0.03								
56 d	1.76^{b}	1.84^{b}	2.03^{a}	1.83^{b}	0.03								
77 d	2.28	2.25	2.29	2.18	0.03								
绒毛表面积/mm²													
21 d	0.11^{b}	0.11^{b}	0.13^{a}	0.13^{a}	0.003	0.12^{b}	0.12^{b}	0.13^{b}	0.15^{a}	0.002	<0.0001	<0.0001	0.0075
35 d	0.11^{b}	0.12^{b}	0.13^{a}	0.13^{a}	0.003								
56 d	0.12	0.12	0.13	0.13	0.003								
77 d	0.15	0.15	0.16	0.16	0.003								

注：处理组（时期）同行上角标字母不同表示差异显著（$P<0.05$）；未标字母或相同字母表示差异不显著（$P>0.05$）。SEM. 标准误。表 4-15～表 4-21 同。

表4-15　不同淀粉源对羔羊空肠组织形态的影响

项目	处理组（T）				SEM	时期（P）				SEM	P		
	TS	CS	WS	PS		21 d	35 d	56 d	77 d		T	P	T×P
绒毛高度/μm													
21 d	211.06[b]	211.59[b]	213.22[b]	236.96[a]	2.04	218.21[d]	226.37[c]	242.70[b]	252.54[a]	1.86	<0.0001	<0.0001	<0.0001
35 d	215.42[b]	218.76[b]	222.89[b]	248.39[a]	2.04								
56 d	240.63	241.93	242.68	245.55	2.04								
77 d	248.95	251.29	254.69	255.22	2.04								
绒毛宽度/μm													
21 d	77.67	78.74	83.33	83.76	2.10	83.14[c]	87.55[bc]	92.04[ab]	94.42[a]	1.28	<0.0001	<0.0001	0.0068
35 d	75.00[b]	86.63[ab]	94.71[a]	96.00[a]	2.10								
56 d	88.56	89.04	89.33	92.85	2.10								
77 d	91.32[b]	95.80[ab]	100.81[ab]	105.07[a]	2.10								
隐窝深度/μm													
21 d	86.52[a]	92.30[ab]	88.62[ab]	96.33[a]	1.82	90.94[a]	87.96[a]	84.81[ab]	84.74[b]	0.95	<0.0001	<0.0001	0.2446
35 d	81.83[b]	90.83[ab]	84.82[b]	94.37[a]	1.82								
56 d	77.15[b]	90.39[a]	80.26[b]	91.44[a]	1.82								
77 d	81.84[b]	84.17[ab]	80.08[b]	92.87[a]	1.82								
绒毛高度/隐窝深度													
21 d	2.44	2.30	2.41	2.47	0.06	2.40[c]	2.58[b]	2.88[a]	2.99[a]	0.04	<0.0001	<0.0001	0.0002
35 d	2.63	2.41	2.63	2.63	0.06								
56 d	3.12[a]	2.68[b]	3.02[a]	2.69[b]	0.06								
77 d	3.05[a]	2.98[ab]	3.18[a]	2.75[b]	0.06								
绒毛表面积/mm²													
21 d	0.10[b]	0.10[b]	0.11[ab]	0.12[a]	0.004	0.11[d]	0.13[c]	0.14[b]	0.16[a]	0.002	<0.0001	<0.0001	0.0124
35 d	0.10[c]	0.12[bc]	0.13[ab]	0.15[a]	0.004								
56 d	0.13	0.14	0.14	0.14	0.004								
77 d	0.14[c]	0.15[bc]	0.16[ab]	0.17[a]	0.004								

窝深度和 56 日龄羔羊绒毛表面积均无显著影响（$P>0.05$）。豌豆淀粉显著提高了 21 和 35 日龄羔羊空肠的绒毛高度（$P<0.05$）。木薯淀粉显著降低了 35 和 77 日龄羔羊空肠的绒毛宽度（$P<0.05$）。在整个试验期内，豌豆淀粉组羔羊的隐窝深度值均最大（$P<0.05$）。在 56 和 77 日龄时，豌豆淀粉显著降低了羔羊空肠绒毛高度/隐窝深度（$P<0.05$）。但在 21、35 和 77 日龄时，豌豆淀粉组羔羊空肠的绒毛表面积最大（$P<0.05$）。空肠中隐窝深度随着羔羊生长时期的增加而减小（$P<0.05$），而绒毛高度、绒毛宽度、绒毛表面积和绒毛高度/隐窝深度均是随羔羊生长时期的增加而增大（$P<0.05$）。

不同淀粉源对 21、35、56 和 77 日龄羔羊回肠形态结构的影响见表 4-16。不同淀粉源和生长时期均对羔羊回肠绒毛高度、绒毛宽度、隐窝深度、绒毛表面积和绒毛高度/隐窝深度产生显著影响（$P<0.05$）。羔羊回肠中绒毛高度、绒毛宽度、隐窝深度、绒毛表面积和绒毛高度/隐窝深度均不存在淀粉源与生长时期的交互作用（$P>0.05$）。不同淀粉源对 21、35 和 56 日龄羔羊回肠绒毛宽度和 21、35 和 77 日龄羔羊绒毛表面积无显著影响（$P>0.05$），且在整个试验期内，对羔羊回肠的绒毛高度均无显著影响（$P>0.05$）。豌豆淀粉显著提高了 77 日龄羔羊的绒毛宽度（$P<0.05$）。在整个试验期内，小麦淀粉组羔羊回肠的隐窝深度值最小（$P<0.05$），而绒毛高度/隐窝深度最大（$P<0.05$）。在 56 日龄时，豌豆淀粉显著提高了羔羊回肠的绒毛表面积（$P<0.05$）。回肠中隐窝深度是随着羔羊生长时期的增加而减小（$P<0.05$），而绒毛高度、绒毛宽度、绒毛表面积和绒毛高度/隐窝深度均是随羔羊生长时期的增加而增大（$P<0.05$）。

（三）讨论

1. 不同淀粉源对羔羊各肠段相对质量的影响

羔羊出生后肠道和体重的绝对质量一直在增长，但肠道相对质量的增长速度要快于体重的增长。小肠质量的变化会影响饲料中营养物质的消化和吸收。21～56 日龄羔羊瘤胃正处于逐渐发育成熟的过渡阶段，从瘤胃到达肠道的营养物质的类型和数量发生改变，因此肠道消化和吸收的营养物质类型，以及数量也会发生变化。

饲料中的营养物质会影响动物肠道的正常发育，主要包括日粮的组成及营养水平等多种因素。小肠质量的增加会使得动物维持营养需要的量也随之增加，当羔羊体内能量不能满足其生长发育的需要，机体就会减少内脏器官用于生长的能量。淀粉是动物生长所需能量的主要来源。本试验研究了 4 种不同淀粉源对羔羊各肠段相对质量的影响，分别以木薯、玉米、小麦和豌豆淀粉作为日粮中唯一的淀粉来源，且日粮中淀粉含量、氮含量和能量水平基本一致，试验动物的饲养管

表4-16　不同淀粉源对羔羊回肠组织形态的影响

项目	处理组（T）				SEM	时期（P）				SEM	P		
	TS	CS	WS	PS		21 d	35 d	56 d	77 d		T	P	T×P
绒毛高度/μm											0.0443	<0.0001	0.9948
21 d	233.00	233.91	234.15	235.26	2.22	234.08^c	243.95^b	247.67^b	252.97^a	1.01			
35 d	241.39	244.35	244.61	245.46	2.22								
56 d	244.65	246.39	248.50	251.13	2.22								
77 d	249.70	252.95	253.93	255.32	2.22								
绒毛宽度/μm											<0.0001	0.0423	0.9818
21 d	99.09	102.59	103.96	105.81	1.67	102.87^b	103.21^b	104.24^{ab}	105.82^a	0.68			
35 d	103.04	104.52	104.63	105.33	1.67								
56 d	102.89	104.91	105.78	106.70	1.67								
77 d	103.85^b	105.72^b	107.85^b	108.85^a	1.67								
隐窝深度/μm											<0.0001	<0.0001	0.7942
21 d	110.52^b	103.05^{ab}	100.52^b	106.85^{ab}	1.66	105.23^a	98.37^b	97.04^b	95.74^b	0.79			
35 d	103.98^a	95.78^{ab}	91.79^b	101.93^a	1.66								
56 d	103.98^a	95.78^{ab}	90.13^b	98.26^{ab}	1.66								
77 d	103.75^a	93.85^b	89.54^b	95.83^{ab}	1.66								
绒毛高度/隐窝深度											<0.0001	<0.0001	0.1021
21 d	2.11^b	2.27^{ab}	2.33^a	2.20^{ab}	0.03	2.23^d	2.49^c	2.56^b	2.65^a	0.02			
35 d	2.32^c	2.55^{ab}	2.67^a	2.41^{bc}	0.03								
56 d	2.36^c	2.57^b	2.76^a	2.56^b	0.03								
77 d	2.41^b	2.70^a	2.84^a	2.67^a	0.03								
绒毛表面积/mm²											<0.0001	<0.0001	0.5382
21 d	0.14	0.15	0.15	0.16	0.003	0.15^b	0.16^a	0.16^b	0.17^a	0.001			
35 d	0.15	0.16	0.16	0.16	0.003								
56 d	0.15^b	0.16^{ab}	0.17^a	0.17	0.003								
77 d	0.16	0.17	0.17	0.17	0.003								

理策略也相同。因此，试验中由日粮而引起的各指标差异表达可以归结于淀粉的不同来源。在饲养试验开始前，测得本试验中木薯、玉米、小麦和豌豆淀粉的直链与支链淀粉的比值分别为 0.12、0.23、0.24 和 0.48。目前，关于日粮中不同淀粉来源对羔羊胃肠道影响的报道相对较少，赵芳芳（2016）研究不同淀粉源对羔羊瘤胃相对质量的影响时发现，各试验组羔羊的瘤胃相对质量没有显著影响。本试验研究发现，日粮中不同淀粉源对 21、35、56 和 77 日龄羔羊各肠段相对质量均无显著影响。

2. 不同淀粉源对羔羊小肠形态结构的影响

小肠黏膜结构的完整性是保证动物正常生长发育的关键。日粮中不同的淀粉源会直接影响动物体内淀粉消化率和其他营养素的消化吸收，从而影响小肠形态结构及其功能的完善。小肠绒毛的增长能够增加与小肠内营养物质的接触面积，进而改善肠道的消化和吸收功能。相振田（2011）在断奶仔猪日粮中添加豌豆淀粉显著提高了小肠的绒毛高度。相关研究指出，隐窝深度能够反映细胞的生成率，隐窝深度与细胞成熟率、细胞分泌功能和营养物质消化率的变化趋势相反。本试验结果显示，整个试验期内，豌豆淀粉除对 56、77 日龄羔羊回肠隐窝深度无显著影响外，对其他各生长阶段羔羊小肠中隐窝深度都有显著提高。在试验结果中，绒毛高度和隐窝深度的值有一致的变化，可以推测隐窝深度的增加可能是由细胞增殖，细胞数量增多引起的，但还需要进一步具体的研究。绒毛高度/隐窝深度可以反映出小肠的功能状态，比值上升代表小肠消化吸收能力得到增强，进而降低腹泻率。本试验结果显示，豌豆淀粉能够提高 35 日龄羔羊十二指肠中绒毛高度/隐窝深度，也能够提高 77 日龄羔羊回肠中绒毛高度/隐窝深度。该结果可能归因于不同淀粉源中直链淀粉与支链淀粉比值的增加能够刺激肠道中微生物的发酵，产生短链脂肪酸，其中的丁酸能够促进肠道细胞的增殖，进而促进肠道发育。

（四）小结

日粮豌豆淀粉显著提高了 21、35、56 和 77 日龄羔羊小肠绒毛高度、隐窝深度和绒毛表面积，促进羔羊小肠形态结构的发育。随着生长时期的增加，羔羊小肠也随之发育。

二、日粮中不同淀粉源对羔羊小肠食糜中消化酶活性的影响

（一）材料与方法

1. 试验设计、日粮及营养水平和饲养管理

试验设计、日粮及营养水平和饲养管理同本章第四节。

2. 小肠食糜样品的采集及处理

每期饲养试验结束后，将羔羊屠宰，取出小肠，分别从十二指肠、空肠和回肠中段采集小肠食糜样品，装于已灭菌的离心管中，液氮速冻，存于−80℃冰箱中。分析时，准确称取食糜质量，按照质量体积比1∶9（食糜∶冰生理盐水）在食糜中加入匀浆介质，冰浴条件机械匀浆，离心后取上清液测定小肠食糜中各消化酶的活性，同时采用BCA蛋白定量试剂盒测定其蛋白质含量。

3. 小肠食糜消化酶活性的测定

组织匀浆液中蛋白质含量采用BCA蛋白质定量试剂盒测定，小肠食糜中淀粉酶、麦芽糖酶、乳糖酶、胰蛋白酶和糜蛋白酶的活性都采用试剂盒测定（购自南京建成生物工程研究所），均按照说明书所提供的方法进行测定。

（二）结果

1. 不同淀粉源对羔羊小肠食糜中淀粉酶活性的影响

不同淀粉源对羔羊小肠各段食糜中淀粉酶活性的影响见表4-17。不同淀粉源对羔羊十二指肠、空肠和回肠中淀粉酶的活性均有显著影响（$P<0.05$）。生长时期对羔羊十二指肠、空肠和回肠中淀粉酶的活性也均有显著影响（$P<0.05$）。羔羊空肠和回肠中淀粉酶活性不存在淀粉源与生长时期的交互作用（$P>0.05$），而十二指肠中淀粉酶活性存在淀粉源与生长时期的交互作用（$P<0.05$）。

不同淀粉源对21、35和56日龄羔羊十二指肠中，21和35日龄羔羊空肠中和21日龄羔羊回肠中淀粉酶活性均无显著影响（$P>0.05$）。在77日龄时，豌豆淀粉组羔羊十二指肠中淀粉酶活性显著高于其他3个淀粉组（$P<0.05$）。在56日龄时，豌豆淀粉组羔羊空肠中淀粉酶活性与木薯和玉米淀粉组无显著性差异（$P>0.05$），而显著高于小麦淀粉组（$P<0.05$），77日龄时，豌豆淀粉组羔羊空肠中淀粉酶活性高于其他3个淀粉组（$P<0.05$）。在35、56和77日龄时，豌豆淀粉组羔羊回肠中淀粉酶活性显著高于木薯、玉米和小麦淀粉组。淀粉酶的活性在十二指肠、空肠和回肠中均是随羔羊生长时期的增加而增大（$P<0.05$）。

2. 不同淀粉源对羔羊小肠食糜中麦芽糖酶活性的影响

不同淀粉源对羔羊小肠各段食糜中麦芽糖酶活性的影响见表4-18。不同淀粉源对羔羊十二指肠和空肠食糜中麦芽糖酶的活性均有显著影响（$P<0.05$），而对回肠食糜中麦芽糖酶活性无显著影响（$P>0.05$）。生长时期对羔羊十二指肠、空肠和回肠中麦芽糖酶的活性均有显著影响（$P<0.05$）。羔羊十二指肠和回肠中麦芽糖酶活性不存在淀粉源与生长时期的交互作用（$P>0.05$），而空肠中麦芽糖酶活性存在淀粉源与生长时期的交互作用（$P<0.05$）。

表 4-17 不同淀粉源对羔羊小肠食糜中淀粉酶活性的影响

项目	处理组 (T)					时期 (P)					P		
	TS	CS	WS	PS	SEM	21 d	35 d	56 d	77 d	SEM	T	P	T×P
十二指肠/ (U/mg prot)													
21 d	2.42	2.43	2.42	2.45	0.08	2.43^d	2.64^c	3.76^b	4.34^a	0.05	<0.0001	<0.0001	0.0005
35 d	2.50	2.64	2.63	2.78	0.08								
56 d	3.77	3.71	3.70	3.86	0.08								
77 d	3.98^b	4.29^b	4.22^b	4.87^a	0.08								
空肠/ (U/mg prot)													
21 d	2.98	3.02	2.90	3.09	0.18	3.00^d	3.44^c	4.56^b	5.22^a	0.10	<0.0001	<0.0001	0.1910
35 d	3.23	3.26	3.22	4.04	0.18								
56 d	4.43^{ab}	4.39^{ab}	4.21^b	5.21^a	0.18								
77 d	4.81^b	4.95^b	5.08^b	6.03^a	0.18								
回肠/ (U/mg prot)													
21 d	2.55	2.62	2.64	2.82	0.17	2.66^c	2.97^c	4.06^b	4.42^a	0.09	<0.0001	<0.0001	0.0726
35 d	2.71^b	2.76^b	2.72^b	3.70^a	0.17								
56 d	3.79^b	3.78^b	3.85^b	4.82^a	0.17								
77 d	4.10^b	3.92^b	4.35^b	5.32^a	0.17								

表 4-18　不同淀粉源对羔羊小肠食糜中麦芽糖酶活性的影响

项目	处理组（T）					时期（P）					P		
	TS	CS	WS	PS	SEM	21 d	35 d	56 d	77 d	SEM	T	P	T×P
十二指肠/（U/mg prot）											0.0092	<0.0001	0.6598
21 d	0.12	0.12	0.13	0.13	0.01	0.13^d							
35 d	0.15	0.15	0.16	0.16	0.01		0.16^c						
56 d	0.20	0.20	0.20	0.22	0.01			0.21^b		0.005			
77 d	0.22	0.22	0.23	0.26	0.01				0.23^a				
空肠/（U/mg prot）											<0.0001	<0.0001	0.0057
21 d	0.16	0.19	0.19	0.19	0.01	0.18^c							
35 d	0.17	0.21	0.19	0.22	0.01		0.20^c						
56 d	0.18^b	0.29^a	0.28^a	0.28^a	0.01			0.26^b		0.007			
77 d	0.28	0.31	0.30	0.30	0.01				0.30^a				
回肠/（U/mg prot）											0.5618	<0.0001	0.9072
21 d	0.11	0.10	0.12	0.11	0.01	0.11^c							
35 d	0.12	0.12	0.12	0.12	0.01		0.12^c						
56 d	0.21	0.20	0.20	0.22	0.01			0.21^b		0.004			
77 d	0.22	0.23	0.23	0.23	0.01				0.23^a				

在整个试验期内，不同淀粉源对羔羊十二指肠和回肠中麦芽糖酶的活性均无显著影响（$P>0.05$）。不同淀粉源对 21、35 和 77 日龄羔羊空肠中麦芽糖酶的活性无显著影响（$P>0.05$），在 56 日龄时，玉米、小麦和豌豆淀粉组羔羊空肠中麦芽糖酶的活性显著高于木薯淀粉组（$P<0.05$）。麦芽糖酶的活性在十二指肠、空肠和回肠中均是随羔羊生长时期的增加而增大（$P<0.05$）。

3. 不同淀粉源对羔羊小肠食糜中乳糖酶活性的影响

不同淀粉源对羔羊小肠各段食糜中乳糖酶活性的影响见表 4-19。不同淀粉源对羔羊十二指肠、空肠和回肠中乳糖酶的活性均有显著影响（$P<0.05$）。生长时期对羔羊十二指肠、空肠和回肠中乳糖酶的活性也均有显著影响（$P<0.05$）。羔羊十二指肠和回肠中乳糖酶的活性不存在淀粉源与生长时期的交互作用（$P>0.05$），而空肠中乳糖酶的活性存在淀粉源与生长时期的交互作用（$P<0.05$）。

不同淀粉源对 21、35 和 56 日龄羔羊十二指肠中，21 和 35 日龄羔羊空肠中乳糖酶的活性均无显著影响（$P>0.05$）。在 77 日龄时，豌豆淀粉组羔羊十二指肠中乳糖酶的活性与小麦淀粉组无显著差异（$P>0.05$），而显著高于木薯和玉米淀粉组（$P<0.05$）。小麦淀粉组 56 日龄羔羊空肠中乳糖酶的活性显著高于木薯和玉米淀粉组（$P<0.05$），而与豌豆淀粉组的活性无显著差异（$P>0.05$），77 日龄时，小麦和豌豆淀粉组羔羊空肠中乳糖酶活性显著高于木薯和玉米淀粉组（$P<0.05$）。在整个试验期内，不同淀粉源对羔羊回肠中乳糖酶的活性均无显著影响（$P>0.05$）。乳糖酶的活性在十二指肠、空肠和回肠中均是随羔羊生长时期的增加而减小（$P<0.05$）。

4. 不同淀粉源对羔羊小肠食糜中胰蛋白酶活性的影响

不同淀粉源对羔羊小肠各段食糜中胰蛋白酶活性的影响见表 4-20。不同淀粉源对羔羊空肠中胰蛋白酶的活性有显著影响（$P<0.05$），而对十二指肠和回肠中胰蛋白酶的活性无显著影响（$P>0.05$）。生长时期对羔羊十二指肠、空肠和回肠中胰蛋白酶的活性均有显著影响（$P<0.05$）。羔羊十二指肠、空肠和回肠中胰蛋白酶活性均不存在淀粉源与生长时期的交互作用（$P>0.05$）。

在整个试验期内，不同淀粉源对羔羊十二指肠和回肠中胰蛋白酶的活性无显著影响（$P>0.05$）。在 21、35 和 56 日龄时，不同淀粉源对羔羊空肠中胰蛋白酶的活性也无显著影响（$P>0.05$），在 77 日龄时，豌豆淀粉组羔羊空肠中胰蛋白酶活性显著高于木薯和玉米淀粉组（$P<0.05$），而与小麦淀粉组的活性无显著差异（$P>0.05$）。胰蛋白酶的活性在十二指肠、空肠和回肠中均是随羔羊生长时期的增加而增大（$P<0.05$）。

5. 不同淀粉源对羔羊小肠食糜中糜蛋白酶活性的影响

不同淀粉源对羔羊小肠各段食糜中糜蛋白酶活性的影响见表 4-21。不同淀粉

表 4-19　不同淀粉源对羔羊小肠食糜中乳糖酶活性的影响

项目	处理组（T）					时期（P）					P		
	TS	CS	WS	PS	SEM	21 d	35 d	56 d	77 d	SEM	T	P	T×P
十二指肠/（U/mg prot）											<0.0001	<0.0001	0.4457
21 d	0.46	0.45	0.49	0.51	0.02	0.48^a	0.38^b	0.20^c	0.19^c	0.01			
35 d	0.32	0.37	0.40	0.41	0.02								
56 d	0.15	0.17	0.22	0.25	0.02								
77 d	0.13^b	0.13^b	0.22^{ab}	0.27^a	0.02								
空肠/（U/mg prot）											<0.0001	<0.0001	0.0002
21 d	0.49	0.52	0.48	0.56	0.02	0.51^a	0.46^a	0.38^b	0.27^c	0.01			
35 d	0.45	0.44	0.46	0.51	0.02								
56 d	0.32^b	0.33^b	0.45^a	0.42^{ab}	0.02								
77 d	0.16^b	0.20^b	0.36^a	0.36^a	0.02								
回肠/（U/mg prot）											0.0016	<0.0001	0.9499
21 d	0.073	0.075	0.075	0.080	0.004	0.076^a	0.041^b	0.040^b	0.024^c	0.002			
35 d	0.032	0.040	0.043	0.048	0.004								
56 d	0.035	0.040	0.042	0.043	0.004								
77 d	0.016	0.024	0.028	0.028	0.004								

表 4-20 不同淀粉源对羔羊小肠食糜中胰蛋白酶活性的影响

项目	处理组（T）					时期（P）					P		
	TS	CS	WS	PS	SEM	21 d	35 d	56 d	77 d	SEM	T	P	T×P
十二指肠/（U/mg prot）													
21 d	1.18	1.18	1.22	1.22	0.05	1.20^c							
35 d	1.28	1.30	1.32	1.34	0.05		1.31^b						
56 d	1.34	1.35	1.37	1.37	0.05			1.36^{ab}					
77 d	1.39	1.42	1.44	1.44	0.05				1.42^a	0.02	0.5143	<0.0001	1.0000
空肠/（U/mg prot）													
21 d	1.37	1.43	1.45	1.47	0.05	1.43^c							
35 d	1.56	1.57	1.62	1.62	0.05		1.59^b						
56 d	1.61	1.62	1.69	1.73	0.05			1.66^b					
77 d	1.71^b	1.74^b	1.88^{ab}	2.07^a	0.05				1.85^a	0.03	0.0008	<0.0001	0.2185
回肠/（U/mg prot）													
21 d	1.33	1.34	1.36	1.38	0.05	1.35^c							
35 d	1.41	1.45	1.47	1.48	0.05		1.45^b						
56 d	1.53	1.59	1.59	1.60	0.05			1.58^a					
77 d	1.62	1.62	1.63	1.66	0.05				1.63^a	0.02	0.4471	<0.0001	0.9998

表 4-21 不同淀粉源对羔羊小肠食糜中糜蛋白酶活性的影响

项目	处理组 (T)				SEM	时期 (P)				SEM	P		
	TS	CS	WS	PS		21 d	35 d	56 d	77 d		T	P	T×P
十二指肠/ (U/mg prot)											0.0692	<0.0001	0.9155
21 d	1.01	1.02	1.12	1.06	0.05	1.06[d]	1.19[bc]	1.26[ab]	1.32[a]	0.02			
35 d	1.09	1.21	1.22	1.23	0.05								
56 d	1.24	1.25	1.27	1.30	0.05								
77 d	1.29	1.30	1.32	1.36	0.05								
空肠/ (U/mg prot)											0.0025	<0.0001	0.7799
21 d	1.15	1.19	1.19	1.20	0.04	1.18[c]	1.25[c]	1.36[b]	1.55[a]	0.02			
35 d	1.19	1.23	1.26	1.30	0.04								
56 d	1.32	1.34	1.37	1.41	0.04								
77 d	1.45[b]	1.53[ab]	1.56[ab]	1.66[a]	0.04								
回肠/ (U/mg prot)											0.0017	<0.0001	0.6062
21 d	1.12	1.15	1.15	1.18	0.04	1.15[d]	1.23[c]	1.38[b]	1.44[a]	0.02			
35 d	1.21	1.21	1.24	1.26	0.04								
56 d	1.30	1.32	1.37	1.44	0.04								
77 d	1.32[b]	1.42[ab]	1.46[ab]	1.54[a]	0.04								

源对羔羊十二指肠食糜中糜蛋白酶的活性无显著影响（$P>0.05$），而对空肠和回肠食糜中糜蛋白酶的活性有显著影响（$P<0.05$）。生长时期对羔羊十二指肠、空肠和回肠中糜蛋白酶的活性均有显著影响（$P<0.05$）。羔羊十二指肠、空肠和回肠中糜蛋白酶活性均不存在淀粉源与生长时期的交互作用（$P>0.05$）。

在整个试验期内，不同淀粉源对羔羊十二指肠中糜蛋白酶的活性无显著影响（$P>0.05$）。在 21、35 和 56 日龄时，不同淀粉源对羔羊空肠和回肠中糜蛋白酶的活性也无显著影响（$P>0.05$），在 77 日龄时，豌豆淀粉组羔羊空肠和回肠中糜蛋白酶活性显著高于木薯淀粉组（$P<0.05$），而与玉米和小麦淀粉组的活性无显著差异（$P>0.05$）。糜蛋白酶的活性在十二指肠、空肠和回肠中均是随羔羊生长时期的增加而增大（$P<0.05$）。

（三） 讨论

消化道的发育在一定程度上决定了动物机体的生长速度，消化器官形态结构上的变化及消化生理功能上的成熟都可以体现出消化道的发育，通过增加肝、胰腺和肠黏膜合成或分泌的消化液量，以及酶活性可以实现消化功能的发育。阮晖和牛冬（2001）以肉鸡为试验对象，发现日增重与小肠内消化酶（总蛋白水解酶、脂肪酶和淀粉酶）活性呈极显著正相关。动物消化道内酶的分泌量不足或酶活性偏低都会在很大程度上限制营养物质的消化，进而降低动物生长和生产性能。小肠消化酶对饲料在羔羊小肠的消化起着至关重要的作用，小肠中消化酶活性的高低会影响饲料营养成分在小肠中的消化程度。初生羔羊的前胃发育尚不完全，此时营养物质的消化主要是依赖皱胃和消化酶，然而各种消化酶活性都较低（乳糖酶除外），但随着日龄的增长，消化酶的活性也会显著增加。有研究报道，在一定范围内，日粮碳水化合物比例的增加有利于 α-淀粉酶活性的提高，但关于日粮中添加不同淀粉源对羔羊小肠消化酶产生的影响却鲜有报道。

本试验研究了不同淀粉源对羔羊小肠食糜中淀粉酶、麦芽糖酶、乳糖酶、胰蛋白酶和糜蛋白酶的影响。研究结果显示，豌豆淀粉与其他 3 个淀粉相比，显著提高了羔羊小肠食糜中淀粉酶和空肠食糜中麦芽糖酶的活性。小肠淀粉酶主要由胰腺和小肠黏膜分泌，其活性与食糜中淀粉含量和动物日龄等因素相关。麦芽糖酶是反刍动物小肠内主要的二糖酶，有研究发现，二糖酶的活性与绒毛的肠细胞数有关，空肠中麦芽糖酶活性比十二指肠和回肠中的要高。汪水平（2007）在研究不同谷物原料日粮对山羊小肠消化酶活性的影响时发现，谷物来源显著影响了山羊回肠食糜中淀粉酶及十二指肠、空肠食糜中二糖酶的活性，与本试验研究结果一致。乳糖酶也是小肠黏膜中的二糖酶之一，对动物日粮中碳水化合物的消化和吸收起着至关重要的作用。学者关于小肠乳糖酶活性变化的报道结果比较一致。例如，寇占英（1999）研究发现，犊牛在 14 日龄时，小肠内容物中乳糖酶活性下降为初始日龄的 1/3。孙洪新（2003）发现羔羊在刚出生时小肠中乳糖酶活性最高，随羔羊日龄的增长乳糖酶活性显著降低。与本试验的研究结果一致，小肠食糜中乳糖酶的活性都是随着生长时期的增加而降低。

胰蛋白酶、糜蛋白酶和羧肽酶是小肠中主要的蛋白分解酶。其中前两者对日粮中蛋白质消化起着主要作用，它们共同作用可以将蛋白质分解为多肽。本试验结果显示，豌豆淀粉与其他淀粉相比，显著提高了 77 日龄羔羊空肠的胰蛋白酶、糜蛋白酶活性和回肠中糜蛋白酶活性，说明日粮中不同淀粉源会影响羔羊小肠中胰蛋白酶、糜蛋白酶的活性，但影响程度因小肠部位和羔羊的日龄而异。研究还发现，直链淀粉与支链淀粉比例最低的木薯淀粉组羔羊，空肠和回肠食糜中胰蛋白酶和糜蛋白酶的活性显著下降，表明低直链淀粉与支链淀粉比可能对羔羊小肠食糜中胰蛋白酶和糜蛋白酶的活性存在不同程度的抑制作用。

（四）结论

豌豆淀粉日粮可显著提高羔羊小肠食糜中淀粉酶、空肠食糜中麦芽糖酶和十二指肠、空肠食糜中乳糖酶的活性；木薯淀粉日粮对羔羊小肠食糜中胰蛋白酶和糜蛋白酶的活性存在一定的抑制作用，而豌豆淀粉日粮可显著增加 77 日龄羔羊空肠的胰蛋白酶、糜蛋白酶活性和回肠中糜蛋白酶活性。

参 考 文 献

蔡建森. 2007. 蛋白质来源对早期断奶羔羊生产性能和器官发育及血清生化指标的而影响. 中国农业科学院硕士学位论文.

冯宗慈, 高民. 1993. 通过比色法测定瘤胃液氨氮含量方法的改进. 内蒙古高牧科学, (4): 40-41.

寇占英. 1999. 哺乳犊牛消化道主要消化酶发育规律的研究. 中国农业大学硕士学位论文.

阮晖, 牛冬. 2001. 热应激降低肉鸡小肠消化酶活性的研究. 中国畜牧杂志, 37(3): 16-17.

孙洪新. 2003. 羔羊小肠消化酶活性变化规律研究. 河北农业大学硕士学位论文.

汪水平. 2007. 日粮淀粉来源对山羊消化代谢、肉品质、机体抗氧化能力及小肠消化酶活性的影响. 中国科学院亚热带农业生态研究所博士学位论文.

王宝山. 2003. 日粮类型对小尾寒羊小肠各段消化酶活性影响的研究. 河北农业大学硕士学位论文.

相振田. 2011. 饲粮不同来源淀粉对断奶仔猪肠道功能和健康的影响及机理研究. 四川农业大学博士学位论文.

赵芳芳. 2016. 不同直链支链淀粉比对羔羊瘤胃发育、发酵参数及细菌菌群的影响. 黑龙江八一农垦大学硕士学位论文.

Andrieux C, Pacheco E D, Bouchet B, et al. 1992. Contribution of the digestive tract microflora to amylomaize starch degradation in the rat. Br. J. Nutr., 67(3): 489-499.

Bauer M L, Harmon D L, Bohnert D W, et al. 2001. Influence of alpha-linked glucose on sodium-glucose cotransport activity along the small intestine in cattle. J. Anim. Sci., 79(7): 1917.

Broderick G, Craig W M. 1989. Metabolism of peptides and amino acids during *in vitro* protein degradation by mixed rumen organisms. J. Dairy Sci., 72(10): 2540-2548.

Cotta M A, Russell J B. 1982. Effect of peptides and amino acids on efficiency of rumen bacterial protein synthesis in continuous culture. J. Dairy Sci., 65(2): 226-234.

Eerlingen R C, Deceuninck M, Delcour J A. 1993. Enzyme-resistant starch. II. Influence of amylose chain length on resistant starch formation. Cereal Chem., 70(3): 345-350.

Franco C M L, Ciacco C F. 2010. Factors that affect the enzymatic degradation of natural starch granules effect of the size of the granules. Starch-Starke, 44(11): 422-426.

Gimeno A, Alami A A, Abecia L, et al. 2015. Effect of type (barley vs. maize) and processing (grinding vs. dry rolling) of cereal on ruminal fermentation and microbiota of beef calves during the early fattening period. Anim. Feed Sci. Technol., 199: 113-126.

Han G Q, Xiang Z T, Yu B, et al. 2012. Effects of different starch sources on *Bacillus* spp. in intestinal tract and expression of intestinal development related genes of weanling piglets. Mol. Biol. Rep., 39(2): 1869-1876.

Herrera-Saldana R E, Huber J T, Poore M H. 1990. Dry matter, crude protein, and starch degradability of five cereal grains. J. Dairy Sci., 73(9): 2386-2393.

Horsfield S, Infield J M, Annison E F. 1974. Compartmental analysis and model building in the study of glucose kinetics in the lactating cow. Proc. Nutr. Soc., 33(01): 9-15.

Huntington G B. 1997. Starch utilization by ruminants: from basics to the bunk. J. Anim. Sci., 75(3): 852.

Janes A N, Weekes T E, Armstrong D G. 1985. Absorption and metabolism of glucose by the mesenteric-drained viscera of sheep fed on dried-grass or ground, maize-based diets. Br. J. Nutr., 54(2): 449-458.

Lesmeister K E, Heinrichs A J. 2004. Effects of corn processing on growth characteristics, rumen development, and rumen parameters in neonatal dairy calves. J. Dairy Sci., 87(10): 3439-3450.

McAllan A B, Smith R H. 1974. Carbohydrate metabolism in the ruminant. Bacterial carbohydrates formed in the rumen and their contribution to digesta entering the duodenum. Br. J. Nutr., 31(1): 77.

Mendoza G D, Britton R A, Stock R A. 1993. Influence of ruminal protozoa on site and extent of starch digestion and ruminal fermentation. J. Anim. Sci., 71(6): 1572.

Norouzian M A, Valizadeh R. 2014. Effect of forage inclusion and particle size in diets of neonatal lambs on performance and rumen development. J. Anim. Physiol. Anim. Nutr., 98(6): 1095-1101.

Norouzian M A, Valizadeh R, Vahmani P. 2011. Rumen development and growth of Balouchi lambs offered alfalfa hay pre- and post-weaning. Trop. Anim. Health Prod., 43(6): 1169.

Shen Z M, Seyfert H M, Löhrke B, et al. 2004. An energy-rich diet causes rumen papillae proliferation associated with more IGF type 1 receptors and increased plasma IGF-1 concentrations in young goats. J. Nutr., 134(1): 11-17.

Sun T, Laerke H N, Jorgensen H, et al. 2006. The effect of extrusion cooking of different starch sources on the *in vitro* and *in vivo* digestibility in growing pigs. Anim. Feed Sci. Technol.,

131(1): 67-86.

Theurer C B. 1986. Grain processing effects on starch utilization by ruminants. J. Anim. Sci., 63(5): 1649-1662.

Topping D L, Clifton P M. 2001. Short-chain fatty acids and human colonic function: roles of resistant starch and nonstarch polysaccharides. Physiol. Rev., 81(3): 1031-1064.

Waigh T A, Hopkinson I, Donald A M, et al. 1997. Analysis of the native structure of starch granules with X-ray microfocus diffraction. Macromolecules, 30(13): 3813-3820.

第五章 饲料添加剂在羊生产中的应用

第一节 酵母培养物及其作用概述

酵母培养物（yeast culture，YC）是指在特定工艺条件控制下由酵母菌在特定的培养基上经过充分的厌氧发酵后形成的微生态制品，它主要由酵母细胞外代谢产物经过发酵后变异的培养基和少量已无活性的酵母细胞所构成。代谢产物是对细胞外各类代谢物的总称，其中有些物质是为人们所熟悉的，如肽、有机酸、寡糖、氨基酸、增味物质和芳香物质等，还有许多为人们所不熟悉的但实践证明对促进畜禽生长有益的"未知生长因子"等物质。长达几十年的科学研究和生产应用实践证明，酵母培养物中所含有的细胞外代谢产物可明显提高反刍动物的生产力水平、优化饲料的营养价值、改善动物的健康状态。同时人们围绕酵母培养物在反刍动物中的作用机制也进行了大量的研究工作，发现酵母培养物主要是通过其中的代谢产物来提高瘤胃中微生物的数量和活力，从而改善瘤胃发酵、提高饲料的消化和利用效率，最终起到提高生产性能的作用。

一、酵母培养物及其生产工艺

（一）酵母

酵母（活性干酵母）和酵母培养物是完全不同的两种物质。酵母是属于单细胞生物体的一种单细胞真菌，最适生长温度为 25～28℃。很早以前人们就认识到酵母的营养价值，它是非常好的蛋白质和氨基酸的来源。在酵母类产品中，活性干酵母（干物质含量95%）是饲料工业中最常见的实用型酵母产品，以活酵母形式被用在许多饲料中。活性干酵母产品确保产品中含有某一水平的活酵母菌以有助于瘤胃功能健全，并协助微生物把饲料降解为可吸收的营养物质。典型的活性酵母产品单独由酵母构成或加以载体（典型性的是谷物副产品混合物）。对于这一类产品，生产企业通过添加各种酶和细菌，从而生产各类商品。活性干酵母几乎不含代谢产物。因为活的酵母细胞在动物肠胃内很难生存，会受到肠胃内其他微生物细菌的攻击，还未来得及产生代谢物就被杀灭，所以仅仅通过饲喂酵母菌细胞，不可能获得酵母培养物中所含有的全部有益成分。

（二）酵母培养物

酵母培养物是由酵母在严格控制条件下的液体、固体二级发酵或直接在固体培养基发酵后连同培养基一起加工制成的产品。酵母培养物由酵母细胞代谢产物和经过发酵后变异的培养基，以及少量已无活性的酵母细胞所构成。在酵母培养物的生产过程中，酵母细胞仅仅是被用来生产细胞代谢产物的一种工具。

酵母培养物是一种成分复杂的产品，它不仅含有酵母细胞内的营养物，还含有发酵后形成的酵母细胞代谢产物，包括丰富的维生素、酶、其他营养物质及一些重要的辅助因子。正是这些代谢产物能够刺激动物肠胃内的微生物细菌，促使动物健康生长，从而达到提高饲料利用率和改善动物生产力水平的目的。酵母培养物是一种独特的酵母产品，丰富的维生素 B_2 和维生素 B_5 使其成为畜禽的维生素来源。其中还含有丰富的酶及含有"未知生长因子"的发酵产品。酵母培养物和活性干酵母用于反刍动物的比较见表 5-1。

表 5-1　酵母培养物和活性干酵母用于反刍动物的比较

项目	酵母培养物	活性干酵母
发酵代谢物	大量	微量
酵母细胞	微量	大量
效力因子	发酵代谢物	活酵母细胞

（三）酵母培养物生产工艺

单独用液体或固体培养基经发酵菌发酵生产的酵母培养物不够理想，因此目前一般采用液固态结合发酵工艺。它采用液态制菌种，固态曲池发酵，培养基灭菌熟化，加大液态接种量，合理的干燥工艺，缩短了发酵周期，大大降低了杂菌污染程度，有效地保存了产品中的生物活性物质。以这种工艺生产出的产品含粗蛋白25%左右，且注意保存酵母活性细胞、消化酶、维生素和酵母代谢终产物，属于微生态制剂类型，是一种具有生物活性的饲料复合添加剂。达农威生物发酵工程技术（深圳）有限公司生产的酵母培养物达农威益康"XP"的生产方法如下：①加入液体培养基，促进酵母代谢，开始产生营养代谢物；②谷物培养基与液体发酵液相混合形成湿混合料，发酵过程继续；③湿混合料被挤压成柔软面条状，发酵过程继续，在这个过程中，酵母细胞继续利用培养基产生更多的营养代谢物；④发酵的面条状酵母培养物被烘干、磨碎，然后包装。

二、酵母培养物在动物生产中的作用效果

添加在家畜日粮中的酵母培养物，能对家畜营养和生理产生效应，并将这种

效应转化为生产效果。首先表现为改善日粮特别是粗饲料的适口性、增加采食量，其次表现为提高家畜生产性能，反刍家畜主要是提高泌乳性能和产肉性能。

（一）酵母培养物对反刍动物生产性能的影响

1. 对采食量的影响

Olson 等（1994）报道，添加 YC 增加放牧奶牛随意选择性采食量，可使干物质采食量平均增加 8.82%，这说明添加 YC 对反刍动物 DMI 有一定的促进作用。

2. 对瘤胃发酵和营养物质代谢的影响

瘤胃是一个天然大发酵罐，瘤胃的生态环境，尤其是微生物的数量和质量严重影响羊的消化及营养。饲料中 60%的有机物质在瘤胃内消化，50%左右的纤维物质和 88%的淀粉也在这里消化。因此，瘤胃在反刍动物代谢方面起着举足轻重的作用。在羊的日粮中添加 YC，能增加瘤胃中总细菌、真菌、原虫和菌体蛋白的数量。YC 具有刺激瘤胃微生物特定区系生长及活性的能力。YC 刺激乳酸利用菌活性能提高其乳酸利用能力，并稳定高精料日粮下瘤胃 pH，稳定的瘤胃 pH 又能改善其他对酸环境敏感的菌群，增加瘤胃微生物菌群。反过来，微生物菌群增加又能利用更多的瘤胃 NH_3，并合成菌体蛋白，还能提高营养物质的消化，从而增加采食量，给小肠进一步消化吸收提供更多的底物。这些影响的最后结果是提高反刍动物生产性能。

3. 对产奶性能的影响

试验表明，泌乳反刍动物饲粮中补饲酵母培养物可提高泌乳动物干物质采食量、产奶量，改善乳汁成分。Wohlt 等（1991）测定了酵母培养物（Biomate）对初产荷斯坦奶牛生产性能的影响，发现每天补饲 10 g 酵母培养物可显著提高奶牛泌乳前期干物质采食量（1.1 kg/d），提高产奶量 1.2 kg/d，补饲酵母培养物的奶牛泌乳高峰期提前，高峰期产奶量提高。Williams 等（1991）对此也做了类似报道。Teh 等（1987）报道补饲酵母培养物可提高奶山羊的产奶量，乳料比从 1.04 提高到 1.36，乳脂率从 3.97%提高到 4.59%。

4. 对增重的影响

补饲酵母培养物也可促进幼龄反刍动物生长性能的提高。补饲酵母培养物能提高日增重，改善饲料效率。Cole 等（1992）报道感染羊鼻气管炎病毒的犊牛补饲酵母培养物，干物质采食量比对照组多，特别在补饲第 1 天效果明显，犊牛体重下降缓慢。添加酵母培养物可提高其抗疾病能力。

（二）酵母培养物对黄曲霉毒素的抑制作用

饲料的霉毒污染往往导致畜牧生产的重大损失。最近许多研究者发现酵母培养物可抑制霉菌毒素对动物的危害。酵母培养物抑制或削弱黄曲霉毒素的效应在于它补充了各种酶，提高了饲料利用率。据 Mgbodile（1975）报道，真菌可产多种类型的生物酶，这些酶对黄曲霉毒素具有降解作用。酵母培养物抑制黄曲霉毒素的另一可能是通过与黄曲霉毒素形成螯合物经肠道排出体外。

（三）酵母培养物对动物免疫功能的影响

罗安智等（2005）为探讨酵母培养物对血浆内毒素含量（plasma endotoxin concentration，PEC）的影响，选取泌乳初期（泌乳天数 40 d）健康奶牛，每天添加达农威益康 XP（剂量为试验第 1～7 天每天 500 g/头，从第 8 天后减少到每天 120 g/头，分两次饲喂）。试验组奶牛在试验后第 20、40、60 天血浆内毒素均极显著低于对照组（$P<0.01$）；在疾病发生率方面，试验组极显著低于对照组（$P<0.01$），说明酵母培养物益康 XP 具有明显的降低血浆内毒素的作用。对消化紊乱的奶牛添加 YC，每天 2 次给予 YC，在连续 5 d 的治疗后，成功地治愈了因消化紊乱造成的厌食，食欲在治疗开始的 2～3 d 恢复正常，而对照组，在 6 d 后食欲才完全恢复。

三、影响酵母培养物添加效果的因素

几乎所有影响瘤胃环境及功能的因素都影响添加 YC 效果，但主要因素有：酵母菌种及剂量、日粮类型及水平、动物生理期、饲养管理等。

（一）酵母菌种及剂量

1. 菌种

酵母菌株很多，美国国家菌株收集中心目前保存有 1000 多株生化或是基因特性不同的酿酒酵母属酵母菌，再加上其他属的菌种，应该说可以用作饲料添加剂的酵母菌种数量是很大的。许多研究者都在研究筛选区别不同酵母菌对促进瘤胃特殊微生物繁殖能力的大小，结果表明酵母菌株间对瘤胃微生物的影响存在明显差异。有关酵母产品作用效果的差异很大程度取决于所用菌株的差异。

Dawson 和 Hopkins（1991）的试验测定了瘤胃微生物在纯培养时和与特定酵母菌系协同培养时的生长及活性，发现几种酵母菌株可刺激纤维分解菌和乳酸利用菌的生长，而其他菌株的这种能力十分有限。可见，酵母的作用与其菌系密切相关。Newbold 等（1995）发现，SC NCYC、NCYC 和酵母制剂 Yea-sacc 刺激人工瘤胃中总厌气菌与纤维分解菌的生长，而 SC NCYC 和 NCYC 对总细菌数没有影响；进一步的体内试验结果表明，尽管 SC NCYC、NCYC 和 Yea-sacc 对绵羊瘤胃总厌氧菌与纤维菌有刺激作用，但只有NCYC对总厌氧菌、NCYC对纤维分解菌的刺激作用达到显著（$P<0.05$），这表明，酵母菌对瘤胃细菌有选择性刺激作用。

2. 剂量

随着酵母培养物浓度的升高，瘤胃内厌氧真菌数量有增大的趋势。应用瘤胃模拟装置研究发现，随酵母培养物添加剂量的增加，甲烷产量呈降低趋势。Besong等（1996）给采食55%苜蓿干草、45%精料的泌乳中期奶牛补饲不同水平的酵母液态产品时发现，随着添加YC水平增加，乙酸比例降低，丙酸比例上升，乙酸/丙酸也线性下降，体现在乳脂率上，其含量也随之下降。由此可见，酵母培养物的添加剂量对反刍动物产生的影响不定，应视具体情况添加。

（二）日粮类型对酵母培养物应用效果的影响

酵母培养物的使用效果受家畜种类、日粮类型及酵母培养物产品的种类影响而差异较大。

日粮类型对添加YC效果的影响较大。Williams等（1991）研究发现，当日粮的精粗比增加时，特别是对易发酵碳水化合物含量高的日粮，添加酵母培养物对提高生产性能的效果更明显。

当NSC浓度低于日粮中干物质总量的25%时，酵母培养物的添加效果不显著，甚至会降低产奶量和饲料利用率。因为低NSC的日粮，缺乏足够数量的代谢能来维持酵母培养物在瘤胃内的发酵，所以有产奶量下降6.8%的报道。在低NSC的日粮中，酵母培养物的作用效果随日粮水平的提高而提高。

当NSC浓度高于日粮干物质总量的42.7%时，添加酵母培养物不但不能提高饲料利用率，相反则有所下降。因为高谷物日粮能够降低瘤胃内pH，抑制瘤胃微生物活性，使酵母培养物失效。当NSC浓度适中，在30.5%～35.5%时，日粮中添加酵母培养物能显著提高产奶量和饲料利用率。

第二节　酵母培养物对绒山羊胃肠道营养物质消化代谢影响的研究

一、酵母培养物对绒山羊瘤胃发酵的研究

（一）材料与方法

1. 试验分组、设计与日粮

选择12只年龄相同的安装永久性瘤胃瘘管、十二指肠近端瘘管的内蒙古白绒

山羊半同胞羯羊，按体重配对原则分为 4 组（表 5-2），分别为 A1、A3、B1、B2。其中"A"表示饲喂日粮的精粗比为 3∶7，"B"为饲喂 2∶8 的日粮；"1"表示 YC 的添加量为日粮的 2.0%，"2"表示 YC 添加量为 2.5%，"3"表示 YC 添加量为 3.0%。每日 6:00 和 18:00 两次饲喂。

采用前后期自身对照试验方法，前期为对照期，日粮中不添加 YC；前期试验结束后，预饲 15 d，进入后期（试验期）试验，日粮中分别添加不同比例的 YC。试验基础日粮为玉米-豆粕-青干草型，营养水平配制参照 NRC（1981）山羊饲养标准，采用 1.2 ME（代谢能）饲养水平进行配制（表 5-3）。

表 5-2　试验分组与设计

		精粗比	
		A（3∶7）	B（2∶8）
YC 添加量	1（2.0%）	A1	B1
	2（2.5%）		B2
	3（3.0%）	A3	

表 5-3　试验日粮组成及营养水平

原料	精粗比 3∶7	精粗比 2∶8
青干草/%	70.00	80.00
玉米/%	21.93	14.62
豆粕/%	5.69	3.79
磷酸氢钙/%	0.10	0.07
石粉/%	0.05	0.03
食盐/%	1.00	0.67
硫酸钠/%	0.33	0.22
预混料/%	0.90	0.60
营养水平		
代谢能 ME/（MJ/kg）	8.04	7.83
粗蛋白 CP/%	10.15	9.55
钙 Ca/%	0.37	0.39
磷 P/%	0.22	0.20

注：预混料组分为 $FeSO_4 \cdot 7H_2O$ 170 g/kg；$CuSO_4 \cdot 5H_2O$ 70 g/kg；$MnSO_4 \cdot 5H_2O$ 290 g/kg；$ZnSO_4 \cdot 7H_2O$ 240 g/kg；$CoCl \cdot 6H_2O$ 510 mg/kg；KI 200 mg/kg；$NaSeO_3$ 130 mg/kg；维生素 A 1 620 000 IU/kg；维生素 D_3 324 000 IU/kg；维生素 E 540 IU/kg；维生素 K_3 150 mg/kg；维生素 B_{12} 0.9 mg/kg；维生素 B_5，450 mg/kg；泛酸钙 750 mg/kg；叶酸 15 mg/kg

2. 测定指标与方法

（1）取样与前处理

前、后期预饲期后，分别在晨饲后 0 h、2 h、4 h、6 h、8 h、10 h 和 12 h 采集瘤胃液，将采集的瘤胃液直接测定 pH、氧化还原电位（oxidation reduction potential，ORP）值后，用四层纱布过滤，再用 3500 r/min 离心 15 min，取 0.5 mL 上清液测定 NH_3-N，另取 0.5 mL 上清液加 25%的偏磷酸后测定 VFA，其余上清液留样用来测 BCP（菌体蛋白）。

（2）测定方法

1）pH 测定：采用 PHS-3B 型高精度酸度计测定（上海仪电科学仪器股份有限公司）。

2）氧化还原电位（ORP）的测定：采用 PHS-3B 型高精度酸度计的氧化还原电位电极直接测定。

3）NH_3-N 测定：参照冯宗慈和高民（1993）的方法进行。

4）VFA 测定：用日本岛津 GC-7A 气相色谱仪依内标法进行测定。内标物为巴豆酸。取瘤胃液 10 mL 在 4000 r/min 离心 15 min，取上清液 4 mL 加入 25%偏磷酸与甲酸按 3：1 配制的混合液 1 mL，静置 40 min 后，取 1 mL 混合液加入 2 g 酸性吸附剂（Na_2SO_4：50%H_2SO_4：硅藻土=30：1：20）和 40 mL 巴豆酸溶液（31.25 mmol/L，溶剂为 CH_3Cl_3），摇匀，澄清后上机测定。

色谱条件：色谱柱为内径 3 mm、长 2 m 不锈钢柱，担体为 10%的 FFAP（聚乙醇 20 mL 与 2-硝基对苯二甲基的反应物）加 1% H_3PO_4 的 Chromosob W（AW）。柱温 150℃，汽化室温度为 230℃，空气压力为 0.35 kg/cm^2，流量为 140 mL/min；氢气压力为 1.2 kg/cm^2，流量为 14 mL/min，N_2（载体）流量为 55 mL/min；进样量为 1 μL。

5）菌体蛋白测定

菌体蛋白分离采用差速离心法。培养液经 40～60 μm 尼龙布过滤后，于 39℃ 150×g 离心 15 min 去除原虫和饲料大颗粒。准确量取 20 mL 上清液于 4℃ 16 000×g 离心 20 min 以分离出细菌；弃去上清液后，用 15 mL 0.85%生理盐水重复洗涤，离心两次。沉淀即为细菌组分。

菌体蛋白测定参照 Cotta 和 Russell（1982）及 Broderick 和 Craig（1989）阐述方法。将上述高速离心收集的细菌沉淀小心无损失地转移到消化管中，再按凯氏微量定氮法常规测定。

（二）结果

1. 瘤胃 pH

表 5-4 表明，对照期及添加 YC 后的试验期 pH 的动态变化规律基本相似，均是采食前 0 h 时间点 pH 较高，采食后 2 h 急剧下降，到 4 h 或 6 h 时达到最低点，之后逐渐升高，12 h 时达到接近 0 h 时的水平。

同一处理内，前后期自身对照比较结果表明，添加 YC 后 0 h 时间点，B1 处理（精粗比为 2：8 日粮条件下，YC 添加量为 2.0%）pH 显著高于对照期，其他时间点和不同添加剂量对瘤胃 pH 没有显著影响。但是，可以看出，添加 YC 后 A1 处理的 pH 略低于对照期（7 个时间点均值 6.16 vs 6.27），其他 3 组均有提高瘤胃 pH 的趋势，7 个时间点 A3、B1 和 B2 处理的平均值分别为（YC vs 对照）6.16 vs 6.13、6.23 vs 6.19 和 6.25 vs 6.15。

表 5-4　添加酵母培养物对瘤胃 pH 的影响

处理	0 h	2 h	4 h	6 h	8 h	10 h	12 h
A1	6.56 ± 0.04	6.24 ± 0.04	6.14 ± 0.09	6.18 ± 0.05	6.19 ± 0.04	6.21 ± 0.08	6.35 ± 0.09
	6.65 ± 0.14	6.10 ± 0.04	6.04 ± 0.04	6.02 ± 0.06	6.04 ± 0.08	6.07 ± 0.06	6.22 ± 0.05
A3	6.36 ± 0.05	6.13 ± 0.02	5.98 ± 0.05	6.05 ± 0.02	6.05 ± 0.02	6.09 ± 0.07	6.23 ± 0.07
	6.60 ± 0.05	6.11 ± 0.03	6.00 ± 0.03	6.01 ± 0.01	6.04 ± 0.04	6.10 ± 0.04	6.26 ± 0.06
B1	6.43 ± 0.06^{b}	6.18 ± 0.06	6.06 ± 0.09	6.10 ± 0.09	6.17 ± 0.04	6.19 ± 0.05	6.18 ± 0.10
	6.69 ± 0.08^{a}	6.15 ± 0.08	6.10 ± 0.11	6.08 ± 0.11	6.13 ± 0.11	6.18 ± 0.13	6.27 ± 0.11
B2	6.41 ± 0.04	6.11 ± 0.02	5.98 ± 0.04	6.06 ± 0.03	6.05 ± 0.06	6.09 ± 0.10	6.35 ± 0.08
	6.68 ± 0.05	6.19 ± 0.13	6.08 ± 0.10	6.07 ± 0.09	6.12 ± 0.09	6.24 ± 0.04	6.38 ± 0.04

注：①每处理上行数字为对照期值，下行数字为试验期测定值；②处理内前后期比较，上角标小写字母不同表示差异显著（$P<0.05$）

2. 氧化还原电位（ORP）

表 5-5 表明，本试验同一时间点内，无论前期未加 YC 还是后期添加 YC 情况下，各处理间瘤胃 ORP 平均值均没有显著差异。各处理内前、后期比较，添加 YC 后 A1 处理在采食后 8 h 瘤胃 ORP 显著高于对照期（$P<0.05$），A3 和 B1 处理分别在采食后 4 h 和 2 h 瘤胃 ORP 值显著低于对照期（$P<0.05$），其他各时间点不同处理前后期对照均无显著差异。

表 5-5　添加酵母培养物对瘤胃 ORP 值的影响（单位：mV）

处理	0 h	2 h	4 h	6 h	8 h	10 h	12 h	平均值
A1	-212.67 ± 2.91	-231.33 ± 4.63	-238.00 ± 7.09	-233.33 ± 3.84	-225.33 ± 4.33^{a}	-229.00 ± 5.03	-233.67 ± 3.38	-229.05 ± 3.11
	-214.33 ± 6.39	-240.00 ± 1.53	-231.67 ± 2.03	-236.67 ± 8.37	-203.67 ± 5.61^{b}	-199.00 ± 0.58	-213.33 ± 3.18	-219.81 ± 6.17
A3	-210.00 ± 3.06	-228.33 ± 3.18	-226.67 ± 2.60^{b}	-231.67 ± 3.76	-223.67 ± 6.17	-224.67 ± 0.33	-238.33 ± 2.40	-226.19 ± 3.28
	-216.67 ± 2.91	-239.67 ± 0.33	-237.67 ± 1.20^{a}	-243.00 ± 2.08	-211.00 ± 7.94	-218.00 ± 2.52	-220.67 ± 3.76	-226.67 ± 4.91
B1	-209.33 ± 5.36	-224.67 ± 0.67^{b}	-237.67 ± 7.45	-234.33 ± 5.21	-227.33 ± 6.49	-233.00 ± 5.51	-241.67 ± 5.78	-229.71 ± 4.04
	-217.00 ± 4.16	-243.67 ± 3.93^{a}	-243.00 ± 5.86	-236.33 ± 7.31	-212.33 ± 5.81	-217.67 ± 10.84	-223.00 ± 7.37	-227.57 ± 4.97
B2	-206.67 ± 5.84	-231.33 ± 5.70	-233.00 ± 3.46	-232.00 ± 1.00	-233.67 ± 6.44	-241.00 ± 7.02	-239.67 ± 2.33	-231.05 ± 4.31
	-223.00 ± 5.03	-236.00 ± 2.89	-238.00 ± 4.04	-224.00 ± 4.93	-211.67 ± 6.69	-211.33 ± 3.18	-215.00 ± 7.23	-222.71 ± 4.15

注：①每处理上行数字为对照期值，下行数字为试验期测定值；②处理内前后期比较，上角标小写字母不同表示差异显著（$P<0.05$）

3. 瘤胃 NH_3-N 浓度

表 5-6 表明，对照期试验不同时间点内各处理间瘤胃 NH_3-N 浓度没有显著差异，添加 YC 的后期试验，2 h 时间点，A3 处理瘤胃 NH_3-N 浓度显著高于其他 3 个处理（$P<0.05$），其他时间点各处理间亦没有显著差异。

表 5-6　酵母培养物对 NH_3-N 浓度的影响（单位：mg/100 mL）

处理	0 h	2 h	4 h	6 h	8 h	10 h	12 h
A1	15.74 ± 0.58^b	19.68 ± 0.64	14.81 ± 0.37	8.87 ± 1.17	7.70 ± 1.44	8.55 ± 1.25	9.41 ± 1.52
	18.49 ± 1.17^a	19.78 ± 0.59^B	15.91 ± 1.61	10.50 ± 2.10	9.68 ± 1.83	10.50 ± 1.27	9.71 ± 0.40
A3	19.75 ± 2.30	24.08 ± 1.57	20.15 ± 2.16	15.84 ± 1.79	14.15 ± 0.98	13.94 ± 1.25	15.05 ± 1.12
	18.48 ± 1.21	23.45 ± 1.13^A	20.04 ± 1.70	13.45 ± 2.05	12.15 ± 2.53	11.69 ± 2.24	11.73 ± 2.59
B1	16.10 ± 3.02	21.37 ± 3.13	18.01 ± 4.57	12.46 ± 4.15	10.58 ± 3.41	10.73 ± 3.35	13.25 ± 2.73
	16.74 ± 0.93	19.07 ± 1.68^B	15.74 ± 3.30	10.12 ± 1.88	8.93 ± 2.00	9.37 ± 1.48	10.60 ± 1.03
B2	13.66 ± 1.05	17.69 ± 1.65	14.30 ± 1.78	10.70 ± 1.64	9.82 ± 2.56	10.30 ± 2.67	7.77 ± 0.78^b
	16.22 ± 0.68	17.85 ± 0.29^B	14.85 ± 0.91	10.85 ± 0.34	9.54 ± 0.03	9.65 ± 0.36	9.91 ± 0.57^a

注：①每处理上行数字为对照期值，下行数字为试验期测定值；②处理内前后期比较，上角标小写字母不同表示差异显著（$P<0.05$）；③前期和后期分别进行处理间比较，上角标大写字母不同表示差异显著（$P<0.05$）

同一处理内前后期比较，添加 YC 后的试验期 A1 处理在 0 h、B2 处理在 12 h 瘤胃 NH_3-N 浓度显著高于对照期（$P<0.05$），其他时间点和其他各处理不同时间点前后期比较瘤胃 NH_3-N 浓度均无显著差异。

4. 瘤胃挥发性脂肪酸（VFA）浓度

表 5-7 表明，绒山羊瘤胃内总 VFA 浓度在采食后 2 h 升高，前期试验在 2 h 后逐渐降低而且波动性较大，后期试验在 2 h 后略有相对平稳的降低。

处理间比较，无论是前期试验还是添加了不同 YC 剂量后，瘤胃乙酸、乙酸/丙酸均无显著差异。瘤胃丁酸浓度在前期 4 h，A3、B2 处理显著高于 B1 处理（$P<0.05$），添加 YC 后则各处理间无显著差异；6 h 时前期各处理间无显著差异，但添加 YC 后，A1、A3 处理显著高于 B1 处理（$P<0.05$）。总 VFA（TVFA）浓度在 6 h 前期试验中，A3 处理显著高于 A1、B1 处理，8 h 时前期 A3 处理显著高于 B1、B2 处理（$P<0.05$），其他时间点各处理间均无显著差异。可以看出，B1 处理的丁酸和 TVFA 在前期相对较低，但添加 YC 后，B1 处理有较大提高。

处理内前后期比较，在 6 h 前，各单项 VFA 和 TVFA 浓度均无显著差异，6 h 后，部分 VFA 浓度则表现出明显的差异。添加 YC 后的 6 h 时（B1，$P<0.01$），8 h（B2，$P<0.05$），10 h（A3，$P<0.05$；B2，$P<0.05$），12 h 时（A1，$P<0.05$）乙酸浓度显著高于前期试验。添加 YC 后的 6 h 时（A1，$P<0.05$），8 h（B2，$P<0.01$），10 h（A1，

$P<0.05$），12 h 时（A3，$P<0.05$）丙酸浓度显著高于前期试验。添加 YC 后的 6 h 时（A1，$P<0.01$），12 h 时（A3、B1，$P<0.05$）丁酸浓度显著高于前期试验。添加 YC 后的 6 h 时（A1，$P<0.05$），8 h（B2，$P<0.05$），10 h（A3、B2，$P<0.05$），12 h 时（A1，$P<0.01$）瘤胃总 VFA 浓度显著高于前期试验。前后期 7 个时间点平均值比较，A1、A3 和 B2 处理乙酸浓度极显著高于对照期（$P<0.01$），B1 处理显著高于对照期（$P<0.05$）；丙酸浓度 A3 处理显著高于对照期（$P<0.05$），其他处理极显著高于对照期（$P<0.01$）；丁酸 A1、B2 处理显著高于对照期（$P<0.05$），B1 处理极显著高于对照期（$P<0.01$），A3 处理也高于对照期，但没有达到显著水平；总 VFA 浓度 4 个处理均极显著高于对照期（$P<0.01$）；乙酸/丙酸各处理均没有显著差异，但 A1 和 A3 处理有升高趋势，而 B1 和 B2 处理则降低。

表 5-7　添加酵母培养物对瘤胃 VFA 浓度的影响（单位：mmol/L）

时间点	项目	A1	A3	B1	B2
0 h	乙酸	24.24±2.68	22.81±0.79	23.56±1.47	24.23±2.77
		30.05±0.35	25.99±1.73	24.07±3.97	27.92±0.78
	丙酸	8.72±0.37	7.90±0.23	7.52±0.73	8.17±0.25
		10.69±0.83	11.45±0.42	10.30±1.19	10.37±0.30
	丁酸	7.19±1.65	6.82±0.29	6.05±1.16	6.54±0.86
		8.78±0.98	8.36±0.75	9.35±1.46	7.33±0.30
	总 VFA	40.15±4.27	37.53±0.75	37.13±0.77	38.95±2.20
		49.52±1.99	45.80±2.57	43.73±6.39	45.63±0.56
	乙酸/丙酸	2.79±0.34	2.90±0.18	3.18±0.34[a]	2.98±0.38
		2.84±0.20	2.26±0.07	2.31±0.12[b]	2.70±0.15
2 h	乙酸	30.22±2.79	33.68±2.54	31.78±0.65	29.72±2.40
		34.42±2.65	35.40±0.47	33.05±2.69	34.03±2.29
	丙酸	12.56±1.06	14.13±1.68	12.26±0.74	12.04±2.25
		14.59±0.36	13.86±0.48	13.48±0.38	13.71±0.68
	丁酸	8.72±0.78	9.85±2.04	8.28±1.13	7.32±0.95
		10.43±0.58	11.05±0.80	9.73±0.45	8.13±1.49
	总 VFA	51.50±4.41	57.66±6.19	52.32±0.81	49.09±5.58
		59.44±2.26	60.32±1.17	56.27±3.50	55.87±3.56
	乙酸/丙酸	2.41±0.07	2.41±0.13	2.62±0.20	2.56±0.25
		2.36±0.18	2.56±0.06	2.44±0.13	2.49±0.16
4 h	乙酸	27.72±2.49	31.72±3.64	25.17±2.76	30.99±1.61
		32.96±0.33	34.33±2.44	27.77±1.55	36.50±7.41
	丙酸	13.83±1.25	13.50±0.99	9.82±0.99	11.58±2.12
		13.42±0.46	14.05±0.98	12.98±0.58	14.21±0.97
	丁酸	8.40±0.75[ab]	10.15±0.99[a]	6.08±0.20[b]	9.49±1.03[a]
		10.79±1.55	10.86±0.79	9.17±0.94	8.99±1.28
	总 VFA	49.94±1.88	55.37±4.45	41.06±3.36	52.06±4.54
		57.17±1.40	59.24±0.99	49.92±2.98	59.69±8.46
	乙酸/丙酸	2.06±0.34	2.34±0.11	2.57±0.19	2.80±0.33
		2.46±0.10	2.50±0.37	2.14±0.06	2.61±0.57
6 h	乙酸	19.66±1.67	22.94±4.65	22.60±1.13[B]	26.95±1.36
		30.09±2.87	30.39±2.09	31.24±1.64[A]	29.76±1.40
	丙酸	9.96±0.33[b]	13.19±0.80	10.12±1.71	11.09±0.38
		13.40±0.54[a]	14.46±0.55	12.81±0.98	13.67±1.18

续表

时间点	项目	A1	A3	B1	B2
6 h	丁酸	7.04±1.15^B 12.01±1.00^{Aa}	13.39±2.56 11.88±1.00^a	6.30±1.01 8.66±0.50^b	8.67±1.27 10.08±0.45^{ab}
	总VFA	36.66±1.56^{bc} 55.51±2.37^a	49.52±2.65^a 56.74±1.52	39.01±3.30^{bc} 52.71±2.33	46.70±1.95^{ab} 53.51±0.53
	乙酸/丙酸	1.99±0.22 2.24±0.17	1.73±0.32 2.10±0.10	2.34±0.34 2.47±0.25	2.43±0.13 2.23±0.32
8 h	乙酸	26.97±2.15 34.58±1.89	31.81±3.79 35.81±4.01	24.27±0.76 32.76±2.32	24.85±1.01^b 35.51±0.85^a
	丙酸	10.29±1.01 13.55±0.74	11.84±0.55 13.22±1.55	10.48±0.79 13.11±1.06	9.39±0.56^B 13.76±0.11^A
	丁酸	7.50±0.43 7.06±0.60	8.03±0.16 8.50±0.93	5.88±0.34 6.59±1.52	6.64±0.87 7.77±1.77
	总VFA	44.76±1.58^{ab} 55.19±1.83	51.68±3.91^a 57.53±2.94	40.63±1.26^b 52.46±3.09	40.88±2.27^b 57.03±2.47^a
	乙酸/丙酸	2.71±0.47 2.58±0.28	2.69±0.34 2.86±0.69	2.35±0.21 2.51±0.12	2.66±0.12 2.58±0.08
10 h	乙酸	23.01±0.97 34.35±3.10	25.29±0.72^b 33.34±1.38^a	23.67±4.30 37.28±10.63	25.96±1.66^b 34.25±2.61^a
	丙酸	9.55±0.58^b 16.03±1.23^a	11.13±0.66 13.26±0.28	10.12±0.87 14.77±1.80	8.98±0.98 14.43±0.87
	丁酸	7.43±0.30 8.48±0.82	8.41±0.19 10.88±2.19	7.11±0.82 9.85±2.36	7.48±0.50 8.45±0.41
	总VFA	40.00±1.80 58.86±4.50	44.84±1.17^b 57.48±3.25^a	40.89±4.54 61.90±14.74	42.42±1.96^b 57.14±3.05^a
	乙酸/丙酸	2.41±0.06 2.15±0.13	2.28±0.13 2.51±0.06	2.32±0.33 2.44±0.30	2.98±0.46 2.37±0.05
12 h	乙酸	22.70±0.67^b 37.31±3.34^a	24.23±1.27 29.99±2.60	22.46±2.19 30.50±0.90	25.73±2.56 35.87±1.89
	丙酸	8.05±0.98 11.96±0.89	10.17±0.39^b 13.86±0.50^a	9.99±0.61 12.29±0.42	10.58±0.33 11.64±0.55
	丁酸	5.21±0.95 7.29±0.65	6.75±0.94^b 8.75±0.73^a	6.37±0.41^b 7.82±0.26^a	6.69±1.93 8.39±0.81
	总VFA	35.96±2.45^B 56.56±2.17^A	41.15±1.30 52.60±2.54	38.83±2.37 50.62±1.56	43.00±4.04 55.90±2.54
	乙酸/丙酸	2.88±0.25 3.18±0.46^a	2.39±0.19 2.16±0.13^b	2.24±0.10 2.48±0.03^{ab}	2.44±0.28 3.08±0.06^a
平均值	乙酸	24.93±1.35^B 33.39±0.99^A	27.50±1.78^B 32.18±1.34^A	24.79±1.22^b 30.95±1.58^a	26.92±0.95^B 33.41±1.24^A
	丙酸	10.42±0.78^B 13.38±0.65^A	11.69±0.82^b 13.45±0.37^a	10.04±0.52^B 12.82±0.51^A	10.26±0.54^B 13.11±0.57^A
	丁酸	7.36±0.43^b 9.26±0.70^a	9.06±0.88 10.04±0.55	6.58±0.32^B 8.74±0.44^A	7.55±0.43^b 8.45±0.34^a
	总VFA	42.71±2.34^B 56.04±1.24^A	48.25±2.80^B 55.67±1.88^A	41.41±1.90^B 52.52±2.12^A	44.73±1.78^B 54.97±1.71^A
	乙酸/丙酸	2.46±0.13 2.54±0.14	2.39±0.14 2.42±0.10	2.52±0.12 2.40±0.05	2.69±0.09 2.58±0.10

注：①每处理上行数字为对照期值，下行数字为试验期测定值；②处理内前后期比较，上角标小写字母不同表示差异显著（$P<0.05$），大写字母不同表示差异极显著（$P<0.01$）；③前期和后期分别进行处理间比较，同行上角标小写字母不同表示差异显著（$P<0.05$）

5. 菌体蛋白浓度

表 5-8 表明，在各时间点不同处理之间比较，瘤胃 BCP 浓度没有显著差异，添加 YC 后各时间点不同 YC 添加量（处理）之间亦没有显著差异。同一处理前后期比较，B1 处理在 2 h 和 8 h 时间点，添加 YC 后瘤胃 BCP 浓度极显著高于前期处理（P<0.01）。

表 5-8 添加酵母培养物对绒山羊瘤胃 BCP 浓度的影响（单位：mg/100 mL）

处理	0 h	2 h	4 h	6 h	8 h	10 h	12 h
A1	20.70±1.77	19.53±2.17	23.53±1.32	20.03±4.19	19.28±0.66	26.70±0.93	28.71±0.88
	15.77±1.84	21.48±3.55	23.28+0.75	25.54±1.99	21.63±1.96	30.04±7.95	24.78±3.44
A3	26.29±1.89	22.53±1.50	23.03±0.25	19.18±3.97	25.44±2.23	24.48±3.65	29.54±3.50
	17.57±3.31	28.54±3.00	24.03±3.97	24.03±4.92	24.78±9.20	30.27±0.80	28.54±6.42
B1	18.28±6.62	18.53±3.31^B	24.03±1.30	24.38±0.65	25.79±1.75^B	22.55±3.55	25.79±3.64
	28.61±6.60	32.14±6.96^A	30.14±5.34	28.16±5.44	34.25±6.69^A	28.16±6.47	30.79±7.78
B2	20.03±2.18	20.13±1.31	23.78±1.96	16.92±3.22	17.19±6.94	18.03±6.07	19.78±4.68
	21.78±1.99	26.00±5.31	23.58±9.00	28.79±13.88	31.24±9.86	25.54±5.87	27.04±3.44

注：①每处理上行数字为对照期值，下行数字为试验期测定值；②处理内前后期比较，上角标大写字母不同表示差异极显著（P<0.01）

（三）讨论

1. 瘤胃 pH

pH 是一项反映瘤胃发酵水平的综合指标。它受日粮性质、唾液分泌及瘤胃内酸碱性物质排除、吸收的影响。各处理的瘤胃 pH 均在 5.98~6.69，这表明绒山羊瘤胃 pH 处于正常范围内。采食前较高的 pH 可能是由于接近饲喂时间，山羊分泌大量唾液准备采食，唾液进入瘤胃使 pH 升高。采食后瘤胃 pH 的急剧下降是由于采食后精补料的快速发酵和微生物对碳水化合物成分发酵程度的增强，产生大量的 VFA，同时伴随着对氨利用率提高，结果导致 pH 逐渐下降。4~6 h 后，伴随着山羊的反刍，唾液分泌增强，日粮蛋白及内外源非蛋白氮（NPN）被微生物降解产生了大量的碱性氨，从而使 pH 上升。

2. 氧化还原电位（ORP）

氧化还原电位（ORP）是常用的衡量瘤胃内容物中含氧量的一个指标。瘤胃内 ORP 值可反映微生物活性和还原物质的量，其动态变化与微生物密度有关。厌氧微生物只能在低于+100 mV 以下生长。微生物的生长过程不能改变周围环境的 ORP，但其代谢产物为还原性有机物，可降低 ORP。

3. 瘤胃 NH$_3$-N 浓度

试验前后期瘤胃 NH$_3$-N 浓度动态变化规律基本相同，均是在采食后瘤胃 NH$_3$-N 浓度开始上升，2 h 达到峰值，之后逐渐下降，12 h 稍有回升。采食后 2 h 较高的 NH$_3$-N 浓度主要是来自饲料蛋白质的降解，当产生的 NH$_3$ 逐渐被瘤胃微生物摄取、被瘤胃壁吸收和排入皱胃后，瘤胃 NH$_3$-N 浓度逐渐降低。瘤胃微生物依靠 NH$_3$-N 而生长，但微生物生长需要有一个适宜的水平，其最佳 NH$_3$-N 浓度为 6.3~27.5 mg/100 mL。也有研究报道，瘤胃 NH$_3$-N 的浓度达 5 mg/dL 可满足其微生物蛋白的最大合成。本试验绒山羊瘤胃内 NH$_3$-N 浓度变化范围为 7.70~24.08 mg/100 mL，两种精粗比条件下前后试验期产生的瘤胃 NH$_3$-N 浓度均可以满足微生物蛋白的最大合成。

一些研究结果表明 YC 能降低瘤胃内 NH$_3$-N 浓度（Harrison et al.，1988；Piva et al.，1993；Kumar et al.，1994）。YC 添加刺激微生物生长，常表示瘤胃微生物对 NH$_3$ 的利用增加。NH$_3$ 水平降低，并不是由蛋白质降解或脱氨作用降低引起的，而是由 YC 刺激瘤胃微生物菌群摄取 NH$_3$ 并合成蛋白质引起的。这反映在添加 YC 后，瘤胃内氨态氮浓度较低。

4. 瘤胃挥发性脂肪酸（VFA）浓度

VFA 主要来自进入瘤胃的饲料碳水化合物的发酵，是绒山羊重要的能源物质，为瘤胃微生物的合成提供能量。Martin 等（1989）发现添加酵母添加剂 Yea-sacc 能增加 VFA 产量，降低乙酸/丙酸。Kumar 等（2015）在水牛犊高粗饲料日粮中添加 Yea-sacc 后发现，采食后 4 h 总 VFA 显著增加（124.6 mmol/L vs 111.5 mmol/L，$P<0.01$），乙酸显著增加（81.3 mmol/L vs 70.8 mmol/L，$P<0.01$），乙酸/丙酸增加（3.73 vs 3.25，$P<0.05$），丁酸及异丁酸增加（17.8 mmol/L vs 15.1 mmol/L）。本试验添加 YC 可以显著提高瘤胃 VFA 浓度，促进绒山羊对饲料碳水化合物的降解、发酵，特别是明显提高采食 6 h 以后瘤胃 VFA 的浓度，有降低高粗饲料组乙酸/丙酸的趋势。

5. 菌体蛋白浓度

瘤胃发酵产物氨基酸、NH$_3$、VFA 等为瘤胃微生物合成提供了原料，因此菌体蛋白含量可以反映瘤胃发酵效果。本试验 7 个时间点平均值比较，添加 YC 后 A1、A3 处理与对照期无显著差异，分别为 23.22 mg/100 mL vs 22.64 mg/100 mL、25.39 mg/100 mL vs 24.36 mg/100 mL，B1 处理高于对照期，为 30.32 mg/100 mL vs 22.76 mg/100 mL，B2 处理高于对照期，为 26.28 mg/100mL vs 19.41 mg/100 mL。Erasmus 等（1992）发现 YC 添加使奶牛菌体蛋白合成有增加趋势。本试验与其结果相似。

（四）结论

1）不同酵母培养物添加量对瘤胃 pH、ORP 指标没有显著影响，但在 0 h 可以显著提高 B1 处理 pH，2 h 和 4 h 分别降低 B1 处理和 A3 处理的 ORP 值，8 h 时显著提高 A1 处理的 ORP 值。

2）添加 YC 能明显提高绒山羊采食 6 h 后和白天 12 h 内平均的瘤胃 VFA 的浓度，对高粗饲料日粮有降低乙酸/丙酸的趋势。

3）添加 YC 显著降低 A3 和 B1 处理瘤胃 NH_3-N 浓度，显著提高 A1 处理的瘤胃 NH_3-N 浓度。

4）添加 YC 可以极显著提高 2 h 和 8 h 时间点 B1 处理瘤胃 BCP 含量，显著提高 B1 和 B2 处理 7 个时间点平均菌体蛋白含量。

二、酵母培养物对绒山羊营养物质消化代谢的影响

（一）材料与方法

1. 试验分组、设计与日粮

同本章第二节标题"一、酵母培养物对绒山羊瘤胃发酵的研究"部分。

2. 饲养管理

预试期 15 d，正试期 7 d。自由饮水，每天 8:00 和 20:00 收集粪尿，记录每天实际采食量。在预试期的第 14 天，给试验羊戴集粪袋、集尿袋，使羊只适应粪袋和尿袋。

3. 粪尿样收集与处理

全收粪法搜集粪和尿。将每天收集的鲜粪样称重后按 10%采样混合，加 10%稀盐酸，冷冻保存，试验结束后制成风干样。每天收集尿样加 1 mol/L H_2SO_4（100 mL/d）以调整尿液 pH 低于 3。记录每天总排尿量，过滤后按 5%取样制混合样，于–20℃保存。粪尿样中 DM、OM、N 等按实验室常规方法分析。

（二）结果

1. 对营养物质消化率的影响

表 5-9 是前、后期试验饲料干物质（DM）表观消化率、粗蛋白（CP）表观消化率和氮代谢率的试验结果。不同处理对照期饲料干物质表观消化率存在显著差异，A3 处理显著高于 B1 和 B2 处理（$P<0.05$），A1 处理与 B2 处理没有显著差

异但显著高于 B1 处理（$P<0.05$）。后期试验干物质表观消化率也以 A3 处理最高，但与其他处理无显著差异。处理内前后期比较，添加 YC 的试验期 DM 消化率各处理均低于对照期，但差异不显著。

表 5-9　添加 YC 对绒山羊营养物质表观消化率和代谢率的影响（%）

	A1	A3	B1	B2	SEM	P
DM 消化率	65.40 ± 2.23^{ab}	67.39 ± 0.52^{a}	60.25 ± 1.36^{c}	61.68 ± 1.08^{bc}	6.205	0.027
	59.89 ± 6.81	60.93 ± 1.46	55.43 ± 1.49	53.42 ± 0.52	38.245	0.440
CP 消化率	64.71 ± 2.19	67.29 ± 1.92	58.82 ± 2.22	62.11 ± 0.33	10.149	0.055
	65.56 ± 6.16	65.99 ± 0.87	61.97 ± 0.23	60.48 ± 0.75	29.444	0.555
氮代谢率	26.93 ± 7.65	18.89 ± 0.73	23.43 ± 9.79	20.62 ± 4.15	129.072	0.834
	39.41 ± 2.13	33.64 ± 6.67	33.03 ± 6.17	35.79 ± 4.48	65.899	0.810

注：①每处理上行数字为对照期值，下行数字为试验期测定值；②前期和后期分别进行处理间比较，同行上角标小写字母不同表示差异显著（$P<0.05$）

饲料粗蛋白消化率前、后期各处理间比较没有显著差异，各处理内前期和后期比较也无显著差异。氮代谢率前期试验和后期试验的处理间比较没有显著差异，处理内前、后期比较亦没有显著差异，添加 YC 后 A1、A3、B1 和 B2 处理分别比对照期提高 46.34%、78.08%、40.97% 和 73.57%（$P>0.05$）。

2. 对氮代谢的影响

表 5-10 表明，在对照期各处理间氮平衡没有显著差异的条件下，添加 YC 后的试验期内不同添加量对各处理氮平衡的影响亦无显著差异。但是可以看出，与对照期比较，各处理干物质随意采食量（DMI）、进食氮（NI）、粪氮（FN）、可消化氮（DN）、沉积氮（RN）、沉积氮/可消化氮（RN/DN）均有所提高，其中 A1 处理 DMI 有显著提高（$P<0.05$），A3 处理 DMI 和 DN 有极显著提高（$P<0.01$）；A1、A3 处理的 NI 有极显著提高（$P<0.01$）；A3 处理的 FN 和 A1 处理的尿氮（UN）有显著提高（$P<0.05$）。与对照期比较，各处理 UN 和尿氮/进食氮（UN/NI）均较前期有所降低，其中 A1 处理两项指标均达到显著水平（$P<0.05$）。可以看出，存在显著性差异的都发生在 A1 或 A3 处理，这两处理均是精粗比为 3∶7 的日粮组，说明在精粗比相对较高的条件下，添加 YC 可以显著提高氮平衡水平。

（1）对进食氮（NI）的影响

精粗比为 3∶7 日粮中添加 2.0% 和 3.0% 的酵母培养物，可显著提高 DMI，分别为 4.05%（$P<0.05$）和 15.27%（$P<0.01$），精粗比为 2∶8 日粮中添加 2.0% 和 2.5% 的酵母培养物，也有提高 DMI 的趋势，分别提高 15.12% 和 14.34%（$P>0.05$）。

表 5-10　添加酵母培养物对氮平衡的影响（单位：g/d）

	A1	A3	B1	B2	SEM	P
干物质进食量	696.42±63.36[b]	634.88±54.39[B]	631.48±84.14	638.91±21.40	10 882.37	0.851
	724.65±62.21[a]	731.80±62.83[A]	726.99±62.41	730.56±62.72	11 735.50	0.998
进食氮	11.55±1.05[B]	10.60±0.90[B]	10.21±1.35	10.34±0.36	2.899	0.773
	12.35±1.06[A]	12.53±1.08[A]	12.10±1.04	12.19±1.05	3.345	0.992
粪氮	4.04±0.23	3.44±0.19[b]	4.21±0.63	3.91±0.10	0.370	0.500
	4.37±1.16	4.25±0.30[a]	4.60±0.41	4.80±0.34	1.290	0.930
尿氮	4.30±0.48[b]	5.15±0.59	3.81±1.37	4.30±0.52	2.057	0.723
	3.15±0.44[a]	3.07±1.04	3.74±1.15	3.04⊥0.70	2.667	0.948
可消化氮	7.50±0.90	7.16±0.78[B]	6.01±0.80	6.42±0.26	1.588	0.491
	7.97±0.27	8.28±0.79[A]	7.50±0.63	7.38±0.72	1.210	0.734
沉积氮	3.21±1.09	2.01±0.22	2.19±0.92	2.12±0.41	1.693	0.665
	4.83±0.20	5.21±1.15	4.05±0.36	4.34±0.56	1.499	0.723
沉积氮/可消化氮	40.91±10.75	28.13±1.55	39.12±16.02	33.24±6.79	315.489	0.810
	60.78±4.17	62.75±13.50	53.51±10.02	59.33±8.06	269.732	0.937
粪氮/进食氮	35.29±2.19	32.71±1.92	41.18±2.22	37.89±0.33	10.149	0.055
	34.44±6.16	34.01±0.87	38.03±0.23	39.52±0.75	29.450	0.555
尿氮/进食氮	37.78±5.51[a]	48.41±2.23	35.39±8.46	41.49±4.34	94.361	0.431
	26.16±5.07[b]	32.07±5.50	28.71±6.21	24.69±5.05	85.580	0.833

注：①每处理上行数字为对照期值，下行数字为试验期测定值；②处理内前期和后期比较，同列上角标小写字母不同表示差异显著（P<0.05），上角标大写字母不同表示差异极显著（P<0.01）

DMI 的提高也相应地增加了氮的进食量。A1、A3、B1 和 B2 处理的 NI 分别由 11.55 g/d、10.60 g/d、10.21 g/d 和 10.34 g/d 提高到 12.35 g/d（P<0.01）、12.53 g/d（P<0.01）、12.10 g/d（P>0.05）和 12.19 g/d（P>0.05）。

（2）对氮平衡的影响

酵母培养物有提高绒山羊沉积氮的趋势，由 4 组平均 2.38 g/d 提高到 4.61 g/d，提高了 93.70%（P>0.05）。后期试验 A3 处理粪氮的排出量显著高于前期，其他处理也有增加的趋势。粪氮主要包括饲料未降解氮和代谢粪氮。添加 YC 后粪氮排泄量的增加，可能是由于氮进食量高，多余的氮以粪氮的形式排出。虽然 A3 处理粪氮排出量较高，但是其可消化氮极显著高于对照期，所以，其氮的沉积量仍然是 4 组中最高的，为 5.21 g/d。添加 YC 使尿氮的排出量降低，其中 A1 处理达到显著水平。酵母培养物可以改变粪氮和尿氮的重新分配，通过减少尿氮的排出而提高绒山羊对氮的沉积。

（三）结论

酵母培养物对营养物质表观消化率没有显著影响。酵母培养物可以提高绒山羊干物质采食量和氮进食量，特别是对日粮精料比率较高的日粮效果更明显。酵母培养物可提高绒山羊氮代谢水平，提高日粮氮沉积量和可消化氮量。

第三节　酵母培养物对绒山羊机体免疫功能的影响

一、材料与方法

（一）试验分组、设计与日粮

同本章第二节。

（二）血样采集与处理

在对照期最后一天，添加 YC 后第 15 天（预试期后进入试验期第 1 天）和第 45 天，晨饲前 2 h 颈静脉采集血液 20 mL，其中 10 mL 用肝素抗凝，3500 r/min 离心 15 min，取血浆保存于–20℃冰箱中待测；另外 10 mL 在恒温箱中温育 30 min 后，3500 r/min 离心 15 min，取血清保存于–20℃冰箱中待测。

（三）测定指标与方法

1）血浆一氧化氮（NO）含量：采用硝酸还原酶法。其原理：NO 化学性质活泼，在体内代谢很快转为 NO_2^- 和 NO_3^-，而 NO_2^- 又进一步转化为 NO_3^-，本法利用硝酸还原酶特异性将 NO_3^- 还原为 NO_2^-，通过显色深浅测定其浓度的高低。

2）血浆一氧化氮合酶（NOS）含量：NOS 催化 L-Arg 和分子氧反应生成 NO，NO 与亲核性物质生成有色化合物，在 530 nm 波长下测定吸光度，根据吸光度的大小可计算出 NOS 活力。

NOS 主要有两种类型：即结构型（cNOS）和诱导型（iNOS）。结构型主要存在于神经元和内皮细胞内，依赖钙；诱导型主要存在于巨噬细胞内，不依赖钙。根据此原理可以分型。

以上试剂盒均由南京建成生物工程研究所提供，具体操作步骤按试剂盒说明书进行。

3）血清 IgA、IgG 的定量测定：采用双抗夹心酶联免疫吸附测定（enzyme-linked immunosorbent assay，ELISA）。试剂盒 Goat IgA（IgG）ELISA Quantitation Kit 和 ELISA Accessory Starter Kit 购自美国 Bethyl 公司，操作方法按说明书提供的方法进行。

4）血液 T 淋巴细胞亚群 CD4、CD8 的测定：采用流式细胞术。山羊 CD4、CD8 一抗试剂盒购自美国 VMRD 公司，荧光标记二抗试剂盒购自 SEROTEC 公司。

二、结果

（一）添加酵母培养物对机体血浆 NO 含量和 NOS 活力的影响

表 5-11 表明，对照期不同处理间比较，绒山羊血浆 NO 含量没有显著差异。添加 YC 后第 15 天和第 45 天，日粮不同精粗比、不同 YC 添加量间均无显著差异。其中对照期 A3 处理最高，达 30.37 μmol/L，添加 YC 第 15 天也是 A3 处理最高，达 32.59 μmol/L，第 45 天时是 B2 处理最高，达 36.30 μmol/L。各处理内前后期比较亦无显著差异。添加 YC 第 15 天，A1 处理没有变化，A3、B1 和 B2 处理均略有升高，分别提高 7.31%、6.66%和 31.27%，以 B2 处理提高幅度较大（$P>0.05$）；试验第 45 天时，各处理均又有提高，A1、A3、B1 和 B2 处理分别比对照期提高 8.10%、12.18%、60.04%和 53.16%，B1 和 B2 处理提高幅度较大（$P>0.05$）。

表 5-11　添加酵母培养物对绒山羊血浆 NO 含量的影响（单位：μmol/L）

	A1	A3	B1	B2	SEM	P
对照期	27.41±12.92	30.37±10.37	22.22±2.57	23.70±1.96	213.58	0.90
试验 15 d	27.41±5.19	32.59±4.86	23.70±9.46	31.11±8.89	164.20	0.83
试验 45 d	29.63±7.84	34.07±6.06	35.56±7.14	36.30±6.46	143.21	0.90

表 5-12 表明，对照期不同处理间比较，绒山羊血浆 NOS 活力没有显著差异。添加 YC 第 15 天和第 45 天，日粮不同精粗比、不同 YC 添加量间均无显著差异。其中对照期 B1 处理最高，达 21.45 U/mL，添加 YC 第 15 天时 B2 处理最高，达 22.86 U/mL，第 45 天时是 A1 处理最高，达 29.59 U/mL。处理内比较，添加 YC 后第 15 天各处理均较对照期活力提高，B2 处理极显著高于对照期（$P<0.01$），其他各处理均无显著差异；试验 45 d 各处理均又有提高，A1 处理与对照期没有显著差异，其他 3 处理均极显著高于对照期（$P<0.01$）。

表 5-12　添加酵母培养物对绒山羊血浆 NOS 活力的影响（单位：U/mL）

	A1	A3	B1	B2	SEM	P
对照期	17.61±1.69	18.72±0.49[B]	21.45±0.78[B]	15.17±2.85[B]	8.894	0.155
试验 15 d	20.64±1.48	20.42±0.90[B]	21.60±0.37[B]	22.86±0.34[A]	2.430	0.281
试验 45 d	29.59±6.88	28.26±1.49[A]	27.00±0.64[A]	27.00±0.49[A]	37.634	0.945

注：处理内前后期比较，同列上角标大写字母不同表示差异极显著（$P<0.01$）

表 5-13 表明,对照期不同处理间比较,绒山羊血浆 iNOS 活力没有显著差异。添加 YC 第 15 天,日粮不同精粗比、不同 YC 添加量间均无显著差异。其中对照期 B2 处理最高,达 10.65 U/mL,添加 YC 第 15 天时 A1 处理最高,达 13.39 U/mL,第 45 天时 B1 处理最高,达 15.17 U/mL。处理内比较,添加 YC 后第 15 天各处理均较对照期活力提高($P>0.05$);试验 45 d 时 A1 处理有所降低,但仍高于对照期,其他各处理均又有提高,A3 处理显著高于对照期和试验第 15 天($P<0.05$),B1 和 B2 处理与对照期没有显著差异。

表 5-13 添加酵母培养物对绒山羊血浆 iNOS 活力的影响(单位:U/mL)

	A1	A3	B1	B2	SEM	P
对照期	9.40±0.78	9.69±0.52[b]	9.32±1.44	10.65±2.74	7.852	0.931
试验 15 d	13.39±2.26	10.06±1.09[b]	10.13±0.45	11.32±0.90	5.467	0.333
试验 45 d	12.13±0.49	14.57±1.26[a]	15.17±2.83	13.39±1.03	8.143	0.597

注:处理内前后期比较,同列上角标小写字母不同表示差异显著($P<0.05$)

(二)添加酵母培养物对绒山羊血清中免疫球蛋白含量的影响

表 5-14 表明,对照期、添加 YC 后第 15 天和第 45 天,不同处理间比较,绒山羊血清 IgA 活力均没有显著差异。其中,对照期 B1 处理 IgA 含量最高,为 1.09 mg/mL;添加 YC 第 15 天时 A1 处理最高,为 5.67 mg/mL;试验第 45 天时 B2 处理最高,为 5.44 mg/mL。处理内比较,试验期两次采集的血样 IgA 含量均高于对照期,其中 A3 和 B1 处理均极显著高于对照期($P<0.01$)。

表 5-14 添加酵母培养物对绒山羊血清 IgA 含量的影响(单位:mg/mL)

	A1	A3	B1	B2	SEM	P
对照期	1.05±0.25	0.99±0.03[B]	1.09±0.03[B]	1.06±019	12.903	0.713
试验期 15 d	5.67±2.55	2.89±0.46[A]	2.94±0.20[A]	4.89±2.59	10.067	0.640
试验期 45 d	4.34±1.70	2.21±0.12[A]	3.07±0.56[A]	5.44±3.74	0.076	0.973

注:处理内比较,同列上角标大写字母不同表示差异极显著($P<0.01$)

表 5-15 表明,对照期、添加 YC 后第 15 天和第 45 天,不同处理间比较,绒山羊血清 IgG 含量均没有显著差异。其中,对照期 A3 处理 IgG 含量最高,为 12.70 mg/mL;试验第 15 天时 A1 处理最高,为 13.45 mg/mL;试验第 45 天时 A3 处理最高,为 14.26 mg/mL。处理内比较,添加 YC 第 15 天除 A3 处理的 IgG 含量低于对照期外,其他各处理均高于对照期,其中 B2 处理显著高于 B2 对照期($P<0.05$);试验第 45 天时各处理 IgG 含量均高于对照期,其中 B2 处理显著高于对照期($P<0.05$)。

表 5-15　添加酵母培养物对绒山羊血清 IgG 含量的影响（单位：mg/mL）

	A1	A3	B1	B2	SEM	P
对照期	10.89±0.79	12.70±1.01	11.70±0.94	9.50±0.47[b]	4.901	0.954
试验期 15 d	13.45±1.14	12.32±0.52	11.97±1.10	12.34±1.56[a]	3.899	0.813
试验期 45 d	13.35±1.64	14.26±0.93	14.21±1.71	13.98±0.20[a]	2.076	0.121

注：处理内比较，同列上角标小写字母不同表示差异显著（$P<0.05$）

（三）添加酵母培养物对绒山羊血液 T 淋巴细胞亚群比例的影响

表 5-16 表明，对照期、添加 YC 后的第 15 天和第 45 天，各处理间血液 T 淋巴细胞亚群 $CD4^+$、$CD8^+$ 比例及 $CD4^+/CD8^+$ 的值间均无显著差异。处理内比较，T 淋巴细胞亚群中 $CD4^+$ 的比例在添加 YC 后第 15 天略有升高，第 45 天又恢复到对照期水平；$CD8^+$ 的比例在试验第 15 天略有下降，第 45 天稍有回升，除 B1 处理外均低于对照期；$CD4^+/CD8^+$ 的值在添加 YC 第 15 天均有较大幅度提高，并且 A1、A3 和 B1 处理的比值均大于 1；但第 45 天各处理的比值又回落，除 A1 处理外，其他 3 个处理均高于对照期，但比值均低于 1。

表 5-16　添加酵母培养物对绒山羊血液 T 淋巴细胞亚群比例的影响（%）

指标		A1	A3	B1	B2	SEM	P
$CD4^+$	对照期	23.73±5.22	24.19±1.69	24.49±5.73	22.88±1.65	49.288	0.993
	试验 15 d	28.97±3.08	26.55±3.51	30.66±7.81	28.18±5.09	81.537	0.954
	试验 45 d	20.38±2.96	24.31±1.62	23.91±2.88	22.99±5.33	37.637	0.867
$CD8^+$	对照期	32.51±4.62	28.48±0.22	32.70±3.27	32.40±3.66	46.843	0.849
	试验 15 d	25.80±3.21	24.77±4.91	28.95±4.59	32.42±2.47	46.201	0.541
	试验 45 d	26.15±1.97	27.58±6.12	33.78±0.34	29.32±1.10	80.042	0.814
$CD4^+/CD8^+$	对照期	0.82±0.32	0.91±0.22	0.73±0.09	0.72±0.06	0.122	0.892
	试验 15 d	1.17±0.22	1.19±0.32	1.18±0.38	0.89±0.21	0.259	0.866
	试验 45 d	0.78±0.09	0.98±0.23	0.86±0.34	0.80±0.22	0.143	0.909

三、讨论

（一）添加 YC 对绒山羊浆 NO 含量和 NOS 活性的影响

NO 既是一种活泼的自由基，又有广泛的生物学调节作用。细胞内 NO 的产生是由 NOS 催化 L-精氨酸生成。cNOS 在体内可连续表达，通过 Ca^{2+} 内流及钙调蛋白（calmodulin，CaM）激活后产生短时效少量的 NO；而 iNOS 则需要 α-肿瘤坏死因子（tumor necrosis factor-α，TNF-α）、γ-干扰素（interferon-γ，INF-γ）、白细胞介素 1（interleukin-1，IL-1）、细胞脂多糖（lipopolysaccharide，LPS）等诱导才表达，产生局部高浓度的 NO，而介导后继的长效反应。本试验添加 YC 后，与对照期比较，体内血浆中 NO 有所升高（$P>0.05$），体内适量的 NO 含量对于维持动物正常的生理功能是有利的。因为 NO 毕竟也参与体内生理过程，如对血压、内分泌功能调节及神经信息传递发挥着重要作用，不恰当地过度抑制 NO 势必造成体内生理过程的紊乱。本试验表明，添加 YC 的试验期 NOS 活力在试验 30 d 时有显著提高，而 iNOS 虽有提高但与对照期没有显著差异，说明 NOS 的提高主要是 cNOS 的贡献，cNOS 催化生成 NO 主要是参与机体的生理过程。同时大量研究表明，NO 在机体免疫机能中发挥重要的调节作用。陈宏亮（2002）研究了芦荟多糖、黄芪多糖和牛膝多糖对鸡脾淋巴细胞内第二信使分子 NO、Ca^{2+}、cAMP/cGMP 的影响。结果发现 3 种多糖均使脾淋巴细胞和巨噬细胞 NO 产生极显著增加（$P<0.01$），芦荟多糖和黄芪多糖在 160 μg/mL 极显著提高了脾淋巴细胞一氧化氮合酶活性（$P<0.01$），并认为这些多糖本质上是一种信息分子，本身并不参与机体代谢，它们通过影响免疫细胞的信息传导而起作用。NO、Ca^{2+}、cAMP/cGMP 是细胞内广泛存在的第二信使分子，对淋巴细胞各种功能起重要的调节作用。本试验在添加 YC 后，血浆 NO 和 iNOS 均有所提高，是否表明 YC 也可作为信息分子而具有免疫增强剂的作用尚有待进一步研究。

（二）添加 YC 对绒山羊血清免疫球蛋白含量的影响

特异性免疫球蛋白是 B 细胞接受抗原刺激后增殖分化为浆细胞所产生的糖蛋白，主要存在于血清等体液中，能与相应抗原特异性结合，显示免疫功能，在机体抵抗病菌、外毒素、病毒等侵蚀感染过程中起着重要的作用。因此，测定机体血清 IgA、IgG 含量可以反映机体体液免疫状况。周淑芹和孙文志（2004）在肉鸡日粮中添加 0.3% YC 能够显著提高肉鸡血清中早期的免疫球蛋白含量，增强肉鸡免疫能力，提高抗病力。本试验添加 YC 后显著提高了 A3、B1 处理血清 IgA 含量和 B2 处理 IgG 含量，其他处理均有提高的趋势。因此，YC 产品中可能含有某些免疫刺激剂，能促进 B 细胞增殖，激活 B 细胞转化为浆细胞，产生大量的免疫球蛋白，增强机体免疫功能。

（三）添加 YC 对绒山羊外周血 T 淋巴细胞亚群比例的影响

T 淋巴细胞亚群的稳定是维持机体正常免疫调节功能所必需的。T 淋巴细胞及 $CD4^+$ 和 $CD8^+$ 细胞数量及比值的变化直接反映机体的免疫应答水平。当 $CD4^+$ 和 $CD8^+$ 比值增大时，表明机体具有较强的免疫功能。$CD4^+/CD8^+$ 高，表明机体处于高的免疫状态，当 $CD4^+$ 或 $CD8^+$ 细胞的数量或功能异常、$CD4^+/CD8^+$ 失调时，T 淋巴细胞调节就失去平衡而导致机体发病。胡友军等（2003）在早期断奶仔猪日粮中添加活性酵母，极显著提高了血液中 $CD4^+/CD8^+$，并认为其作用可能与酵母胞壁物质（β-葡聚糖和磷酸化甘寡糖）和胞内活性肽有关。β-葡聚糖提高动物细胞免疫能力，可能归因于添加后刺激网状内皮细胞发育，导致巨噬细胞大量增生，后者通过噬菌作用破坏微生物和抗原的入侵。磷酸化甘寡糖能吸附病菌和饲料中的黄曲霉毒素，是提高动物尤其是幼畜免疫力的原因之一（高仕英等，1994；金淑英等，2001）。本试验在添加 YC 后第 15 天，外周血 $CD4^+$ 比例有提高趋势，$CD8^+$ 降低，$CD4^+/CD8^+$ 提高，特别是使 $CD4^+/CD8^+$ 由小于 1.0 提高到大于 1.0，说明添加 YC 可以提高机体的免疫功能。但试验第 45 天，外周血 T 淋巴细胞亚群各指标又回到对照期水平，可能是试验期 30 d 内同时进行其他试验，对机体产生一定应激等现象导致的。应激引起了免疫抑制使 $CD4^+/CD8^+$ 降低，当其比值低于 1 时说明动物机体可能处于亚健康状况。酵母培养物可以提高机体免疫功能，一方面可能是由于酵母胞壁含有的 β-葡聚糖和磷酸化甘寡糖，但 YC 中酵母菌数量少，更主要是 YC 中含有的大量代谢产物，包括活性肽、低聚糖、氨基酸、有机酸、核苷酸、维生素等生物活性物质，这些生物活性物质可激活机体的免疫器官，使其产生免疫活性物质，促进 T 淋巴细胞的分化增殖及 B 淋巴细胞的活性，从而起到免疫增强剂的作用。然而，动物的免疫增强是有一定限度的，过度的免疫增强不利于动物生长和营养物质的沉积。主要表现在两个方面：一是动物采食量降低，出现厌食症；二是机体体重的下降，营养代谢负平衡，营养状态恶化。由于动物具有自我调控能力，因此本试验表现为试验期第 45 天时免疫指标低于试验初期。

四、结论

添加 YC 对绒山羊血浆 NO 含量有提高的趋势，可以显著提高试验期 30 d 的 NOS 活力，使 iNOS 活力有提高的趋势。添加 YC 可以显著提高绒山羊血清 IgA 含量，并有提高血清 IgG 的趋势。添加 YC 可以提高试验初期机体外周血 $CD4^+/CD8^+$ 的值。

第四节 谷胱甘肽生物学和营养学特性概述

1888 年，法国科学家 Rey Pahlade 在面包酵母的乙醇萃取物中首先发现了谷胱甘肽，1921 年，英国生物化学家 HoPkins 从酵母抽提物中分离得到了谷胱甘肽并正式命名为 glutathione。1929 年，HoPkins、Kendall 等提出谷胱甘肽为三肽，1935 年，Haring 和 Mead 阐明了谷胱甘肽的化学结构并加以合成。此后，人们在生物学上和营养学上开展了很多与谷胱甘肽相关的研究。目前，谷胱甘肽作为解毒剂、抗氧化剂、免疫增强剂和风味剂、防腐剂等已经广泛应用到人类医学和食品加工业中，但在畜牧生产和饲料加工行业中的研究相对较少。

一、谷胱甘肽的分布及特性

谷胱甘肽（γ-谷氨酰-半胱氨酰-甘氨酸，glutathione，GSH）是广泛分布于哺乳动物、植物和微生物细胞内最主要的、含量最丰富的含巯基的低分子肽。在动物肝、酵母和小麦胚芽中含量较为丰富，其含量为 $100 \sim 1000$ mg/100 g。

谷胱甘肽其相对分子量为 307.33，熔点为 $189 \sim 193\,^\circ\mathrm{C}$（分解），晶体呈无色透明细长状或板状，等电点为 5.93。它溶于水、醇、液氨和二甲基甲酰胺，但不溶于醚和丙酮。固态谷胱甘肽较为稳定，其水溶液在空气中易被氧化而不利于保存。谷胱甘肽有两种形式：还原型（GSH）和氧化型（GSSG）。其中，氧化型谷胱甘肽是由还原型谷胱甘肽通过二硫键缩合而成的。通常我们说的谷胱甘肽指的是具有生理活性的还原型谷胱甘肽，而生物体内的氧化型谷胱甘肽需要还原后才能发挥其重要的生理功能。正常情况下，大多数生物细胞中 GSH 与 GSSG 的比例约为 $100:1$。

谷胱甘肽分子中的两个较为重要的化学键。一个是由谷氨酸的 γ-羧基（—COOH）与半胱氨酸的 α-氨基（—NH₂）缩合而成的 γ-谷胺酰胺键。这种不同于其他肽和蛋白质的结构可使其抵抗细胞内肽酶的降解，同时也可防止被分布于质膜上的 γ-谷氨酰转肽酶（γ-glutamyltranspeptidase，γ-GT）水解，从而有助于保持其完整性。另一个是 GSH 分子中半胱氨酸上的巯基，它是谷胱甘肽发挥抗氧化、解毒等多种生物学功能所必需的基团。

二、谷胱甘肽在动物体内的吸收和代谢

（一）谷胱甘肽的吸收

动物机体很多部位，如小肠上皮细胞、肾细胞、肺泡Ⅱ型上皮细胞、脑组织细胞等，具有吸收 GSH 的功能。

小肠上皮细胞可完整吸收谷胱甘肽。Linder 等（1984）研究表明，猪空肠刷状缘膜可逆浓度梯度完整吸收 GSH，且可以被 Na 所激活；Hagen 等（1990）研究认为空肠上段是 GSH 的主要吸收部位。小肠黏膜吸收外源性的谷胱甘肽，使肠黏膜 GSH 含量、血浆 GSH 水平升高。试验证实兔小肠刷状缘囊泡存在能被二价离子（尤其是 Ca）激活的 GSH 转运系统，由微小管载体介导的 GSH 双向转运系统在哺乳动物细胞中普遍存在。

肾可从血液中摄取 GSH，其摄取途径主要有：①由 γ-谷氨酰转肽酶（γ-GT）降解 GSH，降解产物被吸收进入肾细胞；②直接吸收 GSH 进入肾细胞。肺泡Ⅱ

型上皮细胞也可以吸收细胞外 GSH，进而成为肺泡液的组分。GSH 可通过血脑屏障完整进入脑软组织。Kannan 等（1996）在小羊脑毛细管 mRNA 中分离到三个大小不同的负责表达 GSH 的转运载体转录片段。其中一种转录片段表达 Na^+ 依赖型的转运载体，而该载体可被 γ-谷氨酰转肽酶降解，该载体的降解可能有利于血脑屏障对 GSH 的逆电化学梯度转运。

（二）谷胱甘肽的生物合成与分泌

与蛋白质和其他多肽的合成不同，谷胱甘肽在生物中合成不需要核蛋白体及各种 RNA 的参与，不经基因转录、翻译、修饰与加工等过程，其过程由细胞内的两步酶促反应构成：谷氨酸、半胱氨酸在 γ-谷氨酰半胱氨酸合成酶（γ-GCS）催化下合成 γ-谷氨酰半胱氨酸，然后在谷胱甘肽合成酶的作用下，γ-谷氨酰半胱氨酸和甘氨酸合成谷胱甘肽，合成在胞内进行。在酵母中，用于合成谷胱甘肽的谷氨酸是由葡萄糖的酵解和三羧酸循环的中间产物转化而来。其过程为：葡萄糖酵解生成丙酮酸，然后经脱氢作用形成乙酰辅酶 A，继而进入三羧酸循环，再经一系列反应生成 α-酮戊二酸，最后转氨基形成谷氨酸。

γ-GCS 是个调节酶，且是一个多功能酶，它受终产物 GSH 的反馈抑制。当谷胱甘肽在细胞中累积到一定量时，谷胱甘肽与酶分子中的调节部位结合使活性中心变构失活，从而抑制谷胱甘肽继续合成。γ-GCS 的表达是受高度调控的，除受终产物谷胱甘肽的反馈抑制外，还明显受转录水平上的 2 个调节子 YaP1P 和 Skn7P 控制。这 2 个转录因子受到环境变化刺激后，结合到 GSH 基因的启动子上，调节 γ-GCS 的 2 个亚基的 mRNA 转录，进而调节细胞内的谷胱甘肽水平。Gasch 等（1998）用 DNA 芯片检测了酵母每个基因受到热冲击、高（或低）渗透压冲击、氨基酸饥饿等环境变化刺激后，在表达水平上发生的变化也得到了相同的结论。另外，谷胱甘肽合成酶受氧化型谷胱甘肽反馈抑制，但在胞内氧化型谷胱甘肽量少，不构成反馈抑制。

除通过组成氨基酸的合成途径外，生物体内还有还原型谷胱甘肽的其他生成途径。氧化型谷胱甘肽可以在辅酶 NADPH 参与下由谷胱甘肽还原酶催化转变为两分子的还原型谷胱甘肽。此外，GSSG 也可以与抗坏血酸（维生素 C）作用，经谷胱甘肽还原酶催化生成两分子的还原型谷胱甘肽，同时抗坏血酸被氧化为脱氢抗坏血酸，当 GSH 耗竭或不足时，哺乳动物能用蛋氨酸经一系列生物反应生成谷胱甘肽。

肝、肾、肺、小肠等组织均可分泌 GSH。在肝中，GSH 可跨小管膜分泌到胆汁中或者进入血液循环系统供肝外组织利用。在肾中，γ-GT 不对称地分布于肾脏浆膜外表面，肾细胞以顶端分泌的方式将 GSH 分泌到管腔中。肠道 GSH 除来源于胆汁外，也可以由小肠上皮自身分泌。肠腔中 GSH 主要来源于小肠黏膜，而不是胆汁。分泌到肠腔中的 GSH 部分被刷状缘膜上的 γ-GT 和二肽酶降解,生成半胱氨酸等。硫醇的黏膜溶解特性和半胱氨酸对铁离子的吸收发挥的作用使得分泌到小肠肠腔的 GSH 对维持正常的小肠功能具有重要意义。

(三)谷胱甘肽的降解

谷胱甘肽在结构上与其他多肽相比有两个特点:不像大多数多肽一样被多肽酶在 N 端氨基酸的 α 羧基处分解,它的 N 端肽键由谷氨酸的 γ-羧基和半胱氨酸的氨基构成,这一结构保证它不被细胞内一般的蛋白酶水解,而只能由定位于胞膜上的 γ-谷氨酰转肽酶(γ-GT)来分解。γ-谷氨酰转肽酶将谷胱甘肽降解为 γ-谷氨酰氨基酸和半胱氨酰甘氨酸。半胱氨酰甘氨酸可被细胞膜上结合的二肽酶降解为半胱氨酸和甘氨酸而被转运到细胞内,或以二肽的形成转运到细胞内再被降解为半胱氨酸和甘氨酸。γ-谷氨酰氨基酸转运到细胞内,然后在 γ-谷氨酰环化转移酶催化下转变为 5-羟基脯氨酸和相应的氨基酸,5-羟基脯氨酸在 5-羟基脯氨酸酶的催化下生成谷氨酸。若降解生成的谷氨酸、半胱氨酸和甘氨酸又被用于重新合成谷胱甘肽从而构成循环,则称为 γ-谷氨酰基循环。

γ-GT 是唯一的谷胱甘肽降解酶,除催化 γ-谷氨酰基的转移参与 γ-谷氨酰基循环和氨基酸的跨膜转运外,还参与机体谷胱甘肽的调节。它分布于肾、胰、肝、脑等组织中,在人体中以肾含量最高。因此,可以认为肾是清除 GSH 的主要器官。肝组织中 γ-GT 有可溶性和膜结合两种形式,以膜结合形式为主。

三、谷胱甘肽的生物学功能

(一)谷胱甘肽的抗氧化功能

动物在其正常代谢过程中,需要消耗大量氧气参加有氧代谢,在此过程中常伴随产生少量的自由基和活性氧。自由基是机体正常的代谢产物,适量的自由基对维持机体正常代谢有一定的促进作用。由于自由基高度的活泼性与极强的抗氧化能力,它通过过氧化作用来攻击所遇到的生物分子,使机体内大分子物质产生氧化反应,从而引起细胞结构和机能的破坏,导致组织损伤,产生炎症,引起多种疾病。

动物体内的抗氧化系统包含有三道主要防线:第一道防线负责制止自由基的生成和脂质过氧化,由 3 种抗氧化的酶(SOD、GSH-Px、CAT)及金属硫蛋白等组成。超氧化物歧化酶(SOD)广泛存在于动植物、微生物中,是一种有效的抗氧化剂,能催化 O_2^-· 发生歧化反应,故能抵御其对细胞的破坏作用。谷胱甘肽过氧化物酶(GSH-Px)是机体内广泛存在的抗氧化酶,通过催化 GSH 可清除过氧化氢和脂质过氧化物,抑制自由基的生成。GSH-Px 的活性增强也可能与 GSH 促进硒的吸收有关，因为硒是 GSH-Px 的一种成分，硒的水平可直接影响 GSH-Px 活力的发挥。与 GSH-Px 一样，过氧化氢酶（CAT）广泛分布于各种组织中。CAT 的主要作用是催化 H_2O_2 分解成 H_2O 和 O_2，使得 H_2O_2 不至于与 $O_2 \cdot^-$ 在铁螯合物作用下反应生成非常有害的·OH，因此，CAT 在分解 H_2O_2 时往往与 GSH-Px 存在协同作用。第二道防线包括一些脂溶性抗氧化剂（如维生素 E 等）和水溶性抗氧化剂（如谷胱甘肽等），它们可制止自由基链生成和蔓延。第三道防线包括脂肪酶、蛋白酶及其他，它们对受损伤的分子进行修复。

　　动物机体内有一套完整的抗氧化系统，在正常生理条件下，自由基不断生成，又不断被清除，从而维持相对的平衡，参与许多代谢过程，发挥着重要的生理作用。但在某些病理因素作用下，自由基代谢平衡遭到破坏，自由基的生成常常增加，从而引发体内抗氧化酶（如超氧化物歧化酶和谷胱甘肽过氧化物酶）含量的变化。当自由基的生成超过机体抗氧化物质的清除能力时，过量的自由基会在体内积聚并参与一系列连锁反应，对机体产生毒害作用。例如，氧自由基在组织内能和 DNA、蛋白质、碳水化合物等重要大分子发生反应，损坏它们的功能，引起一系列的疾病（如癌症、心血管疾病和衰老等）；自由基攻击生物膜中的多不饱和脂肪酸，引发脂质过氧化反应，形成脂质过氧化终产物，引起细胞代谢及功能障碍，甚至死亡。因此，机体为了维持正常组织细胞免受自由基的损伤，拥有一套完整的由抗氧化酶和抗氧化剂共同组成的防御体系。

　　谷胱甘肽在生物体内有着多种重要的生理功能，特别是对于维持生物体内适宜的氧化还原环境起着至关重要的作用。在动物机体内它参与对异物、亲电代谢物的去毒，是有效的自由基清除剂，保护细胞免受活性氧复合物的损伤。

　　GSH 主要是通过谷胱甘肽过氧化物酶（GSH-Px）和谷胱甘肽-S-转移酶（GST）这两种酶来清除细胞内的自由基和过氧化物的。氧在机体内容易发生单电子还原，生成超氧阴离子（$O_2 \cdot^-$），并能衍生出 H_2O_2 和·OH 等活性氧或自由基。这些自由基会引起脂质过氧化和某些酶的失活，这就是氧化损伤。由于 GSH-Px 将 H_2O_2 还原成 H_2O，降低了自由基生成的可能性，从而发挥了保护作用。

　　谷胱甘肽和一些抗氧化物质有密切的联系。在抗氧化方面，抗坏血酸（维生素 C）和 GSH 具有一些相同的作用（如都能与过氧化氢和氧自由基反应），在一定的试验条件下，可以彼此节省；GSH 对动物体内维持抗坏血酸平衡起着重要作用。作为抗氧化剂和免疫增强剂，微量元素硒在动物营养中的应用受到普遍关注，它与 GSH 存在密切的联系。亚硒酸钠与谷胱甘肽存在动态的氧化还原反应过程，在动物体内谷胱甘肽能降低高剂量硒产生的毒性作用；而硒是 GSH-Px 活性中心的组成部分，从而影响着 GSH 抗氧化作用的活性。

　　谷胱甘肽的抗氧化作用具有很重要的生物学意义。动物被宰后，肌肉中肌红蛋白和一些色素的氧化及过氧化氢酶的作用对肉色及嫩度有重要影响，作为抗氧化剂，GSH 有助于肉质的维持和货架期的延长。红细胞血红蛋白中的 Fe 是红细胞运输氧所必需的。当机体氧化剂过多，Fe^{2+}氧化成Fe^{3+}，则氧合血红蛋白（Hb）变成高铁血红蛋白（MHb），运输氧的功能就会消失。红细胞中的 GSH 与其他还原物质（包括 NADH、NADPH 和抗坏血酸）组成的还原系统能迅速有效地将 MHb 还原成 Hb，使其维持在一个较恒定的低水平（约占血红蛋白总量的 1%），从而维持红细胞的正常功能。

（二）谷胱甘肽的免疫功能

　　GSH 的免疫作用主要表现为以下三方面：①在免疫系统抗感染和炎症反应中发挥着重要作用；②参与白细胞三烯、巨噬细胞转移抑制因子（MIF）、IL-2 等细胞因子的调节；③促进淋巴细胞和单核细胞增殖。

　　GSH 在免疫系统抗感染和炎症反应中发挥着重要作用。刘玫珊等（1990）对鸡球虫免疫与 GSH 水平相关性进行了研究，试验结果表明，血浆中 GSH 含量的动态变化与血液 T 淋巴细胞百分率间相关性极显著，血浆中 GSH 水平与细胞免疫水平呈正相关，从而证实了谷胱甘肽能提高机体的细胞免疫力。Liu 和 Eady（2005）在研究中发现美利奴羊血液 GSH 浓度随着宿主对线虫感染的持续反应及线虫的定居环境而降低，这表明血液 GSH 水平可能与宿主对寄生虫感染的免疫反应有关。

　　GSH 与免疫反应中一些重要的细胞因子关系密切。白细胞三烯是重要的炎症介质，它在淋巴细胞增殖、T 细胞介导的抗体依赖性细胞毒性反应和 T 淋巴细胞破坏入侵病原等过程中发挥重要作用。Anderson 等（1982）发现 GSH 参与白细胞三烯的合成过程。巨噬细胞迁移抑制因子（MIF）是宿主免疫和炎症反应过程中重要的细胞因子，它可通过半胱氨酸巯基介导的机制表现出氧化还原酶的活性，而 GSH 可调节该因子的活性。Liang 等（1989）在细胞毒性 T 淋巴细胞的相关研究中发现 GSH 提高了 IL-2 对 T 细胞的增殖效应，增加 T 细胞胸腺嘧啶的渗入，从而影响了 T 细胞的生长、增殖。

　　一定的 GSH 浓度是淋巴细胞发挥作用所必需的。日粮添加 GSH 可促进老年小鼠 T 细胞增殖。提高细胞内 GSH 水平可促进有丝分裂原诱导的 T 淋巴细胞分裂增殖。Hamilos 和 Wedner（1985）认为 GSH 是植物凝集素诱导的淋巴细胞活化所必需的，添加 GSH（2~10 mmol/L）可提高体外培养的人外周血单核细胞 GSH 含量，促进有丝分裂原的增殖反应。

（三）谷胱甘肽参与物质的吸收

小肠吸收氨基酸及氨基酸从细胞外转运到细胞内的过程，除借助细胞膜中特异蛋白质载体系统以外，还有 γ-谷氨酰基循环的参与。细胞外氨基酸在细胞膜基质上的 γ-谷氨酰基转移酶作用下与 GSH 反应，生成 γ-谷氨酰氨基酸和半胱氨酰甘氨酸，进入细胞内，在细胞质中 γ-谷氨酰氨基酸经 γ-谷氨酰环化转移酶的催化，分解成氨基酸和 5-羟脯氨酸，这样就完成了氨基酸的吸收和转运过程。5-羟脯氨酸在 5-羟脯氨酸酶的催化下水解成谷氨酸；半胱氨酰甘氨酸则由二肽酶水解生成半胱氨酸和甘氨酸。这样 3 种氨基酸又可重新用来合成 GSH，构成一个循环。

谷胱甘肽参与葡萄糖的吸收。Ziegler（1985）的体外试验证实了与碳水化合物代谢有关的很多酶的活性都直接或间接地受到 GSH 和 GSSG 水平变化的影响。Iantomasi 等（1998）的小鼠试验表明，GSH 通过细胞内巯基、二硫键的平衡机制参与肠道内 Na^+ 依赖型 D-葡萄糖载体的活性调节。

GSH 可促进 Fe、无机形式 Se 和 Ca 等的吸收。铁的吸收与其可溶性有关，一般 Fe 因不易溶解而较难吸收，Fe 易溶解且易被肠黏膜吸收，GSH 作为还原物质能将食物中的 Fe^{3+} 还原为 Fe^{2+}，使铁的溶解度增大，因而促进铁的吸收。de Talamoni 等（1996）试验发现肠道中 GSH 缺乏时引起活性氧增加，同时 Ca 的吸收量下降，他认为 GSH 可能影响了 Ca 转运蛋白的活性。Senn 等（1992）体内试验表明 GSH 能促进亚硒酸盐形式硒在小鼠肠道内的吸收。

第五节　谷胱甘肽对绵羊生产性能的影响

一、材料与方法

（一）试验设计与日粮

选择 3 月龄左右的东北细毛羊×德国肉用美利奴的杂交一代绵羊 12 只，采用单因子随机区组设计，根据供试羊血缘关系相近、体重相似和性别相同原则，将 12 只羊分为 3 组，每组 4 个重复，每个重复一只羊。饲养试验预饲期为 15 d，正式试验期为 60 d。每天 8:00、18:00 饲喂两次精料补充料，青干草自由采食。自由饮水。定期清扫羊舍。

基础日粮的配制参考《肉羊饲养标准》（NY/T 816—2004），平均每日采食量为 1200 g。其日粮组成及营养水平见表 5-17。对照组饲喂基础日粮，试验 1 和 2 组在基础日粮的基础上分别添加 500 mg/kg、800 mg/kg 的 GSH。

表 5-17　试验日粮组成及营养价值表（风干基础）

原料	含量/%	营养水平	
青干草	60.00	消化能/（MJ/kg）	12.79
玉米	19.00	粗蛋白/（g/d）	165.00
麦麸	3.45	钙/（g/d）	3.84
豆粕	16.00	磷/（g/d）	2.89
尿素	0.60	食盐/（g/d）	7.80
食盐	0.65	NDF/%	38.60
石粉	0.10	ADF /%	20.79
预混料*	0.20	NDF/NFC	1.74
合计	100		

*每千克预混料可提供：维生素 A 500 000 IU；维生素 D 100 000 IU；维生素 E 1000 mg；钴 200 mg；铜 375 mg；碘 127 mg；铁 6240 mg；锰 1482 mg；硒 1000 mg；锌 3675 mg

（二）测定指标及方法

1. 生长性能

日增重：分别于试验的 0 d、20 d、40 d 和 60 d 晨饲前空腹称重，计算相应饲养阶段内绵羊的日增重。

采食量：准确称量每只羊每天的精料补充料和青干草的投料量与剩料量，分别计算精料补充料和青干草的采食量，计算每只羊的平均日采食量。

饲料转化率：根据试验羊的采食量和增重计算试验各阶段及整个饲养期的饲料转化率。

2. 屠宰性能

饲养试验结束后，选择具有代表性的两个区组的羊进行屠宰。所有被屠宰的绵羊在屠宰前 24 h 停止喂料，宰前 2 h 停止喂水。参照赵有璋（2002）所述方法测定宰前活重、胴体重、眼肌面积、GR 值（第 12 与第 13 肋骨之间，距背脊中线 11 cm 处的组织厚度）、净肉重、骨重，计算屠宰率、净肉率、骨肉比等指标。屠宰时胴体沿背中线分半，右半部分进行屠宰指标测定。

3. 肉品质

测定指标有肉色、大理石纹、pH、剪切力、滴水损失、熟肉率等，测定参照赵有璋（2002）所述方法进行。

二、结果

（一）添加谷胱甘肽对绵羊生长性能的影响

由表 5-18 可见，与对照组相比，添加谷胱甘肽显著提高了试验期绵羊的日增

重（$P<0.05$）。整个试验期内，处理 1、处理 2 日增重分别比对照组提高了 13.95%
和 12.45%（$P<0.05$）。其中，试验中后期的增重效果更为明显，20～60 d 处理组
绵羊的平均日增重显著高于对照组（$P<0.05$），但处理组间的日增重差异不显著
（$P>0.05$）。

表 5-18　谷胱甘肽对绵羊日增重的影响（单位：g/d）

日期	对照组	处理 1	处理 2
0～20 d	72.3±4.0	77.9±4.2	77.6±4.2
20～40 d	79.9±2.3[b]	89.3±2.4[a]	92.9±2.4[a]
40～60 d	88.7±3.8[b]	104.7±4.0[a]	100.3±4.0[ab]
全期	80.3±2.4[b]	91.5±2.5[a]	90.3±2.6[a]

注：同行中上角标小写字母不同者表示差异显著（$P<0.05$）；大写字母不同者表示差异极显著（$P<0.01$），表
5-19～表 5-27 同

由表 5-19 可见，添加谷胱甘肽显著降低了试验期绵羊的料重比（$P<0.05$）。
与对照组相比，试验期内处理 1、处理 2 料重比相应降低 10.52%和 8.86%
（$P<0.05$）。与日增重的变化规律相似，谷胱甘肽对绵羊后期的饲料利用效率的
效果更为明显，40～60 d 处理组绵羊的料重比显著低于对照组（$P<0.01$），在
此期间处理 1、处理 2 料重比相应降低 15.18%和 15.66%，但处理组间没有达
到显著水平（$P>0.05$）。

表 5-19　谷胱甘肽对绵羊料重比的影响

日期	对照组	处理 1	处理 2
0～20 d	9.70±0.41	9.00±0.43	9.55±0.43
20～40 d	10.55±0.30	9.61±0.31	9.80±0.32
40～60 d	10.54±0.24[A]	8.94±0.25[B]	8.89±0.26[B]
全期	10.27±0.22[a]	9.19±0.22[b]	9.36±0.23[b]

由表 5-20 可见，试验期内，添加谷胱甘肽有提高绵羊采食量和粗饲料采食量
的趋势，但均没有达到显著水平（$P>0.05$）。与粗饲料的采食量相比，谷胱甘肽对
绵羊精料采食量的影响较大，试验前期各组之间没有达到显著水平（$P>0.05$）；40～
60 d，处理 2 的精料采食量显著低于其他两组（$P<0.05$）。

（二）添加谷胱甘肽对绵羊屠宰性能的影响

由表 5-21 可见，添加 GSH 提高了绵羊的宰前活重，处理 2 的宰前活重显著

高于对照组（$P<0.05$）；添加 GSH 提高了绵羊的净肉率和 GR 值，处理 1 的净肉率和 GR 值显著高于对照组（$P<0.05$）。

表 5-20　谷胱甘肽对绵羊采食量的影响（单位：g/d）

项目	时期	对照组	处理 1	处理 2
精料补充料 日采食量	0～20 d	335.69±3.45	328.91±3.58	322.34±3.63
	20～40 d	325.05±25.03	329.38±25.03	356.67±25.40
	40～60 d	411.03±7.21[a]	416.59±7.68[a]	363.95±8.09[b]
	全期	356.67±10.32	357.30±10.68	349.24±10.83
羊草日采食量	0～20 d	352.93±32.19	380.60±33.31	399.92±33.80
	20～40 d	499.61±27.22	535.60±28.18	516.12±28.59
	40～60 d	512.54±29.21	541.72±30.23	511.86±30.67
	全期	455.03±27.86	485.97±28.83	475.96±29.26
日采食量	0～20 d	688.63±32.85	709.51±34.00	722.25±34.50
	20～40 d	824.66±46.93	864.98±48.58	872.78±49.29
	40～60 d	921.80±35.10	955.33±36.33	880.56±36.86
	全期	811.70±37.12	843.27±38.42	825.20±38.98

表 5-21　谷胱甘肽对绵羊屠宰性能的影响

项目	对照组	处理 1	处理 2
宰前活重/kg	25.45±2.33[b]	25.50±2.26[b]	26.10±2.40[a]
胴体重/kg	11.30±1.13	11.20±0.85	11.60±0.57
屠宰率/%	44.46±0.20	44.07±0.54	44.68±1.87
净肉重/kg	7.38±1.26	7.68±1.19	7.65±2.40
净肉率/%	28.91±2.26[b]	30.09±2.01[a]	29.43±1.80[ab]
骨肉比	0.253±0.012	0.237±0.0	0.242±0.017
GR/cm	0.709±0.049[b]	0.734±0.046[a]	0.724±0.057[ab]
眼肌面积/cm²	14.99±1.27	14.58±0.11	16.39±2.13

（三）添加谷胱甘肽对绵羊肉品质的影响

表 5-22 结果显示，处理 1 羊只肉的剪切力显著低于对照组（$P<0.05$）；处理 1、处理 2 的滴水损失显著低于对照组（$P<0.05$），而熟肉率显著高于对照组（$P<0.05$），且两处理组间差异不显著（$P>0.05$）；处理 1 的剪切力显著低于对照组（$P<0.05$）。各处理组宰后 1 h 内肉的 pH 没有显著差异（$P>0.05$），但处理 1 和处理 2 均高于对照组，而且，24 h 处理 1 的 pH 极显著高于其他两组（$P<0.01$）。3 个组间的肉

色和大理石纹均无显著差异（$P>0.05$）。

表 5-22 谷胱甘肽对绵羊肉质的影响

项目	对照组	处理 1	处理 2
肉色	3.25±0.35	3.50±0.71	3.75±0.35
大理石纹	3.00±0.00	3.25±0.35	3.00±0.00
pH（1 h）	5.54±0.03	5.74±0.02	5.78±0.14
pH（24 h）	5.22±0.01[B]	5.45±0.04[A]	5.23±0.03[B]
剪切力/kg	6.65±0.45[a]	5.65±0.19[b]	5.89±0.01[ab]
滴水损失/%	6.29±0.04[a]	5.52±0.13[b]	5.80±0.02[b]
熟肉率/%	48.78±0.84[b]	52.00±0.78[a]	53.50±0.01[a]

正常情况下，羔羊肉的 pH 变化范围为 5.46~5.76。Priolo 等（2002）报道，快速生长条件下的羔羊，其肉质 pH 偏高。本次试验结果也反映了这一趋势。处理 1 的羊肉 pH 下降幅度小，说明生化变化较缓慢，肉具有良好的品质。

三、讨论

（一）添加谷胱甘肽对绵羊生长性能的影响

处理组和对照组的日增重、料重比和采食量的对比情况说明饲料中添加谷胱甘肽对绵羊的生长性能有明显改善作用，且试验后期谷胱甘肽的添加效果尤为明显。试验后期，处理 2 的精料采食量偏低的原因可能是此时期饲喂精料补充料时添加的 Cr_2O_3 影响了绵羊的适口性。试验期内，两处理组间日增重和料重比均没有显著差异（$P>0.05$），但处理 1 的试验效果优于处理 2。

刘平祥等（2002）研究结果表明，日粮中添加适量谷胱甘肽可增加仔猪采食量、平均日增重，提高饲料报酬。相关研究结果显示，仔猪日粮添加适量 GSH 不仅能提高血清胰岛素样生长因子-Ⅰ（IGF-Ⅰ）水平，以及离体培养的仔猪腺垂体细胞的生长激素（growth hormone，GH）分泌水平，而且能提高半腱肌组织 IGF-Ⅰ mRNA、生长激素受体（growth hormone receptor，GHR）mRNA 含量。在生长轴中，垂体前叶合成并释放的 GH 是调控动物生长发育的核心，它通过血液循环运输到体内各组织器官，与靶器官上的 GHR 结合，使之分泌 IGF-Ⅰ 和 IGF-Ⅱ，启动细胞膜上信息传递，通过活化靶细胞的一系列反应而发挥促生长作用。本试验研究表明，日粮中添加谷胱甘肽对绵羊生长性能影响显著。这与刘平祥（2002）的研究结果基本一致，但由于反刍动物和单胃动物在肽的消化吸收方面存在很大差异，谷胱甘肽促生长机制还有待于进一步研究。

（二）添加谷胱甘肽对绵羊屠宰性能的影响

一般认为影响绵羊产肉性能的因素主要有遗传因素和饲养水平。不同品种及不同品种的杂交后代在体尺、体重、屠宰率、胴体重、骨肉比等各项产肉指标中会存在不同程度的差异。在遗传基础相同的前提下，饲养水平是发挥产肉潜力的最重要因素。在本试验中添加谷胱甘肽提高了饲料的利用率，并且促进了绵羊的生长速度。宰前活重、净肉率和 GR 值等指标的结果显示，适量的 GSH 提高了绵羊的产肉能力。

（三）添加谷胱甘肽对绵羊肉品质的影响

嫩度是肉品质的重要指标，遗传、年龄、营养状况、肌肉的解剖部位等因素是影响嫩度的主要指标。在本次试验的后期，处理组的绵羊生长较快，饲料转化率较高，体内脂肪沉积量增加。因为肌肉内的脂肪减少了单位面积内肌纤维的数目，肉的嫩度相应提高。这与 GR 值、大理石纹和剪切力等几项指标数值相一致。

本次试验测定的滴水损失和熟肉率都是反映肌肉系水力的重要指标。系水力直接影响肉的颜色、风味、嫩度和营养价值，系水力高，肉表现为多汁、鲜嫩和表面干爽；系水力低，则肉表面水分渗出，可溶性营养成分容易损失和风味发生改变，肌肉干硬，肉质下降。肉品失水部分来源于动物屠宰后的细胞破裂，从而引起内容物外流，加大失水率和贮存损失，降低肉品的营养。自由基是影响细胞稳定性的重要因素，自由基能破坏细胞膜上的不饱和脂肪酸结构，结果降低细胞膜的流动性，导致细胞脆性增大。朱选等（2008）的试验表明，在饲料中添加 GSH 能够促进草鱼肝和肌肉中 GSH 的沉积，提高肝及肌肉中谷胱甘肽还原酶（GR）和 γ-GT 活力。本试验结果表明，试验组的滴水损失和熟肉率与对照组相比差异显著。这说明添加谷胱甘肽有可能减少自由基反应对细胞结构的破坏作用，从而提高了肌肉的系水力，有利于改善肉的多汁性，肉也变得越鲜嫩，但外源性的 GSH能否提高绵羊肌肉中 GSH 的含量有待于进一步试验证实。

Liu 和 Eady（2005）认为动物宰后肌肉中肌红蛋白和一些色素的氧化，以及过氧化氢酶的作用对肉色和嫩度有重要影响，作为抗氧化剂，GSH 有助于肉质的维持和货架期的延长，增加组织中 GSH 水平能够提高家畜肉的品质。本试验中，添加谷胱甘肽提高了羊肉的嫩度和系水力，与 Liu 和 Eady（2005）的结论一致。

四、结论

1）添加谷胱甘肽显著提高了试验期绵羊的日增重（$P<0.05$）。试验期内，处理 1、处理 2 日增重分别比对照组提高了 13.95% 和 12.45%。

2）添加谷胱甘肽显著降低了试验期绵羊的料重比（$P<0.05$）。试验期内，处

理1、处理2料重比相应降低10.52%和8.86%。

3）试验期内，添加谷胱甘肽有提高绵羊采食量和精料采食量的趋势，但差异不显著。

4）添加 800mg/kg 的谷胱甘肽显著提高了绵羊的宰前活重（$P<0.05$）；添加 500mg/kg 的谷胱甘肽显著提高了绵羊的净肉率和 GR 值（$P<0.05$）。各试验组间胴体重、屠宰率、净肉重、骨肉比和眼肌面积没有显著差异（$P>0.05$）。

5）处理1绵羊肉的剪切力显著低于对照组（$P<0.05$）；处理1、处理2的滴水损失显著低于对照组（$P<0.05$），24 h 处理1的肉的 pH 极显著高于其他两组（$P<0.01$）。因此，谷胱甘肽提高了羊肉的嫩度和系水力。适量谷胱甘肽可减缓羊肉 pH 的变化，有利于肉的保存。

第六节　谷胱甘肽对绵羊机体抗氧化能力的影响

一、材料与方法

（一）试验设计与日粮

同本章第五节谷胱甘肽对绵羊生产性能的影响。

（二）血样采集与处理

分别于饲养试验的 0 d、20 d、40 d 和 60 d 晨饲前颈静脉采血 10 mL，置于 20 mL 离心管中，与水平呈 45°室温静置 1 h，3500 r/min 离心 15 min 制备血清。将血清分装在 EP 管中，24 h 内测定 GSH-Px 和 CAT，其余血清置于−20℃以测定其他抗氧化指标。

（三）测定指标与方法

测定指标为超氧化物歧化酶（T-SOD）、丙二醛（MDA）、谷胱甘肽过氧化物酶（GSH-Px）、过氧化氢酶（CAT）、总抗氧化能力（T-AOC）。所用试剂盒均由南京建成生物工程研究所提供，具体操作步骤按试剂盒说明书进行。

二、结果

（一）谷胱甘肽对绵羊血清超氧化物歧化酶的影响

由表5-23可见，试验期内对照组和处理1中绵羊的血清超氧化物歧化酶的含量比较稳定，且两组之间差异不显著（$P>0.05$）；试验前期，处理2中绵羊的血清超氧化物歧化酶的水平比其他两组都高，且 20 d 处理 2 和处理 1 间达到显著水平（$P<0.05$），但试验后期处理 2 超氧化物歧化酶的水平迅速下降，60 d 处理 2 低于其他两组（$P>0.05$）。

表 5-23　谷胱甘肽对绵羊血清超氧化物歧化酶的影响（单位：μg/mL）

时间	对照组	处理 1	处理 2
0 d	122.44±3.42	122.58±13.77	130.48±2.98
20 d	127.21±9.57[ab]	122.17±6.69[b]	132.39±10.92[a]
40 d	123.80±13.91	128.98±5.19	126.94±7.01
60 d	125.85±4.72	126.26±12.48	112.77±19.16

（二）谷胱甘肽对绵羊血清丙二醛的影响

由表 5-24 可知，试验期内绵羊血清中的丙二醛浓度先升高，20 d 达到最高值，然后逐渐降低。试验前期，各组间的丙二醛浓度差异不显著（$P>0.05$），试验后期处理组的浓度较对照组低，其中，40 d 达到极显著水平（$P<0.01$），60 d 达到显著水平（$P<0.05$）。

表 5-24　谷胱甘肽对绵羊血清丙二醛的影响（单位：nmol/mL）

时间	对照组	处理 1	处理 2
0 d	5.12±0.12	5.26±0.20	5.15±0.17
20 d	5.88±0.24	6.24±0.39	6.04±0.28
40 d	4.78±0.34[A]	3.83±0.31[B]	3.91±0.51[B]
60 d	3.00±0.45[a]	2.65±0.23[ab]	2.61±0.07[b]

（三）谷胱甘肽对绵羊血清过氧化氢酶的影响

由表 5-25 可知，试验期内，过氧化氢酶的活性是逐渐升高的，添加 GSH 后绵羊血清中过氧化氢酶的活性明显提高。20 d，处理 1 和处理 2 血清中过氧化氢酶的活性显著高于对照组（$P<0.05$）；40 d，处理 2 血清中过氧化氢酶的活性显著高于对照组（$P<0.05$），且处理间差异不显著（$P>0.05$）；60 d，处理 1 血清中过氧化氢酶活性显著高于其他两组（$P<0.05$），而处理 2 和对照组没有达到显著水平（$P>0.05$）。

表 5-25　谷胱甘肽对绵羊血清过氧化氢酶的影响（单位：U/mL）

时间	对照组	处理 1	处理 2
0 d	1.52±0.28	1.52±0.19	1.53±0.19
20 d	1.49±0.11[b]	1.65±0.17[a]	1.73±0.18[a]
40 d	2.35±0.23[b]	2.44±0.14[ab]	2.57±0.16[a]
60 d	2.90±0.16[b]	3.28±0.28[a]	2.92±0.14[b]

（四）谷胱甘肽对绵羊血清谷胱甘肽过氧化物酶的影响

由表 5-26 可见，0 d 和 20 d 各组间血清中谷胱甘肽过氧化物酶活性差异不显著（$P>0.05$）。40 d，处理 2 血清中谷胱甘肽过氧化物酶高于其他两组（$P<0.05$）。60 d，处理 1 血清中谷胱甘肽过氧化物酶极显著高于其他两组（$P<0.01$）。

表 5-26　谷胱甘肽对绵羊血清谷胱甘肽过氧化物酶的影响（单位：U/mL）

时间	对照组	处理 1	处理 2
0 d	92.79±6.63	92.92±6.48	90.62±4.64
20 d	89.87±7.95	94.57±8.69	95.15±3.11
40 d	99.42±7.53[b]	103.89±4.58[ab]	112.53±11.94[a]
60 d	101.17±4.8[B]	126.90±6.69[A]	118.24±3.57[B]

（五）谷胱甘肽对绵羊血清总抗氧化能力的影响

由表 5-27 可知，试验期内，绵羊的总抗氧化能力逐渐增强，添加 GSH 不同程度地提高了绵羊的总抗氧化能力。20 d 和 40 d，处理 1 和处理 2 的总抗氧化能力显著高于对照组（$P<0.05$），且两处理组间达到了显著水平（$P<0.05$）。0 d 和 60 d，处理 2 的总抗氧化能力有高于对照组的趋势（$P>0.05$）。

表 5-27　谷胱甘肽对绵羊血清总抗氧化能力的影响（单位：U/mL）

时间	对照组	处理 1	处理 2
0 d	2.24±0.10	2.25±0.15	2.46±0.25
20 d	2.44±0.21[cC]	2.53±0.21[bB]	2.72±0.26[aA]
40 d	2.65±0.09[cB]	2.76±0.07[bAB]	2.87±0.13[aA]
60 d	2.82±0.18	2.96±0.27	3.04±0.15

三、讨论

动物机体内有一套完整的抗氧化系统，在正常生理条件下，自由基不断生成，又不断被清除，从而维持相对的平衡，参与许多代谢过程，发挥着重要的生理作用。但在某些病理因素作用下，自由基代谢平衡遭到破坏，自由基的生成常常增加，从而引发体内抗氧化酶（如超氧化物歧化酶和谷胱甘肽过氧化物酶）含量的变化。当自由基的生成超过机体抗氧化物质的清除能力时，过量的自由基会在体内积聚并参与一系列连锁反应，对机体产生毒害作用。例如，氧自由基在组织内能和 DNA、蛋白质、碳水化合物等重要大分子发生反应，损坏它们的功能，引起一系列的疾病（如癌症、心血管疾病和衰老等）；自由基攻击生物膜中的多不饱和脂肪酸，引发脂质过氧化反应，形成脂质过氧化终产物，引起细胞代谢及功能障碍，甚至死亡。

（一）谷胱甘肽对血清超氧化物歧化酶的影响

超氧化物歧化酶广泛存在于动植物、微生物中，是一种有效的抗氧化剂，能催化 $O_2 \cdot^-$ 发生歧化反应，故能抵御其对细胞的破坏作用。本试验结果表明，添加 800 mg/kg 的 GSH 提高了试验前期绵羊血清中 SOD 水平，这与张国良等（2007）在罗非鱼上的研究结果一致。然而，本试验后期高剂量的 GSH 却降低了 SOD 的水平，这可能是因为持续高剂量的外源 GSH 通过直接清除多余的自由基，体内的应激减少，从而不会诱导产生过多的 GSH-Px。

（二）谷胱甘肽对血清丙二醛的影响

生物体内氧自由基生成与清除的平衡对生命的正常进行十分重要。如果氧自由基及时清除，它就会与生物大分子中不饱和脂肪酸作用产生脂质过氧化。所谓脂质过氧化（lipid peroxidation，LPO）是指活性氧、自由基攻击生物膜中多不饱和脂肪酸而引起的一系列氧化过程，此过程可产生一系列脂质过氧化物。而丙二醛是自由基引发的脂质过氧化作用的最终分解产物，因而其含量可间接反映机体的脂质抗氧化水平也间接反映细胞损伤的程度。此次试验测得的血清 MDA 的浓度为 2.61～6.24 nmol/mL，这与以前的试验结果相似，说明试验羊处于相对正常的抗氧化状态。试验结果表明，外源 GSH 可降低试验后期血清中 MDA 的浓度，这说明持续添加一定时间的 GSH 可以有效降低绵羊机体脂质过氧化的程度。刘平祥（2002）研究表明，添加 GSH 对仔猪血清中 MDA 水平无显著影响，但可以显著降低小肠黏膜 MDA 水平。本试验没有检测小肠黏膜中 MDA 水平，GSH 对血清中 MDA 水平不同的影响可能与动物种类或者动物所处的生理状态有关。

（三）谷胱甘肽对血清谷胱甘肽过氧化物酶和过氧化氢酶的影响

谷胱甘肽过氧化物酶（GSH-Px）是机体内广泛存在的抗氧化酶，通过催化 GSH 可清除过氧化氢和脂质过氧化物，抑制自由基的生成。试验发现，饲料中添加一段时间的谷胱甘肽后，绵羊血清中 GSH-Px 活性逐渐增强，这与吴觉文（2003）在黄羽肉鸡上的试验结果一致。试验测得的血清 GSH-Px 浓度范围为 89.87～126.90 U/mL，介于断奶仔猪和黄羽肉鸡之间，这说明 GSH-Px 的活性在不同动物之间存在一定差异。添加 GSH 提高了血清中 GSH 的水平，底物的增加可能对 GSH-Px 具有刺激作用，使其活性增强；GSH-Px 的活性增强也可能与 GSH 促进硒的吸收有关，因为硒是 GSH-Px 的一种成分，硒的水平可直接影响 GSH-Px 活力的发挥。Senn 等（1992）的体内试验表明 GSH 能促进亚硒酸盐形式硒在小鼠肠道内的吸收，但本试验没有测定硒的吸收，外源性的 GSH 是否通过促进绵羊硒的吸收而间接提高 GSH-Px 的活性还有待于进一步的研究证实。

与 GSH-Px 一样，过氧化氢酶（CAT）广泛分布于各种组织中。CAT 的主要作用是催化 H_2O_2 分解成 H_2O 和 O_2，使得 H_2O_2 不至于与 $O_2\bullet^-$ 在铁螯合物作用下反应生成非常有害的 $\bullet OH$，因此 CAT 在分解 H_2O_2 时往往与 GSH-Px 存在协同作用。

试验结果表明，饲料中添加 GSH 后，绵羊血清中 GSH-Px 和 CAT 的活性具有相似的变化规律。虽然不同剂量的 GSH 都提高了这两种酶的活性，40 d 时 800 mg/kg 组要高于 500 mg/kg 组，但 60 d 时 500 mg/kg 组要高于 800 mg/kg 组。试验中 20 d 后 MDA 持续降低的趋势表明，添加 GSH 提高了动物机体的抗氧化能力，脂质过氧化的程度降低，此时，维持机体健康和正常的生长并不需要过高地提高这些抗氧化酶的活性，这可能是动物自身调节的结果。

（四）谷胱甘肽对绵羊血清总抗氧化能力的影响

T-AOC 是机体抗氧化能力强弱和健康程度的综合体现，也是近几年研究发现的用于衡量机体抗氧化系统功能状况的综合性指标。T-AOC 的大小可代表和反映机体抗氧化酶系统与非酶系统对外来刺激的代偿能力，以及机体自由基代谢的状态，是反映机体抗氧化功能的一个良好指标。本试验中，各处理组在试验期间血清 T-AOC 均不同程度地高于对照组，这说明外源 GSH 提高了绵羊机体的抗氧化能力。

动物体内的抗氧化系统包含三道主要防线：第一道防线负责制止自由基的生成和脂质过氧化，由三种抗氧化的酶（SOD、GSH-Px、CAT）及金属硫蛋白等组成。第二道防线包括一些脂溶性抗氧化剂（如维生素 E 等）和水溶性抗氧化剂（如谷胱甘肽等）。它们可制止自由基链生成和蔓延。第三道防线包括脂肪酶、蛋白酶及其他，它们对受损伤的分子进行修复。T-AOC 正是反映了第一道和第二道防线的内容，这与该试验中测得的血清中 SOD、GSH-Px、CAT 三种抗氧化的酶活性和 GSH 水平的结果相一致，这说明 GSH 维护了绵羊机体抗氧化系统功能，提高了机体抗氧化能力。

四、结论

1）800 mg/kg 的 GSH 提高了试验前期绵羊血清中 SOD 的水平（$P>0.05$），却降低了试验后期 SOD 的水平（$P>0.05$）。

2）外源 GSH 分别降低了绵羊血清中 40 d（$P<0.01$）和 60 d（$P<0.05$）MDA 的水平。

3）400 mg/kg 的 GSH 提高了 20 d 和 60 d 绵羊血清中 CAT 的活性（$P<0.05$）；800 mg/kg 的 GSH 提高了 40 d 绵羊血清中 CAT 的活性（$P<0.05$）。

4）400 mg/kg 的 GSH 提高了 60 d 绵羊血清中 GSH-Px 的活性（$P<0.05$）；800 mg/kg 的 GSH 提高了 40 d 绵羊血清中 GSH-Px 的活性（$P<0.01$）。

5）20 d 和 40 d，外源 GSH 显著提高了绵羊血清中的总抗氧化能力（$P<0.05$）。

第七节　反刍动物甲烷气体产生原理与减排方法

近些年来，全球气候逐渐的变暖给自然界、人类社会和生态环境带来了很多灾难性的影响。由于空气中 CH_4、CO_2 等一些气体浓度的上升，温室效应在当下已经备受世界各国的高度重视。

引起全球气候变暖的主要气体中的甲烷被认为是仅仅低于二氧化碳的气体。甲烷气体所导致的温室效应相当于二氧化碳气体的 20～30 倍之多，虽然甲烷在大气中的浓度只是 CO_2 的 0.49%，但是甲烷单位体积所产生的温室效应却是 CO_2 的 30 倍，目前看来甲烷气体是影响天气变暖的重要因素。大气中来自化工企业和自然界中的火山爆发等所产生的甲烷气体所占的比例很少。而生物产生的甲烷气体占了很高比例。我国农业农村部对甲烷气体的排放进行了初步的估算，发现我国甲烷气体的排放量在以每年 2.3% 的速度快速上升。我国畜牧业甲烷气体排放量已经占据了全球畜牧业甲烷气体总体排放量的 6.9%～10%。

从另一个方面来看，反刍动物排放甲烷气体是因为所食入的饲料在其瘤胃内发酵而产生的，动物瘤胃内发酵产生甲烷气体也就意味着饲料中的能量有部分的损失，以及反刍动物相应生产力的降低。一般来说，饲料的消化率越低，单位内畜产品的甲烷气体所排放的量越大。对于反刍动物来说，不同的饲喂水平、日粮的结构和日粮的消化在很大程度上影响反刍动物甲烷的排放量，以甲烷气体形式所损失的能量据估计占动物所采食的总能的 2.3%～15%。反刍动物排放的甲烷气体占每年扩散到大气中的甲烷气体总量的 15%，并且反刍动物所排放的甲烷气体以每年 1% 的速度快速上升。我国畜牧业生产所释放到大气中的甲烷气体的产量占世界甲烷排放量的 7%～10%。所以，在提高饲粮转化率的同时，减少甲烷气体的排放量可以达到保护全球的环境及提高饲料利用率的目的，从而提高了畜牧业的经济效益。因此，降低瘤胃内甲烷气体排放对温室效应的减缓具有极其重要的意义。

一、反刍动物瘤胃中甲烷气体产生的原理

羊能够利用低质量的饲草来生产较优质的肉制品和毛皮。饲草等粗饲料中的碳水化合物，主要包括纤维素及半纤维素。组成细胞壁的这些碳水化合物不能被动物的消化酶所降解，却可以被瘤胃内的纤维分解菌细胞分泌的纤维素酶所分解消化，然而 VFA 是主要的发酵产物，而且动物还能够利用这个发酵过程增生的细菌及原生动物而获得微生物蛋白。

瘤胃中的微生物可以摄取日粮中的碳水化合物，如淀粉、纤维素、半纤维素等，而且在细胞内酶的作用下可以被转化为丙酮酸，然后丙酮酸能够根据不同的代谢途径来合成不同的挥发性脂肪酸。

羊瘤胃内产生甲烷气体的微生物主要可以包括下列几种微生物，如纤维分解菌、纤毛原虫、真菌等微生物。因此，贮存在饲料中的淀粉、纤维素及蛋白质等在一些微生物的作用下，被进一步分解为挥发性脂肪酸、氢气及二氧化碳等，而在这之后，二氧化碳、挥发性脂肪酸及甲醇等在甲烷菌的作用下，一般把大部分氢气及甲酸还原生产甲烷气体。在反刍动物的瘤胃中唯一可以利用甲胺、甲醇及乙酸的微生物是瘤胃八叠球菌。Ferry（1992）的研究表明，甲烷气体的产生是放能的一种反应，这个过程可以合成 ATP。Wolfe（1990）研究表明，二氧化碳在转化为甲烷气体的过程中，将会伴有 MFR（甲基呋喃）、H_4MPT、辅酶 M（HS-CoM）、F430、HS-HTP 等辅酶参加反应。

二、瘤胃内甲烷气体产生的因素

（一）饲料的加工和贮存方式

甲烷气体产生的量受日粮多方面的影响，如牧草的成熟程度、贮存方法及其在加工过程的影响。饲料的颗粒加工得过细，致使饲料在瘤胃中所停留的时间过短，从而缩短了饲料的消化分解时间。Hironaka 等（1996）的研究表明，粗糙切碎的牧草较不细致的碾碎及制成粒状的牧草损失更多的甲烷能量。所以当饲料的消化率降低及瘤胃食糜在瘤胃内停留时间增加的时候，都能增加单位内可消化饲草的甲烷气体的产量。

（二）日粮的类型

　　日粮的类型影响甲烷气体的产生，主要是通过改变瘤胃内的 pH 及微生物的区系。研究表明，用淀粉及碳水化合物饲喂能够降低羊瘤胃内的 pH，瘤胃内的 pH 降低会导致原虫及甲烷生成菌受到抑制，致使瘤胃内丙酸的含量升高。瘤胃中丙酸的量能够影响甲烷气体的产生量，当日粮中的糖和淀粉含量增加时，导致瘤胃内丙酸的生成量增加，从而使甲烷气体产量减少，丙酸生成量增多是因为瘤胃内饲料的降解率升高，有利于丙酸的生成。Moe 和 Tyrrel（1979）的研究表明，当日粮中添加易消化的纤维时，甲烷气体的损失可以降低很多。

　　瘤胃内的 VFA 组成与甲烷气体的产量有一定的关系。李新建和高腾云（2002）的研究表明，乙酸与丙酸的比值对甲烷气体的产量有很大的影响，丙酸的产量与甲烷气体的产量呈负相关，而乙酸的产量与甲烷气体的产量呈正相关，这也说明了不同的日粮类型也对甲烷气体的产生有一定的影响。增加羊日粮中精料的比例，可引起瘤胃中丙酸产量的增加，从而减少瘤胃内甲烷气体的产量。

（三）采食量及环境影响

　　采食情况也能够影响其瘤胃内甲烷气体的产量。当采食量增加时，相应的甲烷气体的产量也相应地随之降低。当其采食量达到维持水平的 2 倍时，甲烷气体的产量升高，但是单位时间内产生甲烷气体能量的损失呈现了大幅度的降低，总体来说增加采食量可以降低甲烷气体的产量。

　　环境对瘤胃内甲烷气体的产生也有很大的影响。在反刍动物处于低温环境中时，其瘤胃内食糜的流速加快，致使甲烷气体的产量也随之降低，在这种环境中，瘤胃内甲烷气体的产量可以降低 30%左右。产生这一现象是环境温度降低从而使瘤胃内的发酵更趋向于丙酸发酵型，导致丙酸的产量增多而甲烷气体的产量减少。但是环境温度过低则甲烷气体的产量反而会增多，这是低温中动物的采食量增加而造成的。

（四）其他

　　瘤胃内甲烷气体的产量与瘤胃内相关的微生物有重要关联。有研究表明，瘤胃内甲烷气体的产量与瘤胃内的原虫有关。调控原虫也可以对甲烷气体的产量产生一定的影响，但是瘤胃内的微生物之间有着很复杂的关系，所以就必须得用协同的原理来对瘤胃内的微生物来进行调控，从而达到瘤胃内甲烷气体产量降低的作用。

三、减少瘤胃内甲烷气体产生的方法

（一）提高饲养管理水平

日粮类型、采食量及周围环境、饲料的加工及贮存方式都可以影响瘤胃内甲烷气体的产量。通过改善日粮类型、饲料的加工及贮存方式等可以调控瘤胃内甲烷气体的产量。提高羊的采食量，以及水的摄入量来提高瘤胃内食糜的流通速率，可以达到减少瘤胃内甲烷气体产量的目的。将饲粮合理地加工处理，不仅能够减少反刍动物瘤胃内甲烷气体的产量，达到减少温室效应的效果，而且可以提高饲料的利用率，从而提高经济效益。

（二）改善日粮的平衡

适当地提高日粮的精粗比，改善日粮的平衡、能氮平衡及适宜的蛋白质比例，能够提高羊对日粮的消化率及利用率。甲烷气体的产量受日粮精粗比的影响很大。日粮中淀粉的适当增加、适宜的 pH、食糜的快速流通、高效的小肠消化率、丙酸产量增多，以及瘤胃内微生物的协同作用等都可以减少瘤胃内甲烷气体的产量。瘤胃内乙酸和丙酸的比例可以对瘤胃内甲烷气体的产量进行调控。可以通过改变饲料中的精粗比对乙酸和丙酸的比例进行调节。

（三）饲料的加工及调制

饲料制粒的大小及良好的粉碎度能够减少甲烷气体的能量损失。原因是小粒饲料能够提高瘤胃内食糜流通的速率，降低了碳水化合物的消化率，导致降低了瘤胃内甲烷气体的产量。牧草的成熟期、贮存方法、化学及物理加工等过程都可以影响其可消化牧草的甲烷气体产量。切碎的牧草要比细致碾碎的牧草损失的甲烷能要多。饲料的加工方法有物理方法、化学方法及生物方法。物理方法就是将饲草粉碎或切短及揉碎，将饲草揉成丝条状，揉碎的饲草可以直接喂给牲畜，也可以经过氨化及晒干贮存，以减少营养成分的损失。秸秆等还可以装入饲料热喷机内，进行热喷处理，从而改变秸秆等的结构和一些化学成分，并进行消毒等，提高秸秆等的利用率。化学方法就是对原料进行碱化、氨化及酸处理。碱化法就是通过碱类物质的氢氧根离子来破坏木质素与半纤维素之间的酯键，将木质素溶于碱中。氨化处理就是向秸秆等饲草中加入一定比例的氨水或尿素等，进行封闭处理，进而提高秸秆的消化率。化学处理的优点是可以促进反刍动物对饲料的消化率、采食量及饲料的适口性等。生物方法就是利用乳酸菌、酵母菌等一些有益的微生物及酶在适宜的条件下，使其生长繁殖，从而分解饲料中不易消化利用的纤维素及木质素，同时也可以增加一些菌体蛋白、维生素等对家畜有益的物质，改善风味，增强适口性。

第八节　抑制甲烷生成的饲料添加剂

一、脂肪酸

据报道称，不饱和脂肪酸的氢化作用能够对甲烷气体生成菌和原虫起到一定的抑制作用。添加不饱和脂肪酸可以减少用以还原二氧化碳的氢的量，降低甲烷气体的产量。但是用于代谢氢的总量极少，而用于还原二氧化碳的氢的量较多，还有部分用来合成 VFA。在日粮中添加脂肪或植物油可减少甲烷气体的产量。添加不饱和脂肪酸能够减少反刍动物瘤胃中乙酸的比例，从而降低瘤胃内甲烷气体的产量，这主要是因为减少了瘤胃内的发酵底物。

相关研究表明，椰子油也可以显著地降低瘤胃内甲烷气体的产量，当日粮中添加椰子油时，可以降低瘤胃内甲烷气体的产量，但是也降低了 NDF 的消化率。对饲喂添加椰子油的反刍动物来说，其瘤胃内原虫的数量降低，在特殊的条件下原虫数量减少可以促进动物的生长及动物对氮的利用效率。添加不饱和脂肪酸，不会影响反刍动物对纤维的消化率。

二、卤素化合物

卤素化合物对瘤胃中甲烷气体生产菌有抑制作用，能够减少瘤胃内甲烷气体的产生，如卤代甲烷、水合氯醛、卤代酰胺等。氯仿能够抑制 CH_2-维生素 B_{12} 中的碱基转到合成甲烷气体所需的 CH_3-CoM 上，从而降低瘤胃内甲烷气体的产量，但是氯仿具有特殊气味，有致癌的作用，且遇光与氧气作用，能够分解生成剧毒氯化氢等，所以不宜用来饲喂。Nevel 等（2009）研究表明，核黄素、亚硝酸盐、硫酸盐等可以作为转移还原二氧化碳的氢的受体，能达到抑制瘤胃内甲烷气体的作用。

三、抗生素

抗生素在饲料中用以促生长及减少乳酸的生成，同时也能减少瘤胃内甲烷气体的产生，但是一些抗生素能够抑制瘤胃的发酵。例如，莫能菌素能够有效地抑制瘤胃内甲烷气体的产生，降低原虫的数量。但是长期地使用抗生素能够导致瘤胃内微生物的耐药性，以及导致肉及奶制品中药物的残留。

四、植物提取物

近年来由于抗生素类饲料添加剂的应用越来越受到各国法规的限制，绿色无污染添加剂的开发已经成为研究热点。如何找到既能促进反刍动物瘤胃发酵，又能减少瘤胃内甲烷气体产量，还可以减少动物瘤胃发酵过程中所产生的能量损失的绿色添加剂已成为反刍动物营养研究的重点。

植物提取物可以有效提高动物的代谢、提高免疫力、促进生长、预防疾病，对畜产品的质量等方面不仅有改善的作用，且副作用小、无残留。近年来植物提取物备受关注，植物提取物如延胡索酸、大蒜素、蒽醌等能够使瘤胃内的发酵类型改变，从而降低瘤胃内甲烷气体的产生。

（一）延胡索酸

延胡索酸也被命名为反丁烯二酸，是一种有机酸。最早发现延胡索酸存在于球果紫堇中。延胡索酸也可以由微生物少量产生，现在大部分的延胡索酸是化学合成的，由于化学合成的延胡索酸的价格比较昂贵，因此好多人都利用微生物发酵的形式来生产延胡索酸。自 20 世纪以来，人们就常用微生物发酵的方式来生产延胡索酸。

延胡索酸同时也是三羧酸循环及许多能量代谢途径重要的中间产物之一，是许多生化反应的底物，能够直接参与动物机体内的代谢。延胡索酸是丙酸产生的一个中间受体，添加延胡索酸能够提高丙酸的产量，丙酸产量的提高使产生甲烷气体的氢相应减少，从而降低了瘤胃内甲烷气体的产量，同时丙酸是反刍动物一种重要的能量供体，可以提高动物的生产效率。Asanuma 等（1999）研究表明，延胡索酸可以降低瘤胃内甲烷气体产量，同时还可以加强机体的抵抗力，提高动物的抗应激能力。

（二）大蒜素

大蒜素是一种绿色的添加剂。大蒜素也是一种反刍动物瘤胃发酵调解剂，用大蒜素来替代抗生素已经成为新的热点。目前，生产中应用的大部分的大蒜素也多是合成的，不是提取的。大蒜素能够提高动物干物质的采食量，促进动物的生长发育，改善畜产品的品质，但是大蒜素有蒜臭味，影响动物的采食。目前所使用的大蒜素都是经过脱臭处理，没有蒜臭味的，不会影响动物的采食。最重要的一点是大蒜素在饲喂动物后无残留和毒性作用。

大蒜素中含有含硫的化合物，这些化合物可以自动地转换生产许多有机硫的化合物。而这些含硫的化合物有很强的消炎及抗菌作用，对许多菌类有抑制作用，这其中包括甲烷菌，因此大蒜素能够减少反刍动物瘤胃中甲烷气体的生成。同时，大蒜素不仅可以降低甲烷气体的产量，不影响反刍动物瘤胃发酵，还可以促进动物机体的生长发育。Busquet 等（2005）研究表明，分别添加不同浓度的二烯丙基二硫化物的大蒜素试验中，甲烷都有相应降低，但是在含硫化合物中大蒜素抑制甲烷生成的效果最为明显。

（三）蒽醌

蒽醌的复合物存在于自然界，也能够人工合成。蒽醌类包含许多种不同还原程度的产物和二聚物，如氧化蒽酚、蒽酮、蒽酚等，还包括这些化合物的苷类。蒽醌类具有止血、抗菌、泻下、利尿的作用，应用于很多方面，如在医学上是缓泻药、在纺织业上用作燃料等。蒽醌与阻断电子传递及三磷酸腺苷的耦合反应有关，能够减少 H_2S 的产量。蒽醌可以从微生物、植物及昆虫体内产生，在反刍动物的肠道中也有少量的蒽醌。它能够减少反刍动物瘤胃内甲烷气体的产生，可以阻止 CH_3-CoM 还原成甲烷气体。

第九节　甲烷抑制剂对绵羊瘤胃发酵指标的影响

一、材料与方法

（一）试验设计与方案

本试验采用随机区组试验设计，16 只绵羊随机分为 4 组，每组 4 只。对照组只饲喂基础日粮，试验组分别在基础日粮中添加大蒜素 300 mg/kg、延胡索酸 40 mg/kg、蒽醌 20 mg/kg，分别于 6:00 和 18:00 两次投喂。预试期 2 周，正试期 4 天。

（二）试验日粮

试验日粮参照中国《肉羊饲养标准》（NY/T 816—2004），即每日能量需要 7.2 MJ；每日蛋白质需要量为 72 g。基础日粮见表 5-28。

表 5-28　试验用瘤胃液供体羊基础日粮组成与营养水平

原料	配比/%	营养成分[2]	含量
羊草	70.00	ME/（MJ/kg）	9.44
玉米	18.70	CP/%	9.28
豆粕	5.70	Ca/%	0.46
麸皮	4.00	P/%	0.25
预混料[1]	1.60	NDF/%	48.67
合计	100.00		

1 每千克预混料中含有：食盐 275 g，石粉 228 g，$CaHPO_4$ 234.5 g，维生素 A 700 万 IU，维生素 D_3 140 万 IU，维生素 E 2400 IU，生物素 200 IU，维生素 C 650 μg，维生素 K 650 mg，维生素 B_1 265 mg，维生素 B_2 1950 mg，维生素 B_6 1300 mg，维生素 B_{12} 4 mg，烟酸 4500 mg，泛酸 3250 mg，叶酸 85 mg，胆碱 620 mg，$NaHCO_3$ 50g，$CuSO_4$ 5 g，$FeSO_4$ 15 g，$MnSO_4 \cdot 5H_2O$ 9 g，$ZnSO_4$ 11 g，Na_2SeO_3 3g，Mg 70g

2 营养成分中 ME 是计算值，CP、Ca 和 P 是实测值

（三）测定指标及方法

于正试期 0 h（早晨饲喂前）及饲喂后 3 h、6 h、9 h、12 h 采集样品，用自制的负压装置先抽取瘤胃内气体，收于集气袋中，待测甲烷浓度。然后从瘤胃瘘管采集绵羊瘤胃内不同位置的瘤胃液，将采集的瘤胃液直接测定 pH 后，用四层灭菌纱布过滤，然后在 3500 r/min 条件下离心 15 min，取 1 mL 上清液用来测定 NH_3-N。取 5 mL 上清液与 1 mL 25%偏磷酸混合贮存于-20℃，用于测定 VFA。其余上清液用来测定瘤胃菌体蛋白。

瘤胃 pH 由 pH 计（Model PHS-2F）经校正后即时测定。瘤胃氨态氮（NH_3-N）参照冯宗慈和高民（1993）的方法进行测定，采用高效液相色谱法（HPLC）测定瘤胃液挥发性脂肪酸（VFA）浓度。

菌体蛋白的分离采用差速离心法。去除瘤胃液中的原虫和饲料大颗粒（瘤胃液于 39℃ 150×g 离心 15min），分离细菌组分（用移液管准确量取 20 mL 上清液于 4℃ 16 000×g 离心 20min 以分离细菌组分，弃上清，用 15 mL 生理盐水反复洗涤，离心两次）。

参照 Cotta 和 Russell（1982）及 Broderick 和 Craig（1989）阐述的方法测定菌体蛋白含量。将上述收集的细菌沉淀毫无损失地转移至消化管中，按凯式微量定氮法测定菌体蛋白含量。

二、结果

（一）添加甲烷抑制剂对瘤胃 pH 的影响

添加不同甲烷抑制剂（在 12 h 内）瘤胃 pH 变化见表 5-29。采食前至 9 h 各组之间差异不显著（$P>0.05$），而 12 h 时添加大蒜素抑制剂瘤胃内的 pH 最高，与延胡索酸组差异不显著（$P>0.05$），但显著高于对照组和添加蒽醌组（$P<0.05$）。

表 5-29 添加甲烷抑制剂对瘤胃 pH 的影响

分组	0 h（采食前）	3 h	6 h	9 h	12 h
对照组	6.60±0.01	6.58±0.01	6.56±0.03	6.58±0.05	6.60±0.02[b]
延胡索酸组	6.62±0.02	6.57±0.05	6.55±0.05	6.60±0.01	6.62±0.15[ab]
蒽醌组	6.60±0.07	6.59±0.01	6.56±0.01	6.61±0.02	6.60.21[b]
大蒜素组	6.61±0.16	6.60±0.11	6.58±0.11	6.63±0.09	6.65±0.15[a]

注：同列比较，上角标字母相异表示差异显著（$P<0.05$），所标字母相同表示差异不显著（$P>0.05$）

（二）添加甲烷抑制剂对瘤胃氨态氮的影响

添加不同甲烷抑制剂（在 12 h 内）瘤胃氨态氮浓度变化见表 5-30，由表 5-30

可知：添加甲烷抑制剂后，瘤胃氨态氮的浓度随时间的延长呈下降趋势，总体来看各时间段各组之间均有不同程度的差异。0 h（采食前），各处理组之间无显著差异（$P>0.05$）；3 h，蒽醌组产氨态氮浓度最低，与另外 3 个处理组相比差异显著（$P<0.05$），而对照组、延胡索酸组、大蒜素组之间无显著差异（$P>0.05$）；6 h，大蒜素组氨态氮浓度最高，与另外 3 个处理组相比差异显著（$P<0.05$），对照组与延胡索酸组、蒽醌组相比差异显著（$P<0.05$），延胡索酸组与蒽醌组相比差异显著（$P<0.05$）；9 h，大蒜素组氨态氮浓度最高，与另外 3 个处理组相比差异显著（$P<0.05$），蒽醌组与延胡索酸组、对照组相比差异显著（$P<0.05$），对照组与蒽醌组之间差异不显著（$P>0.05$）；12 h，大蒜素组氨态氮浓度最高，与另外 3 个处理组相比差异显著（$P<0.05$），对照组与延胡索酸组和蒽醌组相比差异显著（$P<0.05$），而延胡索酸组和蒽醌组之间无显著差异（$P>0.05$）。

表 5-30 添加甲烷抑制剂对瘤胃氨态氮浓度的影响（单位：mg/100 mL）

分组	0 h（采食前）	3 h	6 h	9 h	12 h
对照组	23.59±0.02	29.26±0.14[a]	21.26±0.03[b]	24.67±0.13[b]	16.23±0.31[b]
延胡索酸组	23.16±0.05	29.16±0.21[a]	20.53±0.08[c]	16.59±0.21[c]	15.74±0.21[c]
蒽醌组	23.62±0.11	28.19±0.06[b]	15.61±0.10[d]	24.61±0.04[b]	15.67±0.12[c]
大蒜素组	23.24±0.31	29.16±0.13[a]	22.59±0.01[a]	25.07±0.01[a]	17.12±0.11[a]

注：同列比较，上角标字母相异表示差异显著（$P<0.05$），所标字母相同表示差异不显著（$P>0.05$）

（三）添加甲烷抑制剂对瘤胃 BCP 的影响

添加不同甲烷抑制剂（在 12 h 内）瘤胃 BCP 浓度变化见表 5-31。添加甲烷抑制剂，瘤胃内菌体蛋白的浓度随时间的延长呈上升趋势，采食前各组之间无显著差异（$P>0.05$）；3 h 时，对照组最低，与另外 3 组比差异显著（$P<0.05$）；6 h 时，大蒜素最高，与另外 3 组相比差异显著（$P<0.05$）；9 h 时，大蒜素组最高，与对照组、延胡索酸组、蒽醌组差异显著（$P<0.05$），对照组与延胡索酸组和蒽醌组差异显著（$P<0.05$）；12 h 时，大蒜素组最高，与对照组、延胡索酸组差异显著（$P<0.05$），延胡索酸组与对照组之间差异显著（$P<0.05$）。

表 5-31 添加甲烷抑制剂对瘤胃 BCP 浓度的影响（单位：mg/100 mL）

分组	0 h（采食前）	3 h	6 h	9 h	12 h
对照组	57.64±0.11	56.12±0.05[b]	57.16±0.09[b]	57.52±0.01[c]	57.69±0.07[c]
延胡索酸组	57.12±0.07	57.65±0.02[a]	57.37±0.06[b]	58.13±0.06[b]	58.65±0.05[b]
蒽醌组	57.12±0.02	57.83±0.03[a]	57.67±0.13[b]	58.24±0.07[b]	59.28±0.03[a]
大蒜素组	57.05±0.04	57.99±0.11[a]	58.18±0.01[a]	59.21±0.04[a]	59.86±0.07[a]

注：同列比较，上角标字母相异表示差异显著（$P<0.05$），所标字母相同表示差异不显著（$P>0.05$）

（四）添加甲烷抑制剂对 VFA 产量的影响

表 5-32 为添加甲烷抑制剂（12 h 内）瘤胃内 VFA 的变化。在 9 h 时，3 种甲烷抑制剂所产生的乙酸浓度均低于对照组，且延胡索酸组高于蒽醌组和大蒜素组。其他时间对照组低于其他 3 个试验组。添加 3 种甲烷抑制剂 12 h，瘤胃内丙酸的浓度和总 VFA 产量为：添加大蒜素组均高于添加延胡索酸和蒽醌两组。

表 5-32　添加甲烷抑制剂对 VFA 产量的影响（单位：mmol/L）

项目	时间点	延胡索酸组	蒽醌组	大蒜素组	对照组
乙酸	0 h	17.62 ± 0.07^a	16.47 ± 0.56^b	15.26 ± 0.92^c	16.87 ± 0.56^b
	3 h	29.77 ± 0.61^a	26.92 ± 0.55^b	26.02 ± 0.15^b	26.92 ± 0.55^b
	6 h	22.94 ± 0.65^b	23.07 ± 0.59^a	20.91 ± 0.18^c	23.87 ± 0.59^a
	9 h	12.77 ± 0.41^b	12.32 ± 0.79^b	12.59 ± 0.16^b	13.15 ± 0.79^a
	12 h	19.18 ± 0.61^c	21.76 ± 0.80^b	18.75 ± 0.95^d	22.76 ± 0.80^a
丙酸	0 h	7.83 ± 0.53^b	7.81 ± 0.03^b	7.75 ± 0.65^b	8.81 ± 0.03^a
	3 h	14.51 ± 0.31^b	14.35 ± 0.57^b	14.78 ± 0.39^b	15.35 ± 0.57^a
	6 h	11.79 ± 0.61^c	13.04 ± 0.24^b	16.31 ± 0.64^a	13.04 ± 0.24^b
	9 h	12.14 ± 0.41^b	13.28 ± 0.60^a	13.32 ± 0.66^a	12.08 ± 0.60^b
	12 h	9.12 ± 0.46^b	9.82 ± 0.36^b	10.66 ± 0.04^a	9.02 ± 0.36^b
丁酸	0 h	6.09 ± 0.85^a	6.39 ± 0.59^a	5.96 ± 0.75^b	6.39 ± 0.59^a
	3 h	9.36 ± 0.36^a	9.44 ± 0.84^a	8.89 ± 2.17^b	9.44 ± 0.84^a
	6 h	8.24 ± 0.50^c	9.61 ± 0.50^b	10.22 ± 1.98^a	9.61 ± 0.50^b
	9 h	9.28 ± 0.42^a	9.09 ± 0.39^a	8.70 ± 0.13^b	9.09 ± 0.39^a
	12 h	7.95 ± 0.26^b	8.16 ± 0.04^a	7.69 ± 0.48^b	8.16 ± 0.04^a
总 VFA	0 h	27.97 ± 0.01^c	30.67 ± 0.13^b	32.04 ± 0.39^a	30.67 ± 0.13^b
	3 h	48.93 ± 0.54^c	50.72 ± 0.71^b	55.63 ± 0.54^a	50.72 ± 0.71^b
	6 h	55.09 ± 0.63^b	47.05 ± 0.19^c	57.12 ± 0.42^a	47.05 ± 0.19^c
	9 h	39.55 ± 0.22^c	47.09 ± 0.86^a	44.94 ± 0.06^b	47.09 ± 0.86^a
	12 h	36.11 ± 0.36^c	41.29 ± 0.76^b	46.25 ± 0.22^a	41.29 ± 0.76^b
乙酸/丙酸	0 h	2.27 ± 0.41	2.09 ± 0.19	2.29 ± 0.23	2.09 ± 0.19
	3 h	1.88 ± 0.21	1.87 ± 0.30	1.82 ± 0.28	1.87 ± 0.30
	6 h	1.84 ± 0.13	1.86 ± 0.29	1.81 ± 0.33	1.86 ± 0.29
	9 h	1.94 ± 0.12^a	1.83 ± 0.28^b	1.71 ± 0.37^c	1.83 ± 0.28^b
	12 h	2.07 ± 0.34	2.04 ± 0.28	2.00 ± 0.48	2.04 ± 0.28

注：同行比较，上角标字母相异表示差异显著（$P<0.05$），所标字母相同表示差异不显著（$P>0.05$）

乙酸：在添加 0 h（采食前），延胡索酸组显著高于另外 3 个处理组（$P<0.05$），大蒜素组显著低于蒽醌组、对照组（$P<0.05$）；3 h，延胡索酸组显著高于另外 3 个处理组（$P<0.05$）；6 h，蒽醌组和对照组显著高于延胡索酸组和大蒜素组

（$P<0.05$），延胡索酸组显著高于大蒜素组（$P<0.05$）；9 h，对照组显著高于蒽醌组、大蒜素组、延胡索酸组（$P<0.05$）。12 h，对照组显著高于蒽醌组、大蒜素组、延胡索酸组（$P<0.05$），蒽醌组显著高于延胡索酸组、大蒜素组（$P<0.05$），而延胡索酸组显著高于大蒜素组（$P<0.05$）。

丙酸：在添加 0 h（采食前），对照组显著高于蒽醌组、大蒜素组、延胡索酸组（$P<0.05$）；3 h，对照组显著高于蒽醌组、大蒜素组、延胡索酸组（$P<0.05$）；6 h，大蒜素组显著高于延胡索酸组、蒽醌组、对照组（$P<0.05$），延胡索酸组显著低于蒽醌组和对照组（$P<0.05$）；9 h，大蒜素组和蒽醌组显著高于延胡索酸组、对照组（$P<0.05$）；12 h，大蒜素组显著高于延胡索酸组、蒽醌组、对照组（$P<0.05$）。

丁酸：在添加 0 h（采食前），大蒜素组显著低于延胡索酸组、蒽醌组、对照组（$P<0.05$）；3 h，大蒜素组显著低于延胡索酸组、蒽醌组、对照组（$P<0.05$）；6 h，大蒜素组显著高于延胡索酸组、蒽醌组、对照组（$P<0.05$），延胡索酸组显著低于蒽醌组、对照组（$P<0.05$）；9 h，大蒜素组显著低于延胡索酸组、蒽醌组、对照组（$P<0.05$）；12 h，蒽醌组和对照组显著高于延胡索酸组、大蒜素组（$P<0.05$）。

总 VFA：在添加 0 h（采食前），大蒜素组显著高于延胡索酸组、蒽醌组、对照组（$P<0.05$），延胡索酸组显著低于蒽醌组、对照组（$P<0.05$）；3 h 时，大蒜素组显著高于延胡索酸组、蒽醌组、对照组（$P<0.05$），延胡索酸组与蒽醌组、对照组之间差异显著（$P<0.05$）；6 h，大蒜素组最高，与延胡索酸组、蒽醌组、对照组之间差异显著（$P<0.05$），延胡索酸组显著高于蒽醌组和对照组（$P<0.05$）；9 h，蒽醌组与对照组显著高于延胡索酸组和大蒜素组（$P<0.05$），延胡索酸组显著低于大蒜素组（$P<0.05$）；12 h，大蒜素组显著高于延胡索酸组、蒽醌组、对照组（$P<0.05$），延胡索酸组显著低于蒽醌组和对照组（$P<0.05$）。

乙酸/丙酸：在添加 0 h（采食前）、3 h、6 h、12 h，各组之间均无显著差异，只有在 9 h，延胡索酸组显著高于蒽醌组、大蒜素组、对照组（$P<0.05$），大蒜素组显著低于延胡索酸组和对照组（$P<0.05$）。

（五）添加甲烷抑制剂对甲烷抑制效果

由表 5-33 可知，添加甲烷抑制剂后在培养 12 h 的过程中有降低甲烷产量的趋势，并且各时间段均有不同程度的差异。0 h，各处理组之间无显著差异（$P>0.05$）；3 h，蒽醌组和对照组显著高于延胡索酸组和大蒜素（$P<0.05$），延胡索酸组显著高于蒽醌组（$P<0.05$）；6 h，对照组显著高于延胡索酸组、大蒜素组、蒽醌组（$P<0.05$），延胡索酸组显著高于大蒜素组和蒽醌组（$P<0.05$）；9 h，对照组显著高于延胡索酸组、大蒜素组、蒽醌组（$P<0.05$），并且蒽醌组显著高于延胡索酸组和大蒜素组（$P<0.05$）；12 h，对照组显著高于延胡索酸组、大蒜素组、蒽醌组（$P<0.05$），并且蒽醌组显著高于延胡索酸组和大蒜素组（$P<0.05$）。

表 5-33　添加甲烷抑制剂对甲烷产量的影响

时间点	甲烷产量/mmol			
	对照组	延胡索酸组	蒽醌组	大蒜素组
0 h（采食前）	0.3984±0.01	0.4009±0.03	0.3918±0.03	0.3906±0.13
降低程度/%		0.63	−1.66	−1.96
3 h	0.3762±0.06^a	0.3376±0.07^b	0.3798±0.13^a	0.3145±0.11^c
降低程度/%		−10.26	0.96	−16.40
6 h	0.4015±0.12^a	0.3339±0.11^b	0.2505±0.04^c	0.2478±0.19^c
降低程度/%		−16.84	−37.61	−38.28
9 h	0.4265±0.04^a	0.3465±0.01^c	0.3779±0.01^b	0.3352±0.01^c
降低程度/%		−18.76	−11.40	−21.41
12 h	0.4098±0.11^a	0.2828±0.01^c	0.3468±0.01^b	0.2739±0.05^c
降低程度/%		−30.99	−15.37	−33.16

注：同行比较，上角标字母相异表示差异显著（$P<0.05$），所标字母相同表示差异不显著（$P>0.05$）

在 12 h 培养时间内甲烷产量最低的一组是大蒜素组，甲烷产量在培养到 6 h 时降低程度最高，为 38.28%。0 h，与对照组相比降低程度相对较高的是大蒜素组，为 1.96%，其次是蒽醌组，为 1.66%；3 h，与对照组相比降低程度最高的是大蒜素组，为 16.4%，其次是延胡索酸组，为 10.26%；6 h，与对照组相比降低程度最高的是大蒜素组，为 38.28%，其次是蒽醌组，为 37.61%，最后是延胡索酸组，为 16.84%；9 h、12 h，与对照组相比降低程度最高的均是大蒜素组，其次是延胡索酸组，最后是蒽醌组。

三、讨论

（一）添加甲烷抑制剂对瘤胃 pH 的影响

瘤胃中的 pH 是瘤胃食糜中挥发性脂肪酸和唾液中的缓冲盐相互作用、瘤胃上皮对挥发性脂肪酸吸收及随食糜流出等因素综合作用的结果。瘤胃中的 pH 受唾液分泌量、饲料性质，以及瘤胃内挥发性脂肪酸含量和有机酸的生成、吸收与排出有所关联，而且也间接反映了瘤胃微生物代谢产物中的有机酸产生、吸收、排除及酸碱平衡的状况。本试验研究结果发现，添加不同甲烷抑制剂在 12 h 内瘤胃 pH 采食前至 9 h 各组之间差异不显著（$P>0.05$），而 12 h 时添加大蒜素抑制剂瘤胃内的 pH 最高，与延胡索酸组相比差异不显著（$P>0.05$）、与添加蒽醌和对照组相比差异显著（$P<0.05$）。综合比较下，延胡索酸、蒽醌、大蒜素对瘤胃 pH 无影响。这可能是由于添加甲烷抑制剂影响了碳水化合物的发酵速率，从而影响 VFA 生成速度，并且瘤胃液 pH 同时还受到唾液分泌瘤胃内挥发性脂肪酸及日粮类型的影响。

（二）添加甲烷抑制剂对氨态氮的影响

氨态氮浓度能够反映瘤胃微生物分解含氮物质产氨的速度及对氨的摄取利用率，瘤胃内的氨态氮主要来源于饲料中蛋白质氨基酸、非蛋白氮及通过瘤胃氮素循环进入瘤胃的尿素。本试验中，各组氨态氮浓度均随饲喂后时间的延长出现先高后低，这属正常现象。不同时间点，添加不同甲烷抑制剂的各组瘤胃内的氨态氮的浓度存在差异，添加大蒜素的试验组产氨态氮的浓度最高，可能是由于其减少了甲烷的生成，从而有更多的碳源用于微生物蛋白的合成，促进了饲料蛋白质的分解，使氨的释放增加。

（三）添加甲烷抑制剂对瘤胃 BCP 值的影响

菌体蛋白是反映瘤胃发酵程度的重要指标之一。Trevaskis 等（2001）研究了碳水化合物和氮源同步性对合成瘤胃菌体蛋白的意义。结果表明，日粮蛋白水平过低，不能满足瘤胃微生物对氮源的需求，同时抑制了瘤胃微生物对碳水化合物的利用。本试验中添加不同甲烷抑制剂，在 12 h 内，瘤胃内 BCP 的产量随时间的延长呈上升趋势，总体来看各时间段各组之间均有不同程度的差异，而添加抑制剂后对照组产菌体蛋白的量最低，大蒜素组最高。可能是由于大蒜素抑制了甲烷的生成，减少了碳的损失，更多地用于合成微生物蛋白。

（四）添加甲烷抑制剂对瘤胃 VFA 的影响

大蒜素能够调节饲料风味、促进动物生长、提高饲料利用率，而且还是一种反刍动物瘤胃发酵调解剂。大蒜素中含有含硫的化合物，这些物质能够主动地转换生成多种有机硫的化合物。这些含硫的化合物对多种菌类有很好的抑制等作用，大蒜素也可以抑制甲烷菌的生长，进而减少反刍动物瘤胃中甲烷气体的生成。诸多研究表明，大蒜素中的含硫化合物有降低瘤胃内甲烷气体产生的作用，大蒜素不仅可以降低甲烷气体的产量，而且不影响反刍动物瘤胃内的发酵，还能够促进动物机体的生长，提高了畜牧业的经济效益，同时也减少了甲烷气体向大气中的排放量。本试验结果可知，分别添加延胡索酸、蒽醌、大蒜素甲烷抑制剂，12 h 内瘤胃内所生成 VFA 的总量，大蒜素组均高于其他 3 组。陈红平等（2002）研究发现，在奶牛日粮中添加大蒜素后，瘤胃氨态氮、VFA 的变化均不显著。McGinn 等（2004）研究发现，在牛的日粮中添加延胡索酸，对于总挥发性脂肪酸和丙酸的浓度都没有显著影响。与本试验的研究结果类似。可能是由于添加甲烷抑制剂后瘤胃内容物中的 VFA 含量会随之显著增加，一些微生物能够与产甲烷菌竞争，将原本用于甲烷生成的复合物转移到生成琥珀酸途径上，进而形成 VFA。

（五）添加甲烷抑制剂对甲烷抑制效果

瘤胃内甲烷气体的产量是引起瘤胃发酵能量损失的主要指标之一。降低甲烷的产量对提高能量的利用率有重要的意义，而且甲烷排放也是造成全球温室效应的主要原因之一。因此，降低反刍动物瘤胃内甲烷产量有重要意义。本试验的研究结果表明，添加不同甲烷抑制剂 12 h 内有降低甲烷产量的作用，并且各时间段均有不同程度的差异。在 12 h 内甲烷产量最低的一组是大蒜素组，甲烷产量在 6 h 时降低百分比最高，为 38.28%，各时间点大蒜素组的降低程度最高，其他两个试验组甲烷的产量也均低于对照组。杨承剑（2011）研究发现，在日粮中添加延胡索酸二钠能够减少瘤胃甲烷生成，其作用效果在高粗饲料条件下更为显著。瘤胃发酵过程中产生的氢被甲烷产气菌利用，与碳结合合成甲烷，通过嗳气排出体外。甲烷抑制剂可有效抑制甲烷菌的生长，并能促进氢在其他途径的利用从而减少氢与碳的结合，使更多的碳与氮被其他微生物利用合成微生物蛋白，提高营养物质的利用率。

四、结论

1）添加 3 种不同甲烷抑制剂对瘤胃内 pH 没有显著影响，3 种甲烷抑制剂瘤胃 pH 保持在 6.55～6.65。

2）添加 3 种不同甲烷抑制剂对瘤胃内氨态氮具有显著影响，各时间段各试验组均有显著差异，其中大蒜素组显著提高了瘤胃氨态氮的浓度。

3）添加 3 种不同甲烷抑制剂对瘤胃 BCP 有显著影响，添加甲烷抑制剂后大蒜素组的菌体蛋白含量最高。

4）添加 3 种不同甲烷抑制剂对瘤胃内总 VFA 有显著影响，添加甲烷抑制剂后大蒜素组所产生的 VFA 总量最高，而且丙酸含量也最高。

5）添加 3 种不同甲烷抑制剂对瘤胃内甲烷产量有显著影响，添加大蒜素 6 h 后有最明显的效果，降低程度为 38.28%。

第十节　过瘤胃氨基酸生产工艺及其应用效果

过瘤胃保护性氨基酸（rumen-protected amino acid，RPAA），又称过瘤胃氨基酸或瘤胃旁路氨基酸，就是通过物理和化学方法处理，将氨基酸以某种方式修饰或保护起来，尽可能减少该氨基酸在瘤胃中被化学和微生物降解，而且又能在瘤胃后的消化道中被有效地释放且能以生物学可利用的形式被吸收和利用的保护性氨基酸。国内外大量研究报道表明，使用少量的过瘤胃保护氨基酸（RPAA）不但可以代替数量可观的饲料非降解蛋白，还能提高产奶量和乳脂率，降低日粮蛋白质水平和饲料成本。反刍动物的日粮中添加结晶型的赖氨酸（Lys）和蛋氨酸（Met）会受瘤胃微生物的影响而在瘤胃中迅速地发生脱氨基作用。明尼苏达大学兽医学院曾经报道，每天在饲料中添加 80 g 普通蛋氨酸，血清中游离蛋氨酸浓度未见上升。这与普通氨基酸会被瘤胃微生物所降解的结论完全一致。因此，许多新的技术用来保护赖氨酸（Lys）和蛋氨酸（Met）通过瘤胃时不被降解，同时又不影响氨基酸在小肠的消化。

一、过瘤胃氨基酸的处理保护方法

蛋氨酸和赖氨酸是反刍动物增重、产奶或产毛的限制性必需氨基酸，因此过瘤胃氨基酸的研究主要集中在这两种氨基酸上。过瘤胃氨基酸的保护方法大致分为两种：第一种为化学法，包括氨基酸类似物、衍生物和螯合物；第二种是物理法，由对 pH 敏感的包被材料（如脂肪、纤维素及其衍生物、聚合物等）包被的过瘤胃氨基酸。

（一）化学法

化学法的应用是采用化学药品如甲醛、单宁、乙醇、戊二醛等。原理是利用它们与蛋白质分子间的反应，在酸性环境中是可逆的特性，去掉或掩蔽掉氨基酸中的 α 氨基，使其转化成为氨基酸的类似物。目前国际上主要采用的化学保护方法为生产氨基酸类似物（如蛋氨酸羟基类似物 MHA，N-羟甲基蛋氨酸钙盐，1,2-N-羟甲基赖氨酸钙盐等）。氨基酸类似物比氨基酸具有更强的抵抗瘤胃微生物降解的能力。Ferreira 等（1996）在绵羊上研究了马来酐与 DL-Met 反应生成的复合物在不同时间和不同 pH 条件下的水解释放率。试验结果表明，在 pH 9.0 条件下，98.69% 的 Met 与马来酐发生聚合反应。此复合物在 pH 5.5、pH 4.0、pH 2.5 条件下培养 8 h，Met 的释放率分别为 4.5%、43.14%、76.56%。因此，在集约化及粗放条件下，此复合物可被用作反刍动物小肠蛋氨酸的补充物。此外，甲烷抑制剂（如半缩醛）在抑制甲烷的同时，也有阻断氨基酸脱氨基的作用，从而增加过瘤胃氨基酸的数量。Cottle 和 Velle（1989）报道，在青贮饲料中添加甲醛（40 g/kg 粗蛋白）可使绵羊瘤胃中饲料氮降解量减少，进入十二指肠的食糜非氨态氮增加，可见，添加甲醛可改变饲料蛋白质的消化部位。王加启和冯仰廉（1993）研究认为：甲醛保护豆饼蛋白质的最佳浓度为 6 g/kg 粗蛋白，但化学保护法存在适口性及应用化学物质的毒性及抗营养性存在一定的危险性。

（二）物理法

将淀粉制成颗粒或胶化，可以减少被瘤胃微生物的降解程度，提高小肠淀粉的消化利用。王学荣等（1989）研究表明，用热喷处理豆粕饲喂绵羊可降低 12 h 干物质消化率，提高了进入小肠内氨基酸的数量，增加了氮沉积，提高了日增重和羊毛长度。将蛋白质进行加工热处理，导致蛋白质变性，使疏水基团更多地暴露于蛋白质分子表面，蛋白质溶解度降低，同时加热可引起糖的羰基与蛋白质的自由氨基结合，这种结合更能抵抗微生物酶的水解。另一些报道表明，营养物质热处理后，常会导致在小肠内消化率的降低，这与加热温度、时间和压力密切相关。其优点是生产工艺简单易行，缺点是产品的效果不稳定，如热加工的程度很难掌控，过度处理可使较大部分的营养物质损失。

　　物理包被方法是用某些富含蛋白质的物质，如血粉等或某些脂肪酸对饲料营养物质进行包埋，抵抗瘤胃的降解。Qrskov 等（1974）将血洒到蛋白质补充料上，然后在 100℃条件下干燥，瘤胃蛋白质消化率显著下降。利用瘤胃 pH 6 左右和皱胃 pH 2 左右的生理条件差别，选择在中性溶液中不分解而在酸性溶液中分解的材料，包被营养物质，使被包被的物质在瘤胃中不被消化利用，而在皱胃中能被消化利用。这种包被材料一般选择 $C_{12} \sim C_{22}$ 的脂肪酸，一般情况下脂肪酸中加有一定比例过瘤胃值高的碳酸钙，共同组成包被基质。

二、过瘤胃氨基酸的应用效果

1. 奶牛

　　以玉米青贮为基础日粮的奶牛在泌乳早期添加保护性蛋氨酸可使每千克乳中增加 2.4 g 乳脂肪和 1.8 g 乳蛋白。奶牛泌乳中期每天补充 30 g 过瘤胃蛋氨酸可以促进外周 T 淋巴细胞的增殖。宾夕法尼亚州立大学试验表明，每天给乳牛饲喂 15 g 保护性蛋氨酸和 40 g 保护性赖氨酸，此外，干物质一半来自玉米青贮饲料，一半来自典型浓缩料的混合物，乳蛋白含量提高 7.5%，而干物质摄入量、总奶产量和乳脂含量未降低。对 RPAA 在奶牛上应用的大量研究表明：①饲喂保护性氨基酸对奶牛干物质的采食量没有显著影响，但可提高奶产量和乳蛋白含量；②饲喂保护性氨基酸可提高血浆中相应氨基酸的浓度及日粮蛋白质的利用率；③在奶牛日粮中添加保护性氨基酸添加剂能显著提高产奶量，可获得明显的经济效益，但对乳脂率的提高作用不明显；④能够解决热应激导致产奶量下降的问题。

2. 肉牛

　　初产肉牛的哺乳早期，瘤胃后补充 5 g Met 和 10 g Lys 对维持体重是一种有效的方法。这是由于添加 RPMet 满足了肉牛日粮中的不足部分，通过增加可消化氮而使氮沉积增加。Robert 和 Williams（1997）研究指出，每天给海福斯牛补饲 4 g SmartamineTM（RPMet）可提高日增重、饲料利用率和血浆游离蛋氨酸（plasma free methionine，PFMet）浓度。Klemesrud 等（2000）研究结果表明，以玉米为基础日粮，添加 RPLys 可以提高肉牛的 ADG，尤其是在早期肥育阶段。可见，使用保护性氨基酸可以作为一种提高肥育肉牛生产性能的方法。

3. 绵羊

Rodehutscord 等（1999）研究发现在美利奴阉羊日粮中添加瘤胃保护性氨基酸可显著提高体增重和毛的生长速度。斯钦（1995）在绵羊日粮中添加过瘤胃蛋氨酸添加剂，可提高血浆游离蛋氨酸和胱氨酸含量，可明显提高绵羊的日增重、羊毛生长速度和经济效益。White 等（2001）试验结果表明，在美利奴羊 4 种不同的饲粮中添加 109 g RPMet，使羊毛生长速率平均提高 18%（$P<0.001$）。母羊日粮中添加包被蛋氨酸和赖氨酸有利于羔羊的氮沉积和增重（Lynch et al.，1991）。每天添加 1～5 g 过瘤胃蛋氨酸，美利奴绵羊羊毛的增长呈线性相关。Oke 等（1986）认为，RPMet 和 RPLys 可以促进羔羊氮的平衡。

4. 绒山羊

绒山羊的主要经济用途是产绒，其产绒量和绒毛质量与绒毛的长度、细度、强度与伸度等物理性状有密切关系。因此，可以利用这些指标对绒山羊的产绒量及绒毛品质进行间接选择。首先，绒毛细度是评价绒毛品质的主要指标，是山羊绒、山羊毛分级和定价的重要标准。山羊绒"以细为贵"，国际市场山羊绒细度 16 μm 以下价格最高，随着绒纤维细度增加，单价下降，直径在 8～24 μm 的绒适于纺织针织品。

谢实勇等（2003）报道，包被蛋氨酸在羊绒生长旺盛期显著提高了羊绒生长率和羊绒长度，同时包被蛋氨酸虽然对羊绒中单个氨基酸含量没有显著影响，但显著提高了羊绒中必需氨基酸的含量。绒山羊在羊绒生长旺盛期，添加包被蛋氨酸显著提高了羊绒生长率、羊绒长度、绒山羊日增重及羊绒中必需氨基酸的含量，但对羊绒细度没有显著影响。Galbraith（2000）的研究结果证实，优质的蛋白质补充料或添加瘤胃保护性蛋氨酸通常可以弥补安哥拉山羊毛纤维生长时日粮表观含硫氨基酸的不足，日粮中添加 Smartamine 可以增加安哥拉山羊产毛量和纤维直径。通常在英国绒山羊绒毛生长和安哥拉山羊×英国绒山羊基因型的其他组织也是有效的。Souri 等（1998）认为瘤胃保护性蛋氨酸可以提高绒山羊的产绒率和安哥拉山羊的产毛率。

第十一节　过瘤胃蛋氨酸对绒山羊生产性能的影响

一、材料与方法

（一）试验动物

选用 12 只 1.5 岁体重 [（20.46±0.49）kg] 无显著差异的辽宁绒山羊，安装永久性瘤胃瘘管进行试验。

（二）试验设计

采用单因子完全随机分组设计，12 只试验羊随机分配为 4 个处理组，每个处理组 3 只羊。预饲期 15 d，正试期 70 d。

（三）试验日粮与饲养管理

试验羊基础日粮配制参照美国 NRC（1981）山羊饲养标准，代谢能可满足 1.2 倍维持需要，对照组在基础日粮中添加 3 g 蛋氨酸，试验日粮在基础日粮中分别添加不同水平的过瘤胃蛋氨酸。基础日粮组成和营养水平见表 5-34。试验羊单笼全舍饲养，每天饲喂青干草 500 g、混合精料 200 g，分别在 8:00 和 17:00 分两次饲喂，自由饮水。

表 5-34　试验日粮组成

日粮组成	M1（对照）	M2	M3	M4
青干草/（g/d）	500	500	500	500
混合精料/（g/d）	200	200	200	200
Met/（g/d）	3	0	0	0
RPMet/（g/d）	0	8	9	10

（四）测定指标

1. 日增重的测定

正试期开始，连续两天对试验羊空腹称重，试验结束时，连续两天空腹称重，计算试验羊日增重。

2. 羊绒生长速度的测定

正试期开始时，在每只试验羊左侧部肩胛骨后缘 10 cm×10 cm 面积上，用染发剂将羊毛染成黑色，试验结束时，将有色的毛沿基部剪下，测定有色的地方到绒根部的长度，计算试验羊羊绒在此期间的生长长度。

3. 羊绒品质的测定

试验结束时，在每只试验羊右侧部肩胛骨后缘用密度钳采集 1 cm 的毛束，用于密度的测量，同时再采集部分羊绒（从基部剪下）用于羊绒细度、长度、强度和伸度的测定。

4. 抓绒量统计

在绒生长完全停止，开始脱落时，将外层粗毛剪去，用绒梳梳取的原绒称重后即为抓绒量。

二、结果

（一）不同过瘤胃蛋氨酸水平对绒山羊体重增长的影响

不同过瘤胃蛋氨酸水平对绒山羊体重增长的影响见表 5-35。可以看出，各处理组试验羊初始重和试验末重均无显著差异。各处理组间平均日增重相比较，M2 组与 M1 组之间差异不显著，其余各组间差异显著（$P<0.05$），M2 组、M3 组、M4 组分别比 M1 组高出 19.28%、30.11%、38.56%；料重比相比较，M3 组和 M4 组间差异不显著，其余各组差异显著（$P<0.05$），M4 组最低。

表 5-35　不同过瘤胃蛋氨酸水平对绒山羊生长性能的影响

项目	M1（对照）	M2	M3	M4
始重/kg	20.22±0.19[a]	20.42±0.37[a]	20.75±0.75[a]	20.47±0.59[a]
末重/kg	21.60±0.2[a]	22.07±0.30[a]	22.55±0.62[a]	22.38±0.62[a]
增重/kg	1.38±0.08[c]	1.65±0.10[b]	1.80±0.05[b]	1.92±0.03[a]
平均日增重/g	19.76±1.09[c]	23.57±1.43[c]	25.71±0.72[b]	27.38±0.42[a]
料重比	10.14±0.57[a]	8.51±0.52[b]	7.78±0.22[c]	7.30±0.11[c]

注：同行数据上角标字母不相同表示差异显著（$P<0.05$）

（二）不同过瘤胃蛋氨酸水平对绒山羊产绒性能的影响

不同过瘤胃蛋氨酸水平对绒山羊产绒性能的影响见表 5-36。

1. 羊绒全期生长长度和伸直长度

各处理组间羊绒全期生长长度和伸直长度相比较，除 M2 组和 M3 组之间差异不显著外（$P>0.05$），其余各组间差异显著（$P<0.05$），其中，全期生长长度相比较，M2 组、M3 组、M4 组分别比 M1 组高出 9.00%、13.27%、44.55%；伸直长度相比较，M2 组、M3 组、M4 组分别比 M1 组高出 13.81%、17.49%、32.70%。

表 5-36　不同过瘤胃蛋氨酸水平对绒山羊产绒性能的影响

项目	M1（对照）	M2	M3	M4
全期生长长度/cm	2.11 ± 0.18^c	2.30 ± 0.10^b	2.39 ± 0.17^b	3.05 ± 0.56^a
伸直长度/cm	7.89 ± 0.88^c	8.98 ± 0.38^b	9.27 ± 0.65^b	10.47 ± 0.96^a
细度/μm	15.66 ± 1.60^a	14.76 ± 1.60^b	14.18 ± 0.77^c	13.56 ± 1.07^d
强度（CN）	4.36 ± 1.35^c	4.32 ± 1.39^c	5.17 ± 1.58^a	5.91 ± 1.26^a
拉伸长度/mm	5.39 ± 1.35^b	5.42 ± 1.63^b	5.55 ± 1.42^b	5.99 ± 1.47^a
绒毛比例	9.22 ± 1.72^a	9.58 ± 0.34^a	9.81 ± 1.43^a	9.94 ± 0.44^a
羊绒密度/（根/cm²）	6103 ± 308^a	6456 ± 336^a	6819 ± 210^a	9627 ± 356^a
产绒量/g	312.10 ± 11.36^b	334.23 ± 2.12^a	340.23 ± 1.89^a	345.77 ± 4.85^a

注：同行数据上角标字母不相同表示差异显著（$P<0.05$）

2. 羊绒细度

羊绒细度即绒纤维的直径，是衡量绒品质的重要指标之一，高级品位的山羊绒直径要求在 13～16 μm。各处理组羊绒细度相比较，差异显著（$P<0.05$），M4 组最低，说明过瘤胃蛋氨酸可以提高羊绒细度。

3. 羊绒强度和拉伸长度

强度和拉伸长度是绒毛的主要机械性质之一，它与纺织品的坚牢度和耐磨性有很大关系。各处理组强度相比较，M1 组和 M2 组间差异不显著，其余各组差异显著（$P<0.05$）。拉伸长度相比较，M1 组、M2 组和 M3 组之间差异不显著，M4 组与其他三组间差异显著（$P<0.05$），强度和拉伸长度都以 M4 组最高。

4. 羊绒绒毛比

绒毛比是反映绒山羊毛被特性和产绒性能的一项重要指标，绒毛比越高，毛被中绒比例也越高，毛被的可利用性和绒山羊综合经济价值也越高，本试验绒毛比例各处理组之间相比较差异不显著，但各试验组比对照组略高。

5. 羊绒密度

羊绒密度也是反映产绒性能的一项指标，一般情况下，每平方厘米毛被中绒毛数越多则产绒量越高。本试验羊绒密度各处理组间相比较差异不显著，各试验组羊绒密度高于对照组。

6. 产绒量

各试验组的产绒量显著高于对照组（$P<0.05$），各试验组相比较差异不显著，M2、M3 和 M4 组产绒量分别比对照组（M1 组）高出 7.09%、9.01% 和 10.79%。

三、讨论

（一）不同过瘤胃蛋氨酸水平对绒山羊体重增长的影响

斯钦（1995）试验研究表明，在绵羊日粮中添加过瘤胃蛋氨酸添加剂，可提高血浆游离蛋氨酸和胱氨酸含量，可明显提高绵羊的日增重、羊毛生长速度和经济效益。谢实勇等（2003）研究了包被蛋氨酸对内蒙古白绒山羊生产性能的影响，结果表明，包被蛋氨酸组可显著提高绒山羊的日增重（$P<0.05$）。毛成文（2004）在肉羊的试验中也得出了相同的结论，这些研究与本试验的结果一致。有研究表明，过瘤胃氨基酸之所以能够提高反刍动物的生产性能，主要是因为过瘤胃氨基酸提高了绒山羊的氮沉积和日粮氮的表观消化率（谢实勇等，2003；毛成文，2004）。

（二）不同过瘤胃蛋氨酸水平对绒山羊产绒性能的影响

本试验中对照组羊绒细度与赵凤立和郭维春（1995）及郑中朝（2001）等报道的辽宁绒山羊的平均绒细度在 15~16 μm 的结论相同，各试验组的羊绒细度比其报道的稍低，说明在饲料中添加过瘤胃蛋氨酸可以提高羊绒细度。

绒毛长度是绒山羊的一个重要性状指标。在相同细度情况下，绒毛越长，其品质越优。在工艺特性的重要性上，长度仅次于细度，本试验中各试验组的羊绒生长长度和伸直长度显著高于对照组（$P<0.05$），说明在绒山羊日粮中添加过瘤胃蛋氨酸可以显著提高羊绒生长速度和羊绒伸直长度。谢实勇等（2003）在内蒙古白绒山羊的试验中也得出了相同的结论。

另外，绒毛纤维的强度与伸度决定针织品的结实度，所以也是绒山羊羊绒品质的重要性状指标。一般情况下，细度与强度、伸度呈正相关。本试验中各试验组的羊绒细度显著低于对照组，强度和伸度高于对照组，与其原因可能是蛋氨酸中含硫量多，因而使得试验组在细度变小的同时，还能保持较好的强度和伸度，使绒毛保持一定弹性和光泽度，绒毛品质良好。这是因为绒毛的含硫量和二硫键是绒毛理化性能的物质基础，含硫氨基酸对绒毛的强度、弹性、韧性及纺织性能有着直接的影响，对绒毛蛋白分子的化学稳定性和网状空间结构起着重要作用。

内蒙古阿尔巴斯绒山羊的研究结果表明高蛋白和高能量可显著提高绒山羊的产绒量、绒毛比和绒长，其中日粮中蛋白质的水平较能量水平起主要作用，绒纤维的细度、强度和伸直长度有差异，但不显著。不同日粮中蛋白质水平能显著影响山羊绒的生长速度和产绒量，细度差异不显著。日粮蛋白质与羊毛生长及其组成有一定关系，但由于饲料经瘤胃内代谢作用，大部分饲料蛋白被不同程度的降解，影响进入十二指肠和体组织内含硫氨基酸的量。因此，饲喂各种日粮和添加不同水平的含硫氨基酸对羊毛及羊绒生产产生了不同的效果。谢实勇等（2003）研究日粮中添加硫酸钠、蛋氨酸和包被蛋氨酸对内蒙古绒山羊产绒量的影响，结果表明，包被蛋氨酸组的产绒量大于硫酸钠和蛋氨酸组，本试验研究结果与其相同。

四、结论

1）过瘤胃蛋氨酸显著提高辽宁绒山羊的平均日增重（$P<0.05$），显著降低了料重比（$P<0.05$）。各试验组平均日增重比对照组分别高出 19.28%、30.11%、38.56%。

2）过瘤胃蛋氨酸可以显著提高产绒量、羊绒生长速度、羊绒伸直长度、羊绒细度、强度和拉伸长度（$P<0.05$）；可以提高羊绒密度和绒毛比。

第十二节　过瘤胃氨基酸对绒山羊血液指标的影响

一、材料与方法

（一）试验动物、日粮、饲养管理

同本章第十一节过瘤胃蛋氨酸对绒山羊生产性能的影响。

（二）样品采集及处理

本试验预饲期为 15 d，正试期为 70 d。从正试期开始，每半个月采集一次血液样本，共采血 4 次。每天分 6 个时间点进行采集，分别进行颈静脉采血 10 mL，时间为 8:00、10:30、11:30、13:30、15:00 和 16:30，待血液凝固后离心 15 min，转速为 3000 r/min，血清放入–20℃冰箱中保存备用。

（三）测定指标

测定指标包括血清中葡萄糖（GLU）、总蛋白（TP）、甘油三酯（TG）、尿素氮（BUN）、胰岛素样生长因子-1（IGF-1）。

二、结果

（一）不同过瘤胃蛋氨酸水平对血清葡萄糖（GLU）的影响

不同过瘤胃蛋氨酸水平对血清葡萄糖的影响见表 5-37 和表 5-38。由表 5-37

可以看出，在各个时间点，试验组和对照组的葡萄糖值相比较差异都不显著。饲喂后 3 h 各试验组和对照组的葡萄糖值达到最高值，各试验组的血清葡萄糖含量高于对照组，然后缓慢的下降，逐渐趋于一致。由表 5-38 可以看出，随着过瘤胃蛋氨酸添加日期的增加，对照组和各试验组的血清葡萄糖含量差异不显著，但各试验组略高于对照组。

表 5-37　不同过瘤胃蛋氨酸水平对血清葡萄糖（GLU）的影响（单位：mmol/L）

时间	M1（对照）	M2	M3	M4
8:00	3.11±0.02	3.12±0.11	3.16±0.07	3.19±0.07
10:30	3.50±0.25	3.51±0.28	3.53±0.22	3.52±1.11
11:30	3.68±0.33	3.71±0.46	3.91±1.20	3.96±1.07
13:30	3.54±0.49	3.56±0.75	3.62±0.07	3.67±0.43
15:00	3.44±0.09	3.49±0.29	3.40±0.20	3.50±0.32
16:30	3.42±0.20	3.46±0.11	3.30±0.21	3.46±0.17

表 5-38　不同添加阶段对血清葡萄糖（GLU）的影响（单位：mmol/L）

采血时期	M1（对照）	M2	M3	M4
试验 15 d	3.09±0.05	3.11±0.08	3.15±0.04	3.18±0.05
试验 30 d	3.11±0.11	3.12±0.15	3.15±0.10	3.19±0.18
试验 45 d	3.12±0.10	3.12±0.12	3.17±0.0	3.19±0.10
试验 60 d	3.12±0.17	3.13±0.17	3.17±0.09	3.20±0.08

（二）不同过瘤胃蛋氨酸水平对血清总蛋白（TP）的影响

不同过瘤胃蛋氨酸水平对血清总蛋白（TP）的影响见表 5-39 和表 5-40。可以看出，在饲喂前各组的血清总蛋白含量差异不显著；在 10:30 即饲喂后 2.5 h 各组血清总蛋白含量与对照组差异显著（$P<0.05$），各试验组显著高于对照组；饲喂后 3.5 h，各组血清总蛋白含量达到最高值，且各试验组与对照组差异显著

表 5-39　不同过瘤胃蛋氨酸水平对血清总蛋白的影响（单位：g/L）

时间点	M1（对照）	M2	M3	M4
8:00	71.41±0.07[a]	72.45±2.06[a]	73.16±2.80[a]	73.60±0.83[a]
10:30	72.31±1.70[c]	73.39±0.26[b]	75.43±0.83[b]	78.12±0.12[a]
11:30	73.88±0.60[d]	74.48±0.23[c]	77.52±0.57[b]	79.59±0.26[a]
13:30	70.88±0.61[d]	72.48±0.23[c]	74.52±0.67[b]	76.26±0.56[a]
15:00	63.22±0.31[a]	63.29±0.22[a]	64.19±0.85[a]	63.84±0.26[a]
16:30	62.71±0.53[a]	61.36±0.29[a]	62.13±0.21[a]	63.51±0.54[a]

注：同行数据上角标字母不相同表示差异显著（$P<0.05$）

表 5-40　不同添加阶段对血清总蛋白的影响（单位：g/L）

采血时期	M1（对照）	M2	M3	M4
试验 15 d	70.41±0.07[Ab]	71.45±0.99[Aa]	72.02±0.69[Aa]	71.88±0.71[Aa]
试验 30 d	71.41±0.07[Ac]	72.45±2.06[Ab]	73.16±2.80[Aa]	73.60±0.83[Aa]
试验 45 d	72.02±0.46[Ac]	76.47±0.91[Bb]	77.46±0.88[Ba]	77.54±0.51[Ba]
试验 60 d	70.89±0.17[Ac]	77.01±0.53[Bb]	78.34±0.85[Ba]	78.88±0.51[Ba]

注：同列数据上角标大写字母不相同表示同一处理组不同添加阶段差异显著；同行数据上角标小写字母不相同表示同一添加阶段不同处理组差异显著

（$P<0.05$），其中以 M4 组最高；7 h 以后，各组的总蛋白含量趋于一致。随着过瘤胃蛋氨酸添加日期的增加，除对照组外，各试验组的总蛋白含量显著增高（$P<0.05$）；在同一添加阶段，各处理组之间相比较，各试验组显著高于对照组且差异显著（$P<0.05$），其中以 M4 组最高（除 15 d 外）。

（三）不同过瘤胃蛋氨酸水平对血清尿素氮（BUN）的影响

不同过瘤胃蛋氨酸水平对血清 BUN 的影响见表 5-41 和表 5-42。由表 5-41 可以看出，在饲喂后，血清 BUN 含量缓慢上升，在饲喂后 5 h 各组血清 BUN 达到最大值，各试验组 BUN 含量低于对照组且与对照组差异显著（$P<0.05$），其中M4 组含量最低，饲喂后 7 h 各组 BUN 含量趋于一致。由表 5-42 可以看出，随着过瘤胃蛋氨酸添加日期的增加，同一处理组，在同一添加阶段各试验组 BUN 含量低于对照组且差异显著（$P<0.05$），M4 组最低。

表 5-41　不同过瘤胃蛋氨酸水平对血清 BUN 的影响（单位：mg/dL）

时间点	M1（对照）	M2	M3	M4
8:00	64.45±0.24[a]	63.99±0.81[a]	58.76±0.41[b]	62.94±0.48[a]
10:30	77.46±0.93[b]	80.84±0.44[a]	71.56±0.53[d]	74.39±0.66[c]
11:30	84.65±0.94[b]	88.14±0.96[a]	84.60±0.32[b]	78.36±0.51[c]
13:30	96.06±0.45[a]	92.12±0.95[b]	91.80±0.80[bc]	89.27±0.24[c]
15:00	69.20±0.69[a]	70.40±0.22[a]	69.74±0.70[a]	68.99±0.81[a]
16:30	56.26±0.95[a]	56.39±0.46[a]	57.37±0.46[a]	56.68±0.75[a]

注：同行数据上角标字母不相同表示差异显著（$P<0.05$）

表 5-42　不同添加阶段对血清尿素氮的影响（单位：mg/dL）

采血时期	M1（对照）	M2	M3	M4
试验 15 d	68.69±0.38[a]	62.56±0.41[b]	62.42±0.22[b]	57.39±0.91[c]
试验 30 d	69.29±0.39[a]	61.57±0.16[c]	63.21±0.67[b]	56.46±0.1[d]
试验 45 d	66.94±0.41[a]	60.79±0.20[c]	63.43±0.67[b]	55.44±0.41[d]
试验 60 d	64.94±0.48[a]	63.45±0.24[b]	62.99±0.81[c]	58.76±0.41[d]

注：同行数据上角标字母不相同表示差异显著（$P<0.05$）

（四）不同过瘤胃蛋氨酸水平对血清甘油三酯（TG）的影响

不同过瘤胃蛋氨酸水平对血清 TG 的影响见表 5-43 和表 5-44，由表 5-43 可以看出，在饲喂后 2.5 h，各处理组血清 TG 含量开始缓慢地上升，在饲喂后 5 h 达到最高点，各处理组血清 TG 含量相比较差异不显著，但各试验组高于对照组，而后各处理组的血清 TG 含量开始下降，在以后各时间点，试验组的血清 TG 含量仍稍高于对照组。由表 5-44 可以看出，随着过瘤胃蛋氨酸添加日期的增加，同一处理组不同添加阶段相比较，差异不显著，但各试验组血清 TG 含量在 60 d 之前各时间点有上升的趋势；同一添加阶段不同处理组间相比较差异不显著。

表5-43　不同过瘤胃蛋氨酸水平对血清 TG 的影响（单位：mmol/L）

时间点	M1（对照）	M2	M3	M4
8:00	0.69 ± 0.05^a	0.71 ± 0.24^a	0.83 ± 0.26^a	0.82 ± 0.31^a
10:30	0.73 ± 0.08^a	0.74 ± 0.11^b	0.84 ± 0.08^a	0.87 ± 0.26^a
11:30	0.75 ± 0.14^a	0.77 ± 0.18^b	0.86 ± 0.29^a	0.89 ± 0.32^a
13:30	0.76 ± 0.22^a	0.83 ± 0.41^a	0.91 ± 0.16^a	0.90 ± 0.23^a
15:00	0.73 ± 0.12^b	0.76 ± 0.06^b	0.87 ± 0.03^a	0.88 ± 0.12^a
16:30	0.69 ± 0.09^a	0.71 ± 0.04^a	0.70 ± 0.05^a	0.74 ± 0.05^a

注：同行数据上角标字母不相同为差异显著（$P<0.05$）

表5-44　不同添加阶段对血清 TG 的影响（单位：mmol/L）

采血时期	M1（对照）	M2	M3	M4
试验 15 d	0.74 ± 0.03	0.75 ± 0.03	0.75 ± 0.17	0.77 ± 0.14
试验 30 d	0.72 ± 0.04	0.78 ± 0.17	0.76 ± 0.09	0.78 ± 0.22
试验 45 d	0.79 ± 0.09	0.79 ± 0.20	0.81 ± 0.37	0.80 ± 0.19
试验 60 d	0.69 ± 0.05	0.71 ± 0.24	0.83 ± 0.26	0.82 ± 0.31

（五）不同过瘤胃蛋氨酸水平对血清胰岛素样生长因子-1（IGF-1）的影响

血清 IGF-1 随时间的变化如表 5-45 所示，除在饲喂后 2.5 h 试验组（M3 和 M4）的血清 IGF-1 含量显著高于对照组（$P<0.05$）外，其余的各个时间点都差异

表5-45　不同过瘤胃蛋氨酸水平对血清 IGF-1 的影响（单位：ng/mL）

时间点	M1（对照）	M2	M3	M4
8:00	205.33 ± 5.40^a	222.2 ± 35.59^a	227.1 ± 6.25^a	240.93 ± 72.94^a
10:30	240.43 ± 26.53^c	257.70 ± 4.86^{bc}	287.07 ± 25.08^{ab}	318.43 ± 0.50^a
11:30	260.27 ± 26.44^a	296.33 ± 15.92^a	334.50 ± 33.49^a	365.07 ± 27.75^a
13:30	259.60 ± 25.92^a	276.27 ± 5.25^a	286.53 ± 5.41^a	305.57 ± 21.36^a
15:00	237.67 ± 36.86^a	251.51 ± 68.83^a	247.43 ± 53.55^a	254.07 ± 44.15^a

注：同行数据上角标字母不相同为差异显著（$P<0.05$）

不显著。由表 5-46 看出，随着过瘤胃蛋氨酸添加日期的增加，同一处理组不同添加阶段相比较，各处理组血清 IGF-1 含量随着 RPMet 添加日期的增加而上升，但差异不显著；同一添加阶段不同处理组相比较，试验 15 d 和 30 d，各试验组的血清 IGF-1 含量高于对照组，但差异不显著，其中 M4 组最高。

表 5-46　不同添加阶段对血清 IGF-1 的影响（单位：ng/mL）

采血时期	M1（对照）	M2	M3	M4
试验 15 d	205.33±5.40	222.2±35.59	227.1±6.25	240.93±72.94
试验 30 d	230.57±30.56	243.1±26.55	250.13±89.03	258.87±37.41
试验 45 d	263.80±42.46	259.87±40.96	270.77±8.98	274.47±89.46
试验 60 d	283.60±47.27	290.23±43.19	293.63±15.14	298.57±59.91

三、讨论

通常机体对血糖具有较强的稳衡控制作用，所以一般情况下，在日粮中添加含氮化合物及糖类不会影响血糖的浓度，这主要是因为瘤胃的发酵作用使得糖类变成脂肪酸后被吸收，而在肠道吸收的糖很少。Elliott 等（1993）报道，日粮中添加 RPMet 可促进肝糖异生作用使血浆葡萄糖浓度增加。本研究结果说明，在饲料中添加不同水平的过瘤胃蛋氨酸可以使辽宁绒山羊的血糖浓度有所提高，但差异不显著，即对血清葡萄糖含量无显著影响。

血清中的尿素是体内蛋白质代谢终产物，绝大多数是由肝经鸟氨酸循环从氨基酸中所脱下的氨生成的，通过血液循环至肾排除。BUN 水平是机体或日粮蛋白质降解程度的量化指标，能准确地反映动物体内蛋白质代谢和氨基酸平衡情况，通常机体血浆代谢库中 BUN 浓度恒定，它一般受进食氮的影响较大，同时也受机体内源氮分泌的影响，此外，限制性氨基酸不足或氨基酸不平衡会使机体的 BUN 提高。血清尿素氮可以反映动物体内蛋白质代谢和氨基酸之间的平衡情况，较低的血清尿素氮值表明氨基酸平衡好，机体蛋白质合成率较高。毛成文（2004）研究了包被蛋氨酸对绵羊血清 BUN 的影响，结果表明，日粮中添加 RPMet 能够降低绵羊血清 BUN 的含量。姜宁等（2005）试验研究表明，添加经过过瘤胃保护处理的蛋氨酸的奶牛组比未添加组尿素氮含量低，但差异不显著。在本试验中，各试验组 BUN 含量显著低于对照组（$P<0.05$），说明在饲料中添加过瘤胃蛋氨酸可以降低血清 BUN 的含量，与以上研究结果一致。

TG 是机体重要的供能物质，也是机体主要的储能物质，甘油三酯水平反映体内脂类代谢情况，脂类在体内运输发生障碍时，血脂含量会明显升高。本试验中各试验组的 TG 含量高于对照组但差异不显著，说明过瘤胃蛋氨酸可以增加绒山羊血清 TG 含量，这可能使绒山羊的肌肉脂肪含量增多，影响肉质。

IGF-1 是一种肽类激素，含有 70 多个氨基酸和 3 对二硫键，氨基酸序列有 45%与胰岛素同源。它可以促进组织摄取葡萄糖，刺激糖异生和糖酵解，促进糖原合成，促进蛋白质和脂肪合成，抑制蛋白质和脂肪分解，减少血液游离脂肪酸和氨基酸的浓度。组织（肝、血浆、肌肉）中 IGF-1 的量，除受营养因素（日粮中蛋白质和能量浓度等）影响外，主要受 GH 的调控，而 GH 的大部分作用是通过 IGF-1 来发挥的。IGF-1 能促进体重增长，除此之外，IGF-1 也能促进被毛生长，Galbraith（2000）利用 Scottish 绒山羊皮肤进行体外培养研究表明，IGF-1 可促进绒山羊次级毛囊的生长，IGF-1（10 μg/L）相当于胰岛素（10 mg/L）的效果。Damak 等（1996）把 IGF-1 的基因构建到角蛋白启动子下得到了转基因绵羊，并在毛囊中表达，可使净毛量平均增加 6.2%。IGF-1 主要在肝中合成并分泌到血液中，IGF-1 还可以旁分泌或自分泌的方式作用于局部组织细胞。有研究表明，消化道吸收的氨基酸的数量和组成模式能影响肝 IGF-1 的分泌。GH 对 IGF-1 的促进作用依赖于蛋白摄入量。本试验中各试验组的血清 IGF-1 含量高于对照组，说明在绒山羊日粮中添加 RPMet 有助于增加绒山羊的血清 IGF-1 含量，可以促进绒山羊体重和羊绒的生长。

四、结论

1）过瘤胃蛋氨酸可以提高绒山羊血清葡萄糖和甘油三酯的含量，可以显著降低绒山羊血清尿素氮的含量，过瘤胃蛋氨酸可以提高血清 IGF-1 的含量。

2）在饲料中添加 10 g/d 的过瘤胃氨基酸对生化指标影响较大。

第十三节　非蛋白氮特点与应用

羊的瘤胃氮代谢的特点就是能同时利用饲料的蛋白质和非蛋白氮（NPN）。特别是能利用无机氮合成微生物蛋白，供机体利用。瘤胃内含氮化合物包括蛋白质、核蛋白非蛋白氮等，其来源为饲料、瘤胃微生物及反刍动物机体的内源氮。NPN 可以添加在羊的饲料中，部分代替饲料中的天然蛋白质，以缓解世界性的蛋白质饲料资源不足的问题。NPN 系指非蛋白质的含氮物质。目前人们已对 20 多种 NPN 应用于反刍动物的饲用价值进行了试验，效果比较好的是尿素和双缩脲。当前，人们普遍采用尿素作为 NPN 添加在反刍动物饲料中。

一、羊利用非蛋白氮代谢特点

猪、鸡等单胃动物利用氨基酸、缩氨酸、蛋白质进行代谢，然后合成自身的蛋白质，羊的营养特点是能够利用非蛋白氮（NPN）。研究发现，在给羊饲喂蛋白质后，部分氮在瘤胃中消失了，这是由于瘤胃微生物对饲料蛋白质降解的尿素及NPN 饲料并不能直接作为动物的氮营养物质，进入瘤胃内的非蛋白氮饲料被细菌脲酶降解为氨和二氧化碳，氨是瘤胃微生物合成菌体蛋白质的重要来源。陈喜斌（1994）指出，NH_3 是瘤胃细菌利用 NPN 的基本形式，即 NPN 在瘤胃中首先要分解为 NH_3，才能被瘤胃微生物利用合成微生物蛋白。氨被细菌利用合成菌体蛋白后，到达皱胃和小肠被消化吸收。另一部分扩散经瘤胃壁吸收进入门静脉，随血液循环到达肝，通过鸟氨酸循环又形成尿素，其中大部分由尿排出，还有一部分随着唾液返回瘤胃再次被微生物利用合成菌体蛋白，这一反复循环过程即为瘤胃-肝氮素循环。在此过程中细菌以氨为原料，以碳水化合物为能源大量繁殖。所以，羊采食非蛋白氮饲料后 5～6 h，瘤胃中细菌数量猛增，纤毛虫又可大量吞食细菌迅速繁殖，从而使细菌数量于采食非蛋白氮饲料后 10～16 h 大量减少而纤毛虫数量却大量增加。利用非蛋白氮繁殖的细菌和纤毛虫进入皱胃和小肠作为优质的蛋白质再经小肠内蛋白酶的作用，酶解成各种氨基酸，最后被反刍动物吸收利用，起到间接补充反刍动物蛋白质营养的作用。

　　NPN 化合物，一般是指简单的含氮化合物如尿素、二缩脲、铵盐等，可代替植物或动物来源的蛋白质饲料，饲喂反刍动物以提供合成菌体蛋白所需的氮源，节省动植物性蛋白质饲料，这也是反刍动物与单胃动物的区别之一。目前世界范围内蛋白质饲料资源的短缺促使人们在反刍动物饲养中大量使用 NPN 饲料产品。

二、常用非蛋白氮饲料的种类、性质及优缺点

1. 尿素

　　理论上尿素含氮量为 46.6%，一般产品含氮量仅 45%左右。产品呈白色结晶状，易溶于水，无臭而略有苦咸味。尿素如果包装密封不良时，可吸潮而结块，并放出氨味，因此贮藏时密封要严，放在干燥阴凉处。1 kg 尿素相当于 2.6～2.9 kg 蛋白质，相当于 6.5 kg 豆粕。如果合理应用尿素，并辅以作为微生物增殖的能源——易溶性碳水化合物等营养源，尿素氮源的平均利用率可达 80%。瘤胃中微生物分泌的尿素酶活性很强，尿素进入瘤胃后很快会分解完，如不合理使用，可引起反刍家畜尿素中毒。而尿素因其具有成本低、来源广、粗蛋白含量高、饲喂程序简便等优点，成为在世界范围内应用最广泛的 NPN 饲料。

2. 尿素衍生物

　　尿素衍生物产品主要包括磷酸脲、缩二脲、异丁叉双脲等。磷酸脲是一种有氨基结构的磷酸复合盐，由等摩尔的尿素与磷酸反应制得，磷酸脲易溶于水，水

溶液呈酸性。缩二脲是由两分子尿素热缩脱氨的产物,含氮量 34.7%,蛋白质当量 217%,异丁叉双脲含氮量为 32.2%,1 kg 该品相当于 1.73 kg 蛋白质或相当于 5 kg 豆饼。它们都具有释氨慢这一优点,但生产工艺流程多,相对于尿素来说产量少,由此导致单位成本价格高,而且对于同体重的羊,其使用量也比尿素量多,尿素虽有释氨快这一缺点,但它价格低廉,尤其是现在脲酶抑制剂的研究应用,使其已被养殖场广泛采用。

3. 氨

氨是最简单的非氮白氮。液氨和氨水由于包装、运输和使用不方便,一定程度上限制了应用范围。另外氨的气味和易挥发特点造成环境污染,对人、畜健康不利,同时对非氮白氮源也是一种浪费。饲料、饲草加入氨后,适口性降低,也是一个缺点。目前,液氨和氨水的使用还限于秸秆处理和青贮混加领域。

4. 铵盐

铵盐主要有碳酸氢铵、磷酸铵、硫酸铵和氯化铵等。碳酸氢铵是合成氨工业的主要产品之一。纯品为白色粉状,含氮 17.7%,工厂产品实际上含氮不足 17%,已用于反刍动物的饲料添加。磷酸铵盐主要是磷酸氢二铵或磷酸二氢铵两种,除作为氮源外,还能提供动物所需的无机磷,但目前价格较贵。其他无机铵盐如硫酸铵和氯化铵,因动物食后带入较大量的氯离子和硫酸根,有碍体液的酸碱平衡,故实践中较少使用。硝酸根对动物更危险,所以一般不用硝酸铵作为饲料非氮白氮来源。

三、尿素的利用方式

1. 拌入精料

为了有效地利用尿素,防止中毒,按照羊的饲料配方营养标准或日喂量把尿素按要求溶于水中均匀地拌在精料中饲喂。尿素的喂量为日粮粗蛋白需要量的 20%~30% 或日粮干物质的 1%,或按体重的 0.02%~0.05% 添加。50 kg 羊每天饲喂 10~15 g。

2. 加入青贮饲料

在 1 t 玉米青贮原料中,均匀地加入 4 kg 尿素和 2 kg 硫酸铵;饲喂尿素时,开始少喂,逐渐加量,使家畜有 2 周左右的适应期,1 d 的喂量要分几次饲喂。

3. 氨化秸秆

尿素按秸秆质量的 3%~5% 添加氨化秸秆。饲喂氨化秸秆采食量和采食速度增高了 20% 以上。氨化秸秆营养也显著提高，消化能明显增加，如麦秸的粗蛋白由原来的 3.3% 提高到 7.1%。长期饲喂无毒、无害，安全可靠。

4. 尿素糖蜜舔砖

"尿素糖蜜舔砖"是羊饲喂尿素安全有效的方法。"尿素糖蜜舔砖"能提高饲料利用率，节省精料，显著提高增重和产仔母畜的奶量，是一种制作容易、饲喂方便的好方法。

舔砖配方：糖蜜 30%～40%，糠麸 25%～40%，尿素 7%～15%，硅酸盐水泥 5%～15%，食盐 1%～2.5%，矿物质添加剂（骨粉等）1%～1.5%，根据需要适量添加维生素。

每日舔食量标准，根据原料配方比例和原料的不同要有差异，主要以羊舔食入尿素量为标准。此配方成年羊每日舔食以 114～214 g 为宜。

5. 缓释尿素

制成尿素精料后按尿素喂量添加。制法是：粉碎的谷物（70%～75%）、尿素（20%～25%）和膨润土（3%～5%）混合后，经高温高压喷爆处理，使淀粉糊化并与熔化的尿素紧密结合。这样做，在降低氨释放速度的同时，加快淀粉的发酵速度，保持能量和蛋白质的同步释放，提高细菌蛋白的合成效率。

6. 尿素利用的新技术

关于尿素利用，研究最多的是脲酶抑制剂。脲酶抑制剂作为一种新型饲料添加剂在国外的应用已较为广泛。国内近年也开始重视脲酶抑制剂的合成与应用研究。

脲酶抑制剂是用于降低脲酶活性的专用物质，可抑制反刍动物瘤胃中微生物脲酶活性，减缓尿素的分解速度，使瘤胃微生物有平衡的氨态氮供应，从而提高反刍动物对尿素的利用率。可用作脲酶抑制剂的物质一般有以下几种：乙酰氧肟酸、氢醌、苯醌四硼酸钠、重金属类。目前主要认为氧肟酸类化合物（特别是乙酰氧肟酸）是脲酶最有效的抑制剂。它能抑制反刍动物瘤胃微生物脲酶活性，调节瘤胃微生物代谢，提高微生物蛋白合成量（25%）和纤维素消化率，降低瘤胃内尿素分解速度。

乙酰氧肟酸脲酶抑制剂对脲酶产生的抑制作用属于可逆的非竞争性抑制作用，即抑制不影响脲酶与底物（尿素）的结合，不改变脲酶的米氏常数（即不改变酶与底物的亲和力），只是降低脲酶催化底物的反应速度。这样就能保证尿素（外源尿素和内源尿素）在瘤胃中仍能被脲酶催化水解，缓慢地释放氨以满足瘤胃微生物增殖对氮的需要。

四、尿素利用中应注意的问题

1. 补加尿素的日粮必须含有一定量易消化的碳水化合物

瘤胃中细菌在合成菌体蛋白时所需的能量和碳架,主要是由碳水化合物酵解供给。而碳水化合物的性质,直接影响对尿素的利用效果。试验证明,在牛、羊日粮中单独用粗纤维作为能量来源时,尿素利用效率仅为22%,而供给适量的粗纤维和一定量的淀粉时,尿素利用率可提高到60%以上。这是因为淀粉的降解速度与尿素分解速度相近,能量和氮源趋于同步,有利于菌体蛋白的合成。因此,在粗饲料为主的日粮中添加尿素时,应适当增加淀粉。每100 g尿素,可搭配1 kg易消化的碳水化合物,其中2/3为淀粉,1/3为可溶性糖。

2. 补加尿素的日粮中应含有一定比例的蛋白质

有些氨基酸,如赖氨酸和蛋氨酸,它们不仅作为成分参与菌体蛋白的合成,而且具有调节细菌代谢的作用,促进细菌对尿素的利用。为了提高尿素的利用率,日粮中的蛋白质水平要适宜。据报道,日粮中蛋白质含量超过13%时,尿素在瘤胃转化为菌体蛋白的速度和利用程度显著降低,甚至中毒。蛋白质水平低于7%,又会影响细菌的生长繁殖。一般认为,补加尿素的日粮中,蛋白质水平以8%~12%为宜。

3. 保证供给微生物活动所必需的矿物质

钴是蛋白质代谢中起重要作用的维生素 B_{12} 的成分。钴不足,维生素 B_{12} 合成受阻,影响细菌对尿素的利用。硫是合成细菌体蛋白中蛋氨酸、胱氨酸等含硫氨基酸的原料。有人建议,在保证硫供应的同时,还要注意氮硫比和氮磷比。含尿素日粮的最佳氮硫比为(10~14):1,氮磷比为 8:1。此外,还要保证细菌生命活动所必需的钙、镁、铁、铜、锌、锰及碘等矿物质的供给。

4. 控制喂量

尿素被利用时,首先要在细菌分泌的脲酶作用下分解为氨。而脲酶的活性很强,若饲喂占日粮干物质1%的尿素,只需20 min就全部分解完毕。然而细菌利用氨合成菌体蛋白的速度仅为尿素分解速度的1/4,如果尿素喂量过大,它被迅速地分解成大量氨,细菌来不及利用,一部分氨被胃壁吸收后随血液流入肝形成尿素,由肾排出。更严重的是,如果吸收的氨超过肝将其转化为尿素的能力时,氨就会在血液中积蓄,出现氨中毒。因此,要严格要求饲喂量,防止氨中毒。

5. 注意喂法

出生后2~3月的羔羊不能饲喂尿素。严禁将尿素单独饲喂或溶于水中饮用。

生豆饼类、苜蓿、草籽等含脲酶多的饲料，不要大量掺在加尿素的谷物饲料中。

6. 尿素中毒的诊治

尿素中毒症状由轻到重表现为前胃弛缓、反刍减少或停止、唾液分泌增多、呼吸急促、口吐白沫、运动失调、肌肉震颤、痉挛等。上述症状一般在喂后 0.5～1 h 发生，如不及时治疗，2～3 h 死亡。

治疗方法以降低瘤胃内 pH、控制疾病进程为主要手段，配合镇静解毒等对症治疗。取 5%食醋灌服，以降低瘤胃内的 pH，阻止氨的进一步吸收，中毒症状复发，且应重复治疗。羊用量为 0.5～2 L。严重者肌内注射硫代硫酸钠注射液 1 g，一日 2 次，连用两天，10%葡萄糖静脉滴注 200～500 mL。

第十四节　缓释尿素特点、加工技术与应用

世界范围的蛋白质饲料缺乏的情况一直备受关注。我国的蛋白质饲料资源缺口很大，替代型蛋白质饲料资源开发与效率提高仍处于当前饲料行业的重要研究内容。尿素是哺乳动物排泄掉的含氮物质，反刍动物体内的尿素循环是其重要的营养代谢过程。尿素作为动物日粮中氮源补充物应用于反刍动物，可以节约蛋白质资源的供给，减轻蛋白质资源短缺问题。然而，尿素在瘤胃中过快的释放，容易引起反刍动物的中毒反应，甚至导致死亡，因此，尿素的缓释作用及其不同尿素缓释剂的研发成为反刍家畜营养研究的主要领域。

一、缓释尿素的特点

尿素缓释剂（slow-release urea，SRU）自身含氮量高，并且能控制 NH_3-N 缓慢而均匀释放，使其不会被脲酶快速降解，不会产生氨浓度快速升高导致中毒的现象，保持 NH_3-N 降解速度与微生物利用氨的速度相适应，增加了微生物蛋白（microbial crude protein，MCP）合成率，很大程度上降低了氮源浪费及减缓了生态环境损害。尿素缓释剂是由尿素经包被、化学或物理等方式加工后制成的添加剂，与高蛋白质饲料如鱼粉、豆粕等不同。①尿素缓释剂以尿素为主成分；②缓释剂在瘤胃内能自行控制 NH_3-N 释放速度；③尿素和碳水化合物经细菌酶作用分别生成氨与酮酸，氨和酮酸在细菌酶作用下可生成 MCP，从而提高动物机体蛋白转化率。

尿素在细菌酶的辅助下转变为 NH_3 和 CO_2；饲料碳水化合物在细菌酶辅助下分解为 VFA 和酮酸。氨气和酮酸被细菌利用生成氨基酸，进而在细菌酶辅助下转变为 MCP，进入肠道的 MCP 被反刍动物肠道消化酶分解为游离氨基酸，被小肠

吸收转化为畜体粗蛋白及产品粗蛋白。氨气和酮酸同步释放是合成微生物蛋白的关键，若氨气释放过快，而碳水化合物分解较慢，不仅不能生产大量的 MCP，相反，过多的氨气会导致瘤胃氨中毒。因此，有必要减缓氨气的释放以适应微生物的利用。而尿素缓释剂则能通过抑制细菌酶活性或减少尿素与细菌酶接触面积来控制或减缓氨的释放量，把尿素保护起来不被分解，停止释放大量氨，预防氨中毒。

二、缓释尿素的基本加工技术

总结近几十年国内外对尿素缓释的研究，按照尿素缓释剂的制取技术主要可分为物理包被法、化学缓释法、抑制生物酶活性法、物理缓释法。

（一）物理包被法

包被尿素的制作原理是用低水溶性或微溶性的无毒害的有机物或无机聚合物将尿素包裹起来，改变了尿素的水溶性，能有效地控制和降低尿素在瘤胃内释放速率。包被尿素时所用的物质和材料对氨释放速度的调控起着决定性的作用。目前，纤维素衍生物、丙烯酸树脂类、聚合物、葡聚糖、巴西棕榈蜡、鲸蜡及氢化植物油等均可用作高分子包衣缓释材料。

1. Optigen 1200

Optigen 1200 是美国 Agway 公司开发的一类 SRU（现已被 Alltech 公司收购），加工技术采用物理包被法，目前已进入中国市场，其包被材料主要为己二异氰酸酯和环己二异氰酸酯。王立志和王康宁（2003）试验证明，Optigen 1200 能显著地提高乳脂产量，降低饲料成本，而且不会对奶牛的健康造成影响，建议使用量为 130 g/d，但是由于它的适口性不好会降低采食量，一直没能大面积推广。

2. Nitroshure

Nitroshure 是美国 Balchem 集团研制的一类尿素缓释剂，它的加工技术也是采用物理包被法，主要包被材料为部分氢化的植物油。Hightstreet 等（2010）研究表明在奶牛日粮中添加 Nitroshure 后效果显著，乳品质显著提高（$P<0.05$），其中奶中乳脂肪增加 0.068 kg/d，乳蛋白增加 0.041 kg/d，但产奶量没有显著差别。

（二）化学缓释法

化学缓释法制作原理是利用一个或一系列化学反应去重新构建化学物质的分子立体结构，并且这种化学物质中含有尿素分子，其改变了水溶性，生成了新的含有尿素分子的化学物质，达到了降低尿素分解速度的目的。目前国内研制出的效果较好的尿素合成产品有磷酸脲、双缩脲、异丁基二脲、脂肪酸尿素、羟甲基尿素、脂肪酸脲和"羊得乐"，但因价格高且部分产品由于 NH_3-N 在瘤胃内没有被完全分解代谢掉而进入血液，并随血液进入奶中，影响奶产品质量，故应用不多。

1. 磷酸脲

磷酸脲采用的加工技术原理是化学缓释法。磷酸脲即尿素磷酸盐或磷酸尿素由磷酸和尿素按照等摩尔比例应用一定介质发生反应而合成（含氮量 17.7%、含磷量 19.6%），化学式为 $(CONH_2)_2H_3PO_4$。磷酸脲能补充生长所必需的氮、磷元素，提高氮源，调节机体消化吸收和促进氮、磷和钙的吸收量。试验证明尿素缓释剂对反刍动物有增毛、增重、增奶、提高泌乳量和乳品质等作用，并且毒性低于尿素，无致畸变效应和致突变作用。氮利用率较尿素差导致无形中增高饲养成本，故不是理想的蛋白质饲料替代产品。

2. 双缩脲

双缩脲采用的加工技术原理是化学缓释法。其是利用两个尿素分子间在高温加热条件下发生缩合反应而生成的物质，含氮量 47%，在瘤胃内分解释放 NH_3 的速度比尿素慢，由于氨释放程度和微生物吸收氨的程度几乎一样，氮的利用率应该得到大大提高。双缩脲在瘤胃内如果没有被分解代谢完全，会导致氨残留，而后被吸收到达血液，一部分经尿液排出体外，造成环境污染；另一部分残留在奶中，严重影响奶品质，故应用不广泛。

3. 异丁基二脲

异丁基二脲采用的加工技术原理是化学缓释法。异丁基二脲是尿素和异丁醛在碱性或酸性介质下获得的，潮湿环境能发生水解，分解的速率由所处环境的水量和 pH 控制。由于存在残留问题，在日粮中添加受到限制。

4. 羟甲基尿素

羟甲基尿素采用的加工技术原理是化学缓释法。羟甲基尿素是甲醛尿素复合物，由甲醛和尿素在一定条件下反应生成。有专家用体外法进行试验发现羟甲基脲在瘤胃内存在过保护现象，使得很多羟甲基脲还没来得及降解就被排出体外，故其也不是理想的氮替代品。

（三）抑制生物酶活性法

抑制生物酶活性法的主要应用原理是在日粮中补饲能够限制瘤胃脲酶活性的脲酶抑制剂，可以安全有效地平衡氨释放速度与含碳物质代谢速度，能避免氨应激或氨中毒。脲酶活性降低58%对反刍动物总氮代谢无影响，实际生产中，当瘤胃内脲酶的活性只有49 IU/dL时，就足以分解由血液进入瘤胃的内源尿素和由日粮到达瘤胃的外源尿素。沈冰蕾等（2013）研究证明，在奶牛饲料中补饲脲酶抑制剂能显著增加产奶量4.27%~6.22%。虽然它具有高效和高安全的特点，但因经济成本较高及存在瘤胃微生物适应性的问题，在实际生产中应用不广泛。

（四）物理缓释法

物理缓释法主要应用原理是结合家畜消化道生理结构特点，将尿素与一些不会使尿素本身化学性质发生改变的物质混合均匀；或经过相应处理，让尿素发生缓释。

1. 膨润土尿素

膨润土尿素的生产原理是应用物理缓释法。应用膨润土孔道体系使尿素分散到孔道内，达到减少与水或消化液接触面积的目的；再利用膨润土吸附能力使尿素缓慢释放，能够控制瘤胃的pH（6.3~6.7）。

2. 糊化淀粉尿素

糊化淀粉尿素的生产原理是利用物理缓释法。糊化淀粉尿素最早是于1968年被美国堪萨斯州立大学的学者Bartley成功研制出来的。它是将淀粉同尿素混匀后进行挤压膨化，让淀粉的糖醛基同尿素的氨基产生变化形成复合物，使尿素释放速率减缓，并且其适口性较好可提高采食量。邓丽青等（2013）试验表明，在不影响奶牛正常生产力的基础上，用糊化淀粉尿素产品中的糊化玉米淀粉替代16%的奶牛日粮氮源，能降低饲养成本。在实际生产中因糊化程度不好控制，如果被过度糊化或糊化程度未达标准会起到相反作用，所以糊化淀粉尿素在实践养殖中应当慎重补饲。

3. 尿素糖蜜舔砖

尿素糖蜜舔砖的加工原料是由糖蜜、糠麸、尿素、硅酸盐水泥、食盐和矿物质添加剂等经一系列加工工艺流程获得，还可以根据需要配加适量维生素。

三、缓释尿素在反刍动物生产中的作用

（一）缓释尿素对采食量和营养消化率的影响

就干物质采食量（DMI）和消化率作为饲料营养价值评定的指标来看，日粮中添加尿素缓释剂后DMI增加，因为瘤胃内高纤维饲草的高效发酵作用促进了

DMI 的增加。Puga 等（2001）饲喂尿素缓释剂，提高了反刍动物对饲粮中能量的利用率，改善了瘤胃内细菌不平衡的缺陷。Galina 等（2003）在日粮中补饲 1.8 kg/d 含有 SRU 的干物质（DM）后，DM 的消化率显著提高（$P<0.05$）。此外，用尿素缓释剂饲喂哺乳期的奶牛已经被证明了能够增加总的 DM 和 CP 的消化率；Xin 等（2010）做了相同试验，证明了这一结果，并发现尿素缓释剂与尿素相比拥有较大的 DMI 和营养物质消化率；López-Soto 等（2014）的研究显示，在奶牛日粮中添加尿素缓释剂有机物质（OM）和 DM 利用效果较大。

（二）缓释尿素对瘤胃发酵参数的影响

新型尿素缓释剂要求既能减缓尿素氮的释放速度又不会限制尿素的降解，很具有挑战性。Owens 等（1980）试验证明了反刍动物饲用尿素缓释剂后，瘤胃内 NH_3-N 释放速度比尿素慢很多，可有效地增加采食量，同时也能够改善瘤胃的发酵效果。据 Puga 等（2001）报道，在高纤维的饲粮中添加缓释尿素可以改善羊的瘤胃发酵，在饲粮中分别添加 10%、20%、30% 的尿素缓释剂后，瘤胃内 pH、NH_3-N 和 VFA 的生成得到很好的改善。针对提高反刍动物日粮利用率这一目标，我们可以从调整瘤胃内细菌营养不平衡入手。尿素缓释剂能够为瘤胃微生物的生长持续地提供 NH_3-N，保持瘤胃液 NH_3-N 浓度处于 15～30 mg/dL，这保证了瘤胃内细菌得以在最佳状态下生长。

1. 对 pH 的影响

Taylor-Edwards 等（2009）的体外试验研究显示，尿素组在 0.5 h 内尿素快速转变为 NH_3-N，导致瘤胃内 NH_3-N 的浓度高出正常值的 263%，pH 快速升高到 8.4 远超出 pH 正常范围（5.5～7.5），说明瘤胃 pH 与瘤胃内 NH_3-N 息息相关，并且效应也十分明显。而添加尿素缓释剂组持续到 9 h，瘤胃内 NH_3-N 均在瘤胃内细菌吸收的正常范围内，pH 在各个时间段均维持在最佳范围（5.6～7.4）。这个结果证明了饲喂尿素缓释剂能减缓瘤胃内 NH_3-N 释放速度并且能有效地调整瘤胃内 NH_3-N 浓度，使瘤胃内 pH 保持平稳。

2. 对 NH_3-N 浓度的影响

瘤胃内 NH_3-N 浓度能反映出微生物对氮的利用情况。Xin 等（2010）的研究结果证明，奶牛正常采食日粮 1 h 后瘤胃内 NH_3-N 浓度呈直线上升式增加，后又直线式下降；接着在饲料中补饲了尿素缓释剂，瘤胃内 NH_3-N 在任意时间点均保持在最低浓度。Golombeski 等（2006）的研究结果同样发现尿素缓释剂可使 NH_3-N 维持着较低水平，说明缓释技术已达到最大可控性来控制 NH_3-N 释放。即使瘤胃发酵 8 h 后，尿素缓释剂组瘤胃内 NH_3-N 浓度同正常日粮组相比仍低 9.2%～

20.6%，尿素缓释剂能够减少瘤胃内 25.3%的 NH_3-N。Galo 等（2003）也发现饲喂尿素缓释剂后 NH_3-N 浓度达到 5～6 mg/dL。尿素缓释剂在不同种类反刍家畜中的添加剂量是有所差别的。例如，在羊瘤胃参数研究中，可以看到瘤胃 NH_3-N 浓度高达 14.1 mg/dL，而一般应当维持在 5～6 mg/dL。Ferme 等（2004）报道，通过抑制瘤胃内产气菌生长也可以降低瘤胃内 NH_3-N 浓度，持续发酵后瘤胃内原虫数量降低。Benedeti 等（2014）试验证明，添加尿素缓释剂后瘤胃内 NH_3-N 浓度为 5～6 mg/dL。在日粮中添加尿素缓释剂可延长瘤胃内发酵微生物对氮的利用时间，导致瘤胃内 NH_3-N 的缓释效果和碳水化合物的有效吸收提高，从而提高了瘤胃内 MCP 的合成率。尿素缓释剂之所以能够减缓 NH_3-N 的释放是因为它抑制了产氨菌的生成，由瘤胃内少量的瘤胃菌来负责 NH_3-N 的生产。Ferme 等（2004）报道尿素缓释剂能抑制瘤胃内大量的产氨菌生成并减少了 NH_3-N 浓度。瘤胃内还含有少量原虫，由于原虫不能直接使用 NH_3-N，故原虫需吞噬大分子物质，如蛋白质、碳水化合物和瘤胃细菌等实现调整微生物氮转换，它能供应可溶性蛋白来促进瘤胃微生物生长，促进 MCP 的合成，降低 NH_3-N 浓度。这些是尿素缓释剂能降低瘤胃内 NH_3-N 浓度达到缓释目的的主要原因。

3. 对 VFA 的影响

Golombeski 等（2006）试验发现，使用缓释尿素对肉牛影响较大，总 VFA 产量高达到 94.8～103.2 mmol/L；但奶牛是否饲喂尿素缓释剂对 VFA 影响不大，Xin 等（2010）进行的荷斯坦奶牛试验中，分别在日粮中添加尿素、尿素缓释剂和大豆蛋白，结果是各组的总 VFA 没有显著差异，而 VFA 中的乙酸和丙酸比例有的只与日粮有关，与是否添加尿素关系较小，并没有因为添加了尿素或是尿素缓释剂而改变瘤胃的发酵类型。因为瘤胃内 VFA 主要从日粮碳水化合物的发酵过程中产生，与是否饲喂尿素缓释剂无关。

4. 缓释尿素对瘤胃微生物的影响

Xin 等（2010）研究发现，饲用尿素组的微生物效率最低（11.3 g N/kg OMTD，OMTD 为总可消化有机物），大豆蛋白组最高（14.7 g N/kg OMTD），添加尿素缓释剂组介于两者之间（13.0 g N/kg OMTD）。微生物高效利用氮范围介于 12～54 g/kg OMTD，饲喂缓释尿素组的微生物利用率比尿素组提高了 15.6%。Galo 等（2003）在研究中发现，饲喂缓释尿素对改变 MCP 的合成影响较小。Klusmeyer 等（1990）给奶牛分别饲喂不同氮浓度的缓释尿素 [390 g/d（11% CP）和 500 g/d（14% CP）]，发现来自瘤胃的 MCP 量并没有改变（2110 g/d MCP）。Stokes 等（1991）在饲料中添加不同水平的 SRU 和瘤胃非降解蛋白（undegraded protein，UDP），发现 MCP/DOM（可消化有机物）的平均值是 150 g/kg。

四、缓释尿素技术应用前景与展望

尿素缓释剂与其他的高蛋白质饲料（豆粕、鱼粉等）相比具有加工简单方便、高效、无危害等优点，虽然是近些年来国内外的研究热点，但仍存在以下 3 个方面问题：①尿素缓释剂的加工技术尚不成熟。尿素缓释剂虽然能达到氮缓释的目的，但其加工工艺复杂且耗时长，与传统的蛋白质饲料相比还是略显不足。②适口性差。在实际生产应用中，尿素缓释剂的适口性方面的研究还不够深入，尤其在使用剂量和饲喂时间等方面还需进一步研究。③成本高。包被尿素缓释剂的应用效果较好，但其包被材料或辅助材料价格较高，虽然达到了生产目标，但与养殖户的初衷意愿相背，增加了养殖成本。如能找到包被效果佳且价格低廉的包被材料，将会带来更大的经济效益。

第十五节　大豆糖蜜及其活性成分概述

糖蜜是甘蔗、甜菜和大豆蛋白等加工后的副产品。糖蜜的主要成分是糖，并含有蛋白质、天然矿物质和维生素等多种营养成分。它是一种深褐色、黏稠状的液体。糖蜜主要用于饲料工业，生产酒精、味精等发酵工业及制作工业用黏结剂等。其中饲料工业用量大约占世界贸易量的 60%。

一、糖蜜的饲用价值

在饲料配方中采用糖蜜可以使动物的能量得到迅速的补充，使配方设计变得更加灵活。尤其是在畜牧业比较发达的国家，如荷兰、苏格兰、美国和加拿大等国家，人们已经把糖蜜作为一种常用的能量饲料添加到反刍动物日粮中。

对于羊来说，各种能量饲料，尤其是富含快速发酵的可代谢能的能量饲料，可以优化瘤胃微生物群的生长和营养代谢，刺激瘤胃对饲料的消化能力。日粮中可发酵的代谢能是十分重要的，而糖蜜则含有大量的可发酵代谢能，对于瘤胃微生物来说，它正是一种随时可利用的、优化反刍功能的能量物质。以糖蜜为基础的配方能够增加瘤胃微生物氮的流动和氨、尿素的利用率。

二、糖蜜的应用

（一）颗粒饲料黏结剂

糖蜜是黏稠的液体，其黏度在 20℃为 3000～8000 CP，在饲料工业中是很好

的黏结剂。在颗粒饲料的生产、贮存、运输和饲喂过程中，出现的粉尘不仅造成损失，而且会影响工作人员及动物的健康，易引起由粉尘传播的疾病。饲料中的细小粉尘更易使其患支气管疾病。当在饲料中添加糖蜜后，可在很大程度上避免这种情况的发生。当羊场中采用一些粉尘比较大的原料时，如研磨的粮食、豆饼或玉米蛋白时，添加糖蜜可以带来降低粉尘和改善适口性的益处，这点不仅对于采食尽可能多的干物质非常重要，而且也可以减少浪费。农场中混合的日粮中加入糖蜜，也会使工作环境无尘，这样对于工人的健康也是非常重要的。

（二）改善饲料的适口性

随着畜牧业的迅速发展，人们对饲料的色、香、味日益重视，因为动物和人一样，有视觉、味觉、嗅觉等官能感受。所以，改善饲料的适口性将大大提高动物对饲料的采食量，从而提高动物的生产性能。此外，在饲料生产中，为平衡营养，需要加入矿物质、微量元素及药物等，这些物质带有的异味，需要添加调味剂去掩盖，增加适口性，以提高摄食量。

糖蜜具有天然的甜味，而大部分动物都有嗜甜的特点，所以，糖蜜作为口味调节剂有着广泛的应用。目前，国内在羊料、猪料、鸡料及水产料中都广泛采用糖蜜来改善饲料的适口性。

（三）饲料舔块

利用糖蜜制作糖蜜尿素舔块在国外有广泛的应用，俗称"巧克力块"。糖蜜尿素舔块是补充反刍动物营养成分的一种有效而简便的方式，它可为羊提供可发酵氮、能量和必要的矿物质、维生素，是避免过量摄入尿素和有效补饲非蛋白氮（NPN）的好方法，可连续给羊提供氮源，使瘤胃氨、氮维持在一定水平。采用糖蜜尿素舔块可有效促进瘤胃发酵，增加瘤胃微生物蛋白的生产，尤其是饲喂低氮高纤维的作物秸秆时，可提高秸秆等粗饲料的采食量和消化率。

在配方中糖蜜的添加量为30%～40%，尿素为7%～15%，糖蜜的主要作用是供给能源和合成蛋白质所需要的碳素。

（四）液体饲料

最常见的液体饲料一般是以糖蜜作为载体，加入尿素、脂肪、维生素、微量元素及天然原料精制而成。可针对不同动物集中补充养分，其产品主要是高蛋白、高脂肪等不同类型。液体饲料具有以下特点：①生产中应用"定时释放"制造工艺，饲喂反刍动物时具有缓释功能，可避免引起中毒。②混合均匀度高，避免动物挑食，消化吸收快。③产品使用方便，可添加在配合饲料中制作成颗粒饲料，也可以与氨化饲料或与谷物类及饲草混合饲喂。

三、大豆糖蜜

大豆糖蜜是醇法制备大豆浓缩蛋白过程中的副产品，是伴随着大豆浓缩蛋白的发展而发展起来的。1946 年，Smiley 和 Smith 用乙醇来提取大豆蛋白的过程中，产生一种棕色黏稠的浆状物质。1963 年，Daniel Chajuss 将其命名为"大豆糖蜜"，以区别于生产大豆分离蛋白质过程中产生的大豆乳清液。大豆糖蜜的成分及含量为：低聚糖 59%～62%，粗蛋白 6%～8%（脂蛋白、糖蛋白、胰蛋白酶抑制剂），脂类物质（包括甘油酯、磷脂和植物甾醇）5%～8%，灰分 7%～9%，大豆皂苷 6%～15%，大豆异黄酮 1.5%～2.5%，酚酸 4%～6%，以及果胶质、阿拉伯半乳糖等多种糖类。近年来，人们对大豆糖蜜的使用日益关注，许多专家和科研单位对于从大豆糖蜜中提取和分离大豆低聚糖及其他大豆功能性物质方面做了大量的努力与研究工作。大豆糖蜜中的非糖物质主要为大豆异黄酮、皂苷、大豆甾醇类、肌醇六磷酸、磷脂、低分子量肽、蛋白酶抑制剂和酚酸类物质等。这些物质在大豆中的含量不高，但是在糖蜜中却被浓缩了。近年来人们认识到过去被认为是对人体有害的物质，实际上能防治和改善多种疾病，像癌症、骨质疏松症、前列腺增生、高胆固醇等疾病，对于人体具有显著的医疗和保健功能。所以这些物质又被称为"大豆功能物质"，以区别于大豆中含有的蛋白、脂肪等营养物质。因此，大豆糖蜜中发挥主要作用的仍然是大豆低聚糖及大豆异黄酮。

四、大豆糖蜜的主要活性成分

（一）大豆低聚糖

大豆低聚糖是大豆中所含蔗糖、棉子糖和水苏糖的总称，而并非单一的低聚糖。大豆中约含有水苏糖 4%、棉子糖 1%和蔗糖 5%。其中水苏糖和棉子糖有较高的双歧杆菌增殖效果。以纯的水苏糖和棉子糖计，每人每天摄入 3 g 就有双歧杆菌增殖效果。

大豆低聚糖作为一种混合低聚糖，是从豆粕加工分离蛋白质的乳清水中分离提取出来的。传统的工艺是将乳清盐析超滤，除去液体中残留的蛋白质，然后用活性炭脱色，离子交换净化，浓缩成浆状，最后喷雾干燥而成粉状产品。一般 75%浓度的大豆低聚糖浆中，含水苏糖 18%、棉子糖 6%、蔗糖 24%、其他糖类 18%。

大豆低聚糖的理化性质主要有以下几个方面。

（1）甜度

大豆低聚糖的甜度约为蔗糖的 70%，且甜味柔和甘美。热值为蔗糖的 50%，因此大豆低聚糖可代替部分蔗糖作为低热量甜味剂。从大豆低聚糖中除去蔗糖后，由水苏糖、棉子糖组成的大豆低聚糖的甜度约为蔗糖的22%。

（2）外观及黏度

大豆低聚糖外观为无色透明的液体，黏度比异构糖高(F-55)，比麦芽糖低(M-55)。

（3）耐热、耐酸性

大豆低聚糖的耐热、耐酸性很高，在酸性条件下加热处理，比果糖低聚糖稳定，一般加热至1400℃时才开始热分解。可适用于清凉饮料、需进行加热杀菌的酸性食品。棉子糖和水苏糖经加酸水解生成甘露三糖，具有促进双歧杆菌的增殖效果。

（4）保湿性与水分活度

大豆低聚糖的保湿性比蔗糖小，但优于果葡糖浆，接近蔗糖。可用于清凉饮料和焙烤食品，也可以降低水分活度，抑制微生物繁殖，还可起到保鲜、保湿的效果。

（二）大豆皂苷

1. 大豆皂苷的分布与结构

有学者对豆科作物进行研究，发现在12种豆科作物种子中含有大豆皂苷，大豆皂苷在大豆中的分布主要集中在胚轴，是子叶中皂苷含量的8～15倍。此外，大豆皂苷的含量还与大豆的品种、生长期及环境因素的影响有关，含量一般为0.62%～6.12%。大豆皂苷是由三萜类同系物（皂苷元）与糖（或糖酸）缩合形成的化合物。组成大豆皂苷的糖类为葡萄糖、半乳糖、木糖、鼠李糖、阿拉伯糖和葡萄糖醛酸等。大豆皂苷的结构最早由日本科学家发现，经多次对大豆皂苷进行分离鉴定，结果发现了6种A组皂苷和5种B组皂苷。后来证实，这些皂苷大多是上述几种皂苷的乙酰化产物，其中普遍存在的是乙酰化大豆皂苷。

2. 大豆皂苷的理化性质

大豆皂苷是一种白色粉末，同其他皂苷一样，属于苷类，故具有苷类的一般性质。一般情况下，按皂苷水解后生成皂苷元的化学结构，可将皂苷分为两类，一是甾式皂苷，二是三萜皂苷。大豆皂苷属后者，是五环三萜类皂苷，除具有皂苷的一般性质外，还有一些独特的性质。大豆皂苷的相对分子量在1000左右，分子极性较大，易溶于热水、含水烯醇、热甲醇和热乙醇中，难溶于乙醚、苯等极性较小的有机溶剂中。在含水丁醇和戊醇中溶解度较好，且能与水分成两相，故可利用此性质从水溶液中用丁醇或戊醇提取，借以与亲水性大的糖、蛋白质分开。

大豆皂苷同其他种类的皂苷一样，能够降低水溶液表面张力，其水溶液经强烈振荡后可产生持久性泡沫，具有发泡性和乳化作用。大豆皂苷属酸性皂苷，在水溶液中加入硫酸酐、乙酸铅或其他中性盐类可形成沉淀并呈现颜色变化。

大豆皂苷也可在盐酸存在的条件下与苔黑酚加热反应，呈蓝绿色。

3. 大豆皂苷的作用

（1）抗氧化作用

大豆皂苷的抗氧化作用比较明显，当机体细胞在正常生理条件下，即可产生一系列的活性氧，如超氧阴离子自由基、羟自由基、过氧化氢和单线态氧等，在氧化应激状态下，机体细胞生物膜上的不饱和脂肪酸发生酸败变性，即脂质发生过氧化。机体的许多病理现象如炎症、老化、致癌等均与脂质过氧化有关。大豆皂苷的抗氧化作用于 1983 年首先由日本科学家发现，大豆皂苷首先可抑制血清中脂质的氧化，进而抑制过氧化脂质的生成。之后证实大豆皂苷有抗脂质过氧化和降低过氧化脂质的作用，并进一步证实大豆皂苷可以抑制过氧化脂质对肝细胞的损伤。

（2）抗病毒作用

大豆皂苷对被某些病毒感染的细胞有明显的保护作用，不仅明显抑制单纯疱疹病毒、腺病毒等，而且对脊髓灰质炎病毒、柯萨奇病毒等也有明显的抑制作用，表现出广谱的抗病毒能力。关于大豆皂苷抗病毒的机制，多数科学家一致认为，是大豆皂苷对病毒有直接杀伤作用，另外大豆皂苷对细胞具有钙通道的阻滞作用，有利于细胞代谢，说明大豆皂苷能够增强机体局部吞噬细胞的功能，从而增强机体细胞抵抗病毒的免疫力。

（3）免疫调节作用

大豆皂苷能明显促进小鼠脾细胞的增殖反应，增强脾细胞因子的分泌水平，明显提高细胞的活性，这说明大豆皂苷在体内对小白鼠的免疫功能有广泛的调节效应。其作用机制在于，大豆皂苷对细胞具有增强作用，特别是细胞功能的增强，可保持细胞的存活与增殖，促进细胞产生淋巴因子，增强诱导杀伤性细胞及提高细胞的活性，从而表现出较强的免疫功能。

（三）大豆异黄酮

大豆异黄酮与哺乳动物雌激素结构相似，具有类雌激素作用。异黄酮化合物一般为固体，常温下为白色粉末，无毒无味，游离苷元无旋光性，而糖苷具有旋光性，且多为左旋。一般异黄酮苷元难溶或不溶于水，易溶于甲醇等有机溶剂，呈酸性，在不同处理下能够改变大豆异黄酮类化合物的存在形式。

大豆异黄酮几乎全部来自大豆，其含量在大豆的不同部位差异较大，80%～90%存在于大豆子叶中，含量为 0.1%～0.3%，胚轴中所含异黄酮种类也较多且浓度较高，为 1%～2%，但占种子总质量的比例却很少（10%～20%），种皮含量最低，只有 0.03%。异黄酮的含量分布除与大豆的不同部位有关外，同时还受大豆品种、类型、生长环境和分离提取方法等多种因素影响。

大豆异黄酮分游离型苷元和结合型糖苷两大类,在大豆籽粒中,只有2%～3%的异黄酮以游离形式存在,而97%～98%是以β-葡萄糖苷的形式存在。从大豆中分离鉴定出12种异黄酮,其中3种为游离的大豆异黄酮苷元,分别为染料木黄酮、黄豆苷元、大豆黄素。其他9种葡萄糖苷中,3种为葡萄糖苷结构、3种为乙酰基葡萄糖苷结构、3种为丙二酰葡萄糖苷结构。

从1933年Walz首次发现大豆中存在异黄酮活性成分以来,其在畜牧生产中的研究与应用也相继展开,1974年大豆异黄酮首次被用于饲料添加剂,1988年苏联学者报道了在日粮中添加异黄酮类化合物可提高畜禽生产力,1992年美国专利和1997年W.O.申请专利都把异黄酮类化合物列为具有明显促进动物生长作用的饲料添加剂。

1. 大豆异黄酮的吸收代谢特点

大豆异黄酮的吸收代谢特点因动物种类不同而有所差异。一般情况下,单胃动物慢于反刍动物。在单胃动物体内,异黄酮类化合物主要在肠道微生物的作用下降解。大豆异黄酮主要在肠道中被吸收,吸收率为10%～40%。脂溶性的苷元可从小肠直接吸收,而大多数的结合型糖苷不能通过小肠壁,而是通过大肠细菌中的β-葡萄糖苷酶的水解生成苷元,然后被肠壁黏膜吸收。被吸收的异黄酮及其分解产物在动物的解毒机制作用下在胃肠、肝和肾中被结合成葡萄糖醛酸酯的形式,少量结合成硫酸酯的形式,再经胆汁排入十二指肠,然后被小肠重新吸收,形成肝肠循环,去糖苷型的异黄酮经肝肠循环代谢,可与糖苷重新结合形成无活性的化合物。同时,也可以进一步被细菌分解,转变成稳定的雌马酚等代谢产物后被吸收。未被肠道菌群分解的结合型异黄酮不易被吸收,直接从胆汁分泌入肠道排除出体外。

反刍动物体内异黄酮类化合物主要在瘤胃微生物的作用下被降解,肝的代谢量很少。鸡豆黄素脱甲基生产染料木素,在瘤胃微生物作用下进一步代谢为对-乙基苯酚和有机酸,芒柄花黄素脱甲基生成大豆黄酮,后者经脱甲基和脱糖苷后70%被微生物还原为双氢大豆黄酮,最后形成稳定的雌马酚被胃肠黏膜吸收。还有5%～20%受微生物作用开环成为 O-脱甲基安哥拉紫檀素,极少量直接被胃肠黏膜吸收。形成的代谢产物最终主要经肾以尿的形式排出,粪和乳汁中也含有大豆异黄酮及其代谢产物。

2. 大豆异黄酮对瘤胃代谢的作用

对装有永久性瘤胃瘘管和十二指肠瘘管的雄性水牛十二指肠灌注大豆黄酮后,血清睾酮水平上升,同时提高了瘤胃的微生物蛋白(MCP)、总挥发性脂肪酸(TVFA)和氨态氮(NH$_3$–N)水平,但各挥发性脂肪酸比例无明显的变化。这可能是大豆黄酮通过影响血液和瘤胃液的睾酮水平改善了瘤胃微生物的代谢活动。

在模拟人工瘤胃条件下，体外试验测定芒柄花黄素对几种微生物酶活力的影响。结果表明，芒柄花素可以显著抑制瘤胃蛋白酶、瘤胃总脱氢酶活力，促进瘤胃纤维素酶活力，对瘤胃淀粉酶作用不明显。而且发现，给绵羊喂红三叶草后 4 h，瘤胃液和血液中芒柄花素浓度升到峰值，分别为（66.9±7.8）mg/mL 和（19.6±4.0）mg/mL，瘤胃液中芒柄花素的生物半衰期约 2 h，而血液内可持续 8 h 之久。

饲料中的异黄酮植物雌激素一方面可以直接影响瘤胃微生物的主要消化酶活性，从而对瘤胃消化代谢发挥调控作用；另一方面，它经过瘤胃内微生物的代谢作用，经脱甲基后变成雌马酚和 O-脱甲基安哥拉紫檀素，但其余未被降解的部分可通过胃肠道进入循环血流，影响机体的生理机能。

第十六节 大豆糖蜜对绵羊生长性能的影响

一、材料与方法

（一）试验设计与日粮

选用 4 月龄德国美利奴与东北细毛羊杂交羊 12 只，逐只称重、编号，按体重相近原则平均分为 4 组，每组 3 只，试验 1 组为空白对照组；试验 2 组、3 组和 4 组分别按饲喂日粮质量的 2%、5% 和 8% 添加大豆糖蜜。

试验羊采用按组分栏舍饲饲养。每头羊每日 8:00 与 16:00 分别饲喂 1 次，每次饲喂羊草 300 g，精料 200 g，按组别在日粮中添加大豆糖蜜并混合均匀，自由饮水，每次饲喂前清扫羊舍和粪便一次。预饲期 10 d，正试期 45 d。

各组试验羊只饲粮配方组成及营养水平见表 5-47。

表 5-47 日粮组成及营养水平（风干基础）

日粮组成	含量/%	营养成分	含量
混合精料	40	消化能/（MJ/kg）	10.84
羊草	60	干物质/%	88.73
混合精料成分		粗蛋白/%	12.38
玉米	24	粗纤维/%	18.87
豆粕	13	钙/%	0.52
麸皮	2	磷/%	0.32
预混料[1]	0.5	钙磷比	1.64
食盐	0.5		
总计	100		

1 预混料：铁 6240 mg/kg；铜 375 mg/kg；锌 3675 mg/kg；锰 1482 mg/kg；碘 127 mg/kg；硒 1.9 mg/kg；钴 250 mg/kg；维生素 A 5400 万 IU/kg；维生素 D₃ 1080 万 IU/kg；维生素 E 1800 IU/kg；维生素 K 35 g/kg；维生素 B₁ 2 g/kg；维生素 B₂ 15 g/kg；维生素 B₁₂ 0.03 g/kg；维生素 B₅ 35 g/kg；泛酸 25 g/kg；叶酸 0.5 g/kg；抗氧化剂 0.2 g/kg

（二）测定指标及方法

日增重：分别于正试期第 1 天，以后每 10 d 和试验结束时晨饲前空腹称重。计算相应饲养阶段内绵羊的日增重。

采食量：准确称量每只羊每天的精料和羊草的投料量与剩料量，分别计算精料补充料和青干草的采食量，计算每只羊的平均日采食量。

饲料转化率：根据试验羊的采食量和增重计算试验各阶段及整个饲养期的饲料转化率。饲料转化率以料重比表示。

料重比=日均采食量（g）/平均日增重（g）

二、结果

由表 5-48 可见，与对照组相比，试验组绵羊初始体重与终末体重差异不显著。从平均日增重看，与对照组相比，试验组绵羊的平均日增重高于对照组，1 组、2 组和 3 组分别提高 3.4%、7.7% 和 1.2%。3 组（5% 糖蜜）平均日增重显著高于其他各组（$P<0.05$），为 176.89 g。

表 5-48　大豆糖蜜对绵羊日增重的影响

组别	1（对照组）	2（2% 糖蜜）	3（5% 糖蜜）	4（8% 糖蜜）
始重/kg	27.30±1.20	27.23±1.27	27.17±2.13	27.37±2.27
末重/kg	34.69±1.95	34.87±1.76	35.13±2.23	34.85±3.38
平均日增重/g	164.22±23.33[a]	169.78±17.27[a]	176.89±25.48[b]	166.22±36.52[a]

注：同行中上角标小写字母不同者表示差异显著（$P<0.05$）

由表 5-49 可见，添加大豆糖蜜降低了试验期绵羊的料重比（$P<0.05$）。与对照组相比，试验期内 1 组、2 组和 3 组料重比相应降低 2.6%、5.8% 和 0.7%。3 组（5% 糖蜜）饲料转换效率最高，为 5.38，与其他各组比较差异显著（$P<0.05$）。

表 5-49　大豆糖蜜对绵羊饲料转化率的影响

组别	1（对照组）	2（2% 糖蜜）	3（5% 糖蜜）	4（8% 糖蜜）
日平均采食量/g	937.03±15.32	944.36±16.25	952.27±14.96	942.69±26.73
平均日增重/g	164.22±23.33	169.78±17.27	176.89±25.48	166.22±36.52
料重比	5.71[a]	5.56[a]	5.38[b]	5.67[a]

注：同行中上角标小写字母不同者表示差异显著（$P<0.05$）

三、讨论

添加糖蜜的试验组羊平均日增重明显高于对照组，说明饲料中添加大豆糖蜜对绵羊的平均日增重有重要作用。这是因为大豆糖蜜中含有的大豆乳清蛋白富含谷氨酰胺、支链氨基酸、辅酶等多种氨基酸成分，容易被机体吸收。大豆糖蜜中含有的大豆低聚糖可改善机体内微生态环境，有利于双歧杆菌和其他有益菌的增殖，经代谢产生有机酸使肠内 pH 降低，抑制肠内沙门氏菌和腐败菌的生长，调节胃肠功能，抑制肠内腐败物质，并增加微生物合成，提高机体免疫功能，从而促进绵羊的生长发育。大豆糖蜜中的蔗糖和单糖是极易被动物吸收的能量源，并以其极佳的适口性、诱食性使动物产生愉悦感，促进动物的采食。

　　大豆糖蜜中的大豆异黄酮是一种植物多酚，具有较强的还原性，可以清除机体内多余的自由基，发挥抗氧化作用，可提高饲料转化率，促进动物生长。大豆异黄酮能够影响体内激素的水平，促进蛋白质的合成，对机体的生长代谢具有重要作用（郑元林等，2002）。畜禽日粮中添加适量的大豆异黄酮可促进动物生长，提高饲料转化率，且对雄性动物的促进效果优于雌性动物。试验 4 组绵羊采食量增加不明显，个别羊对日粮有排斥现象，这是因为糖蜜具有黏稠性，用量太高时，饲料无法吸附而呈黏稠状，导致绵羊不易采食，从而降低了绵羊的采食量与生长速度。

四、结论

　　添加大豆糖蜜可以提高肉羊的生长速度，绵羊日粮中大豆糖蜜的添加水平为精料的 5%时日增重和饲料转化率效果最显著。

参 考 文 献

陈红平, 万绍贵, 刘雨田, 等. 2002. 大蒜素的研究状况. 饲料广角, (10): 20-22.

陈宏亮. 2002. 植物多糖的制备及对肉仔鸡免疫功能影响的研究. 中国农业科学院饲料研究所博士学位论文.

陈喜斌. 1994. 不同氮源日粮在瘤胃发酵和消化规律的研究. 中国农业大学博士学位论文.

邓丽青, 张军民, 王加启, 等. 2013. 糊化淀粉尿素对奶牛生产性能和氮利用率的影响. 中国兽医学报, 33(4): 608-615.

冯宗慈, 高民. 1993. 通过比色测定瘤胃液氨态氮含量方法的改进. 内蒙古畜牧科学, (4): 40-41.

高仕英, 吴纪经, 吴英华. 1994. 酵母多糖对肉用仔鸡免疫系统的影响. 中国实验动物学报, 8(3): 187-189.

胡友军, 林映才, 郑黎, 等. 2003. 活性酵母对早期断奶仔猪生产性能和免疫机能的影响. 动物营养学报, 15(4): 49-53.

姜宁, 张爱忠, 苗树君, 等. 2005. 精料中添加氨基酸及过瘤胃保护调控剂对奶牛体外发酵的影响. 畜牧与饲料科学, 2: 10-12.

金淑英, 李斯华, 黄挺进. 2001. 酵母多糖对断奶仔猪抗病促生长作用的试验研究. 浙江畜牧兽医, (3): 3-5.

李新建, 高腾云. 2002. 影响瘤胃内甲烷气产量的因素及其控制措施. 家畜生态, 23(4): 67-69.

刘玫珊, 金卫东, 孙宝贵. 1990. 鸡谷胱甘肽水平与球虫免疫的相关性研究. 沈阳农业大学学报, 21(2): 99-104.

刘敏, 张志军, 米热古丽•伊马木, 等. 2012. 大蒜素对哈萨克羊瘤胃发酵的影响. 中国草食动物, 1: 22-25.

刘平祥. 2002. 谷胱甘肽对断奶仔猪的促生长作用及其机制. 华南农业大学博士学位论文.

刘平祥, 傅伟龙, 余斌, 等. 2004. GSH对离体猪腺垂体细胞分泌GH的影响. 中国畜牧兽医学会动物营养学分会第九届学术研讨会论文集.

罗安智, 齐长明, 陈华林, 等. 2005. 益康XP对奶牛血浆内毒素含量及其他指标的影响. 动物医学进展, 26(3): 92-95.

毛成文. 2004. 包被蛋氨酸和赖氨酸对肉羊氮代谢和生产性能的影响研究. 中国农业大学硕士学位论文.

沈冰蕾, 苗树君, 姜宁, 等. 2013. 乙酰氧肟酸型脲酶抑制剂对泌乳牛日粮养分消化率及生产性能的影响. 黑龙江畜牧兽医, (3): 56-58.

斯钦. 1995. 过瘤胃蛋氨酸添加剂对绵羊补饲效果的研究. 饲料研究, (4): 4-5.

王加启, 冯仰廉. 1993. 反刍家畜蛋白质过瘤胃保护技术研究进展. 中国饲料, (2): 23-26.

王立志, 王康宁. 2003. Optigen 1200在奶牛生产中的应用效果试验. 乳业科学与技术, (1): 29-31.

王学荣, 卢德勋, 贺健. 1989. 饼类饲料热喷处理对羊瘤胃生态环境指标的影响. 中国动物营养学报, 1(1): 29-34.

吴觉文. 2003. 谷胱甘肽对黄羽肉鸡生长及其内分泌的影响. 华南农业大学硕士学位论文.

谢实勇, 贾志海, 朱晓萍, 等. 2003. 包被蛋氨酸对内蒙古白绒山羊氮代谢及生产性能的影响. 中国农业大学学报, 8(3): 73-76.

杨承剑. 2011. 延胡索酸二钠对山羊瘤胃甲烷生成的调控研究及相关瘤胃微生物菌群分析. 南京农业大学博士学位论文.

张国良, 赵会宏, 周志伟, 等. 2007. 还原型谷胱甘肽对罗非鱼生长和抗氧化性能的影响. 华南农业大学学报, 28(3): 90-93.

赵凤立, 郭维春. 1995. 辽宁绒山羊绒毛纤维理化性状的研究. 内蒙古畜牧科学, 4: 36-39.

赵有璋. 2002. 羊生产学. 2版. 北京: 中国农业出版社.

郑元林, 艾晓杰, 刘根桃, 等. 2002. 大豆黄酮对大鼠肝脏氮代谢和胰岛素样生长因子生成和分泌的影响. 华中农业大学学报, 21(1): 50-54.

郑中朝. 2001. 藏羚羊绒纤维特性的研究. 中国草食动物, 3(4): 14-16.

周淑芹, 孙文志. 2004. 酵母培养物与抗生素对肉仔鸡生产性能及免疫机能影响的研究. 畜牧与兽医, 36(11): 9-11.

朱选, 曹俊明, 赵红霞, 等. 2008. 饲料中添加谷胱甘肽对草鱼组织中谷胱甘肽沉积和抗氧化能力的影响. 中国水产科学, 15(1): 160-166.

Amiss N C. 1990. Influence of yeast products on performance of lambs. Harper Adams Agricultural College, in partical fulfilment of BSc (Hons) Degree in Agriculture, summarized by J. D. Higginbotham.

Anderson M E, Allison R D, Meister A. 1982. Interconversion of leukotrienes catalyzed by purified gamma-glutamyl transpeptidase: concomitant formation of leukotriene D4 and gamma-glutamyl amino acids. Proc. Natl. Acad. Sci. U. S. A., 79(4): 1088-1091.

Asanuma N, Iwamoto M, Hino T. 1999. Effect of the addition of fumarate on methane production by ruminal microorganisms *in vitro*. J. Dairy Sci., 82(4): 780-787.

Benedeti P D B, Paulino P V R, Marcondes M I, et al. 2014. Soybean meal replaced by slow release urea in finishing diets for beef cattle. Livestock Science, 165(7): 51-60.

Besong S, Jackson J A, Hicks C L, et al. 1996. Effects of a supplemental liquid yeast product on feed intake, ruminal profiles, and yield, composition, and organoleptic characteristics of milk from lactating Holstein cows. J. Dairy Sci., 79(9): 1654-1658.

Broderick G, Craig W M. 1989. Metabolism of peptides and amino acids during *in vitro* protein degradation by mixed rumen organisms. J. Dairy Sci., 72(10): 2540-2548.

Busquet M, Calsamiglia S, Ferret A, et al. 2005. Effects of cinnamaldehyde and garlic oil on rumen microbial fermentation in a dual flow continuous culture. J. Dairy Sci., 88(7): 2508-2516.

Cole N A, Purdy C W, Hutcheson D P. 1992. Influence of yeast culture on feeder calves and lambs. J. Anim. Sci., 70(6): 1682-1690.

Cotta M A, Russell J B. 1982. Effect of peptides and amino acids on efficiency of rumen bacterial protein synthesis in continuous culture. J. Dairy Sci., 65(2): 226-234.

Cottle D J, Velle W. 1989. Degradation and outflow of amino acids from the rumen of sheep. Br. J. Nutr., 61(2): 397-408.

Damak S, Jay N P, Barrell G K, et al. 1996. Targeting gene expression to the wool follicle in transgenic sheep. Biotechnology, 14(2): 181-184.

Dawson K A, Hopkins D M. 1991. Differential effects on live yeast on the cellulolytic activities of anaerobic ruminal bacteria. J. Anim. Sci., 69(Suppl. 1): 531.

de Talamoni N T, Marchionatti A, Baudino V, et al. 1996. Glutathione plays a role in the chick intestinal calcium absorption. Comparative Biochemistry and Physiology Part A: Physiology, 115(2): 127-132.

Elliott J P, Drackley J K, Schauff D J, et al. 1993. Diets containing high oil corn and tallow for dairy cows during early lactation. J. Dairy Sci., 76(3): 775-789.

Erasmus L J, Botha P M, Kistner A. 1992. Effect of yeast culture supplement on production, rumen fermentation, and duodenal nitrogen flow in dairy cows. J. Dairy Sci., 75(11): 3056-3065.

Ferme D, Banjac M, Calsamiglia S, et al. 2004. The effects of plant extracts on microbial community structure in a rumen-simulating continuous-culture system as revealed by molecular profiling. Folia Microbiol., 49(2): 151-155.

Ferreira A V, Merwe H J V D, Slippers S C. 1996. Spectrophotometric determination of maleyl-DL-methionine hydrolysis. Small Ruminant Res., 22(1): 79-83.

Ferry J G. 1992. Biochemistry of methanogenesis. CRC Crit. Rev. Biochem., 27(6): 473-503.

Galbraith H. 2000. Protein and sulphur amino acid nutrition of hair fibre-producing Angora and Cashmere goats. Livest. Prod. Sci., 64(1): 81-93.

Galina M A, Pérez-Gil F, Ortiz R M A, et al. 2003. Effect of slow release urea supplementation on fattening of steers fed sugar cane tops (*Saccharum officinarum*) and maize (*Zea mays*): ruminal fermentation, feed intake and digestibility. Livest. Prod. Sci., 83(1): 1-11.

Galo E, Emanuele S M, Sniffen C J, et al. 2003. Effects of a polymer-coated urea product on nitrogen metabolism in lactating holstein dairy cattle. J. Dairy Sci., 86(6): 2154-2162.

Gasch A P, Spellman P T, Kao C M, et al. 1998. Genomic expression programs in the response of yeast cells to environmental changes. Mol. Biol. Cell., 11: 4241-4257.

Golombeski G L, Kalscheur K F, Hippen A R, et al. 2006. Slow-release urea and highly fermentable sugars in diets fed to lactating dairy cows. J. Dairy Sci., 89(11): 4395-4403.

Hagen T M, Wierzbicka G T, Bowman B B, et al. 1990. Fate of dietary glutathione: disposition in the gastrointestinal tract. Am. J. Physiol., 259(1): 530-535.

Hamilos D L, Wedner H J. 1985. The role of glutathione in lymphocyte activation. I. Comparison of inhibitory effects of buthionine sulfoximine and 2-cyclohexene-1-one by nuclear size transformation. J. Immunol., 135(4): 2740-2747.

Harrison G A, Hemken R W, Dawson K A, et al. 1988. Influence of addition of yeast culture supplement to diets of lactating cows on ruminal fermentation and microbial populations. J. Dairy Sci., 71(11): 2967-2975.

Highstreet A, Robinson P H, Robison J, et al. 2010. Response of Holstein cows to replacing urea with with a slowly rumen released urea in a diet high in soluble crude protein. Livestock Science, 129(1): 179-185.

Hironaka R, Mathison G W, Kerrigan B K, et al. 1996. The effect of pelleting of alfalfa hay on methane production and digestibility by steers. Sci. Total Environ., 180(3): 221-227.

Iantomasi T, Favilli F, Marraccini P, et al. 1998. Glutathione involvement on the intestinal Na^+-dependent D-glucose active transporter. Mol. Cell. Biochem., 178(1-2): 387-392.

Kannan R, Yi J R, Tang D, et al. 1996. Evidence for the existence of a sodium-dependent glutathione (GSH) transporter. Expression of bovine brain capillary mRNA and size fractions in *Xenopus laevis* oocytes and dissociation from gamma-glutamyltranspeptidase and facilitative GSH transporters. J. Biol. Chem., 271(16): 9754-9758.

Klemesrud M J, Klopfenstein T J, Stock R A, et al. 2000. Effect of dietary concentration of metabolizable lysine on finishing cattle performance. J. Anim. Sci., 78(4): 1060.

Klusmeyer T H, McCarthy Jr R D, Clark J H, et al. 1990. Effects of source and amount of protein on ruminal fermentation and passage of nutrients to the small intestine of lactating cows. J. Dairy Sci., 73(12): 3526-3537.

Kumar U, Sareen V K, Singh S. 1994. Effect of Saccharomyces cerevisiae yeast culture supplement on ruminal metabolism in buffalo calves given a high concentrate diet. Animal Production, 59(02): 209-215.

Kumar U, Sareen V K, Singh S. 2015. Effect of yeast culture supplement on ruminal microbial populations and metabolism in buffalo calves fed a high roughage diet. J. Sci. Food Agric., 73(2): 231-236.

Liang C M, Lee N, Cattell D, et al. 1989. Glutathione regulates interleukin-2 activity on cytotoxic T-cells. J. Biol. Chem., 264(23): 13519.

Linder M, de Burlet G, Sudaka P. 1984. Transport of glutathione by intestinal brush border membrane vesicles. Biochem. Biophys. Res. Commun., 123(3): 929-936.

Liu S M, Eady S J. 2005. Glutathione: its implications for animal health, meat quality, and health benefits of consumers. Aust. J. Agric. Res., 56(8): 775-780.

López-Soto M A, Rivera-Méndez C R, Aguilar-Hernández J A, et al. 2014. Effects of combining feed grade urea and a slow-release urea product on characteristics of digestion, microbial protein synthesis and digestible energy in steers fed diets with different starch: ADF ratios. Asian-Australas. J. Anim. Sci., 27(2): 187.

Lynch G P, Elsasser T H, Jackson C, et al. 1991. Nitrogen metabolism of lactating ewes fed rumen-protected methionine and lysine. J. Dairy Sci., 74(7): 2268.

Martin S A, Nisbet D J, Dean R G. 1989. Influence of a commercial yeast supplement on the *in vitro* ruminal fermentation. Nutrition Reports International, 40(2): 395-403.

Mcginn S M, Beauchemin K A, Coates T, et al. 2004. Methane emissions from beef cattle: effects of monensin, sunflower oil, enzymes, yeast, and fumaric acid. J. Anim. Sci., 82(11): 3346-3356.

Mgbodile M U K, Holscher M, Neal R A. 1975. A possible protective role for reduced glutathione in aflatoxin B_1 toxicity: Effect of pretreatment of rats with phenobarbital and 3-methylcholanthrene on aflatoxin toxicity. Toxicology and Applied Pharmacology, 34(1): 128-142.

Moe P W, Tyrrell H F. 1979. Methane production in dairy cows. J. Dairy Sci., 62(10): 1583-1586.

National Research Council. 1981. Nutrient requirements of goats: angora, dairy, and meat goats in temperate and tropical countries. Wadhington, D C: National Academies Press.

Nevel C J, Demeyer D, Cottyn B G, et al. 2009. Effect of sodium sulfite on methane and propionate in the rumen. J. Anim. Physiol. Anim. Nutr., 26(2): 91-100.

Newbold C J, Wallace R J, Chen X B, et al. 1995. Different strains of Saccharomyces cerevisiae differ in their effects on ruminal bacterial numbers *in vitro* and in sheep. J. Anim. Sci., 73(6): 1811-1818.

Oke B O, Loerch S C, Deetz L E. 1986. Effects of rumen-protected methionine and lysine on ruminant performance and nutrient metabolism. J. Anim. Sci., 62(4): 1101-1112.

Olson K C, Caton J S, Kirby D R, et al. 1994. Influence of yeast culture supplementation and advancing season on steers grazing mixed-grass prairie in the northern Great Plains: I. Dietary composition, intake, and in situ nutrient disappearance. J. Anim. Sci., 72(8): 2149.

Ørskov R, Smart E R, Mehrez A Z. 1974. A method of including urea in whole grains. J. Agric. Sci., 83(2): 299-302.

Owens F N, Lusby K S, Mizwicki K, et al. 1980. Slow ammonia release from urea: rumen and metabolism studies. J. Anim. Sci., 50(3): 527-531.

Piva G, Belladonna S, Fusconi G, et al. 1993. Effects of yeast on dairy cow performance, ruminal fermentation, blood components, and milk manufacturing properties. J. Dairy Sci., 76(9): 2717.

Priolo A, Micol D, Agabriel J, et al. 2002. Effect of grass or concentrate feeding systems on lamb carcass and meat quality. Meat Sci., 62(2): 179-185.

Puga D C, Galina H M, Pérez-Gil R F, et al. 2001. Effect of a controlled-release urea supplement on rumen fermentation in sheep fed a diet of sugar cane tops (*Saccharum officinarum*), corn stubble (*Zea mays*) and king grass (*Pennisetum purpureum*). Small Ruminant Res., 39(3): 269-276.

Robert J, Williams P. 1997. Influence of forage type on the intestinal availability of methionine from a rumen protected form. J. Dairy Sci., 80(Suppl. 1): 248.

Rodehutscord M, Young P, Phillips N, et al. 1999. Wool growth in Merino wethers fed lupins untreated or treated with heat or formaldehyde, with and without a supplementation of rumen protected methionine. Anim. Feed Sci. Technol., 82(3): 213-226.

Senn E, Scharrer E, Wolffram S. 1992. Effects of glutathione and of cysteine on intestinal absorption of selenium from selenite. Biol. Trace Elem. Res., 33(1-3): 103-108.

Souri M, Galbraith H, Scaife J R. 1998. Comparisons of the effect of genotype and protected methionine supplementation on growth, digestive characteristics and fibre yield in cashmere-yielding and Angora goats. Anim. Sci., 66(01): 217-223.

Stokes S R, Hoover W H, Miller T K, et al. 1991. Ruminal Digestion and Microbial Utilization of Diets Varying in Type of Carbohydrate and Protein. J. Dairy Sci., 74(3): 871-881.

Taylor-Edwards C C, Elam N A, Kitts S E, et al. 2009. Influence of slow-release urea on nitrogen balance and portal-drained visceral nutrient flux in beef steers. J. Anim. Sci., 87(1): 209-221.

Teh T H, Sahlu T, Escobar E N, et al. 1987. Effect of diamond V yeast culture and/or Sodium bicarbonate on milk production of early lactating goats. J. Dairy Sci., 70 (Suppl. 1): 200.

Timmermans S J. 2000. Estimation of the flow of microbial nitrogen to the duodenum using milk uric acid or allantoin. J. Dairy Sci., 83(6): 1286-1299.

Trevaskis L M, Fulkerson W J, Gooden J M. 2001. Provision of certain carbohydrate-based supplements to pasture-fed sheep, as well as time of harvesting of the pasture, influences pH, ammonia concentration and microbial protein synthesis in the rumen. Aust. J. Exp. Agric., 41(1):

21-27.

White C L, Tabe L M, Dove H, et al. 2001. Increased efficiency of wool growth and live weight gain in Merino sheep fed transgenic lupin seed containing sunflower albumin. J. Sci. Food Agric., 81(1): 147-154.

Williams P E, Tait C A, Innes G M, et al. 1991. Effects of the inclusion of yeast culture (*Saccharomyces cerevisiae* plus growth medium) in the diet of dairy cows on milk yield and forage degradation and fermentation patterns in the rumen of steers. J. Anim. Sci., 69(7): 3016.

Wohlt J E, Finkelstein A D, Chung C H. 1991. Yeast culture to improve intake, nutrient digestibility, and performance by dairy cattle during early lactation 1. J. Dairy Sci., 74(4): 1395-1400.

Wolfe R S. 1990. Unusual coenzymes of methanogenesis. Annu. Rev. Biochem., 59(10): 355-394.

Xin H S, Schaefer D M, Liu Q P, et al. 2010. Effects of polyurethane coated urea supplement on *in vitro* ruminal fermentation, ammonia release dynamics and lactating performance of Holstein dairy cows fed a steam-flaked corn-based diet. Asian Australasian Journal of Animal Sciences, 23(23): 491-500.

Ziegler D M. 1985. Role of reversible oxidation-reduction of enzyme thiols-disulfides in metabolic regulation. Annu. Rev. Biochem., 54(1): 305-329.